Ma

全国信息化工程师—NACG数字艺术人才培养工程指定教材
高等院校数字媒体专业“十二五”规划教材

Maya影视动画项目制作教程

主　编　吴慧剑　刘　浪
副主编　顾昕明　秦　成
　　　　李　波　康红昌

上海交通大学出版社

内 容 提 要

本书为全国信息化工程师—NACG数字艺术人才培养工程指定教材之一。本书精选16个影视动画制作的经典案例，全面剖析了Maya的各项功能，着重讲解了操作界面、工具栏、视图工具和动画制作流程及曲面建模技术、多边行建模技术、细分面建模技术、灯光与渲染设置方法、材质的制作方法、贴图制作方法、假设动画制作方法，展现了Maya在影视动画、游戏三维制作等领域的实际应用。在实例讲解过程中提炼出Maya在影视动漫和游戏实际制作中的实用知识点。

本书可作为各级各类院校影视、动漫、游戏专业的教学用书及培训机构的培训用书，也可供从事影视广告制作、影视特效制作、游戏三维制作、三维动画制作的设计人员和数字艺术爱好者参考。

图书在版编目(CIP)数据

Maya影视动画项目制作教程/吴慧剑，刘浪主编．—上海：上海交通大学出版社，2012

高等院校数字媒体专业“十二五”规划教材　全国信息化工程师NACG数字艺术人才培养工程指定教材

ISBN 978-7-313-08268-8

Ⅰ．①M…　Ⅱ．①吴…②刘…　Ⅲ．①三维-动画-图形软件-高等学校-教材　Ⅳ．①TP391.41

中国版本图书馆CIP数据核字(2012)第175396号

Maya影视动画项目制作教程

吴慧剑　刘　浪　主编

上海交通大学出版社出版发行

（上海市番禺路951号　邮政编码200030）

电话：64071208　出版人：韩建民

上海景条印刷有限公司印刷　全国新华书店经销

开本：787mm×1092mm　1/16　印张：17.75　字数：451千字

2012年8月第1版　2012年8月第1次印刷

ISBN 978-7-313-08268-8/TP　定价：63.00元

全国信息化工程师—NACG 数字艺术人才培养工程指定教材

高等院校数字媒体专业"十二五"规划教材

编写委员会

本书编写人员名单

主　编　吴慧剑　刘　浪

副主编　顾昕明　秦　成　李　波　康红昌

参　编　陈　靖　秦　鉴　谢冬莉

序

数字媒体产业在改变人们工作、生活、娱乐方式的同时，也在新技术的推动下迅猛发展，成为经济大国的重要支柱产业之一。包括传统意义的互联网及眼下方兴未艾的移动互联网，无不催生数字内容产业的高速发展。我国人口众多，当前又处在国家战略转型时期，国家对于文化产业的高度重视，使我们有理由预见在全球舞台上，我们必将成为不可忽视的重要力量。

在国家政策支持的大环境下，国内涌现了一大批动漫、游戏、后期制作等专业公司，其中不乏佼佼者。同时国内很多院校也纷纷开设了动画学院、传媒学院、数字艺术学院等新型专业。工作中我接触到许许多多动漫企业和学校，包括美国、欧洲、日韩的企业。很多企业都被人才队伍的建设与培养所困扰，他们不但缺乏从事基础工作的员工，高级别的设计师更是匮乏。而相反部分学校的学生毕业时却不能很好地就业。

作为业内的一份子，我深感责任重大。我长期以来思考以上现象，也经常与一些政府主管部门领导、国内外的企业领导、院校负责人探讨此话题。要改变这一现象，需要政府部门的政策扶持、企业单位的参与以及学校的教学投入，需要所有业内有识之士的共同努力。

我欣喜地发现，部分学校已经按照教育部的要求开展校企合作，引入企业的技术骨干担任专业课的教师，通过“帮、带、传”培养了学校自己的教学队伍，同时积累了丰富的项目化教学经验与资源。在有关部门的鼓励下，在热心企业的支持下，在众多学校的参与下，我们成立编委会，组织编写该项目化教材，希望把成功的经验与大家分享。相信这对于我国数字艺术的教学改革有着积极的推动作用，为培养我国高级数字艺术技能人才打下基础。

最后受编委会委托，向给予编委会支持的领导、企业界人士、所有编写人员表示深深的感谢。

朱毓平

2012 年 5 月

前　言

Maya是由Autodesk公司推出的三维建模、动画、渲染软件，它界面友好、功能强大、操作简单，在影视动画制作领域应用广泛，已经成为当前最流行的三维建模和三维动画制作软件之一。

本书在体例编排上采用新颖实用的左右分栏讲解的形式。一栏精选了15个典型的线制作案例，涉及Maya曲面建模、多边形建模、Maya贴图、Maya影视动画和特效制作所运用的重要知识点和操作技巧。其中的案例都是作者和相关Maya设计专业人员多年奋斗在CG制作第一线的经验总结。另一栏对软件相关的知识单击实例操作过程中涉及的问题和操作技巧进行了详细提炼和解析。读者在学习时，可以根据对知识点和操作技巧的掌握程度进行选择性阅读。

本书共128课时，建议课时分配如下：

章节	内　容	课　时
1	Maya制作基础	8
2	Maya曲面建模艺术	24
3	Maya多边形建模艺术	36
4	Maya细分建模艺术	12
5	Maya材质	20
6	灯光和纹理效果	16
7	Maya基础动画	12

本书配有多媒体课件，包含了全部实例的制作过程演示和素材。读者使用多媒体课件，配合本书的讲解可以达到事半功倍的效果。多媒体课件可以在以下地址下载：www. jiaodapress. com. cn，www. nacg. org. cn。

本书对知识点进行精细划分，做到内容涵盖面广、知识容量大、案例安排合理、实用性强，可以作为各级各类院校影视、动漫、游戏专业的教学用书及培训机构的培训用书，也可供从事影视广告制作、影视特效制作、游戏三维制作、三维动画制作的设计人员和数字艺术爱好者参考。

本书的编写得到了张苏中、朱勇老师的悉心指导，同时刘勇、罗小峰、武虹也给予了很大帮助，在此一并表示感谢！

由于时间仓促，加上编者水平和经验有限，书中存在的错误和不当之处，敬请广大读者批评指正。

编　者

2012. 6

CONTENTS 目录

1 Maya 制作基础

本课学习时间：8 课时

学习目标：掌握 Maya 的基本概念以及基本操作技巧

教学重点：Maya 的基本概念以及基本操作技巧

教学难点：Maya 骨骼基本动画、模型顶点色

讲授内容：项目工程文件的创建，Maya 界面设置及基本操作，简单的材质球设置，简单的骨骼基本动画，模型顶点色的具体应用

课程范例文件：chapter1\final\制作基础.pro

本章课程总览

Maya 是美国电脑软件巨头 Autodesk 公司出品的一款三维电脑动画软件，广泛应用于电影、电视、影视广告、角色动画、电脑游戏和电视游戏等诸多数位特效创作领域，曾获奥斯卡科学技术贡献奖等殊荣。

案例　简单的游戏进度条

本章通过制作简单的游戏进度条这一实例，带领读者走入 Maya 这个三维动画软件的世界，让大家初步了解这个庞大的软件系统中的基本概念，为以后进一步学习打下良好的基础。

游戏进度条制作

知识点：Maya制作流程，Maya制作基础，简单的材质球设置

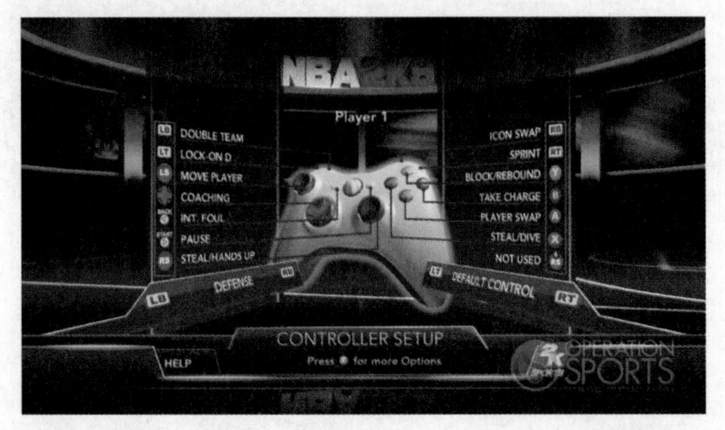

图1-1

本实例通过制作一个简单的游戏进度条，让读者了解Maya的基本操作。

知 识 点 提 示

UI界面呈现出一种很酷的感觉。如图1-1所示，这是XBOX360上的一款游戏界面，整个UI界面采用的是3D模型制作，色彩主要用顶点色和贴图表现，在蓝线所示的类似部位会有动画和特效表现。

操 作 提 示

在开始制作一个项目前，一定要养成管理文件的习惯。Maya提供了一套完整的工程创建方案，它会自动把你的场景、贴图、渲染、材质、声音等文件存放在相应的文件夹中，在下次打开的时候，会自动搜索这些文件。

当用户完成一个模型后，在主菜单中选择File→Save Scene命令（或用快捷键〈Ctrl〉+〈S〉）保存模型。

01. 建立Maya工程项目文件夹

执行File→Project→New命令，新建一个Maya工程项目文件夹。

Name：Exe_Project（练习项目）。为Maya工程项目文件夹命名为Exe_Project。

Location：E：\Tutorial。单击Browse按钮，指定Maya工程项目文件夹的保存路径。单击Use Defaults按钮，使用默认的工程目录。

单击Accept按钮接受设置，如图1-2所示。

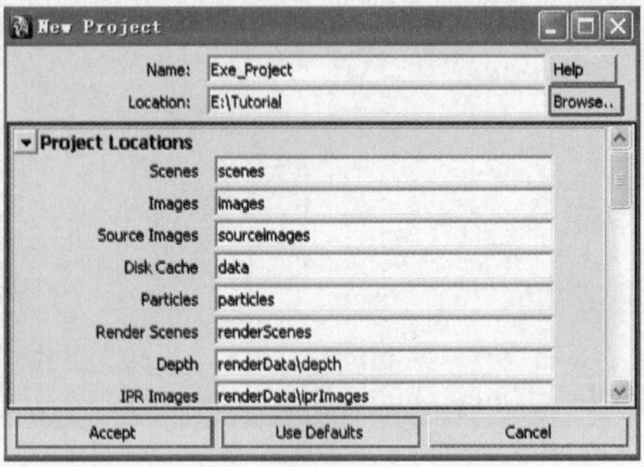

图1-2

这样，建立了一个新的 Maya 工程项目文件夹并放在 E:\Tutorial 下。

如图 1－3 所示，执行 Window→Settings/Preferences 命令，进入 Maya 的界面属性设置。

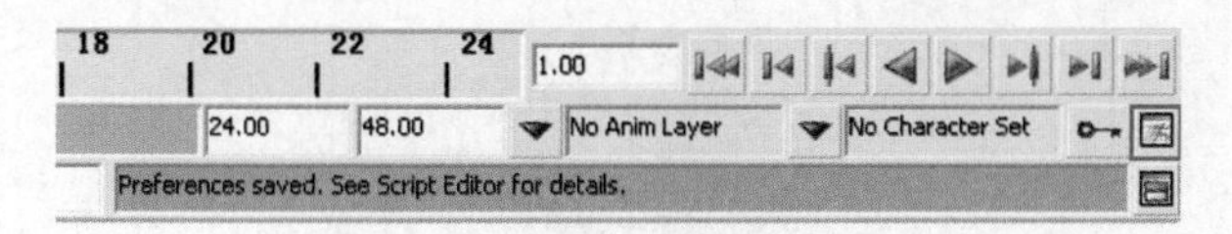

图 1－3

如图 1－4 所示，进行 Maya 界面的一些基本设置，以方便后面的操作。

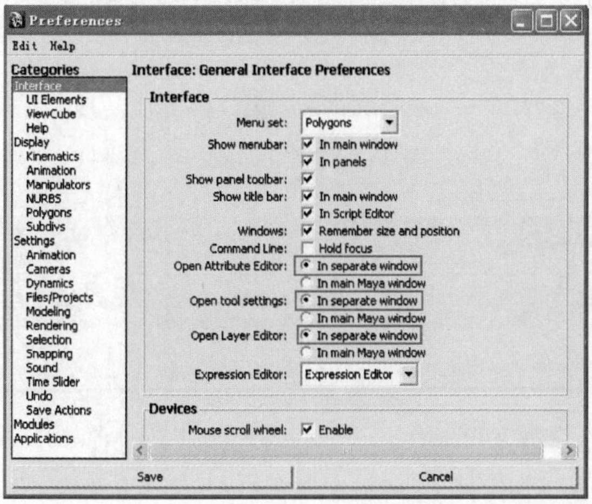

图 1－4

02. UI 元素模型制作

下面制作一个很简单的游戏进度条动画，讲解 Maya 的基本操作，其中涉及简单的建模、材质、骨骼动画，如图 1－5 所示。

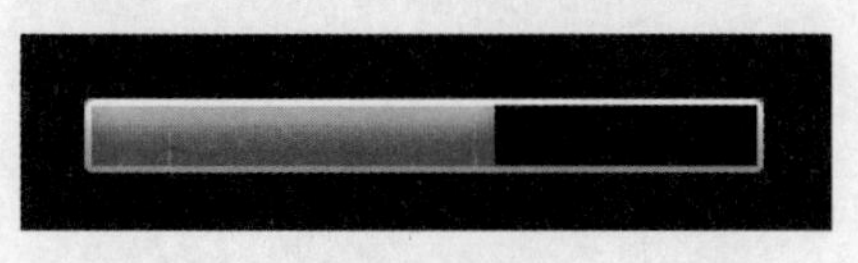

图 1－5

执行 Create→Polygon Primitives→Plane 命令，建立一个面片，命名为 UI_Box。把面片放在坐标原点，同时在 Channel Box（通道栏）修改 Rotate X 为 90，使模型在前视图显示，如图 1－6 所示。

值得注意的是，由于 Maya 运行到一定的时间往往会因为机器的原因而造成死机，这个时候，在 Maya 中所进行的操作将会前功尽弃，因此一定要养成及时保存、及时备份文件的好习惯。

单击 Maya 界面右下角的小按钮，可以快速进入 Maya 的界面属性设置。

在 Interface 中将 Open Attribute Editor、Open tool settings、Open Layer Editor 从 In main Maya window（在窗口中显示菜单）改为 In separate window（在窗口中独立显示菜单）

选择 Settings → Undo，将 Queue size（撤销次数）改为 100。

知 识 点 提 示

在 Maya 中观看场景（视图操作）

可以利用〈Alt〉键和鼠标一起来观察场景。

〈Alt〉键 + 鼠标左键：旋转视角。

〈Alt〉键 + 鼠标中键：平移视角。

〈Alt〉键 + 鼠标右键：缩放视角。

〈Ctrl〉键 +〈Alt〉键 + 鼠标左键由左上往右下拖动：局部放大。

〈Ctrl〉键 +〈Alt〉键 + 鼠标左键由右下往左上拖动：局部缩小。

推动鼠标中键滚轮，相当于推拉缩放视角。

切换场景（视图操作）

现在是在透视图（Persp）中观看场景，Maya 还提供了其他的视图操作方式。

选择界面左边视窗选择栏里的 或 按钮，在透视图和四视图之间切换，或按空格键来切换单一视图或多视图。

缺省状态下，顶视图（top）、前视图（front）和侧视图（side）为正交视图，没有透视，类似于工业制图里的三视图。

最大化场景中所有物体：〈A〉键。

最大化被选择物体：〈F〉键。

视窗最大化：〈Ctrl〉+〈Shift〉+空格键。

复制物体：〈Ctrl〉+〈D〉键。

移动物体：〈W〉。

旋转物体：〈E〉。

缩放物体：〈R〉。

Maya2009 工作界面最主要的改变是在四视图的每个窗口上端增加了一个视图控制的快捷工具条。该工具条的主要作用在于高效地控制工作视图的显示设置。

该工具条主要由 4 部分工具图标构成：

第一部分：控制窗口中摄影机显示设置的工具条，包括摄影机选择、属性、标签以及背景图等。

第二部分：控制渲染范围的显示设置，比如渲染的最终范围、安全框等。

第三部分：视图的显示模式，比如线框方式、贴图模式、灯光模式以及高质量硬件渲染模式等。

第四部分：工作视图的编辑对象显示方式，包括选择在 X-Ray 半透模式下显示编辑模型、晶格、骨骼以及独立显示编辑选择对象等。

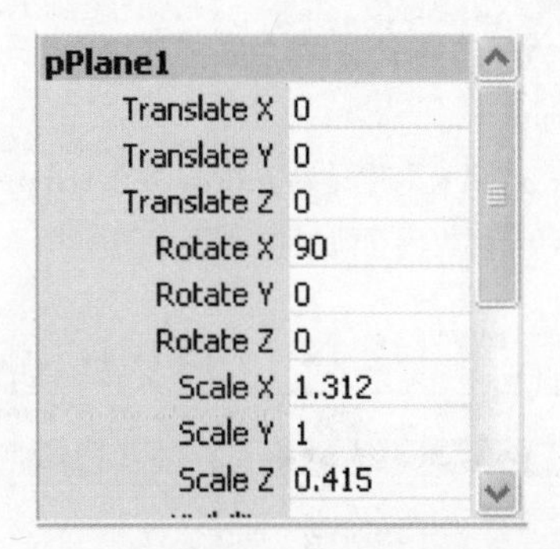

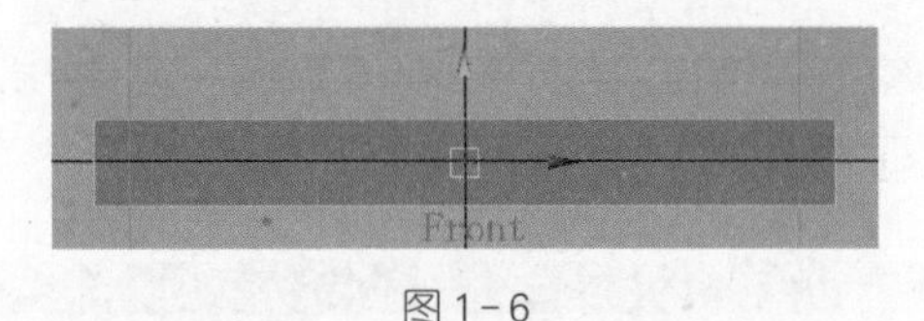

图 1-6

选择 Edit Mesh→Extrude （挤出）（点、边、面）对模型进行面的缩放，按〈Del〉键删除缩放的面，如图 1-7 所示。

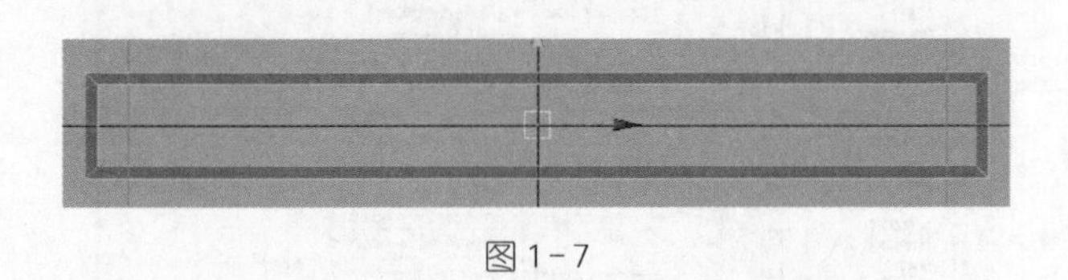

图 1-7

选择 Edit Mesh→Split Polygon Tool （分割表面工具），使用分割工具以增加新的表面、顶点和边，使边缘看上去圆滑一些，如图 1-8 所示。

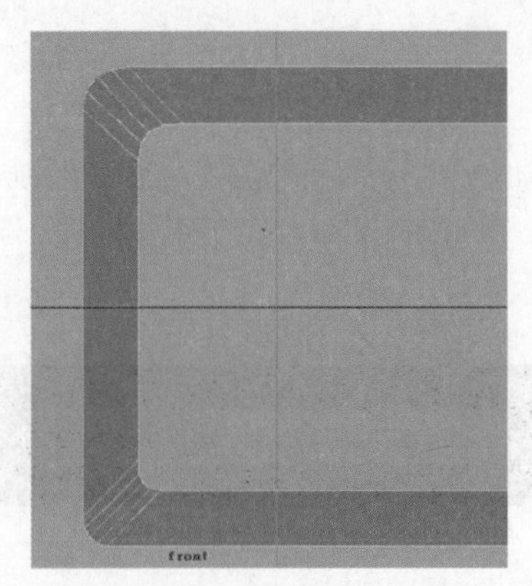

图 1-8

选择一条边，按〈Ctrl〉键并单击鼠标右键，选择 Edge Loop Utilities→To Edge Loop，即选择了一条连续的封闭边，如图 1-9 所示。

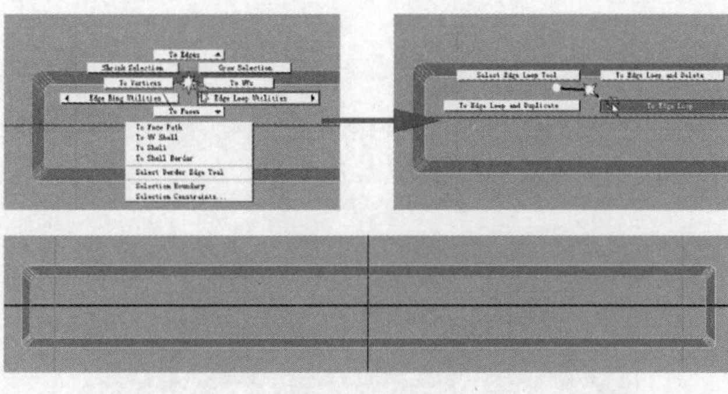

图 1-9

执行 Mesh→Fill Hole 命令，利用封闭边形成一个面；选择 Edit Mesh→Extrude 挤出这个面，如图 1-10 所示。

图 1-10

建立两个小面片，放在如图 1-11 所示的位置。这两个小面片将做成一个进度条动画。模型分别命名为 UI_Light、UI_ProgressBar。

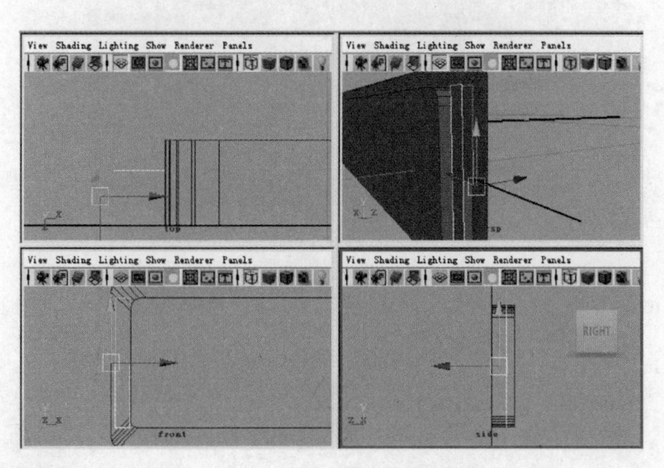

图 1-11

线框模式。

实体模式。

线框加实体模式。

材质模式。

灯光模式。

X-Ray 模式。

操 作 提 示

在材质编辑窗口中，左边是常用的材质节点，右边是材质节点工作区。现在我们建立两个 lambert 材质球，分别命名为 UI_01、UI_02。

单击材质球，按鼠标右键选择 Rename（重命名）。要养成规范命名的好习惯，这在制作大型场景的时候非常有用。

采用骨骼制作动画，首先先建立骨骼。在建立骨骼之前，先隐藏 Polygons。在工作视窗中，选择 Show→Polygons 可以隐藏多边形模型。

建立骨骼时，按〈X〉键（网格捕捉）。骨骼是由根骨头和子骨头构成的，当选择 Joint Tool 工具建立第二个子骨头后，同时按〈Shift〉键选择根骨头，按〈P〉键建立子骨头与根骨头的父子关系。

为什么要清空模型的历史记录和冻结属性记录呢？因为大量的 Maya 历史记录会占用计算机的内存，而且有些操作过程必须删除历史记录，才能进行下一步操作。但在做完模型的骨骼绑定权重后是不允许删除历史记录的，否则绑定的骨骼权重就会消失。

如果要清除模型蒙皮,先选择物体,再执行 Skin→Detach Skin(分离蒙皮)命令或者清空模型的历史记录。

Component Editor 面板中会显示物体属性的所有参数,包括物体点的坐标位置、蒙皮权重分配、粒子特效等。

物体类型选择遮罩:当按钮下陷时可以起作用,也就是说场景中同一类的物体可以被选择;如果当按钮弹起时,场景中同一类的物体不会被选择。比如,按钮被弹起,那么场景中的骨骼就不会被选择;反之,按钮下陷,那么场景中的骨骼就会被选择。

知 识 点 提 示

Outliner(略图)

执行 Window→Outliner 命令。

Outliner 是 Maya 提供的一个场景管理的大纲式视图,它可以检查场景的结构和构成元素;显示节点、连接和属性;使一个物体成为另一个物体的子物体,建立父子关系;选择和重命名物体等。

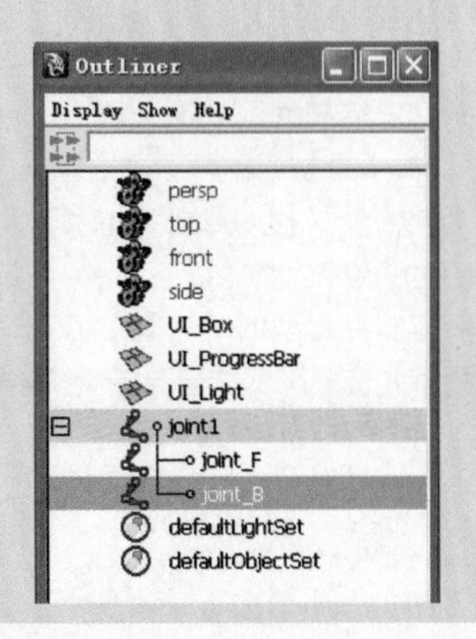

03. 模型的显示模式

为方便操作和观看,按键盘上的〈4〉、〈5〉、〈6〉、〈7〉分别以不同方式显示物体,如图 1-12 所示。

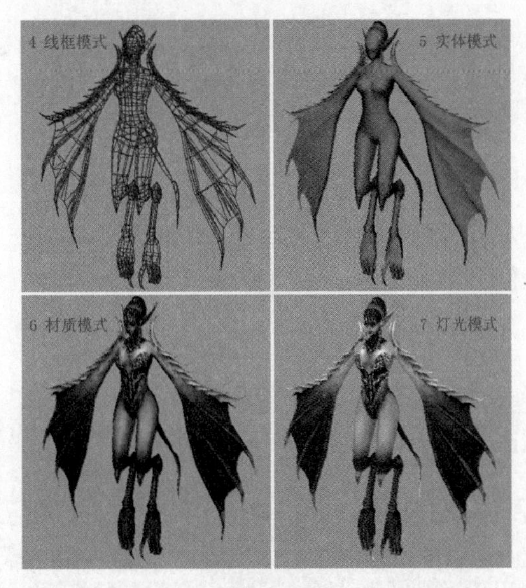

图 1-12

执行 View→Shading→Shade Options 命令,可以以线框加实体模式(Wireframe on Shaded)和半透明模式(X-Ray)来显示物体。这两种显示模式在建模中会带来很大的方便,如图 1-13 所示。

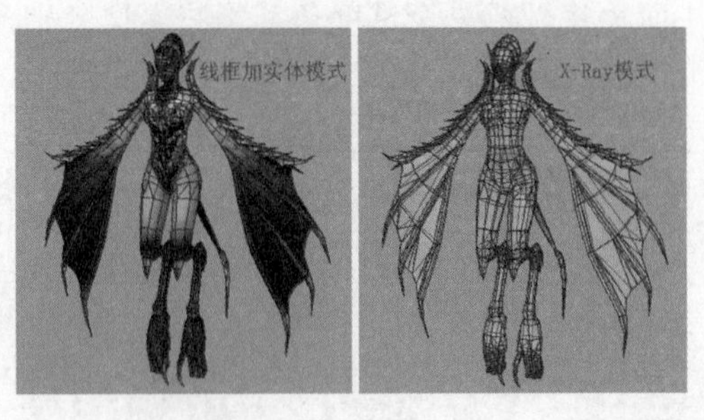

图 1-13

Maya2009 在工作界面上新增了显示模式快捷工具条,如图 1-14 所示。

View Shading Lighting Show Renderer Panels

图 1-14

04. 在视窗中选择物体及物体元素

在物体上单击鼠标左键，可以选择所需要的模型，同时按〈Shift〉键可以连续选择物体；按鼠标左键框选可以选择多个对象。被选择的对象以高亮的白色显示（最后选择的物体以高亮绿色显示），如图 1 - 15 所示。

图 1 - 15

在物体上单击鼠标右键，可以选择模型点、线、面；选择 Multi 模式，可以进入多种选择模式，该模式允许同时选择点、线、面。当鼠标移动到点上的时候，自动进入点选择模式，可以选择点；当鼠标移动到线上的时候，自动进行线选择模式，可以选择线；当鼠标移动到面上的时候，进入面选择模式，可以选择面。按住〈Shift〉键就可以将选择多种不同元素进行共同编辑，如图 1 - 16 所示。

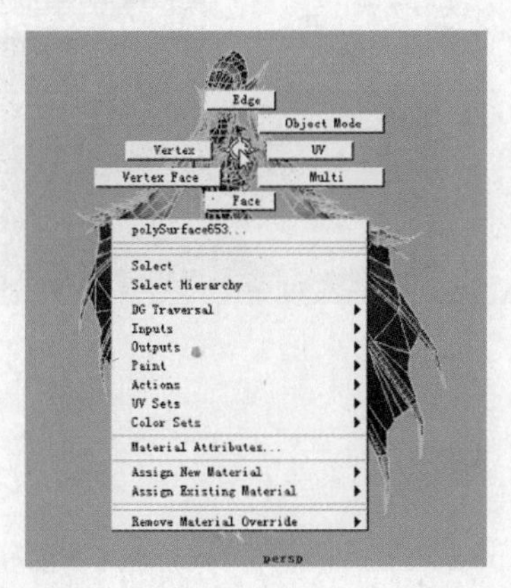

图 1 - 16

05. 为模型指定材质

执行 Window→Rendering Editors→Hypershade 命

在 Outliner 中可以很容易地选择 Joint_B。

Hypergraph（超图）

执行 Window → Hypergraph 命令。

Hypergraph 是一个功能很强大的编辑器，通过它可以了解物体所有的上、下游节点属性，清楚而直观地看到各节点属性之间的关系，并对它们进行断开或连接等操作。

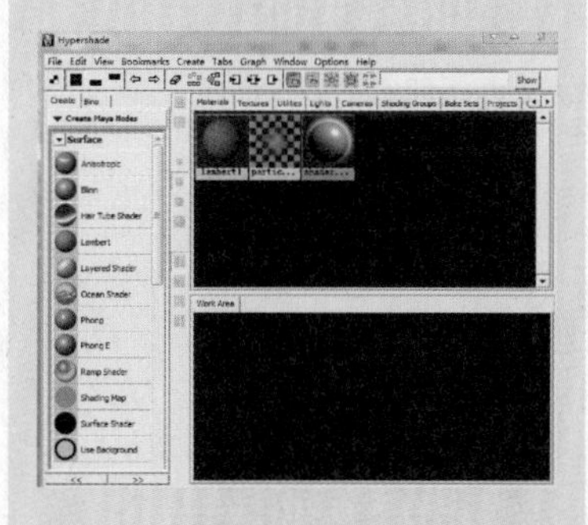

自定义工具架

Maya 的默认工具架涵盖了所有模块的常用工具并分类放置，使设计人员便于操作。先选择 Custom（自定义工具），找到要创建快捷键图标所在的菜单，然后按下〈Ctrl〉+〈Shift〉键，再单击该命令。当不再需要自定义的快捷图标时，可以用鼠标中键（或滚轮）将该按钮拖到工具架右侧的垃圾箱 即可。

单击工具架左侧的下拉按钮，弹出工具架菜单条，可以对工具架上的工具名称和图标进行更改等操作，再单击 Save All Shelves（保存修改的工具架）。

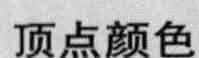

顶点颜色

顶点颜色使用的是与材质无关的另外一套数据信息。这些顶点色彩与几何体存储在一起，可以导出到游戏引擎或其他软件中，最大限度地节省计算机内存。

一般采用 RGB 格式表示颜色。

令，打开材质编辑窗口，如图 1－17 所示。

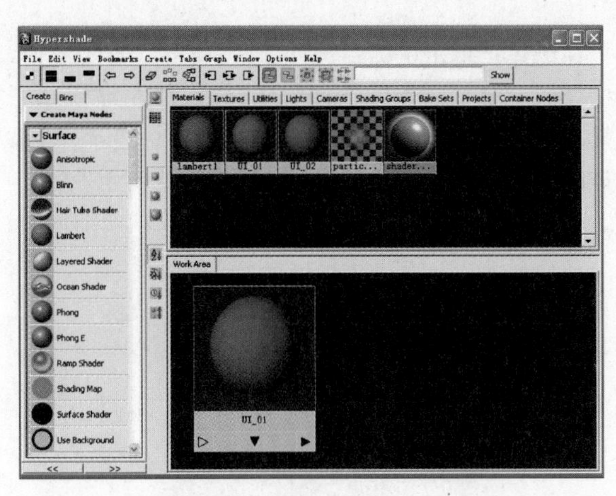

图 1－17

选择一个模型，在材质球上单击鼠标右键，选择 Assign Material To Selection（对选择的物体赋予材质）。将 UI_01 材质球赋予 UI_Box、UI_Light 两个模型；UI_02 材质球赋予 UI_ProgressBar，如图 1－18 所示。

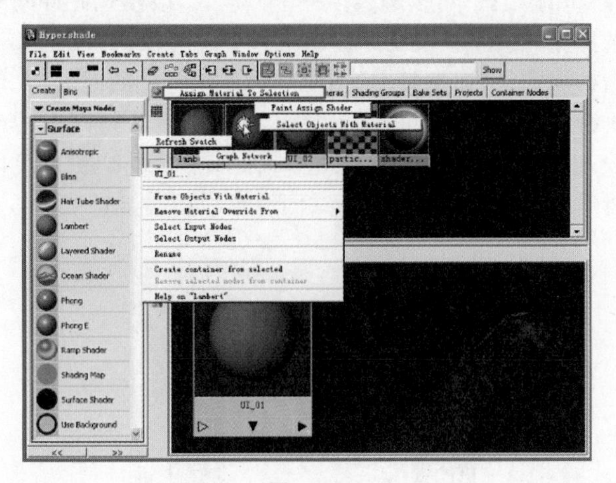

图 1－18

06. 创建骨骼

选择 Animation→Joint Tool，建立骨骼，如图 1－19 所示。为骨骼命名为 Joint_F 和 Joint_B，如图 1－20 所示。

图 1－19

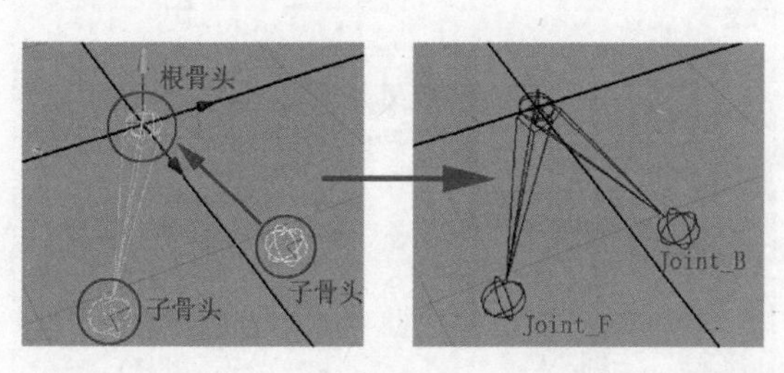

图 1-20

07. 为模型绑定权重

在绑定模型权重前，先执行 Edit→Delete All by Type→History(清空模型的历史记录)命令和 Modify→Freeze Transformations(冻结属性记录)命令，以清空模型的历史记录和冻结属性记录，如图 1-21 所示。

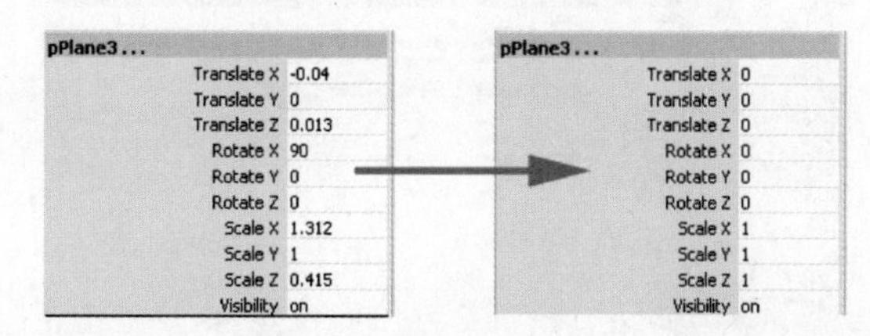

图 1-21

选择 Maya 为动画模块(Animation)，选择根骨头和 UI_Light、UI_ProgressBar 两个小面片，在动画模块下，执行 Skin→Bind Skin→Smooth Bind(柔性蒙皮)命令。如图 1-22 所示。

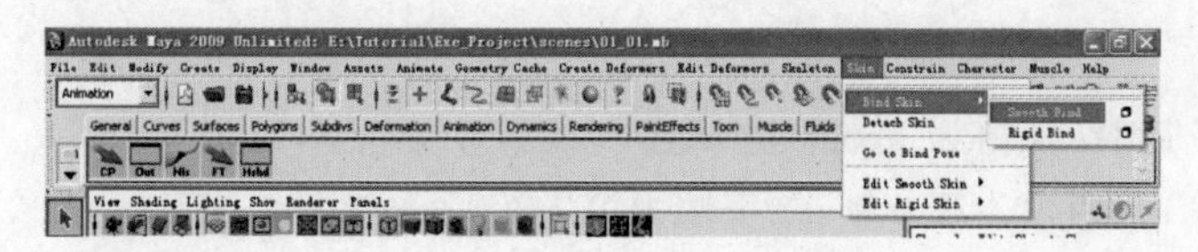
图 1-22

为 UI_Light、UI_ProgressBar 两个面片重新分配权重。

选择 UI_Light 面片，执行 Window→General Editors→Component Editor(物体属性参数修改)命令，进入模型的点级别模式，如图 1-23 修改物体属性参数。其中，蓝色的点的权重全部绑定到 Joint_F 上，红色的点的权重全部绑定到 Joint_B 上，全部绑定只需用把权重数值改为 1 即可。

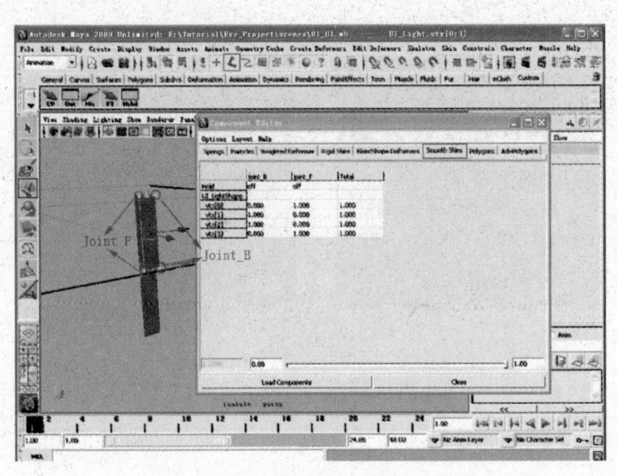

图 1-23

选择 UI_ProgressBar 面片，同样修改权重数值，如图 1-24 所示。

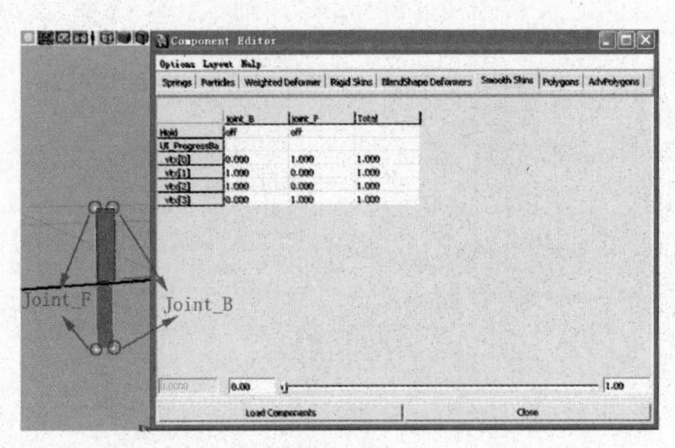

图 1-24

08. 制作进度条动画

弹起 按钮，使 Polygons 多边形模型不会被选择。切换视窗为 Front(前试图)，设置动画时间为 1 200 帧，起始帧为第 0 帧，结束帧为第 1 200 帧，如图 1-25 所示。

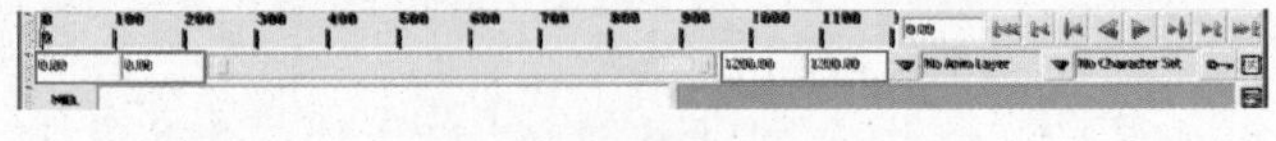

图 1-25

在第 0 帧，选择 Joint_B，在 Channel Box(通道栏)中连续选择 TranslateX/Y/Z，用鼠标右键选择 Key Selected(在选择的物体属性上给关键帧)。同样，在第 1 200 帧，把 Joint_B 移动到相应的位置，在 Channel Box(通道栏)中连续选择 TranslateX/Y/Z，用鼠标右键选择 Key Selected，如图 1-26、图 1-27 所示。

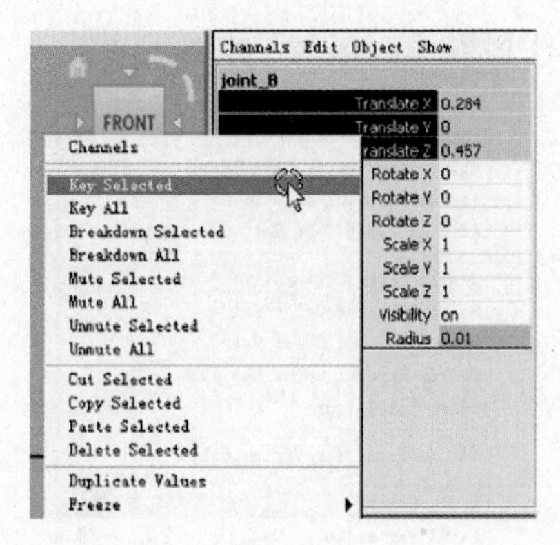

图 1-26

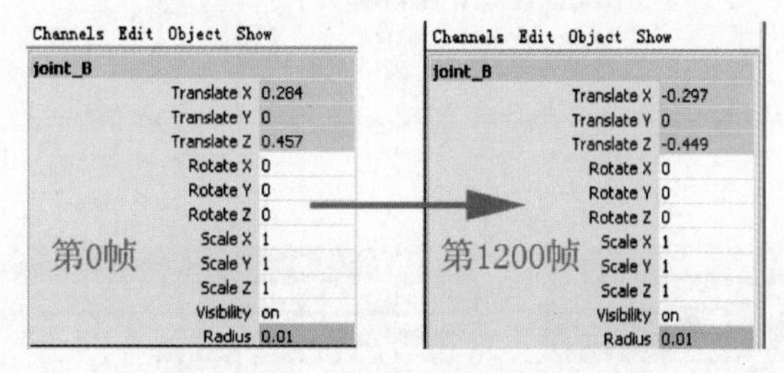

图 1-27

单击播放键，这样 UI_Light、UI_ProgressBar 面片物体就产生了动画，如图 1-28 所示。

图 1-28

09. UI元素顶点上色

选择物体的顶点，为所选顶点应用色彩颜色，如图 1-29 所示。在 Polygons 模块中，执行 Color→Apply Color 命令，如图 1-30 所示。在顶点色面板中对 Color 进行色彩颜色设置，如图1-31所示。

图 1-29

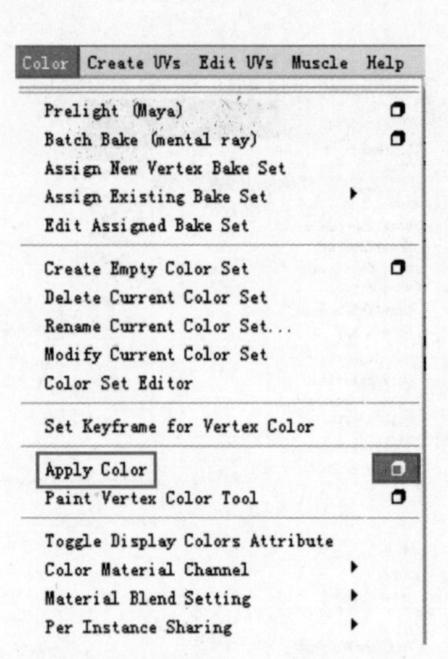
Color
Create UVs
Edit UVs
Muscle
Help
Prelight (Maya)
Batch Bake (mental ray)
Assign New Vertex Bake Set
Assign Existing Bake Set
Edit Assigned Bake Set
Create Empty Color Set
Delete Current Color Set
Rename Current Color Set...
Modify Current Color Set
Color Set Editor
Set Keyframe for Vertex Color
Apply Color
Paint Vertex Color Tool
Toggle Display Colors Attribute
Color Material Channel
Material Blend Setting
Per Instance Sharing

图 1-30

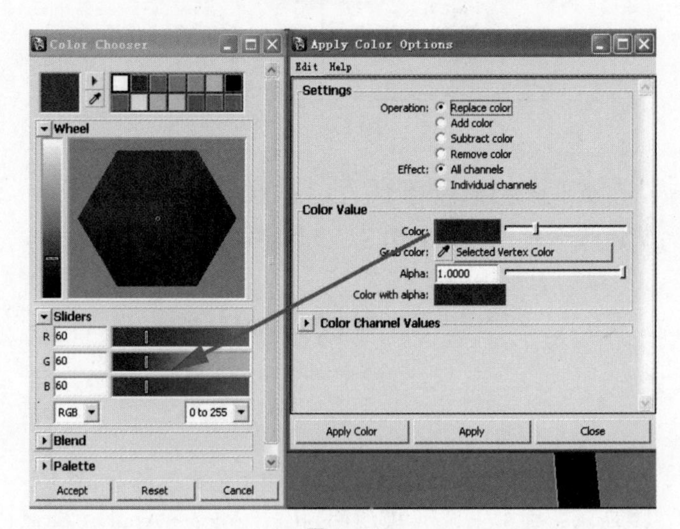
Color Chooser
Wheel
Sliders
R 60
G 60
B 60
RGB
0 to 255
Blend
Palette
Accept
Reset
Cancel
Apply Color Options
Edit Help
Settings
Operation:
Replace color
Add color
Subtract color
Remove color
Effect:
All channels
Individual channels
Color Value
Color:
Grab color:
Selected Vertex Color
Alpha:
1.0000
Color with alpha:
Color Channel Values
Apply Color
Apply
Close

图 1-31

本章小结

本章通过制作一个简单的游戏进度条，学习了 Maya 项目文件的创建和基本的动画制作流程，使读者对 Maya 的一些基本概念和基本操作有了一个比较清晰的了解，对 CG 电影、动画片的制作流程以及 Maya 在 CG 项目中的具体应用有了较深入的理解，希望在以后的项目制作过程中不断积累制作经验。

课后练习

1. 通过本章提供的场景文件，进一步熟悉 Maya 的操作，创建自己的项目文件。
2. 深入理解 CG 电影、动画片的生产流程以及 Maya 在 CG 项目中的具体应用。

Maya 曲面建模艺术

本课学习时间：24 课时

学习目标：熟悉 Maya 曲面建模制作流程，掌握 Maya 曲面建模基础知识和曲面模型制作技巧

教学重点：Maya 曲面的几种制作方法

教学难点：曲面角色建模

讲授内容：油灯的制作，马灯的制作，琵琶的制作

课程范例文件：chapter2\final\曲面建模.pro

本章课程总览

本章将介绍 Maya 的基础建模方法——曲面建模。通过实例掌握 Maya 制作的步骤，以及其中参数设置和设置的原因。本章讲述的曲面建模实例内容非常典型和实用，包括基础的曲面旋转建模、挤压、放样建模等，这些实例都是作者多年实际工作积累，相信能引导读者循序渐进地学习。

案例一　油灯的制作

案例二　马灯的制作

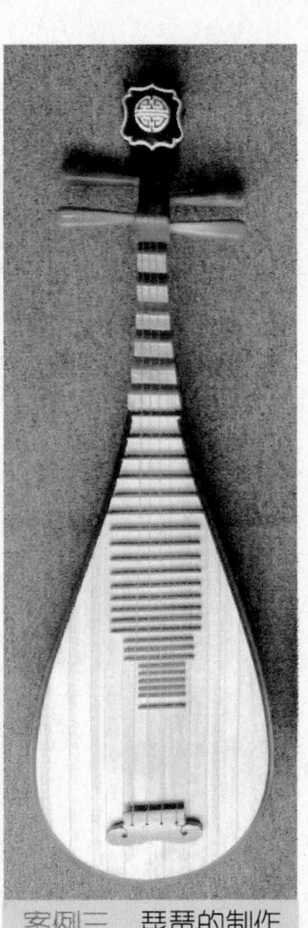

案例三　琵琶的制作

2.1 油灯的制作

知识点:Maya项目设置,CV曲线工具,Revolve(旋转)命令

图2-1

曲面建模是一个比较好的学习Maya建模的基础,下面通过几个从简单到复杂的实例来详细了解Maya曲面建模的过程。

01. 设置项目

打开Maya软件,执行File→Project→New命令,在弹出的New Project面板中设置Name为youdeng,选择好路径,单击Use Defaults按钮,采用Maya的子项目默认路径名称,最后单击Accept按钮确定,如图2-2所示。

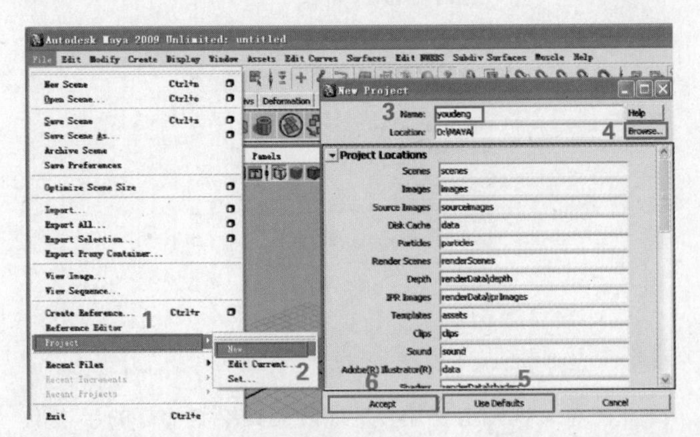

图2-2

知 识 点 提 示

Edit Curves 编辑曲线命令集(一)

Edit Curves	
Duplicate Surface Curves	复制表面曲线
Attach Curves	连接曲线
Detach Curves	断开曲线
Align Curves	对齐曲线
Open/Close Curves	打开/闭合曲线
Move Seam	偏移接缝
Cut Curve	剪切曲线
Intersect Curves	交叉曲线
Curve Fillet	曲线倒角
Insert Knot	插入节点
Extend	延伸/延伸曲线
Offset	偏移/偏移曲线
Reverse Curve Direction	反转曲线的方向
Rebuild Curve	重建曲线
Fit B-spline	匹配曲线
Smooth Curve	平滑曲线
CV Hardness	CV强度
Add Points Tool	加点工具
Curve Editing Tool	曲线编辑工具
Project Tangent	投射切线
Modify Curves	修改曲线
Selection	选择

1. Duplicate Surface Curves(复制表面曲线)

把一个曲面上的曲线复制出来,成为单独的NURBS曲线。

操作方式:选择物体表面上的曲线,单击Apply(应用)。

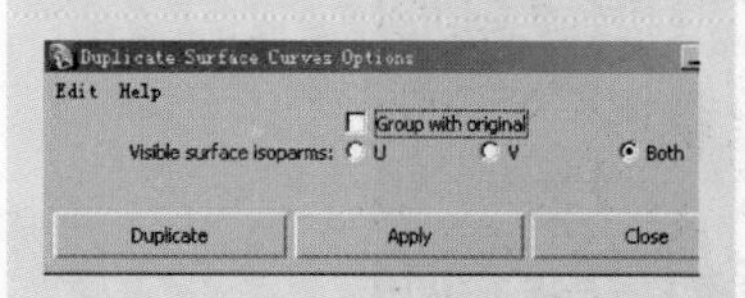

(1) Group with original(原对象群组):选中该项,新复制出来的曲线将作为原表面的子物体。关闭该项,则复制出来的曲线是一个独立的物体。

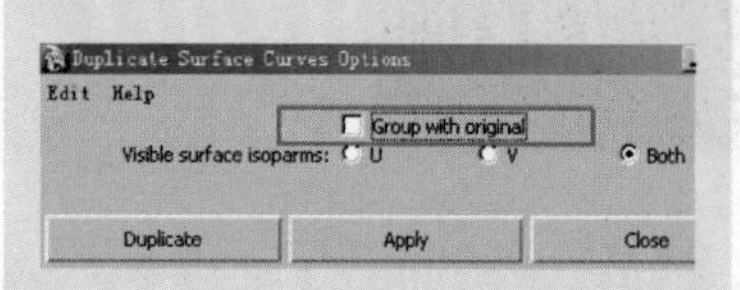

(2) Visible Surface Isoparms(可视的表面结构线):有3个选项。

① U:选中该项,当NURBS曲面处于被选择的状态时,可以复制其U方向上所有的结构线。

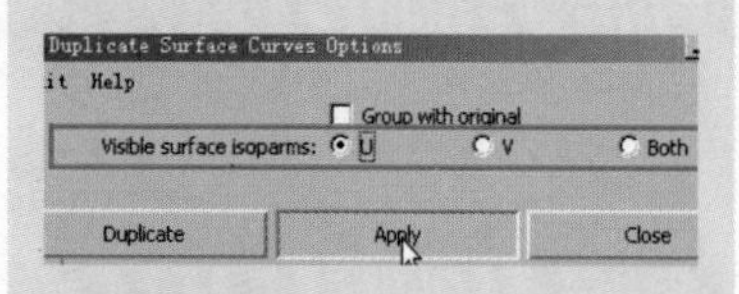

② V:选中该项,当NURBS曲面处于被选择的状态时,可以复制其V方向上所有的结构线。

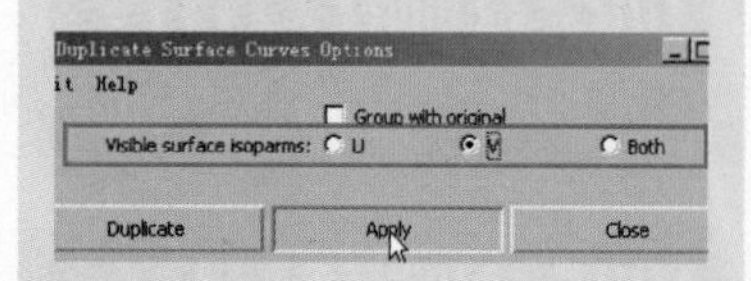

02. 设置当前视图位侧视图

为了方便制作,要设置比较好的制作视图。如制作这种器皿类、用到旋转成型命令的物体,需要把视图设置为side视图或front视图。执行Panels→Orthographic→side命令,如图2-3所示。

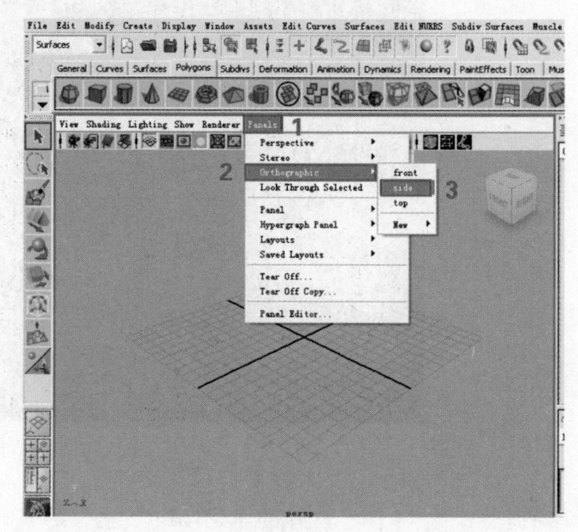

图2-3

03. 选择曲线绘制工具

执行Create→CV Curve Tool(曲线工具)命令,如图2-4所示。

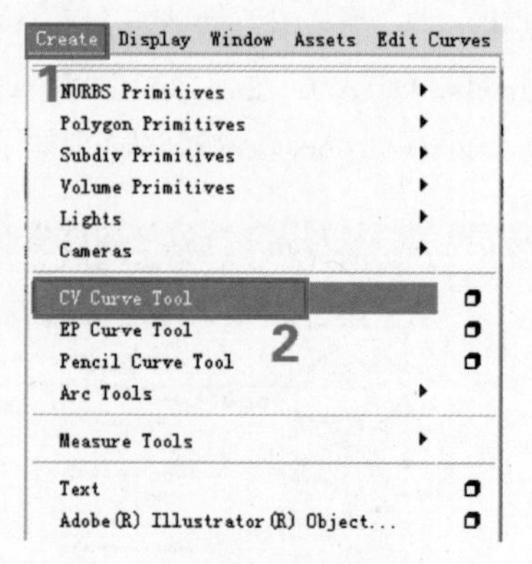

图2-4

04. 绘制油灯半边剖面图

在side视图上使用CV曲线工具绘制油灯的半边剖面图。先绘制出大致的形状后,再进行调整。首先单击锁定网格工具，为了使第一个点和最后一个点保持在同一轴线上我们使用网格捕捉工具，如图2-5所示。

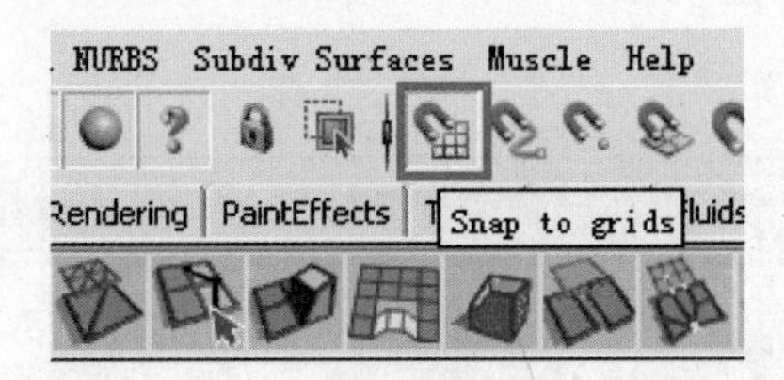

图2-5

画好第一个点后，关闭网格捕捉工具，以方便画其他点，因为中间一些点不用网格捕捉，而需要自由绘制，如图2-6所示。

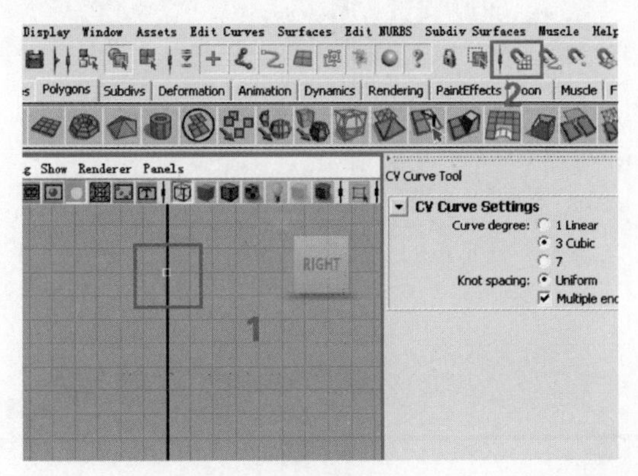

图2-6

使用CV曲线工具把油灯的其他的点绘制出来，如图2-7所示。

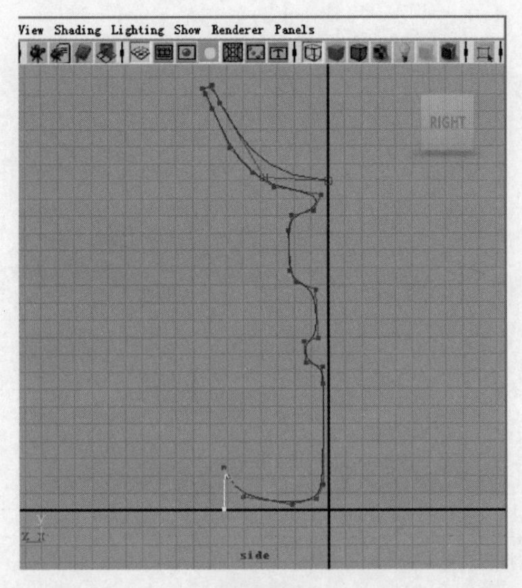

图2-7

③ Both：选中该项，当NURBS曲面处于被选择的状态时，可以同时复制其U和V方向上所有的结构线。

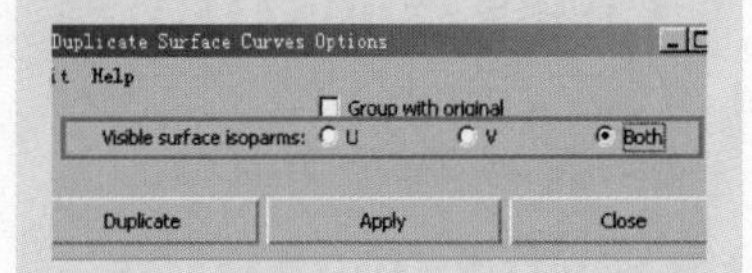

2. Attach Curve(连接曲线)

把两条曲线连接起来，成为一条NURBS曲线。

(1) Attach method（连接方式）：有2个选项。

① Connect（连接）：只是简单地在断点处连接曲线，此连接比较生硬。

② Blend（混合）：根据下面的Blend bias（混合偏差）设定连接的平滑程度，可以得到较为平滑光顺的曲线连接。

操作方式：依次选择两条NURBS曲线，单击Apply按钮。

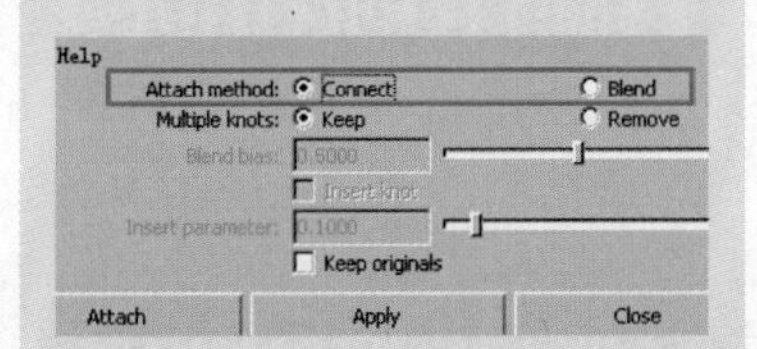

(2) Multiple knots（多节）：只有Attach method（连接方式）选择Connect(连接)时，该项才会被激活。

① Keep（保留）：在连接处保留原来的节(Konts，即EP)不变，并合并原来的2个节。

② Remove（去除）：在连接处删除原来的节，并重新创建3个节。

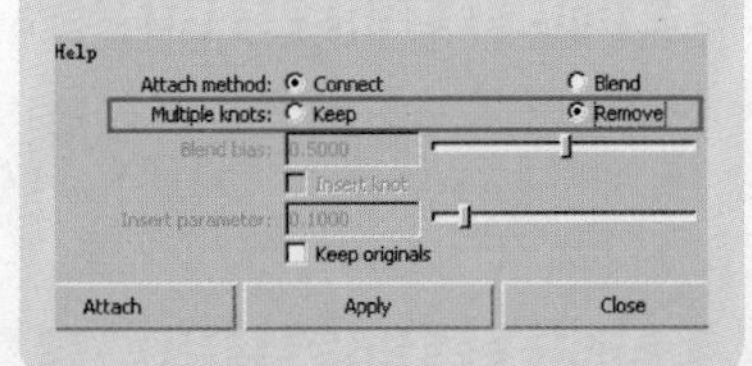

(3) Blend bias(混合偏差):这个参数可以调整混合时连接处的偏移,Maya默认数为0.5,即连接处位于原来两个连接点中间。该参数值最大为1,最小为0。

(4) Insert knot(插入节):选中该项,可以连接点附近插入两个新的节(Knot)。

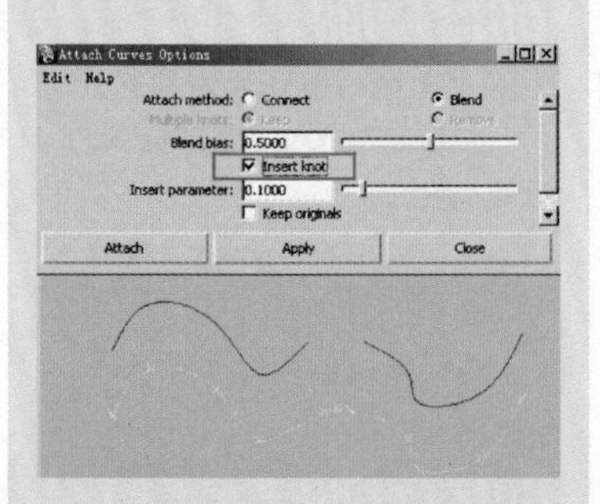

(5) Insert parameter(插入参数):该参数可以调整插入节的位置。参数值越小,插入的节越接近连接点;参数值越大,插入的节距离连接点越远。Maya默认该参数为0.1,最大值为1,最小值为0。只有当选中Insert knot时,该选项才可以被激活。

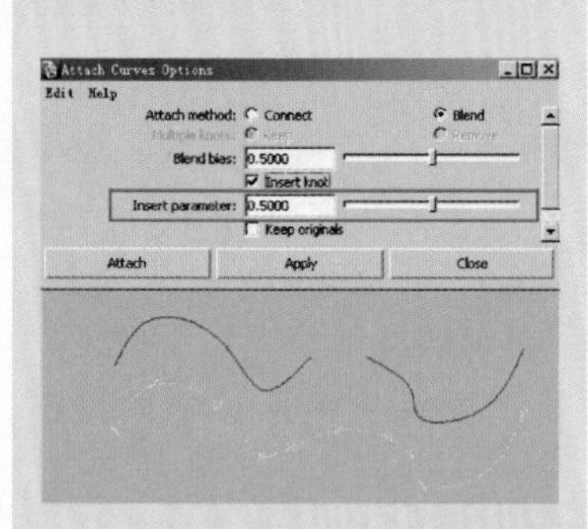

(6) Keep originals(保留原曲线):选中该项,在创建连接曲线的同时,保留原来的两条曲线。否则Maya将删除原来的两条曲线,只得到连接曲线。

接下来再次单击"网格捕捉"按钮,将最后一个点捕捉到和第一个点一样的轴线上,如图2-8所示。

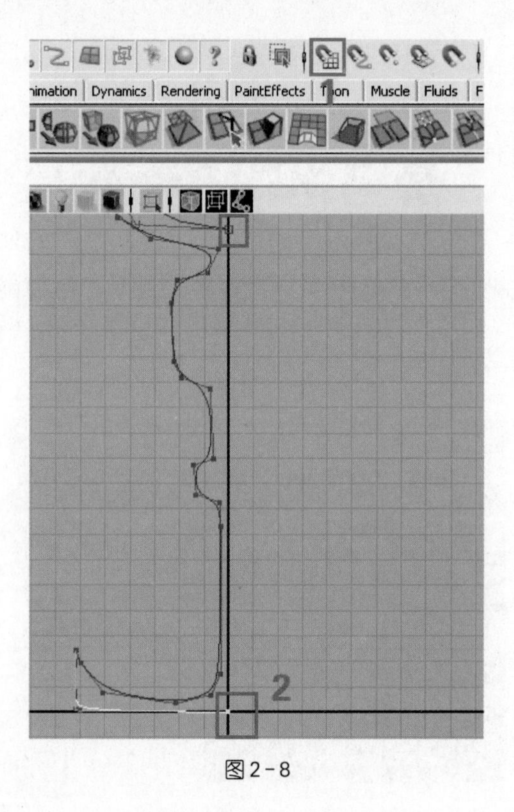

图2-8

最后按〈Enter〉键结束当前曲线的绘制,如图2-9所示。

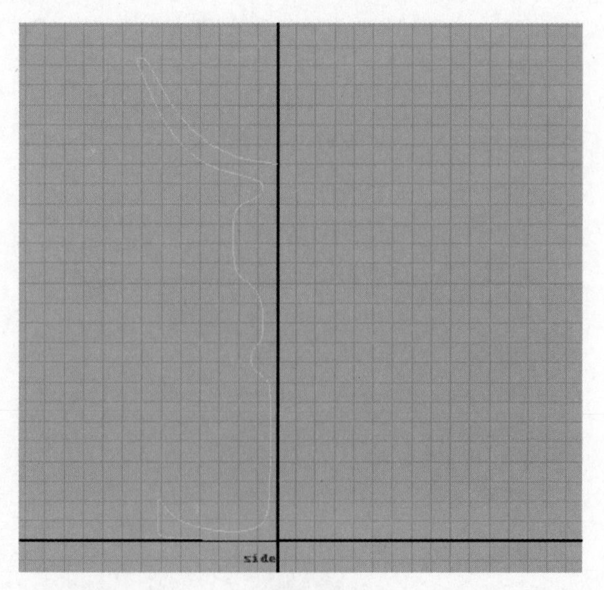

图2-9

05. 调整曲线

由于一开始是粗糙的绘制曲线，如果要制作精致的曲线，就需要进行更加仔细的调整。选中曲线，单击鼠标右键，在弹出的菜单中选择 Control Vertex 命令，如图 2－10 所示。然后根据物体形状通过“移动工具”进行调整，如图 2－11 所示。

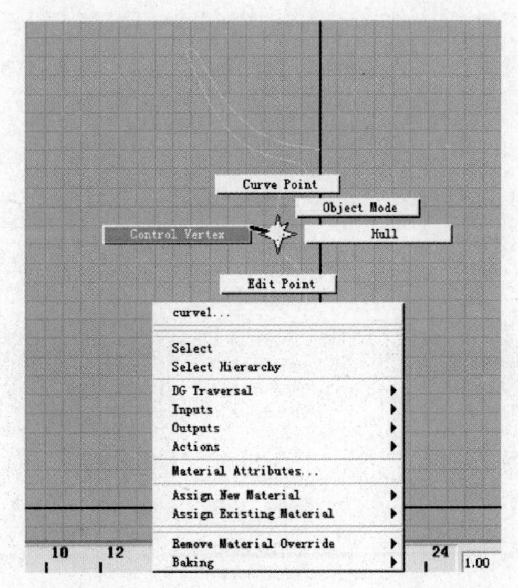

图 2－10

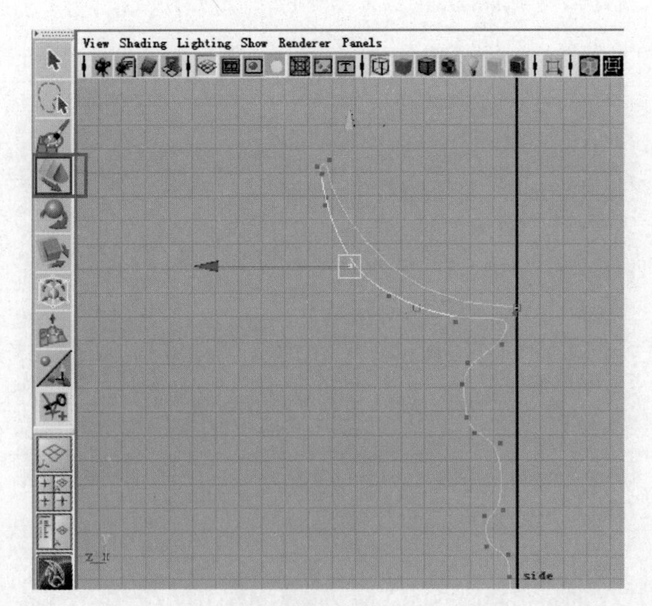

图 2－11

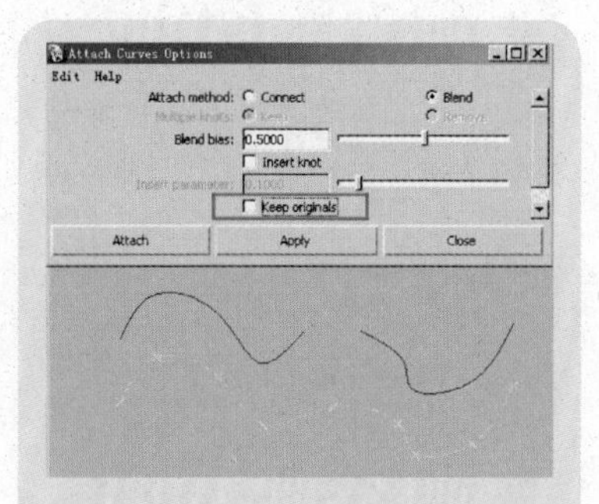

3. Detach Curves(断开曲线)

断开 NURBS 曲线。

Keep original(保留原始曲线)：选中选项，在断开曲线的同时，保留原始曲线；否则 Maya 将删除原始曲线，只得到断开的曲线。

操作方式：选择曲线上一个/多个 EP 或 Curve Point(曲线点)，单击 Apply 按钮。

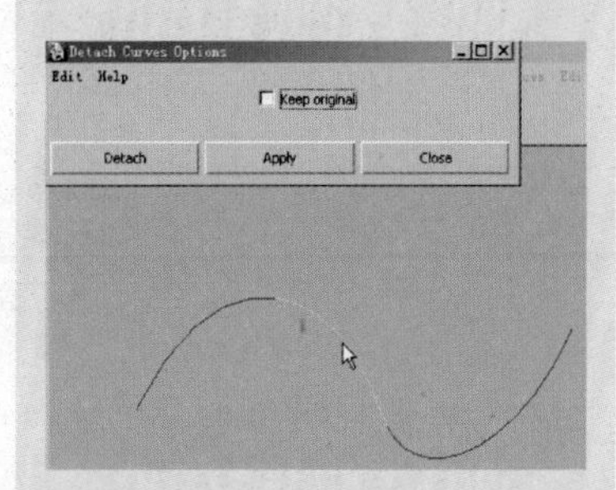

4. Align Curves(对齐曲线)

对齐两条曲线，使其保持 G1 或 G2 或 G3 连接，其中 G1 为位置连续；G2 为切线连续；G3 为曲率连续。

操作方式：依次选择两条曲线，单击 Apply 按钮。

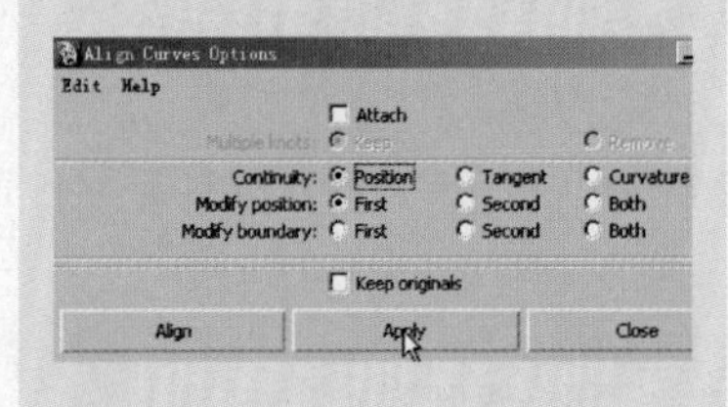

（1）Attach（连接）：选中该项，则在对齐曲线的同时，还将两条曲线连接成一条曲线。

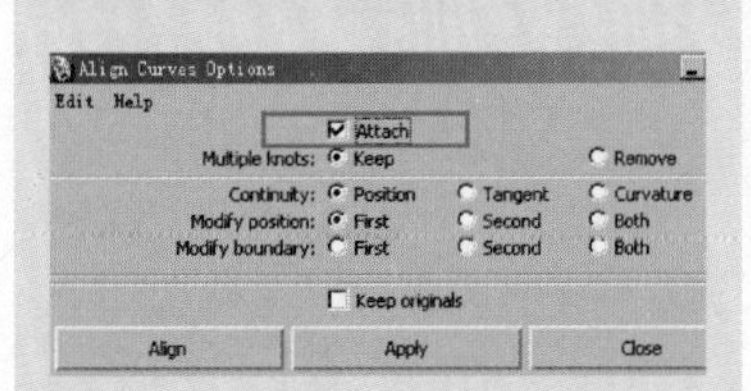

（2）Continuiry（对齐曲线→连续性）：有3个单选项。

① Position（位置）：选中该项，可以使对齐处的两个点重叠，即G1连接。

② Tangent（切线）：选中该项，可以使对齐处的两个可控点的切线相互匹配，即G2连接。

③ Curvature（曲率）：选中该项，可以使对齐处的两个结合点具有相同的圆弧曲率，即G3连接。

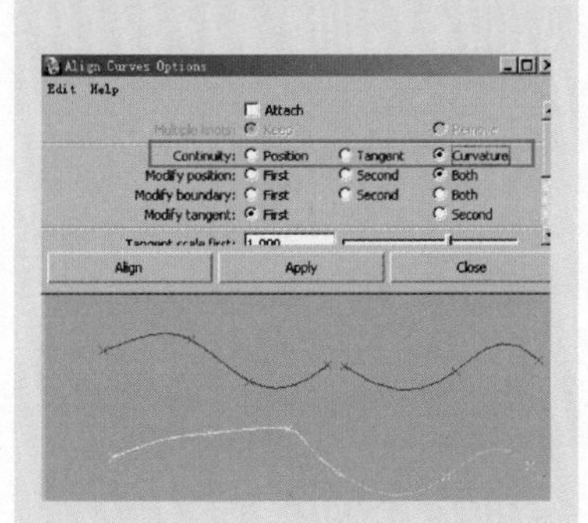

（3）Modify position（修改位置）：有3个单选项

① First（第一曲线）：对齐时，移动第一条曲线对齐到第二条曲线上，第二条曲线的位置不发生变化。

② Second（第二曲线）：对齐时，移动第二条曲线对齐到第一条曲线上，第一条曲线的位置不发生变化。

③ Both（同时）：对齐时，同时移动两条曲线。使两条曲线在中间对齐。

06. 增加节点

在调整过程中会发现有些节点不太容易调节，可以通过增加和删除节点来控制。首先在选中线的情况下单击鼠标右键选择，在弹出的菜单中选择 Curve Point 命令，如图 2－12 所示。

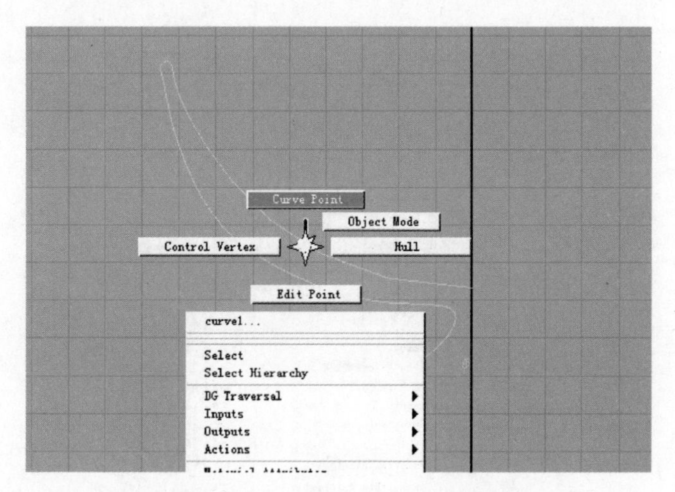

图2－12

在蓝色线上任意单击鼠标，会显示黄色的点，这个点就是将要增加的点的位置，如图 2－13 所示。

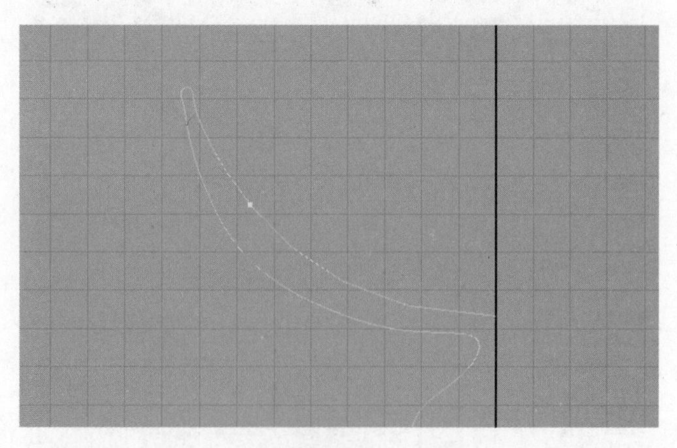

图2－13

也可以按住〈Shift〉键在线上单击几下，在线上就会显示好几个黄色的点，这样就会增加几个点，如图 2－14

所示。选择Surfaces→Edit Curves→Insert Knot命令，就完成了点的插入，如图2－15所示。

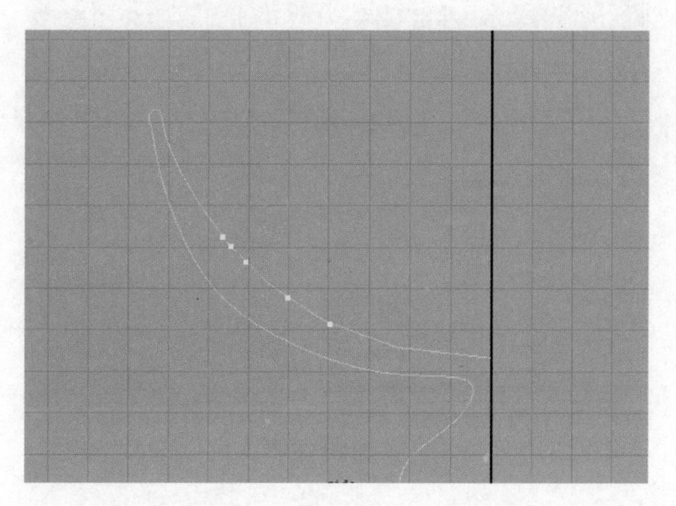

图2－14

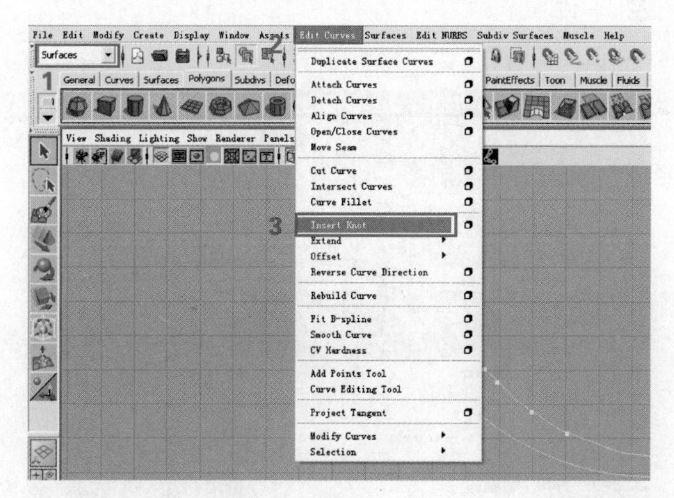

图2－15

07. 删除节点

删除点比较简单，先选中线条，单击鼠标右键，在弹出的菜单中选择Control Vertex命令，任意选中一个点后按〈Del〉键删除，如图2－16所示。

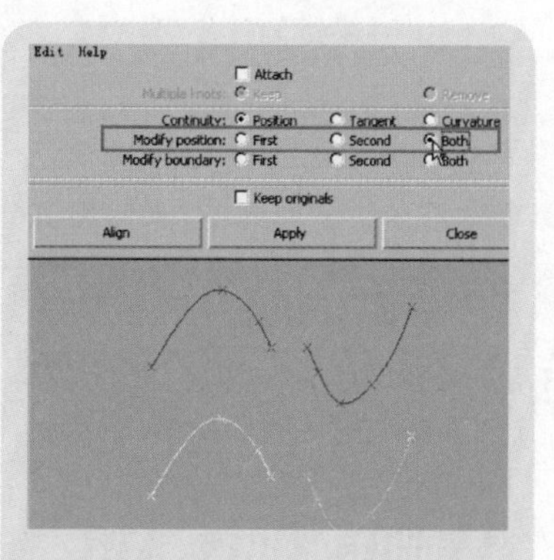

(4) Keep original(保留原曲线)：选中该项，在创建对齐曲线的同时，将保留原始曲线。否则Maya将删除原始曲线，只得到对齐后的曲线。

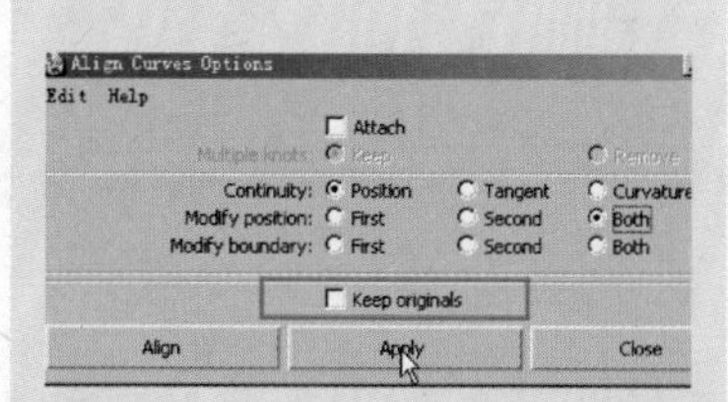

5. Open/Close Curve(打开/闭合曲线)

(1) Open(打开)：将一条闭合的曲线打开。

操作方式：选择一条曲线，单击Apply按钮。

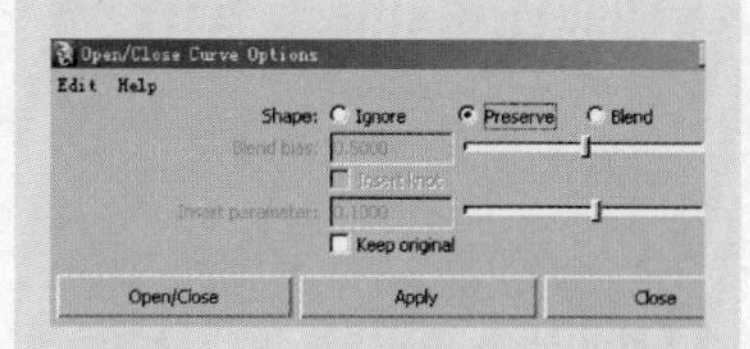

(2) Close(闭合)：将一条曲线闭合。

操作方式：选择一条曲线，单击Apply按钮。

(3) shape(形状)。有3个选项。

① Ignore(忽略):选中该项,在打开/闭合曲线时,不保持曲线形状,这样最后得到的曲线形状个原曲线的形状有偏差,Maya 默认该项是关闭的。

② Preserve(保持):选中该项,在打开/闭合曲线时,将添加或删除 Control Vertex(CV),以保持曲线的形状不变。Maya 默认该项是打开的。

③ Blend(混合):选中该项,在打开/闭合曲线时,使最后的曲线比较连续光滑。Maya 默认是该项是关闭的。

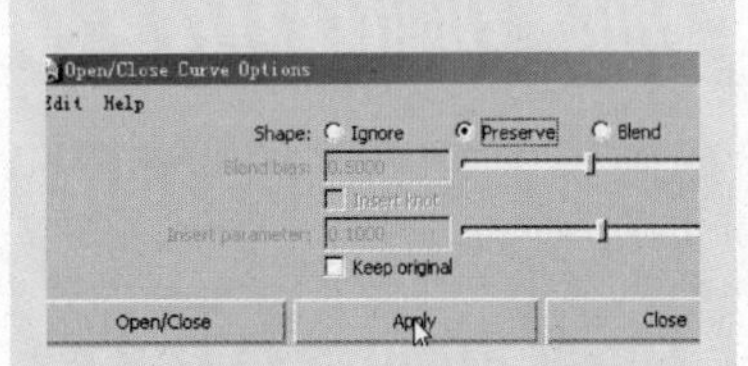

(4) Blend bias(混合偏差):设定该参数,可以调整打开/闭合曲线时的混合效果。Maya 默认该参数是 0.5,最大值为 1,最小值为 0。该参数只有在 Shape(形状)选中 Blend(混合)时,才会被激活。

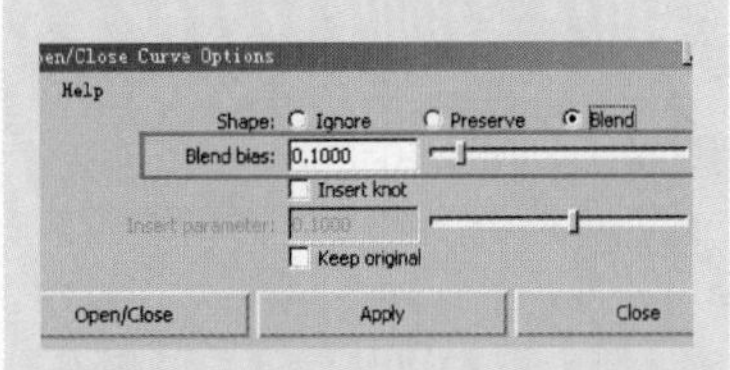

(5) Insert knot(插入节):选中该项,可在连接处插入节。该参数只有在 Shape(形状)下选中 Blend(混合)时,才会被激活。

(6) Insert parameter 插入参数:设置该参数,可以调整插入节位置。该参数在选中 Insert knot(插入节)时,才会被激活。Maya 默认该参数为 0.1,最大值为 1,最小值为 -1。

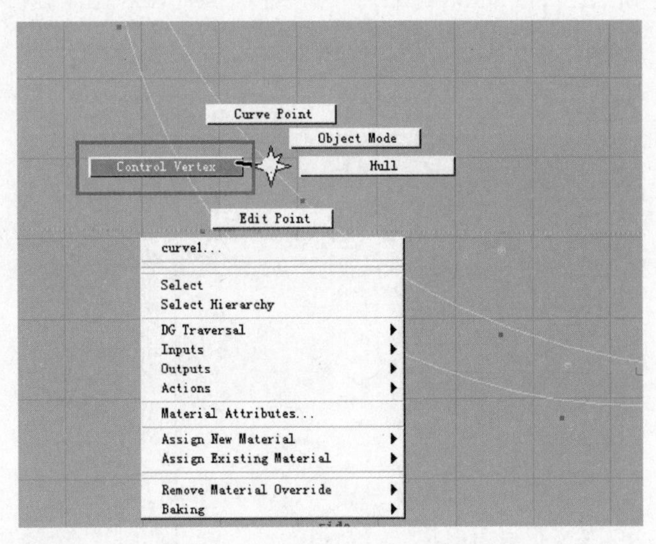

图 2-16

或者选中线条,单击鼠标右键,在弹出的菜单中选择 Edit Point 命令,任意选中一个点,按〈Del〉键删除,如图 2-17 所示。

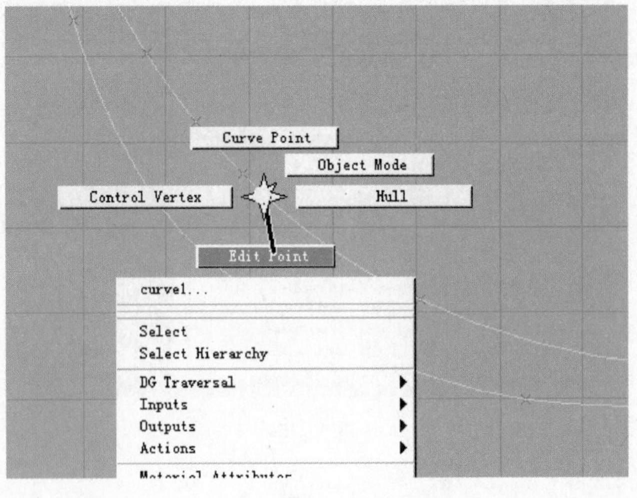

图 2-17

08. 设置旋转命令

在确定调整好形状后,执行 Surfaces→Revolve(旋转成型)命令,如图 2-18 所示。

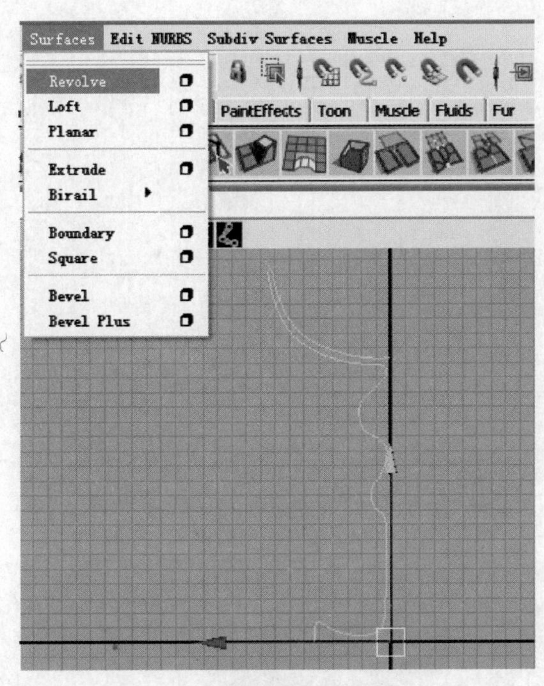

图 2-18

09. 修改形状

如果觉得形状不满意，还可以对形状进行调整。选中原来的形状线，如图 2-19 所示。

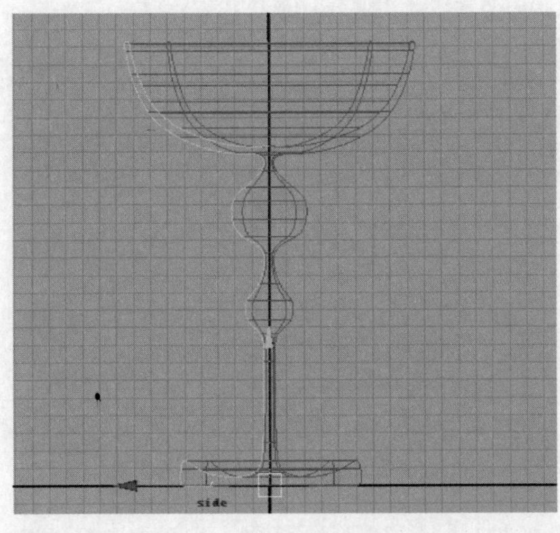

图 2-19

选择调整点(Control Vertex)进行调整，如图 2-20 所示。得到的最终效果如图 2-21 所示。

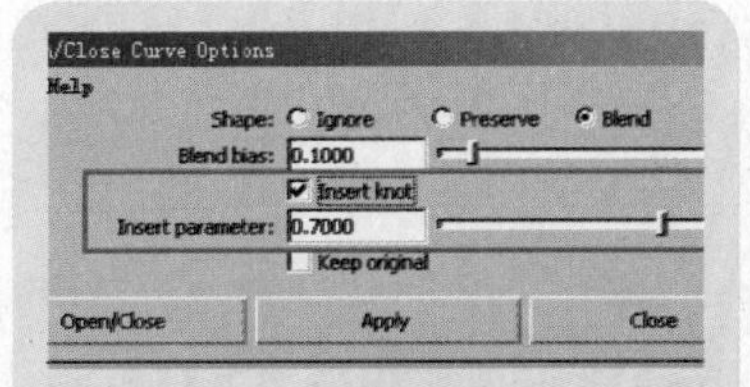

（7）Keep original(保留原始曲线)：选中该项，在打开/闭合曲线的同时，将保留原始曲线。否则，Maya 将删除原始曲线，只得到打开/闭合后的曲线。

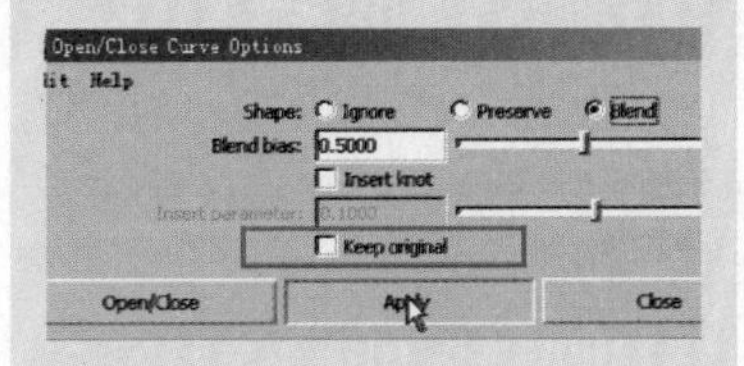

6. Move Seam(偏移接缝)

将一条闭合曲线的接缝(结合点)的位置偏移。

操作方式：选择闭合曲线的一个 Curve Point(曲线点)，单击 Apply 按钮。

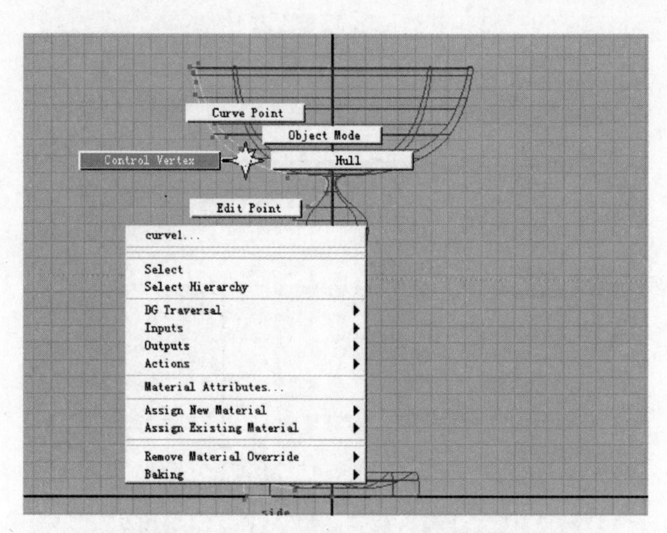
Curve Point
Object Mode
Control Vertex
Hull
Edit Point
curve1...
Select
Select Hierarchy
DG Traversal
Inputs
Outputs
Actions
Material Attributes...
Assign New Material
Assign Existing Material
Remove Material Override
Baking
side

图2-20

persp

图2-21

2.2 马灯的制作

知识点：Revolve(旋转)、Extrude(挤压)、Loft(放样)、Edit Curve(编辑曲线)命令

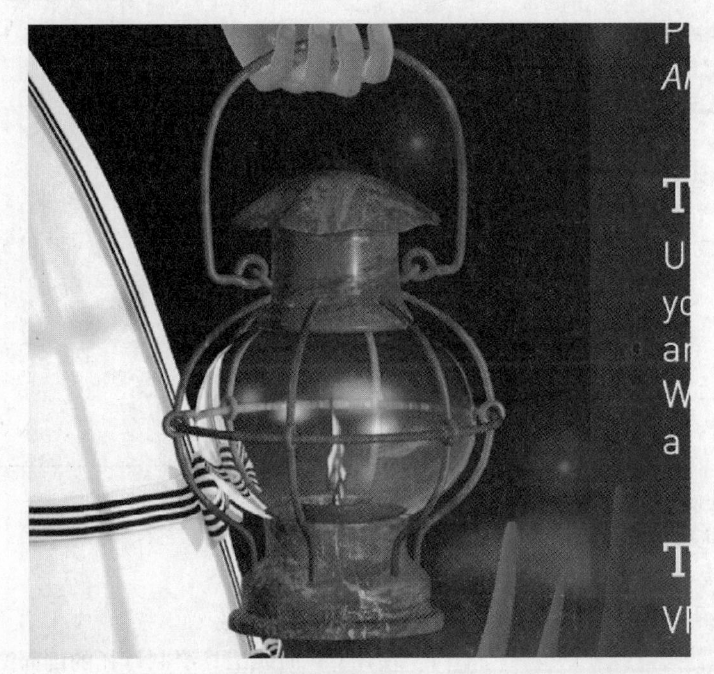

图 2-22

01. 制作底座

可以用 2.1 制作实例使用的方法来制作模型的底座。首先绘制其剖面图，如图 2-23 所示。执行 Surfaces→Revolve 命令，旋转一圈将形状制作出来，如图 2-24 所示。

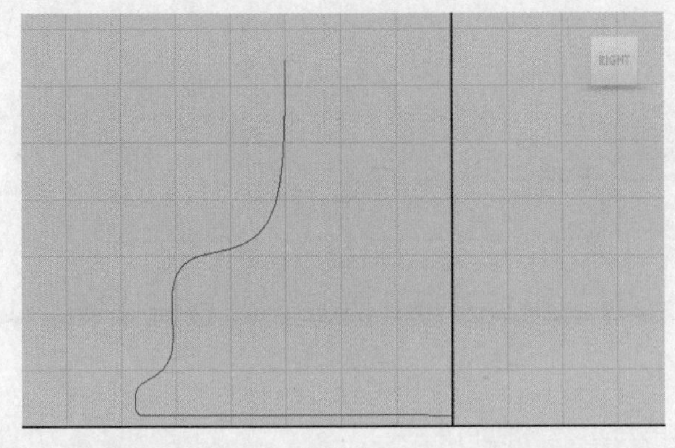

图 2-23

知 识 点 提 示

Edit Curves 编辑曲线命令集(二)

7. Cut Curve(剪切曲线)

将两条以上相交在交叉点处剪断或切除。

(1) In 2D and 3D(查找交叉点→投射交叉和实际交叉)：选中该项，可以根据投射影视图和实际交叉情况，查找曲线的交叉点。有时，两条曲线并不是真正的交叉，但在某个视图或者某个投影下，它们是交叉的，Maya 也会根据投影视图求出交叉点，然后进行剪切。

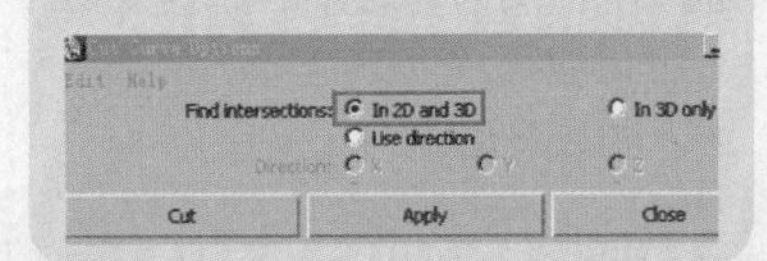

(2) In 3D Only(只有实际交叉):选中该项,当曲线确实交叉时,Maya 才会找出其交叉点并进行剪切;否则 Maya 会报错。

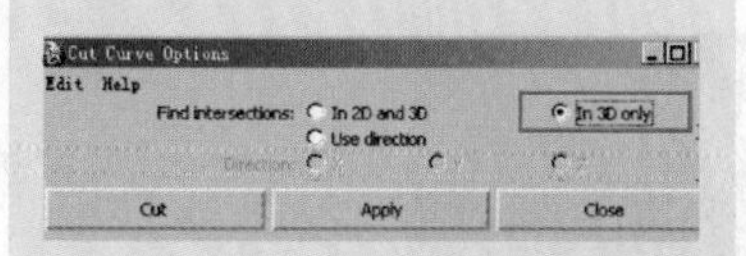

(3) Use direction(使用投影方向):设置投影方向或者视图,Maya 会根据设定来求曲线的交叉点。

(4) Direction(方向):有 3 个选项。

① XYZ:设定投影的轴向,Maya 会根据选择的轴计算交叉点。

② Active view(当前视图):选中该项,Maya 会根据当前激活的视图计算交叉点。

③ Free(自由方向):选中该项,可以在 Direction 栏输入参数,自定义投射轴向。

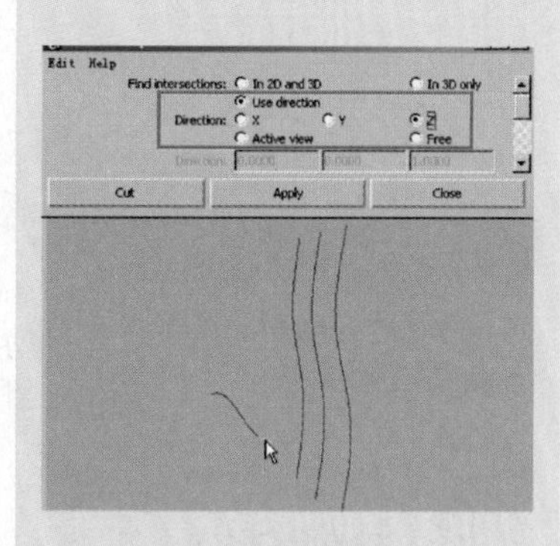

(5) Cut(剪切):

① At All Intersections(所有交叉点):在选中曲线的所有交叉点处剪切所有的曲线。

② Use last curve(使用最后的曲线):使用最后选择的曲线来剪切别的曲线,而最后选择的那条曲线不发生变化。

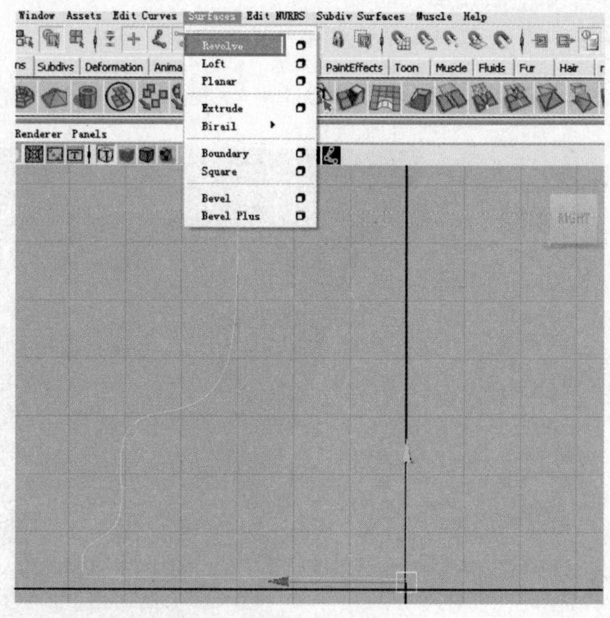

图 2-24

02. 制作底座中间的灯托

使用 CV 曲线工具绘制灯托的剖面图,如图 2-25 所示。执行 Surfaces→Revolve 命令,旋转一圈将形状制作出来,如图 2-26 所示。

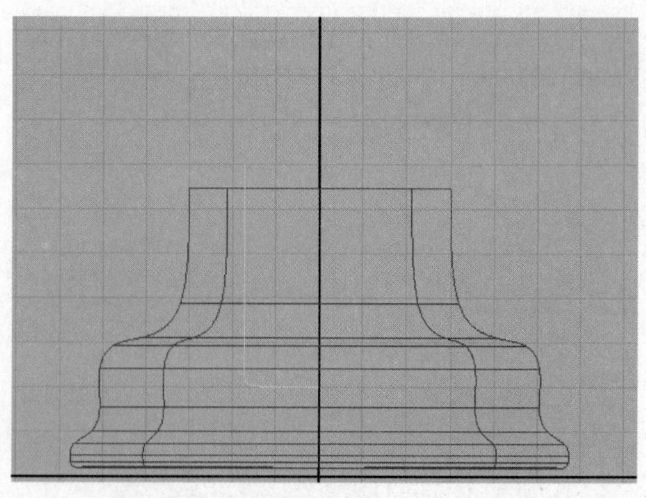

图 2-25

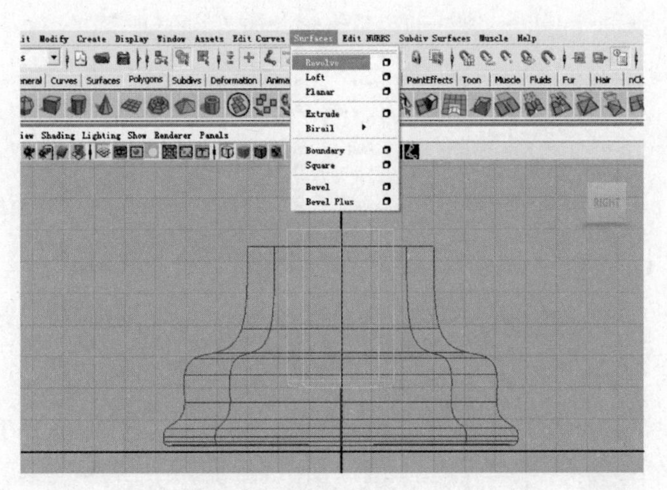

图2-26

03. 制作灯罩玻璃

使用CV曲线工具绘制灯罩玻璃的剖面图，如图2-27所示。执行Surfaces→Revolve命令，旋转一圈将形状制作出来，如图2-28所示。

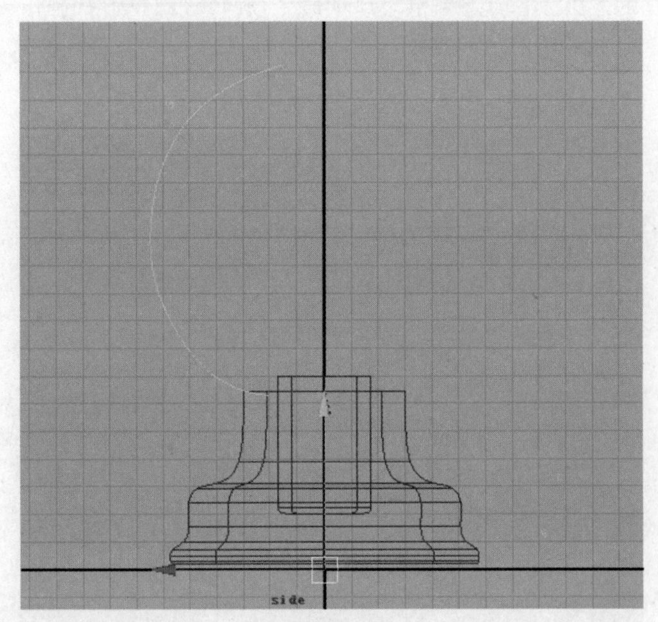

图2-27

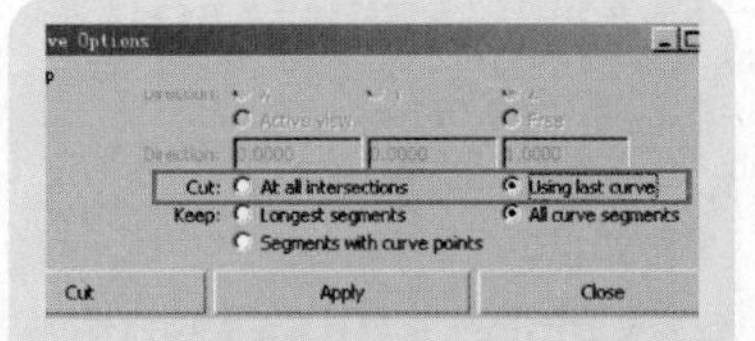

(6) Keep(保留)：

① Longest segments(最长的曲线段)：选中该项，在剪切时，保留剪切曲线的最长的曲线段，删除较短的曲线段。

② All curve segments(所有曲线段)：选中该项，在剪切时，只是剪切曲线并保留所有的曲线段。

③ Segments with curve points(带有曲线点的曲线段)：保留所有曲线点的曲线段。

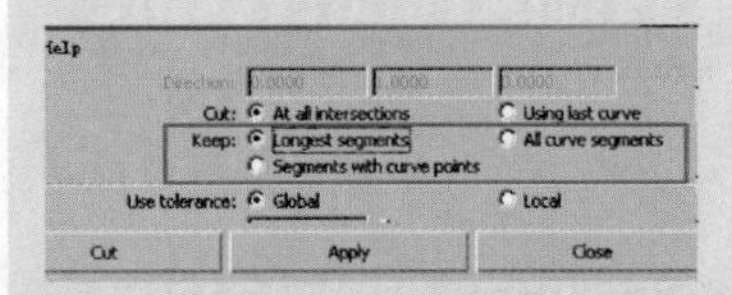

(7) Keep original(保留原始曲线)：选中该项，在剪切的同时，保留原始曲线。否则，Maya将删除原始曲线，只得到剪切后的曲线。此外，选中Keep original，同时会保留剪切曲线的Input(输入)。完成剪切后，可以在Channel Box(通道盒)中打开Input，交互地调整剪切参数。

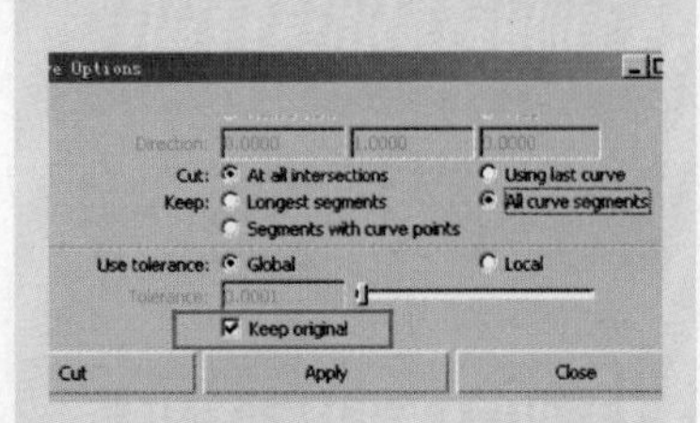

8. Intersect Curves(交叉曲线)

求出相交曲线的交叉点。

操作方式：依次选择互相交叉的两条(或更多)曲线，单击Apply按钮。

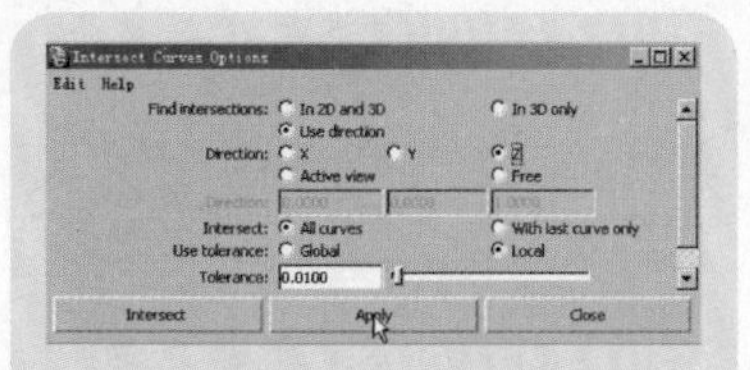

(1) Intersect(交叉):有 2 个选项。

① All curves(所有曲线):选中该项,可求出所有选择曲线的交叉点。

② With last curves only(只有最后选择的曲线):选中该项,则只求出在最后选择的曲线上的交叉点。

其他属性参数与剪切的属性参数都基本一致。

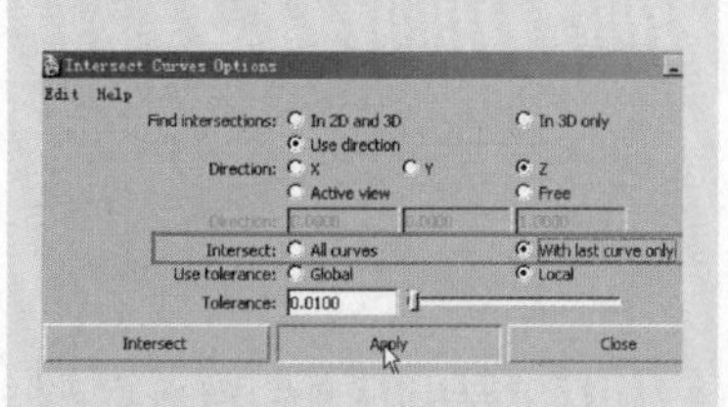

9. Curve Fillet(曲线倒角)

对两条曲线创建圆形倒角或自由倒角。

(1) Trim(剪切):只保留原曲线移向倒角曲线末端的部分,删除其他部分。

操作方式:选择两条曲线,单击 Apply 按钮。

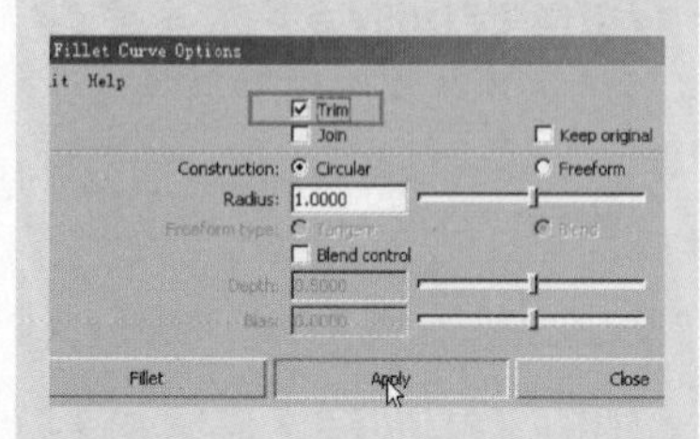

(2) Join(连接):选中该项,可以将剪切后的曲线和倒角线连接成一条曲线。只有选中 Trim 项时,Join 项才会被激活。

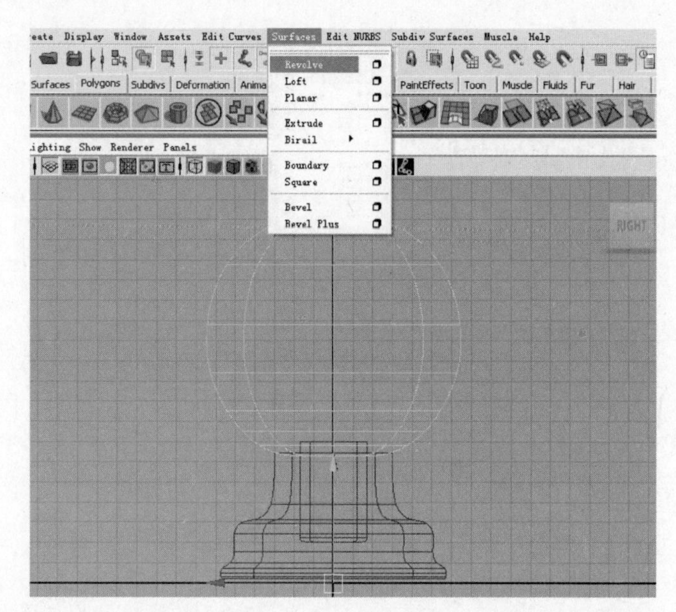

图2-28

04. 制作灯顶

使用 CV 曲线工具绘制灯顶的剖面图,如图 2-29 所示。执行 Surfaces→Revolve 命令,旋转一圈将形状制作出来,如图 2-30 所示。

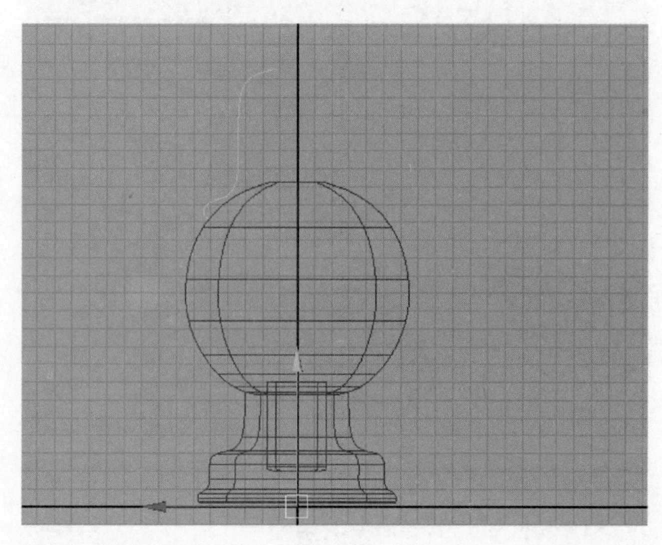

图2-29

图 2 - 30

05. 制作灯顶盖

在通道栏中单击，创建一个新的图层“layer1”，如图 2 - 31所示。Maya 中的图层概念与 Photoshop 中的图层概念有些类似。

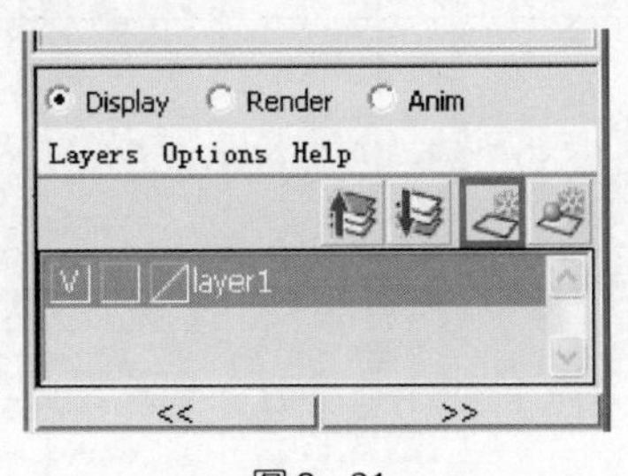

图 2 - 31

全部选中刚才绘制的图形，在层上单击鼠标右键，将所有的物体加入图层，如图 2 - 32 所示。

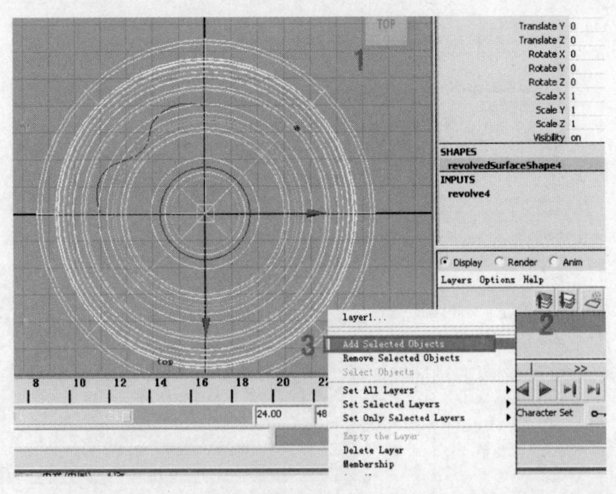

图 2 - 32

(3) Keep original(保留原始曲线)：创建倒角曲线的同时，保留原始曲线。只有选中 Trim 项时，Keep original 项才会被激活。

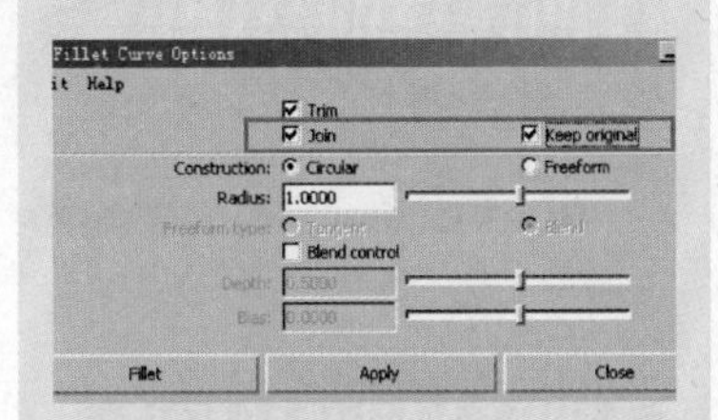

(4) Construction(构建)：有 2 个选项。

① Circular(圆形的)：创建圆形倒角。

② Freeform(自由的)：创建自由倒角，可以较方便地控制倒角的位置。

操作方式：在两条分别选定一个 Curve Point，定义倒角的位置，然后执行倒角。

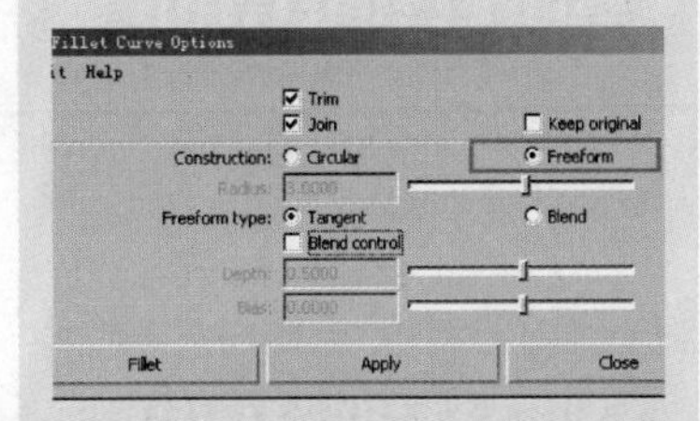

(5) Radius(半径)：设置圆形倒角的半径。只有 Constructio 为 Circular 时，该参数才会被激活。

(6) Blend control(混合控制)：选中该项，打激活 Depth(深度)和 Bias(偏差)，调整倒角线的曲率。

(7) Depth(深度)：设置该参数可控制倒角的位置。

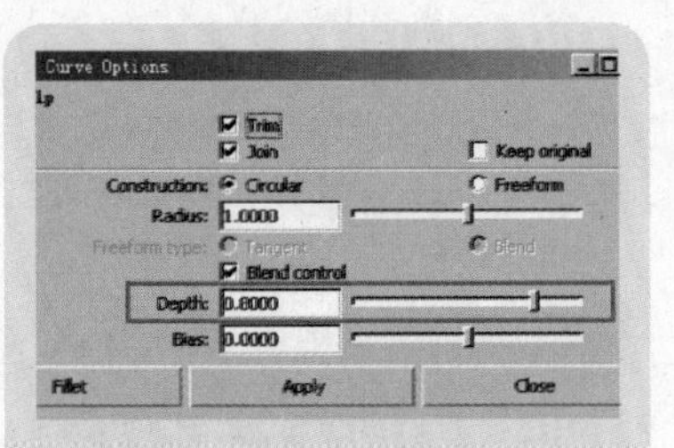

(8) Bias(偏差):控制倒角线弯曲的方向。

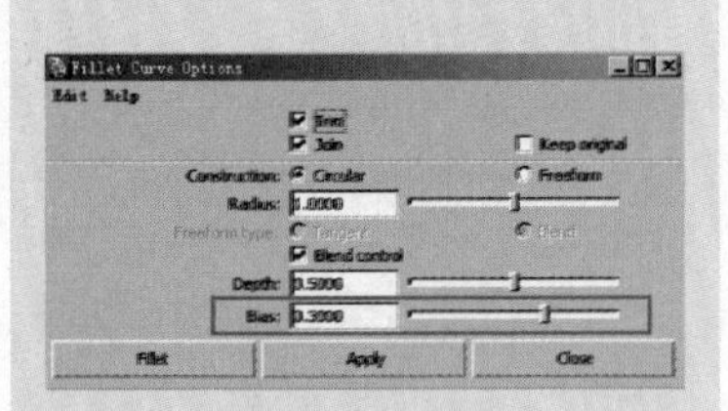

10. Insert Knot(插入节)

为曲线添加节。

操作方式:选择曲线,单击Apply按钮。

(1) Insert location(插入位置):有2个选项。

① At Selection(在选择处):选中该项,可以在选择的Curve Point处插入Knot。

② Between selections(在选择处之间):选中该项,可在选择的两个Curve Point之间插入Knot。

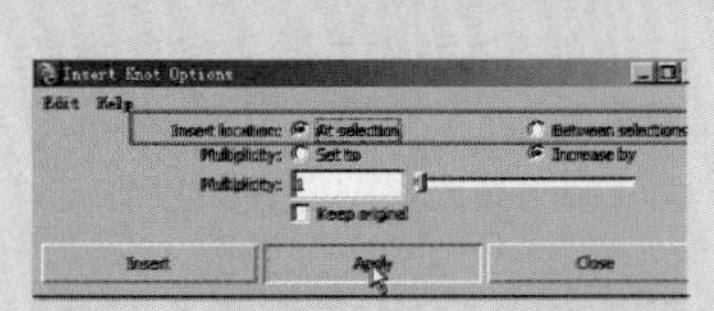

(2) Multiplicity(多样参数值):这里可以设置要插入的节的个数。

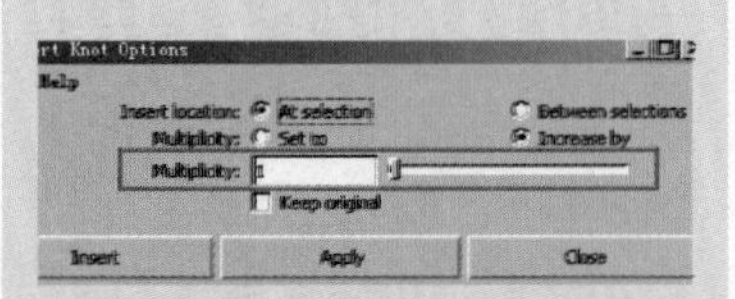

11. Extend(延伸曲线)

(1) Extend method(延伸方式):有2个选项。

将显示方式变为T,以参考物体的显示方式,如图2-33所示。这样在制作中就不会选中已经制作好的物体了。

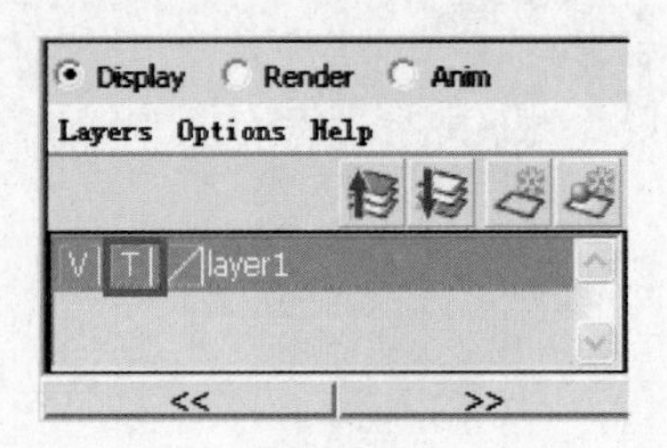

图2-33

然后制作灯顶上的盖子。首先在顶视图中绘制出形状,如图2-34所示。

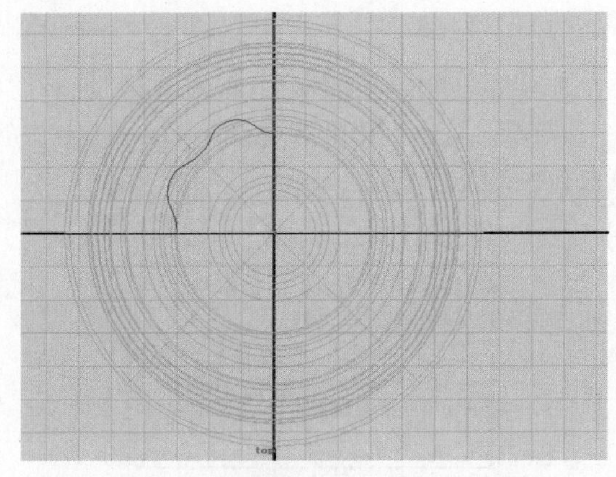

图2-34

选中线条后复制,单击Edit→Duplicate Special命令旁的设置按钮,在弹出的对话框中设置旋转度数为90°,复制数量为4个,如图2-35所示。然后单击Duplicate Special(复制)按钮。复制好的效果如图2-36所示。

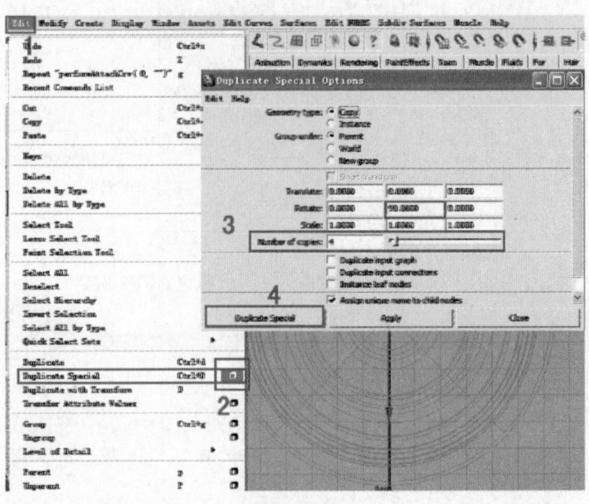

图2-35

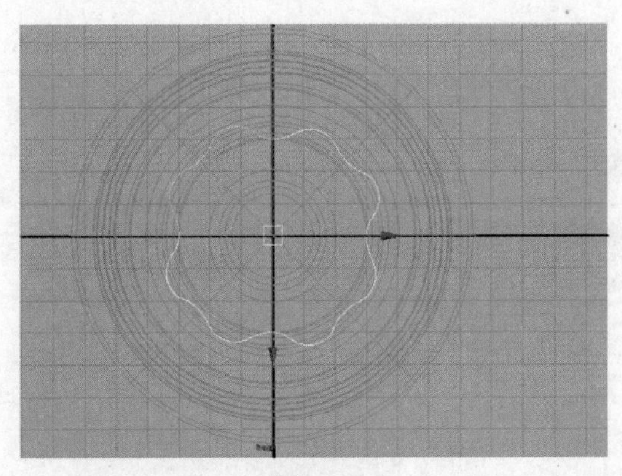

图 2－36

依次选择 2 根线段，单击 Edit Curves→ Attach Curves 命令旁的设置按钮，在弹出的对话框中如图 2－37 所示设置参数，将 2 根线段结合。再依次选择 2 根线段，执行Edit Curves→ Attach Curves 命令，使 2 根线段结合，如图 2－38 所示。

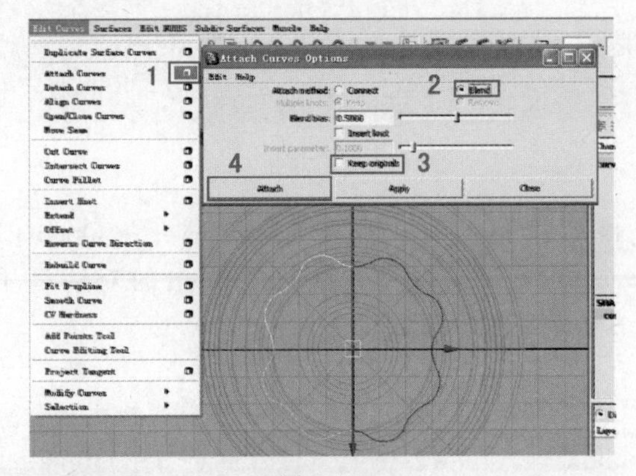

图 2－37

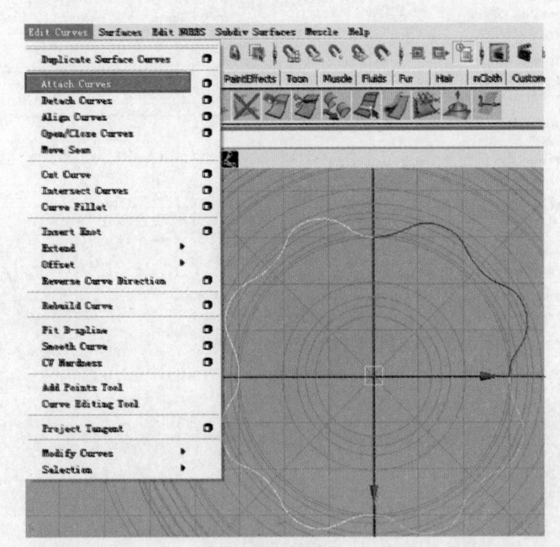

图 2－38

① Distance（距离）：选中该项，可设定曲线延伸长度。

② Point（点）：选中该项，可将曲线延伸到某个点。

操作方式：选择一条曲线，单击 Apply 按钮。

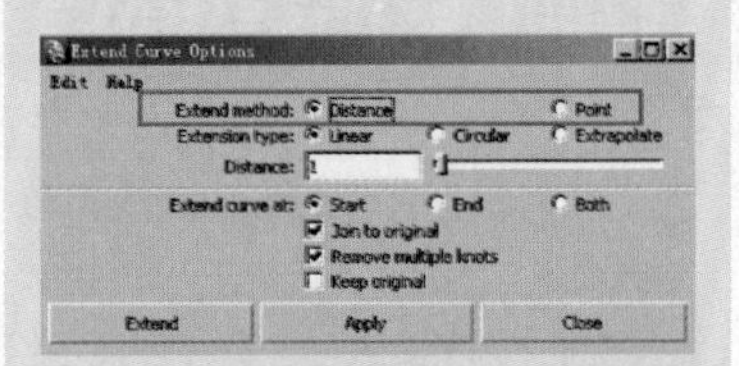

（2）Extension type（延伸类型）：有 3 个选项。

① Linear（线性）：选中该项，可线性延伸曲线。

② Circular（弧形）：选中该项，可以一定弧度延伸曲线。

③ Extrapolate（外推）：选中该项，延伸曲线，将保持所选曲线与延伸曲线为 G2 连接。

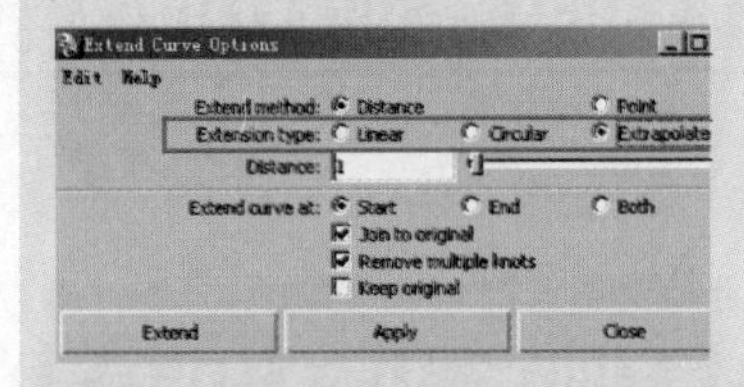

（3）Distance（距离）：设定曲线延伸的长度。

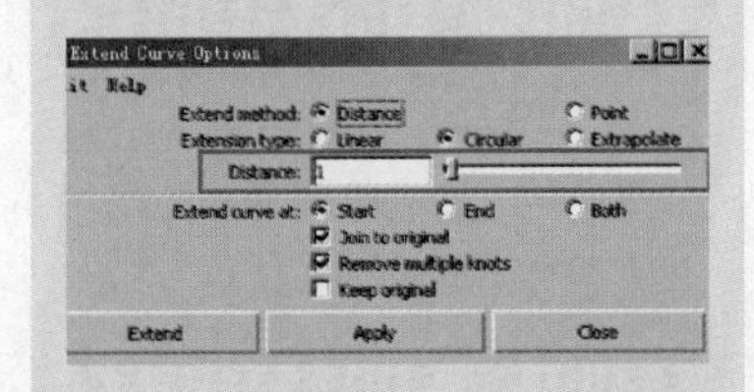

（4）Etend Curve at（延伸曲线在……）：有 3 个单选项。

① Start（起始）：从曲线的起始点处延伸曲线。

② End（末端）：从曲线的末端点处延伸曲线。

③ Both(两端):从两端同时延伸曲线。

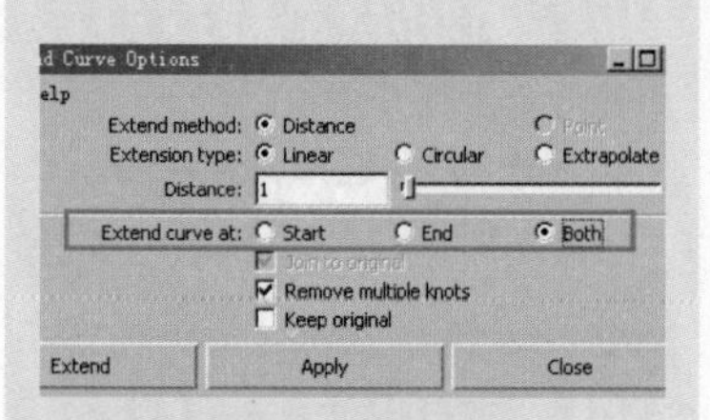

(5) Join to original(连接到原始曲线):选中该项,可以把延伸曲线与原始曲线连接成为一条曲线。否则,原始曲线和延伸曲线互相独立。

(6) Keep original(保留原始曲线):选中该项,在创建延伸曲线的同时,将保留原始曲线。否则,Maya将删除原始曲线,只得到延伸曲线。

(7) Point to extend to(延伸曲线到……):设定曲线延伸到世界空间下XYZ的坐标点上。

(8) Extend Curve on Surface(延伸表面曲线)。

再选择最后一根线段,执行Edit Curves→Attach Curves命令使线段结合,如图2-39所示。

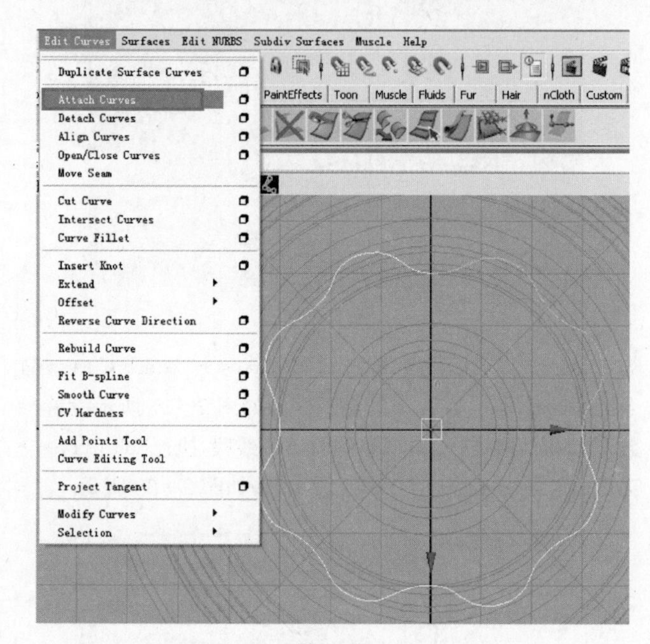

图2-39

最后选择物体,单击Edit Curves→Open/Close Curves(打开/闭合曲线)命令,在弹出的对话框中如图2-40所示设置参数。

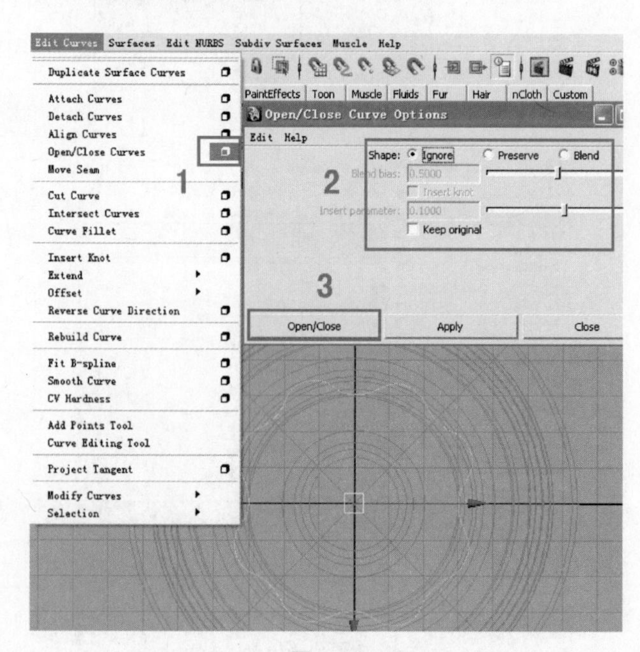

图2-40

选中线条，由于前面做了很多操作步骤，所以执行 Edit→Delete by Type→History 命令清除历史记录，如图 2-41 所示。执行 Creat→NURBS Primitives→Circle 命令，在如图 2-42 所示的位置创建一个圆。选中圆后再复制一个圆，并将其缩小一些，如图 2-43 所示。在透视图上将这几个形状如图 2-44 所示排列。

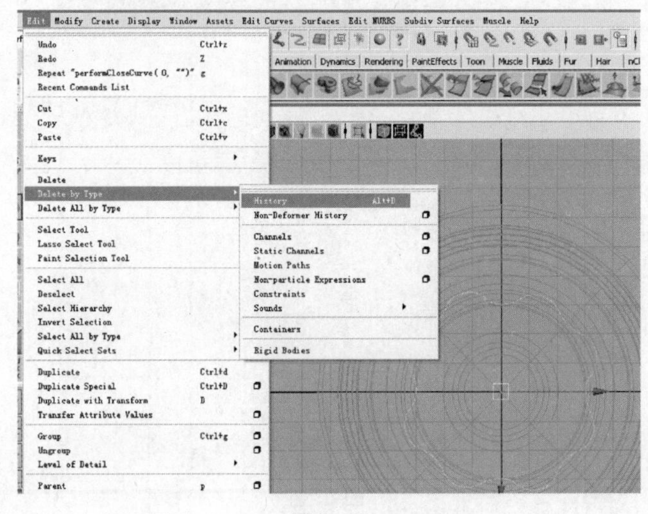

图2-41

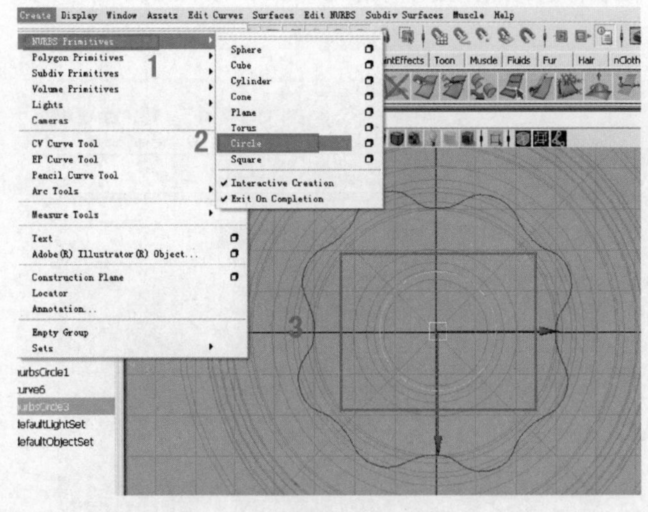

图2-42

(9) Extend method(延伸方式)：有2个单选项。

① Parametric distance(参数量距离)：选中该项，可设定曲线沿曲面延伸的长度，参数值可在下面的 Parametric distance(参数量距离)栏中输入。

② UV Point(UV点)：选中该项，可将曲线沿曲面延伸到曲面上的某个点。点的坐标是曲面UV空间的UV坐标，可以在下面的 Point to extend to 中输入。

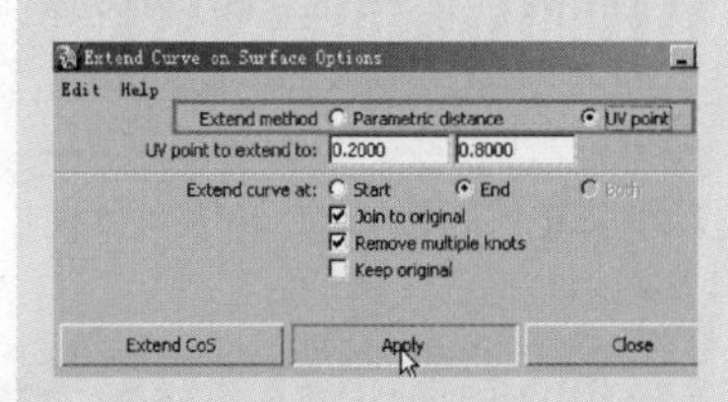

12. Offset(偏移)

偏移曲线。

(1) Normal direction(法线方向)：有2个单选项。

① Active view(当前视图)：选中该项，可根据当前激活的视图的摄像机投射方向来决定曲线的偏移。

② Geometry average(几何平均值)：选中该项，偏移曲线将放置在曲线的左侧，并按比例缩小向左弯的圆弧，按比例扩大向右弯的圆弧。

操作方式：选择一条曲线，单击 Apply 按钮。

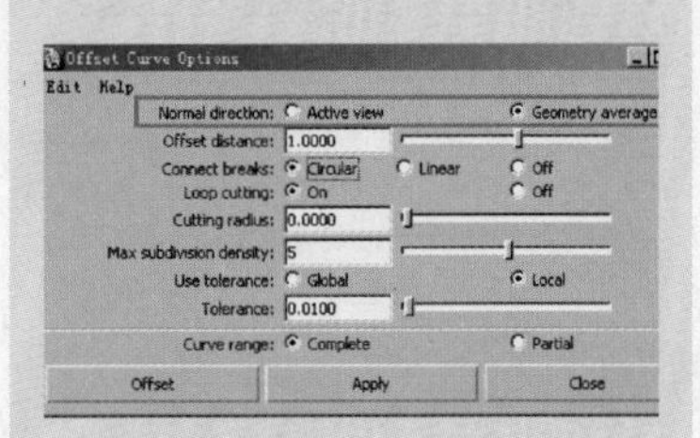

（2）Offset distance（偏移距离）：设定原曲线和偏移曲线的距离。

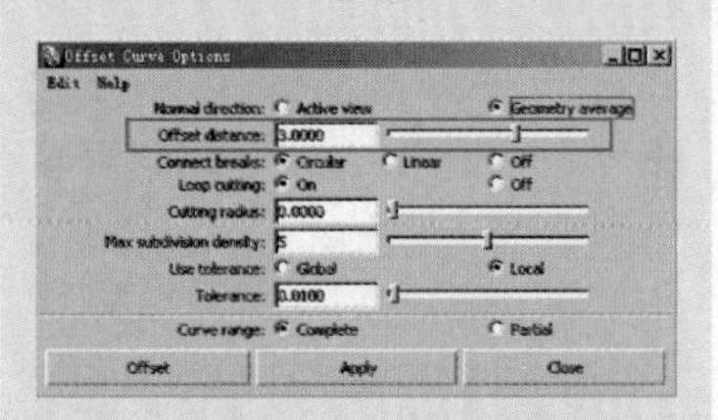

（3）Connect breaks（连接断点）：如果创建一条有多节或可控点的度数大于 1 的曲线的偏移曲线时，所创建的偏移曲线的角度可能会很尖锐，或者会将偏移曲线分成不连续的几段曲线。Maya 在连接断点时有三个选项。

① Circular（圆弧）：可在间断点处插入圆弧以创建连续的曲线。

② Linear（线性）：用直线连接间断点，创建连续曲线。

③ Off（无）：Maya 将对断开的曲线段不作任何处理。

（4）Loop cutting（封闭剪切）：设置是否剪切平面曲线里的封闭线圈。当偏移距离过大时，偏移曲线会自身交叉并生成线圈。选中 On，Maya 会对封闭线圈进行剪切；选中 Off，Maya 不对封闭线圈作任何处理。

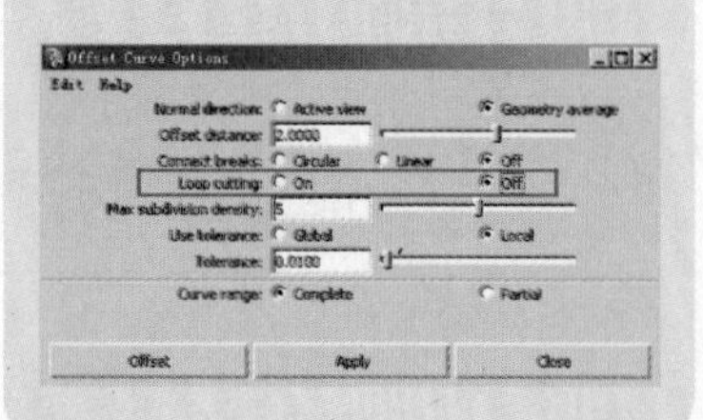

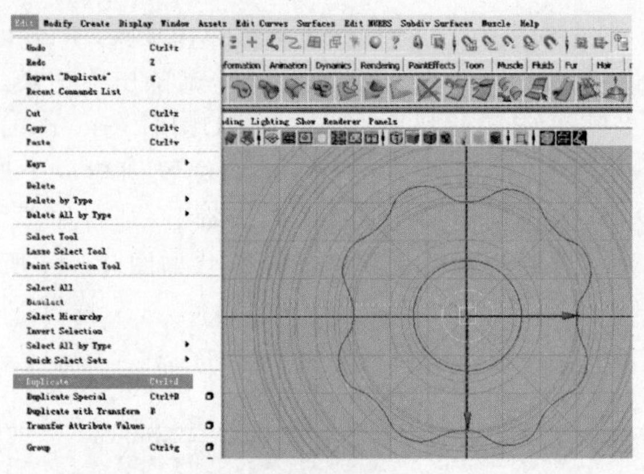

图 2－43

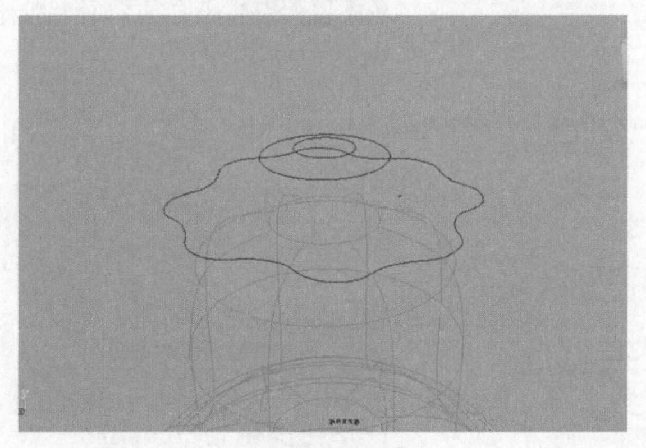

图 2－44

从下到上依次选择线条，执行 Surfaces→Loft 命令，对物体进行放样操作，如图 2－45 所示。得到的效果如图 2－46 所示。

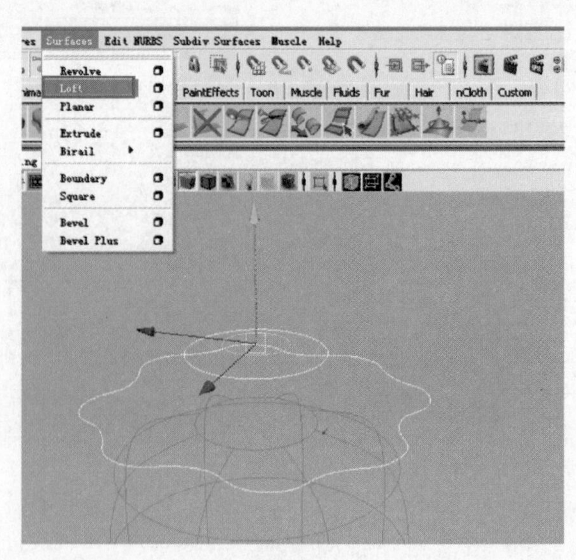

图 2－45

图2-46

选中物体后单击鼠标右键，在弹出的菜单中选择 Iso parm 命令，选择一条线条 Iso，如图 2-47 所示。选中中间一圈，执行 Surfaces→Planar 命令，如图 2-48 所示。最

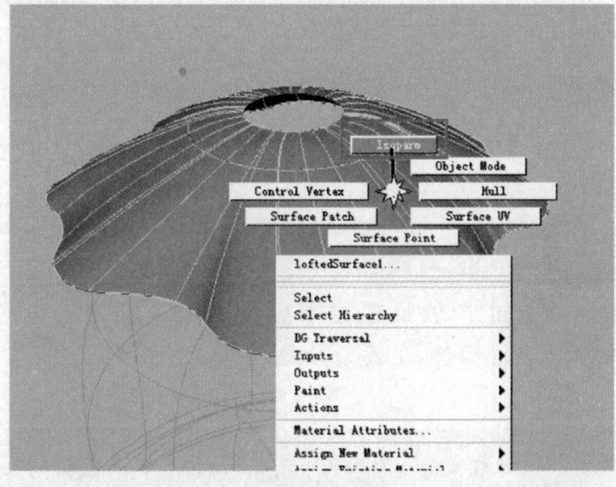

图2-47

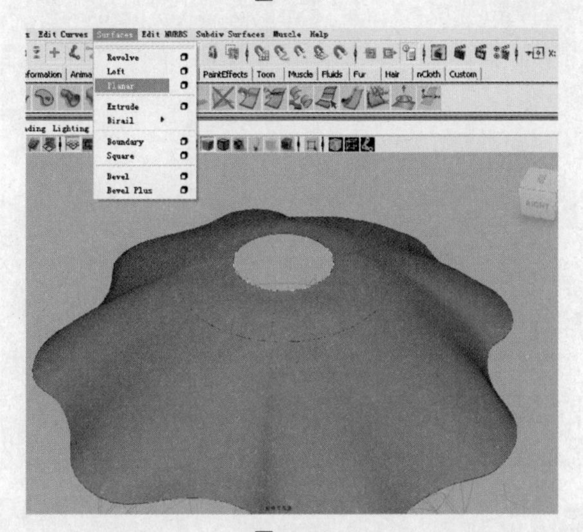

图2-48

(5) Cuting radius（剪切半径）：当 Cuting radius 参数值大于 0 时，Maya 将在封闭剪切处连接一个指定半径的圆弧，这样可以避免偏移曲线上出现尖锐的角。

只有当 Loop cutting（封闭剪切）选择 On 时，Cuting radius（剪切半径）才会被激活。

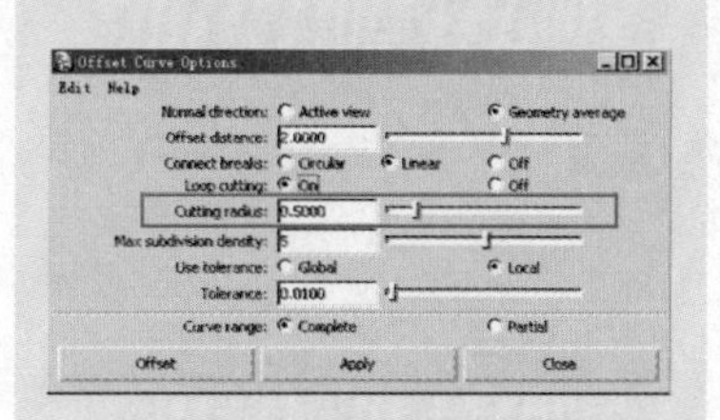

(6) Subdivision density（最大偏移细分密度）：设置偏移曲线可以被细分的最大次数。

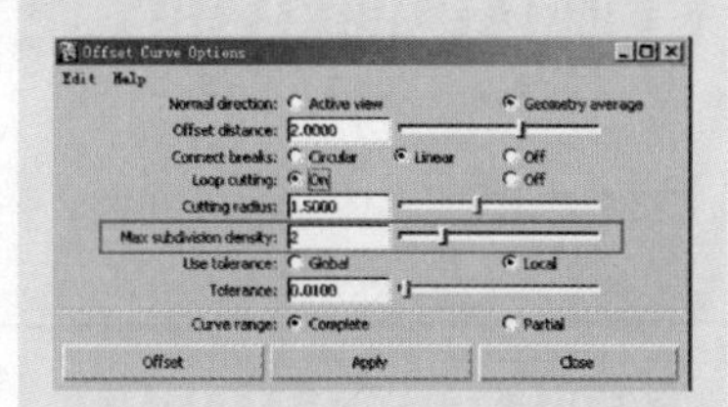

(7) Curve range（曲线范围）：有 2 个选项。

① Complete（完全）：选中该项，可创建整条原始曲线的偏移曲线。

② Partial（局部）：选中该项，可只创建部分原始曲线的偏移曲线。它创建可编辑的 Subcurve 节，这样可以在创建完偏移曲线后，改变偏移曲线的范围。

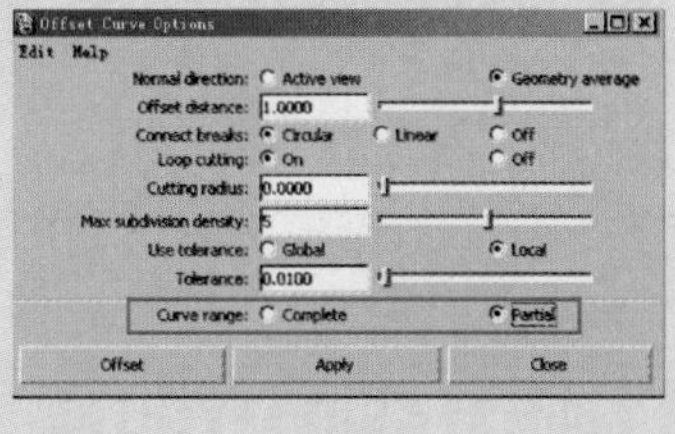

(8) Offset Curve On Surface(偏移表面曲线):这里的参数和Offset Curve窗口中的参数一致。

操作方式:选择一条表面曲线,单击Apply按钮。

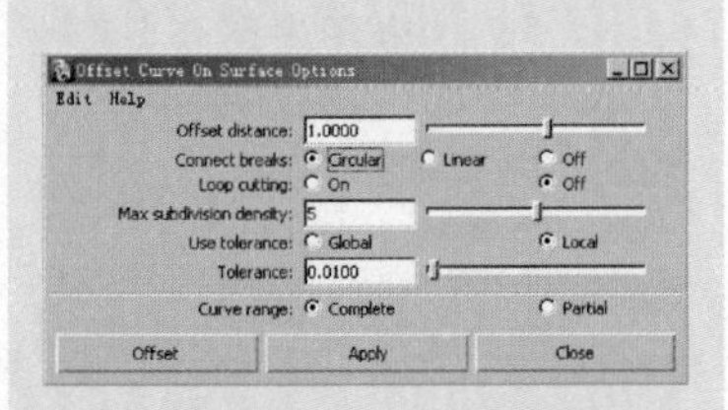

13. Reverse Curve Direction(反转曲线的方向)

Keep original(保留原始曲线):选中该项,在反转曲线的同时,将保留原始曲线。否则,Maya将删除原始曲线,只得到反转后的曲线。

操作方式:选择一条或多条曲线,单击Apply按钮。

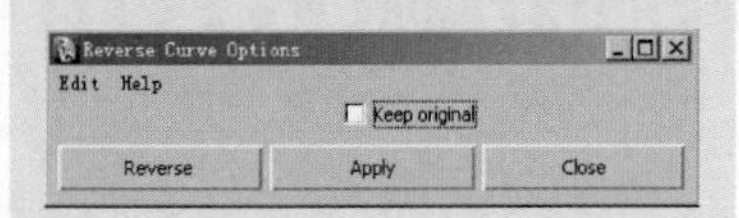

14. Rebuid Curve(重建曲线)

重新定义曲线上EP的个数,并在曲线上均匀分布CV。

(1) Rebuid type(重建类型):有6个选项。

① Uniform(统一):选中该项,可以通过统一的参数设置重建一条曲线,可以改变段数或曲率。

操作方式:选择一条曲线,单击Apply按钮。

② Reduce(减少):选中该项,在不会影响其他的大于容差设置距离的节点时删除EP。

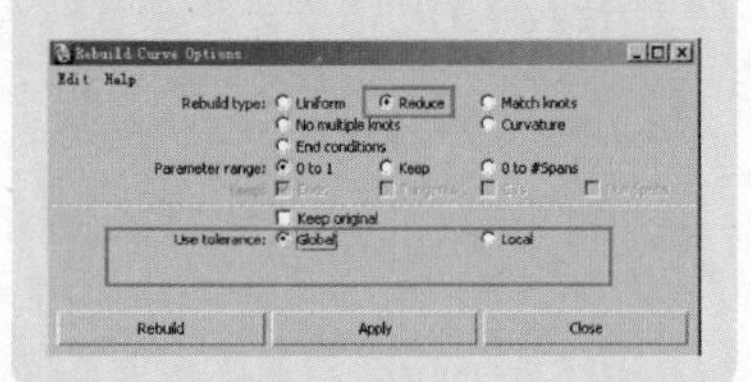

终完成的灯盖效果如图2-49所示。

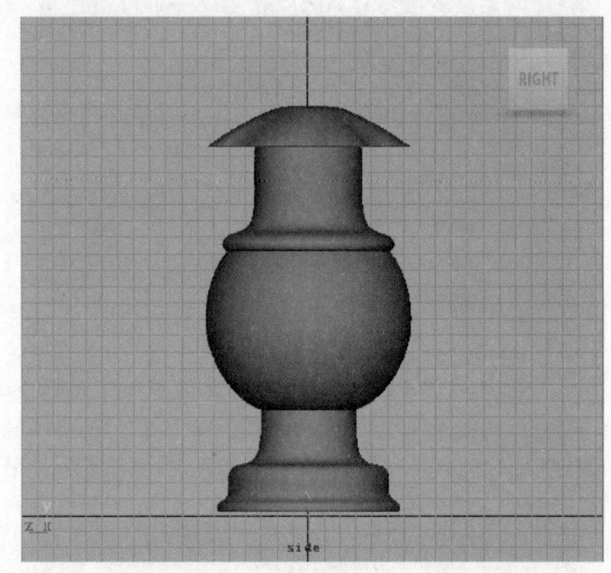

图2-49

06. 制作把手

首先使用CV曲线工具制作一半线条,如图2-50所示。执行Edit→Duplicate命令复制曲线,如图2-51所示。选中曲线,在通道栏中更改放缩Z轴为-1,将这条曲线沿Z轴镜像,如图2-52所示。

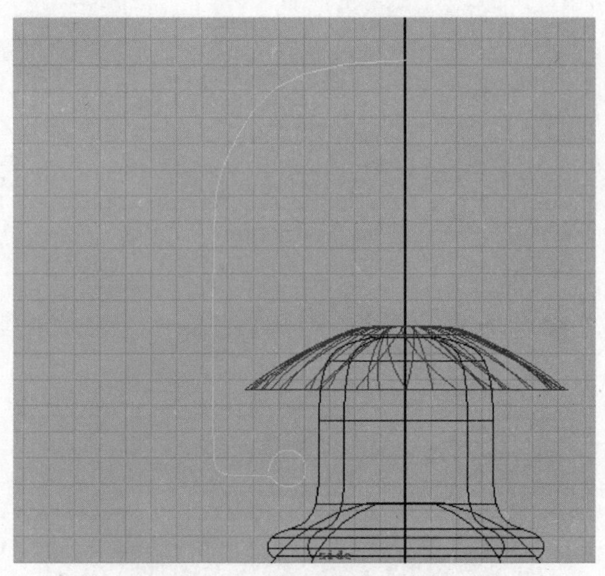

图2-50

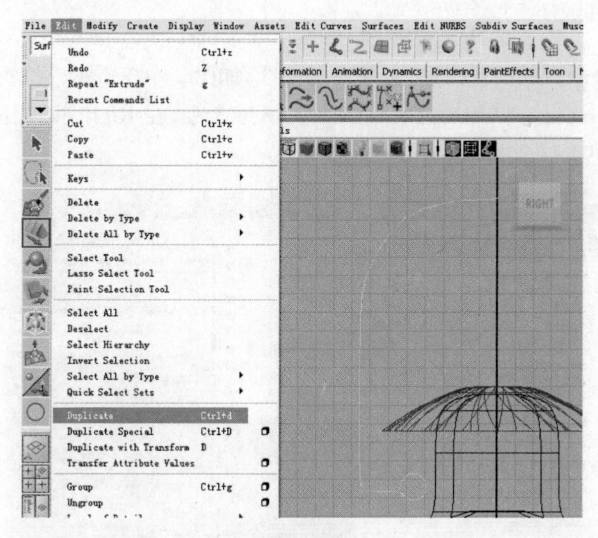

图 2-51

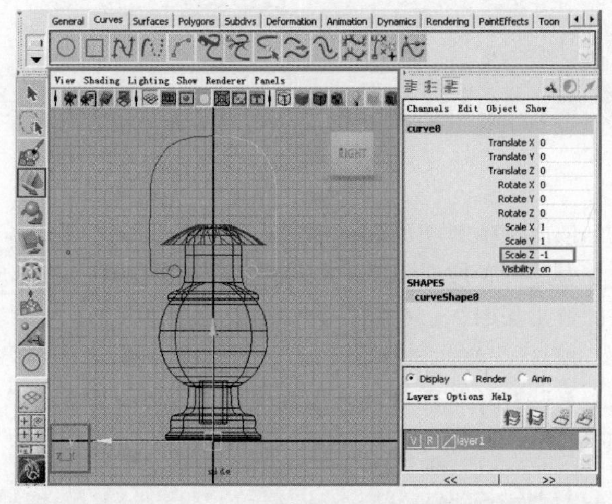

图 2-52

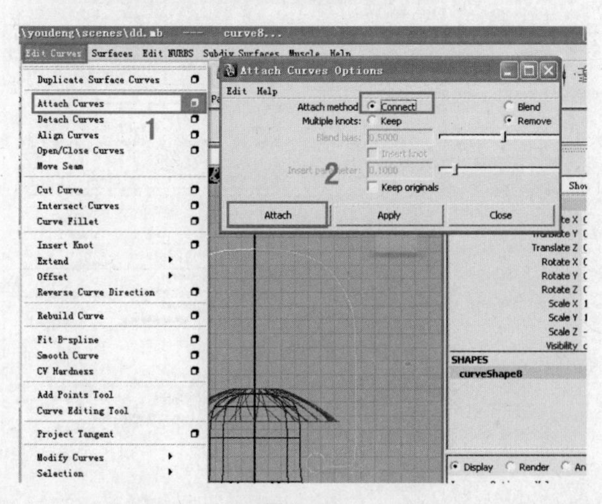

图 2-53

③ Match knots(匹配节):选中该项,可以重建一条曲线,使其与另一条曲线的曲率、节数和跨度数相匹配。

操作方式:选择需要重建的曲线,加选要匹配的曲线,单击 Apply 按钮。

④ Curvature(曲率):选中该项,可以保持曲线的曲率不变的情况下,适当增加或删除 EP,并尽量均匀分布曲线上 EP 和 CV 的位置。

⑤ End conditions(末端点条件):选中该项,可重建曲线末端的 CV 和 EP 的位置。

⑥ No multiple konts(无多重节)。

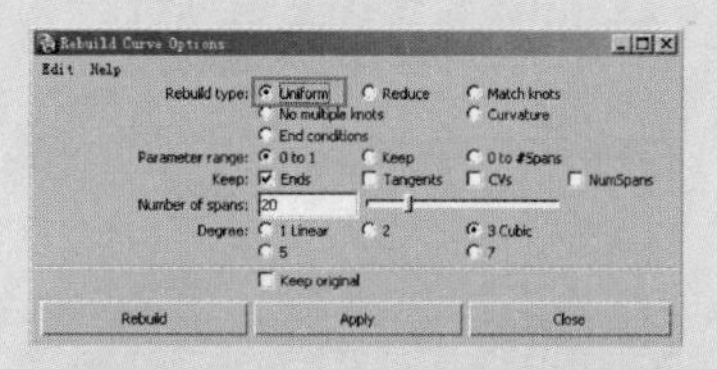

(2) Number of Spans(跨度数目):设置重建后曲线的跨度数目。

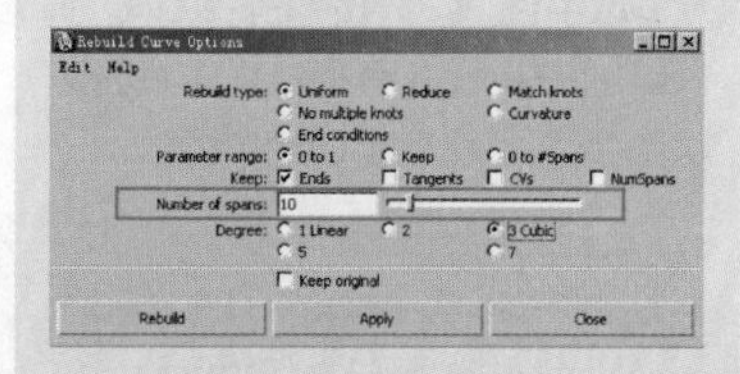

(3) Degree(度数):参数值越高,曲线越平滑。

对于大多数曲线,当供选择的选项有 1 linear、2、3 Cubic、5、7。Maya 默认该项选中 3 Cubic。

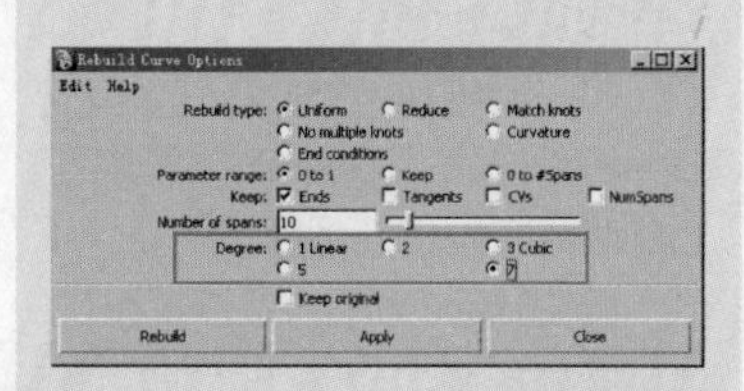

(4) Keep(保持):有 4 个复选框。

① End(端点):选中该项,重建曲线时,可保持原曲线的端点。

② Tangents(切线):选中该项,重建曲线时,可保持原曲线的切线。

③ CVs(控制点):选中该项,重建曲线时,可保持原曲线的CV。

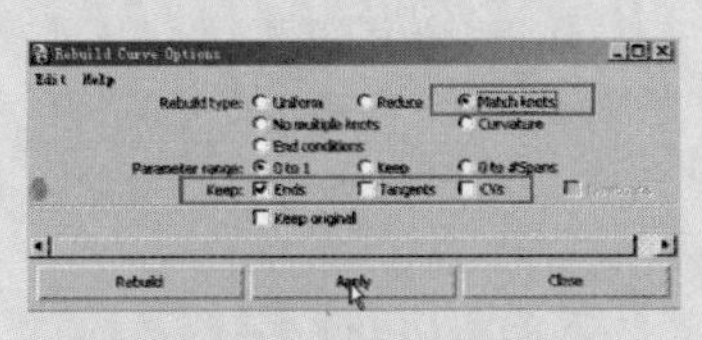

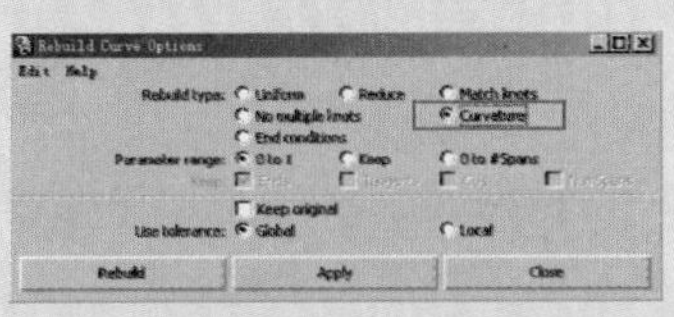

④ multiple konts(多重节)。

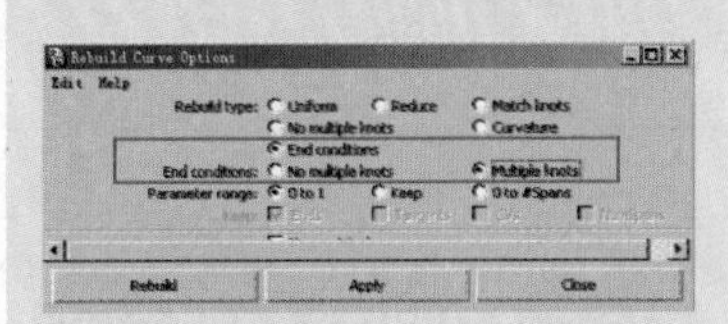

(5) keep original(保留原始曲线):选中该项,在重建曲线的同时,保留原始曲线。否则,Maya将删除原始曲线,只得到重建后的曲线。

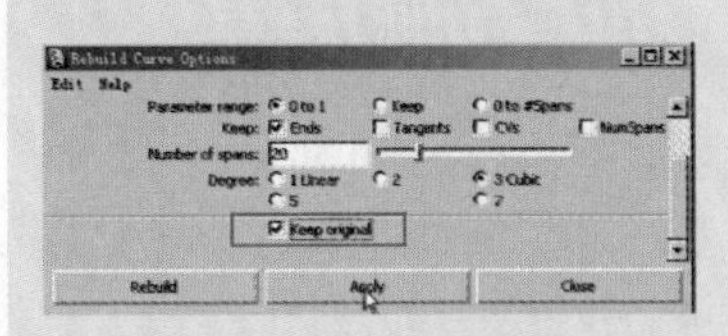

15. Fit B-Spline(匹配曲线)

将其他度数(Degree)的曲线转化为3 Cubic曲线。

(1) Use tolerance(使用容差):容差决定了原始曲线和转换后的曲线之间的匹配程度。

① Global(全局容差):匹配时使用全局容差。

操作方式:选择一条曲线,单击Apply按钮。

依次选择2根曲线,单击Edit Curves→Attach Curves命令旁的设置按钮,合并2条曲线,如图2-53所示。执行Create→NURBS Primitive→Circle命令,在Right视图上创建一个圆,如图2-54所示。

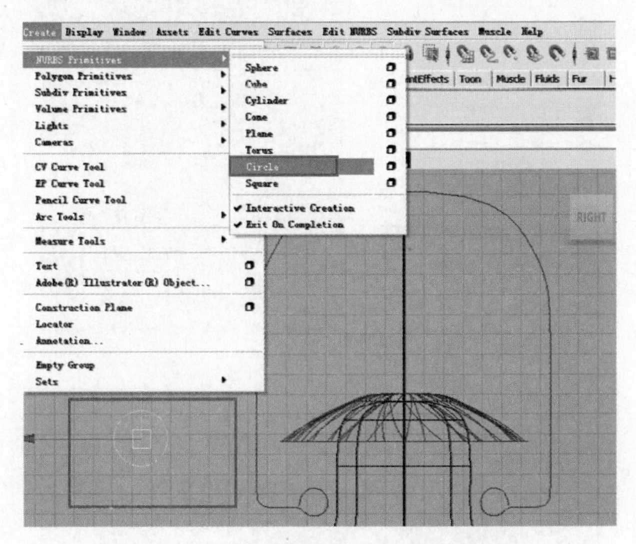

图2-54

依次选中圆和绘制的路径,单击Surfaces→Extrude命令旁的设置按钮,如图2-55所示设置参数。挤压出来的效果如图2-56所示。

现在,圆管的尺寸有些偏大,可以选中圆,再使用"缩放工具"缩小圆,圆管也会随之变小。具体设置如图2-57所示。

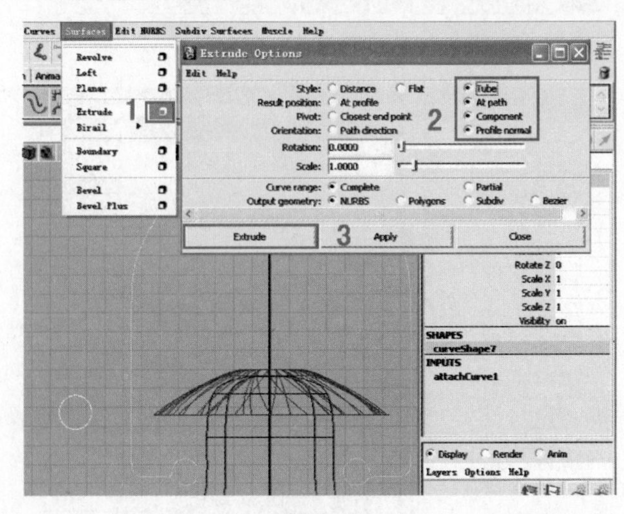

图2-55

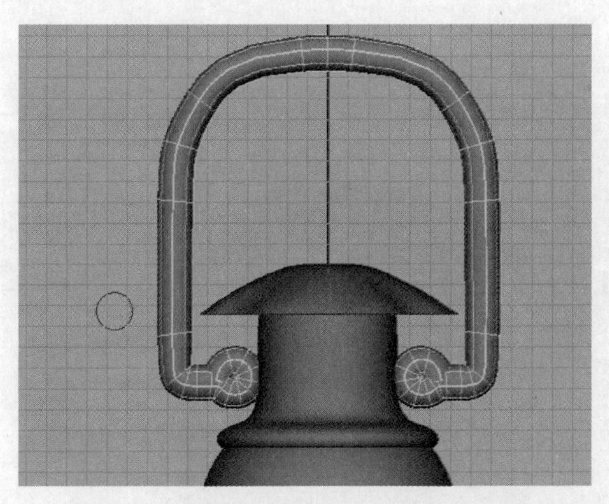

图 2－56

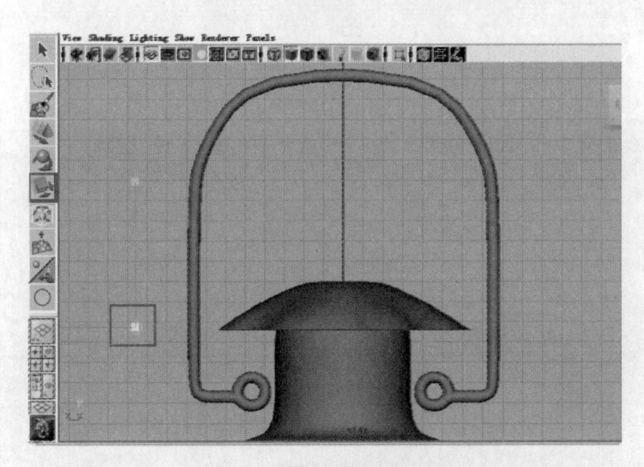

图 2－57

根据图 2－22 的设计，在连接处创建 2 个圆环，如图 2－58所示。如图 2－59 所示调整圆环的设置参数和位置。复制圆环并将其旋转到正确的角度，如图 2－60 所示。

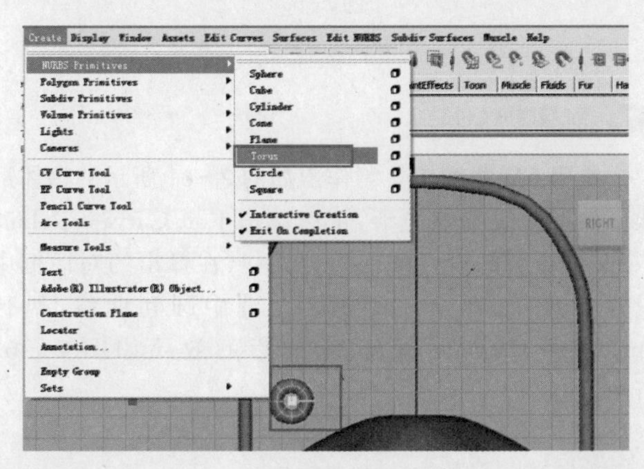

图 2－58

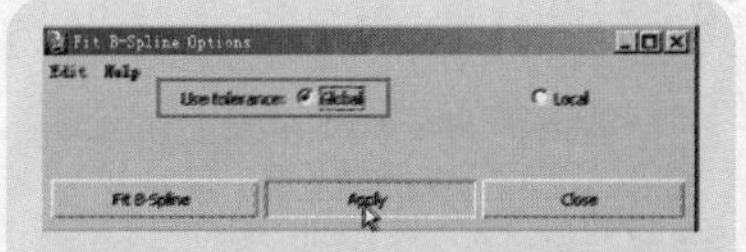

② Local(局部)：匹配时使用局部容差，容差值可以在下面设置。

(2) Positional tolerance(局部容差值)：输入局部容差值。

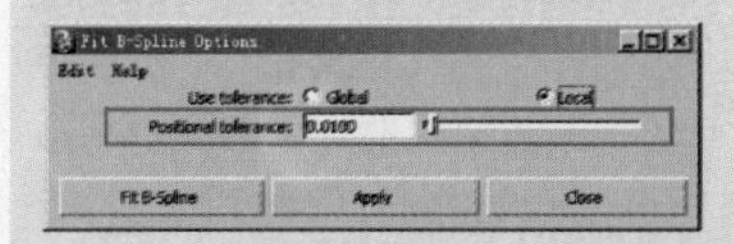

16. Smooth Curve(平滑曲线)

在不改变 CV 数目的前提下，平滑曲线。

操作方式：选择一条(或多条)曲线或曲线上的部分 CV，单击 Apply 按钮。

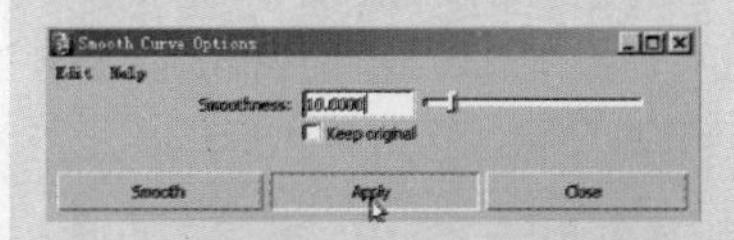

(1) Smoothness(光滑程度)：设置曲线的光滑程度。参数值越小，平滑程度越小；参数越大，得到的曲线越平滑，当然和原始曲线的形状误差也越大。

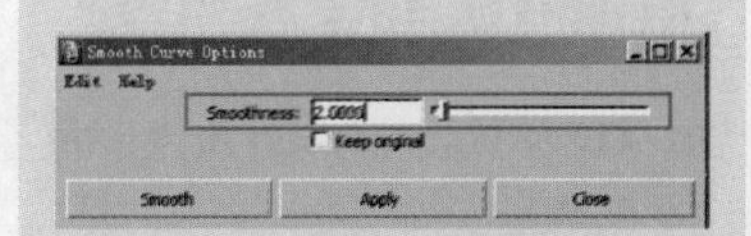

(2) Keep original(保留原始曲线)：选中该项，在光滑曲线的同时，保留原始曲线。否则，Maya 将删除原始曲线，只得到光滑后的曲线。

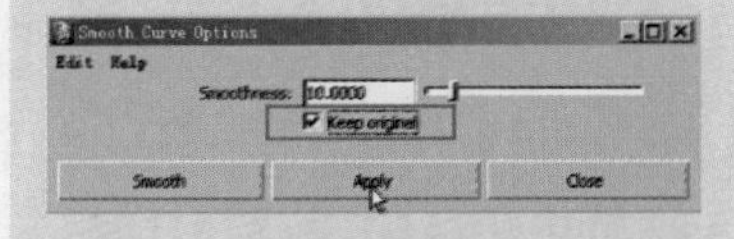

17. C Hardness CV(硬度)

调整 CV 的硬度，即通过在同一个位置插入重复的 EP，从而创建尖锐的角度。

操作方式;选择曲线上的 CV,单击 Apply 按钮。

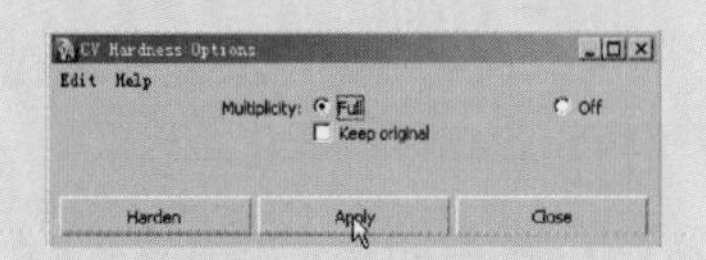

Keep original(保留原始曲线):选中该项,在改变 CV 硬度的同时,保留原始曲线。否则,Maya 将删除原始曲线,只得到改变 CV 硬度后的曲线。

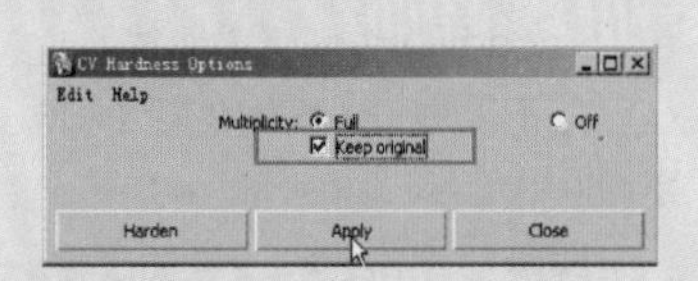

18. Add Point Tool(加点工具)

沿曲线末端添加 CV 或 EP。

操作方式:选择曲线或者曲线末端的 EP,单击 Apply 按钮。

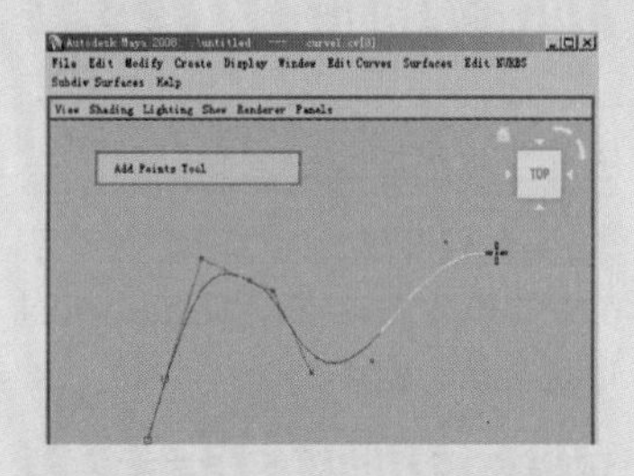

19. Curve Editing Tool(曲线编辑工具)

编辑曲线。

操作方式:选择一条曲线,单击 Apply 按钮。

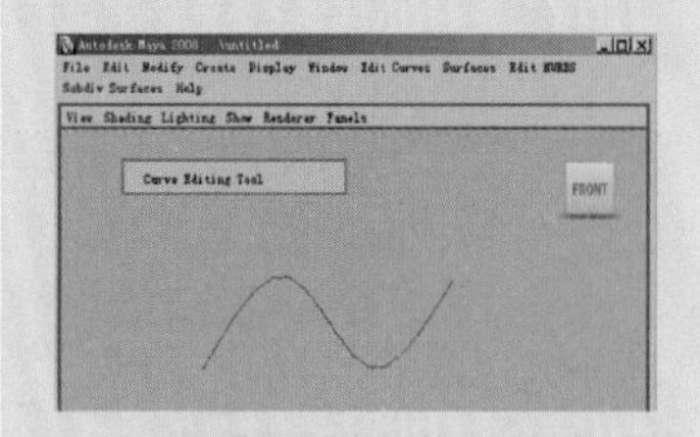

拖动 A 手柄,可以在曲线上任意滑动操纵杆。拖动 B 手柄,可以

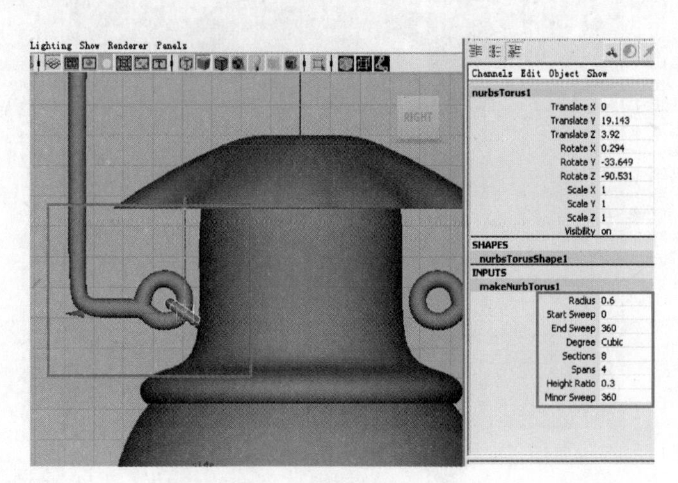

图 2-59

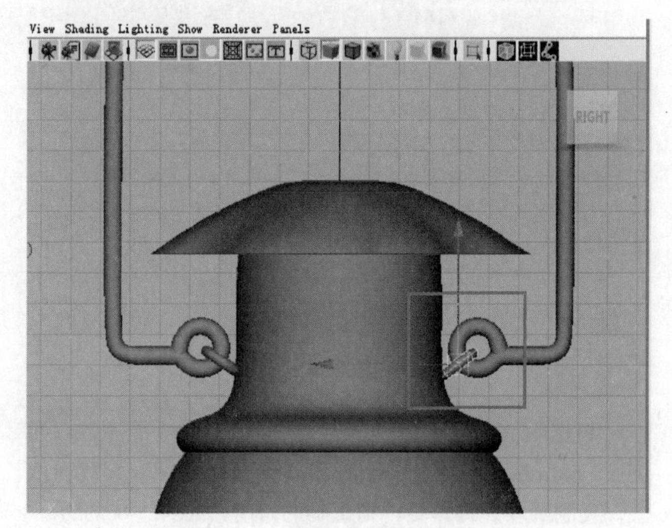

图 2-60

07. 制作护灯栏

使用 CV 曲线工具制作出如图 2-61 所示的物体形状。如果曲线不够光滑,可以单击 Edit Curve→Rebuilt Curve 命令旁的设置按钮重建曲线,在弹出的对话框中设置参数,如图 2-62 所示。选中圆和曲线,执行 Surfaces→Extrude 命令,完成后的效果如图 2-63 所示。

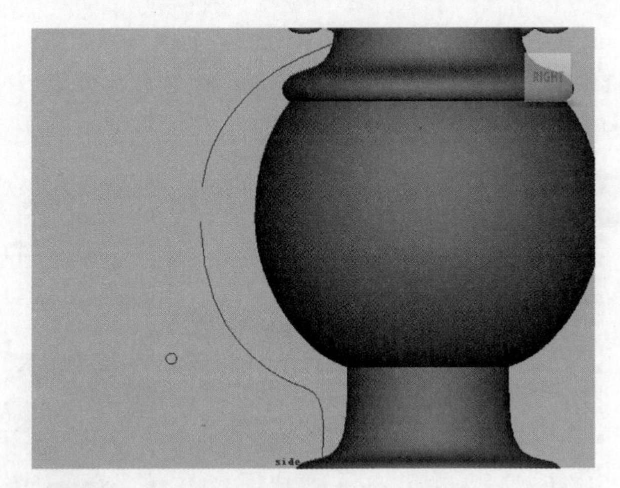

图 2-61

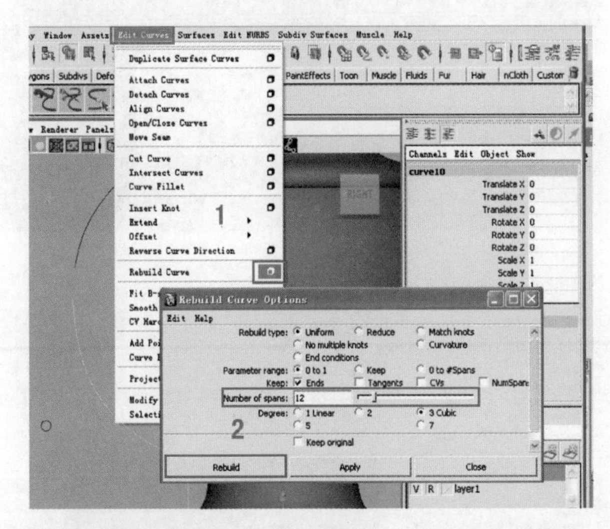

图 2-62

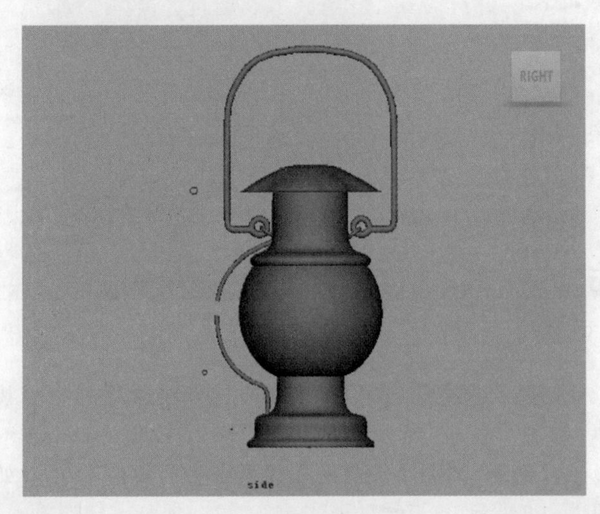

图 2-63

改变当前点的切线方向。拖动 C 手柄，可以缩放切线当前点的切线。单击绿色虚线 D，可以垂直排列切线。单击红色虚线 E，可以水平排列切线。

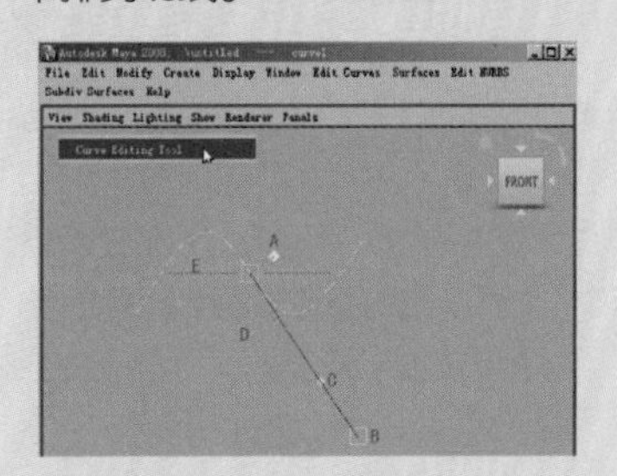

20. Project Tangent(投射切线)

调整曲线的曲率以匹配表面的曲率，或者两条曲线交叉处的曲率。

(1) Construction(构造)：有 2 个选项

① Tangent(切线)：选中该项，可通过对曲线和表面相交的起点或者终点作修改，保持曲线和表面或者曲线间的切线连续。

② Curveature(曲率)：选中该项，可在切线矢量的方向上对表面作切线和曲率的连续性处理，使其保持曲率连续

(2) Tangent align dirction(切线对齐方向)：有 3 个选项

① U：是表面的 U 方向，或者第二选定曲线。

② V：是表面的 V 方向，或者第三选定曲线。

③ Normal(法线)：切线平面的法线矢量。选中该项，可使曲线的法线与表面或者两条曲线垂直。当选中该项时，这条曲线和表面垂直，不再和表面保持连续性。

(3) Reverse Direction(反转方向)：选中该项，可反转切线顶点的方向，使其指向相反。

(4) Tangent scale(缩放切线)：调整切线矢量的长度但并不

改变它的方向,负的缩放因子可以倒转切线矢量的方向。

(5) Tangent rotation(旋转切线):可以在被表面交叉定义的切线平面上旋转切线矢量。

(6) Keep original(保留原始曲线):选中该项,在投射曲线的同时,将保留原始曲线。否则,Maya将删除原始曲线,只得到投射后的曲线。

操作方式:选择要修改的曲线,按〈Shift〉键选择两条相交曲线,单击Apply按钮。或者选择要修改的曲线,然后选择一个曲面,单击Apply按钮。

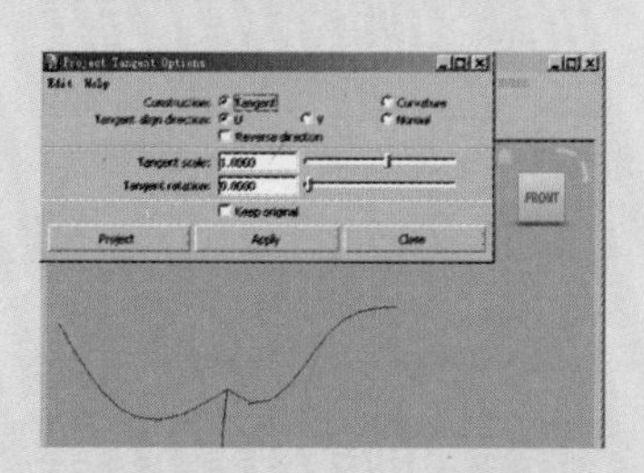

21. Modify Curve(修改曲线)

(1) Lock Length(锁定曲线长度)。

(2) UnLock Length(不锁定曲线长度)。

操作方式:选择曲线,单击Apply按钮。

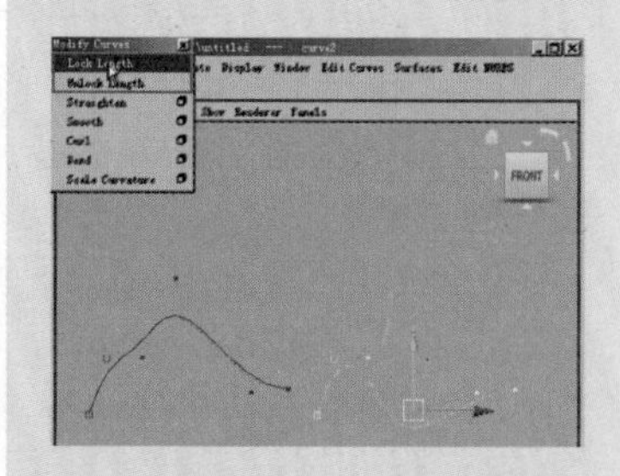

(3) Straighten(拉直):将弯曲的曲线拉直或者反转其弯曲方向。

Straightness(拉伸度):可以控制曲线拉直的程度。当值为0时,曲线保持不变;当值为1时,曲线被拉伸成为一条直线;当值大于1

再在曲线的中间制作一个圆环,如图2-64所示。选中三个物体,执行Edit→Group命令将其群组,如图2-65所示。

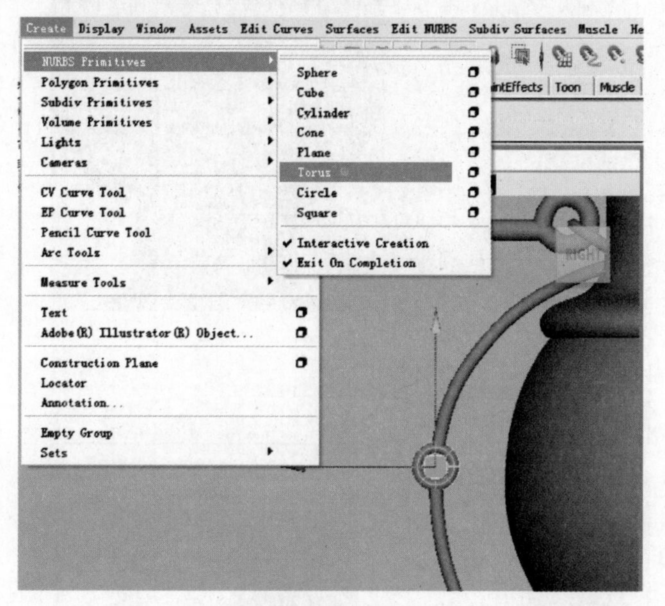

图2-64

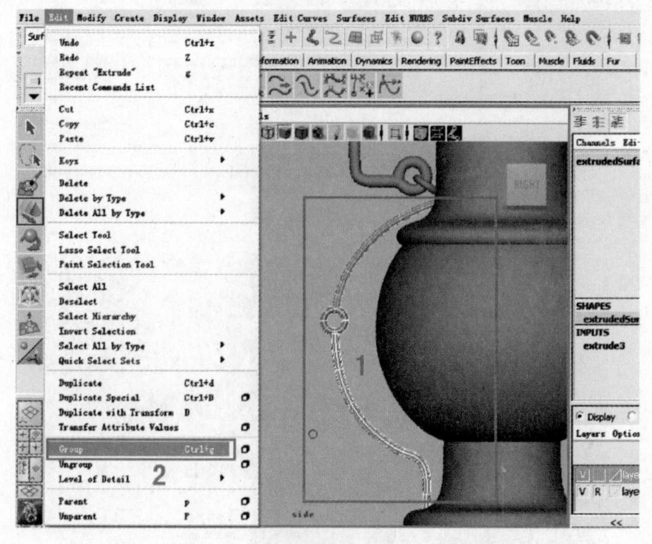

图2-65

切换到顶视图,在群组模式下选择刚群组的3个物体,如图2-66所示。选中后,执行Edit→Duplicate Special命令,如图2-67所示设置参数。复制后效果如图2-68所示。

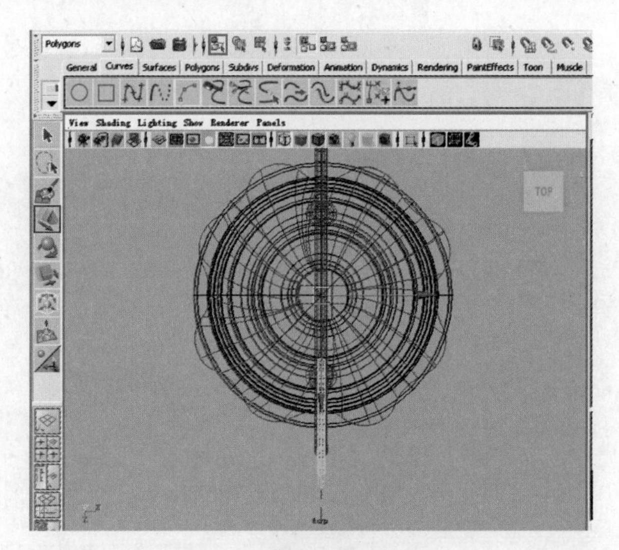

图 2－66

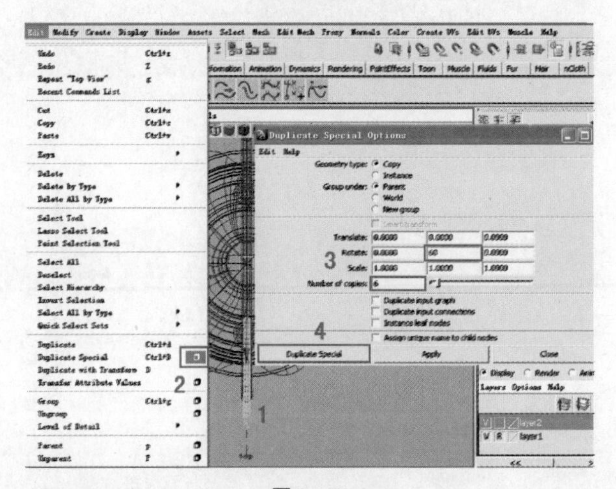

图 2－67

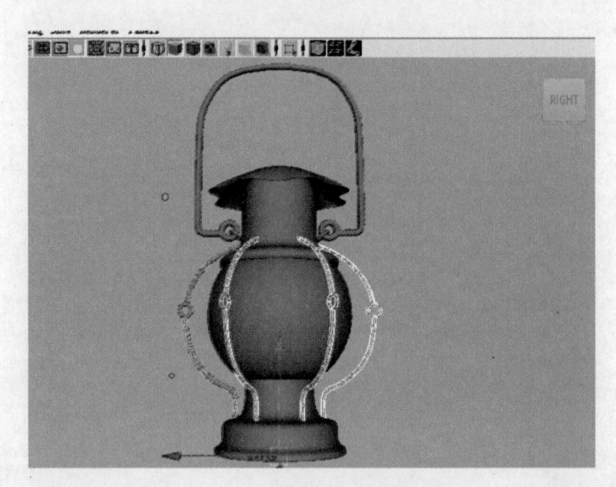

图 2－68

时，曲线拉伸成与原曲线弯曲方向相反的曲线。

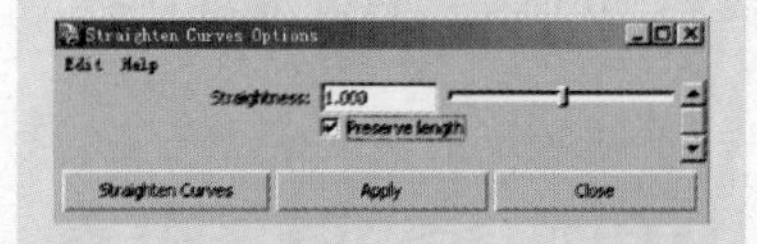

（4）Smooth（平滑）：平滑曲线。

Smooth Factor（平滑因素）：该参数可设定曲线的平滑程度。该参数越小，平滑后的曲线越接近原始曲线；该参数越大，平滑后的曲线越平滑，甚至成为一条直线。

操作方式：选择曲线或者曲线上的 CV，单击 Apply 按钮。

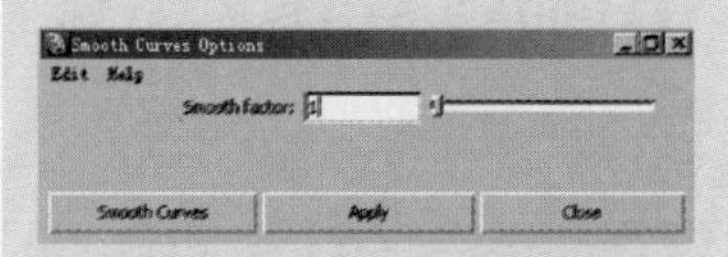

（5）Curl（卷曲）：卷曲曲线。

① Curl amount（卷曲量）：设定卷曲程度。该参数越大，曲线起伏也越大。

② Curl frequency（卷曲频率）：设定卷曲频率。该参数越大，卷曲次数越多。

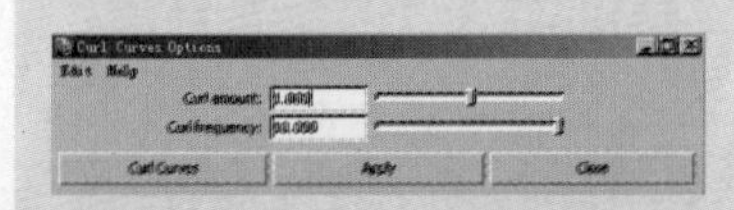

（6）Bend（弯曲）：弯曲曲线。

① Bend amount（弯曲量）：可设定弯曲的程度。该参数为负值时，可改变曲线的弯曲方向。

② Twist（扭曲）：可设定弯曲方向。该参数很大时，曲线会盘旋起来。

操作方式：选择曲线或者曲线上的 CV，单击 Apply 按钮。

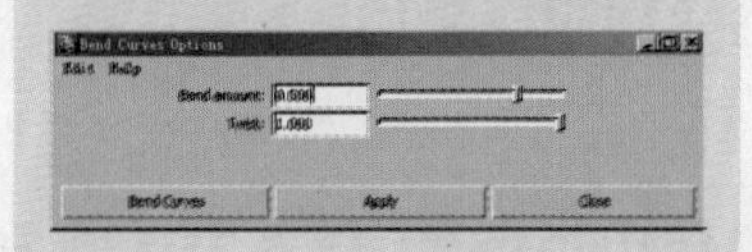

(7) Scale Curvature(缩放曲率):缩放曲线曲率。

① Scale Factor(缩放因素):设定曲率缩放程度。该参数大于1时,将扩大曲线的曲率;该参数小于1时,将缩小曲线的曲率,曲线会趋向于直线。

② Max curvature(最大曲率):该参数可设定所调整曲线段间的最大角度。该参数为1时,所调整曲线段间的最大角度为180°;该参数为0.5时,所调整曲线段间的最大角度为90°。

操作方式:选择曲线或者曲线上的CV,单击Apply按钮。

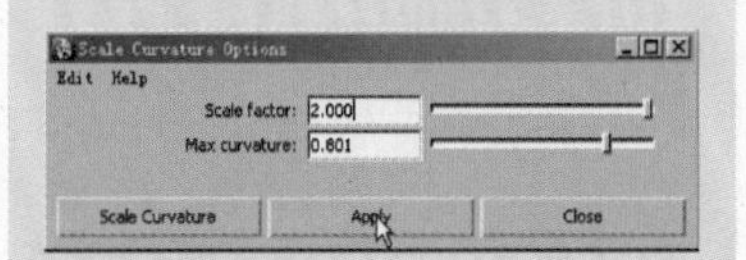

22. Selection(选择)

选择组。

(1) Select Curve CVs(选择曲线上的CV):选择曲线上所有的CV。

(2) Select First CV on Curve(选择曲线的初始CV):选择曲线的初始CV。

(3) Select Last CV on Curve(选择曲线的终止CV):选择曲线的终止CV。

Cluster Curve簇化曲线:为所选曲线上的每个CV都分别创建一个Cluster(簇)。

操作方式:选择一条或多条曲线,单击Apply按钮。

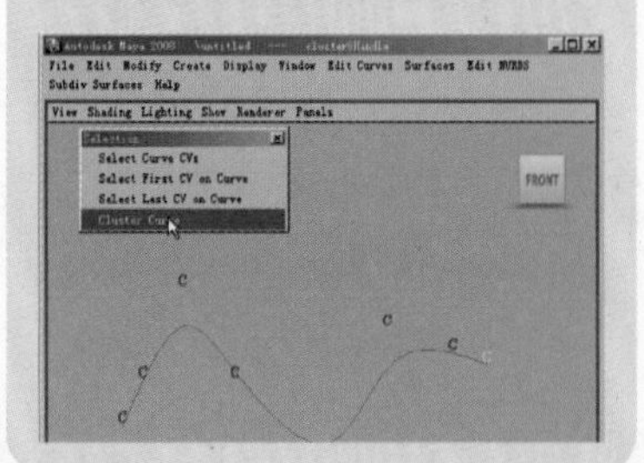

最后,再添加一个圆环,完成本案例的制作,最终效果如图2-69所示。

图2-69

2.3 琵琶的制作

知识点：Birail(双轨迹)，Hull(壳)，Bevel Plus(增强倒角)，Edit NURBS(编辑曲面)

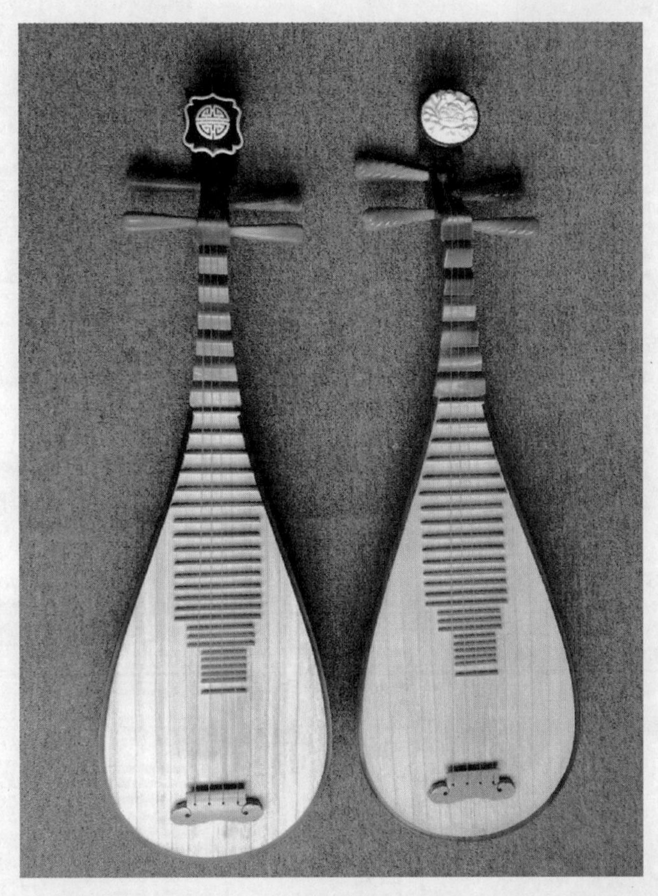

图2-70

在这个实例中，通过制作乐器琵琶时运用的曲面建模的常用命令，使读者加深对曲面制作的了解。

01. 设置项目

执行 File→Project→New 命令，在弹出的 New Project 对话框中设置 Name 为 pipa，选择好路径，单击 Use Defaults 按钮，采用 Maya 的子项目默认路径名称，最后单击 Accept 按钮确定操作，如图 2-71 所示。

知 识 点 提 示

Surfaces → Edit NURBS 建模命令集

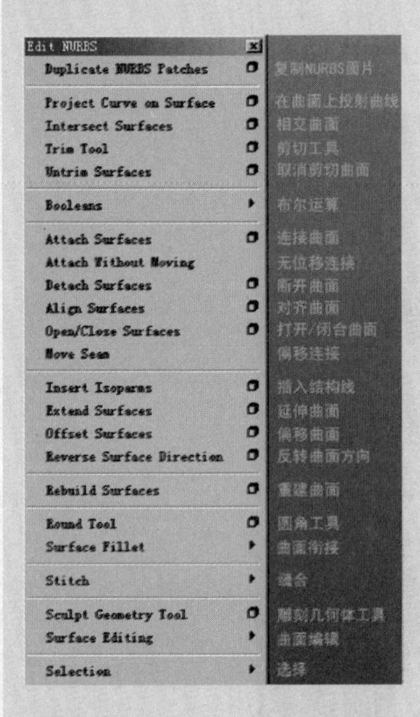

1. Duplicate NURBS(复制 NURBS 面片)

复制 NURBS 曲面上的一个或多个面片(Patch)。

操作方式:选择 NURBS 曲面上的一个或多个面片(Patch),单击 Apply 按钮。

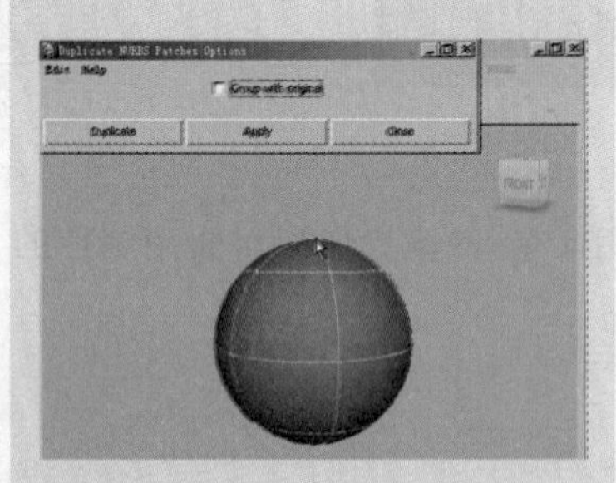

Group with original(与原始几何体成组):选中该项,复制得到的曲面将作为原曲面的子物体。否则,复制得到的曲面将作为一个单独的节点存在于场景中。

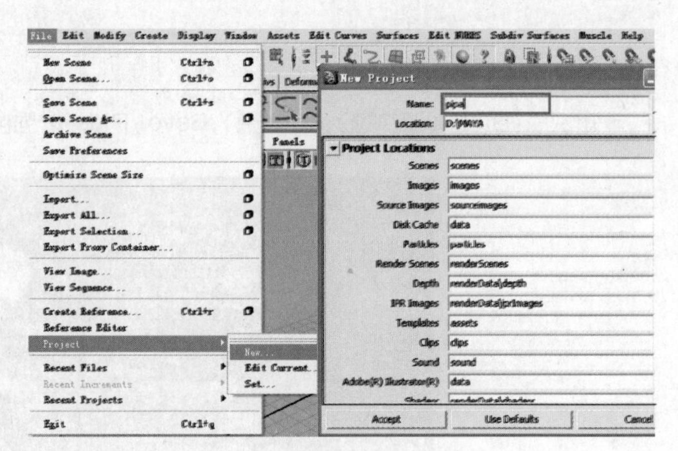

图 2-71

02. 导入图片

切换到 Front 视图窗口,执行 View→Image Plane→Import Image 命令,找到琵琶素材图片,如图 2-72 所示。

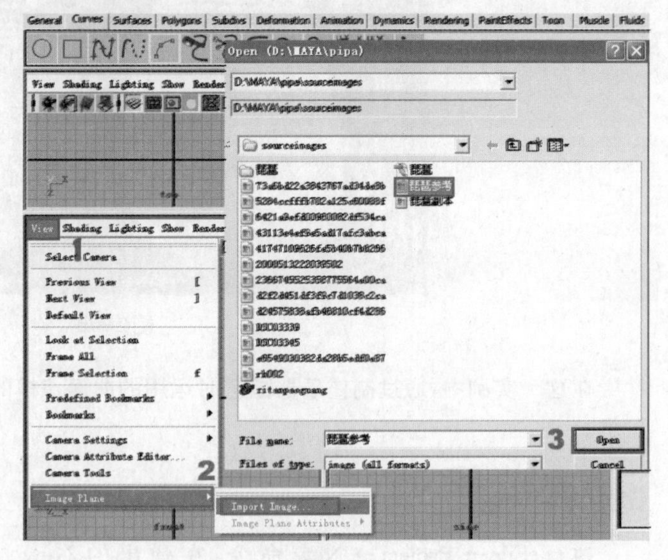

图 2-72

03. 设置图片

执行 View→Select Camera 命令,在弹出的对话框中调整图像平面的 XYZ 值,适当移动图片的位置,以便更方便地进行操作,如图 2-73 所示。

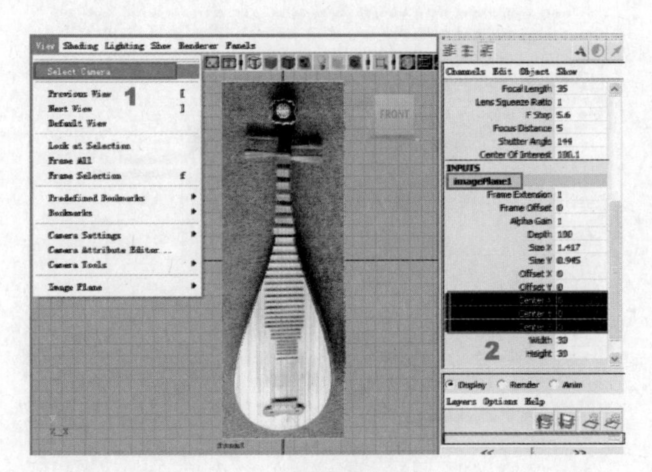

图 2-73

04. 制作琵琶体

执行 Create→CV Curve Tools 命令，使用 CV 曲线工具，如图 2-74 所示绘制琵琶。

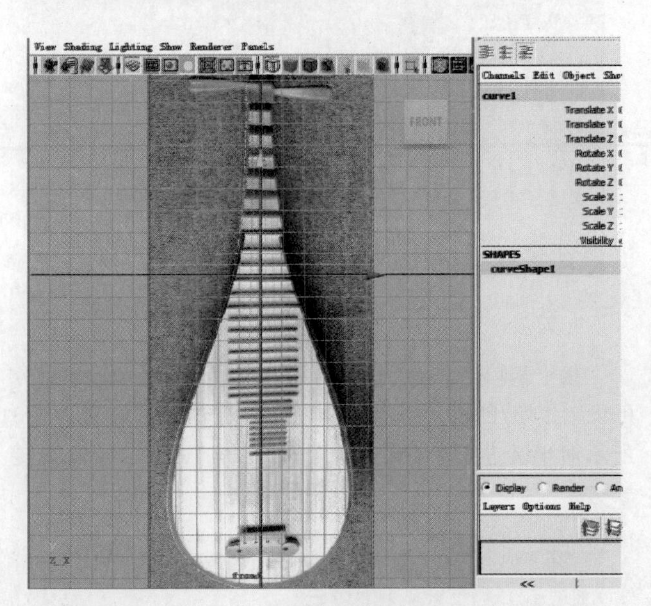

图 2-74

注意，用捕捉工具将最后一个端点捕捉到网格上，如图 2-75 所示。

选中曲线，用快捷键〈Ctrl〉+〈D〉复制曲线，在通道栏设置 X 轴为 -1，这样就将这条曲线进行了镜像，如图 2-76 所示。

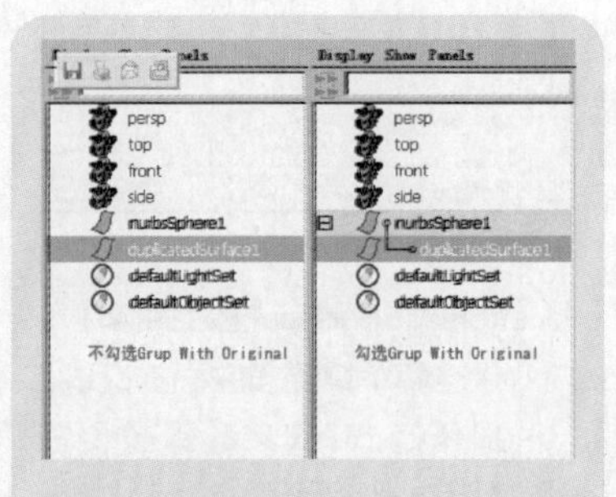

2. Project Curve On Surface(在曲面上投射曲线)

将一条或多条曲线投射到曲面上，创建表面曲线。

(1) Project along(投射方向)：

① Active View(当前视图)：沿当前激活视图的法线方向投射曲线。选中该项，投射时，一定要选择适合的视图。

② Surface Normal(曲面法线)：沿曲面法线投射曲线。投射结果和所选视图无关。

操作方式：首先选择一条或多条曲线、结构线(Isoparm)或剪切边线(Trim Edge)，最后选择投射曲面，单击 Apply 按钮。

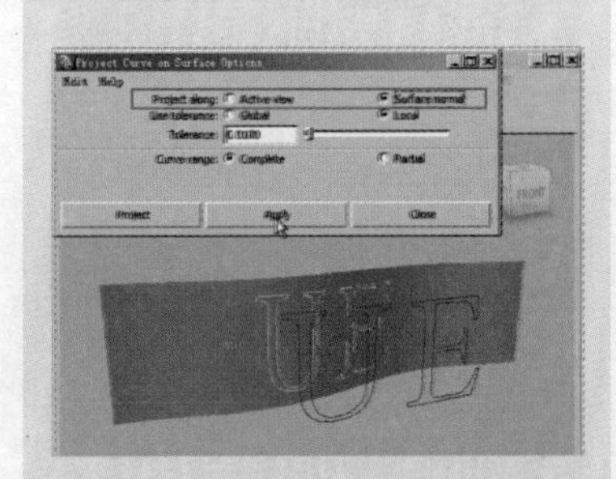

(2) Use tolerance 使用容差：

① Global(全局容差)：投射时使用全局容差。

② Local(局部容差)：投射时使用局部容差，容差值可以在下面设置。

(3) Tolerance(容差)：可以输入 Local Tolerance(局部容差)的参数值。

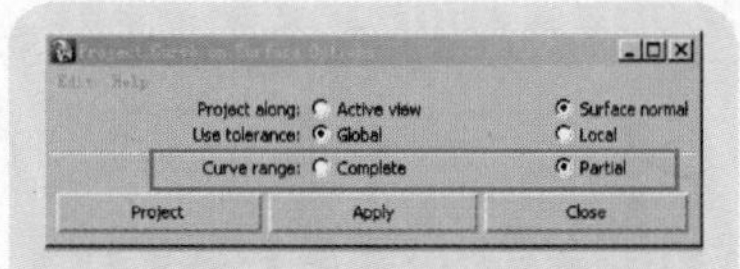

3. Intersect Surface(**相交曲面**)

求出两个或更多曲面的交线。

操作方式：依次选择多个曲面，单击 Apply 按钮。

(1) Create curves for(创建曲线)：

① First surface(第一个曲面)：对于两个相交的曲面，只在首先选取的曲面上生成相交线。

② Both surfaces(所有曲面)：在所有相交曲面上均生成相交曲线。

(2) Curve type(曲线类型)：

① Curves on surface(表面曲线)：选中该项，得到的相交曲线为表面曲线。

② 3D world(3D 空间)：选中该项，得到的相交曲线为在 3D 空间中独立的 NURBS 曲线。

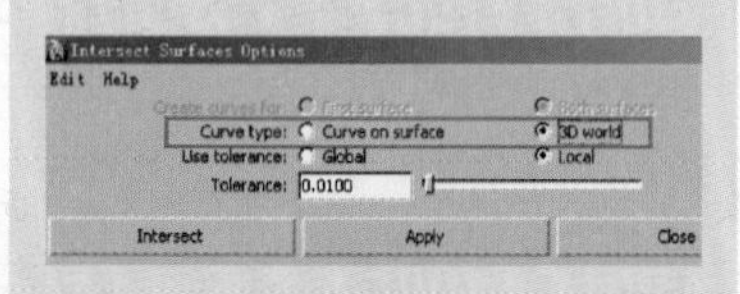

4. Trim Tool(**剪切工具**)

根据曲线上的表面曲线，剪切曲面。

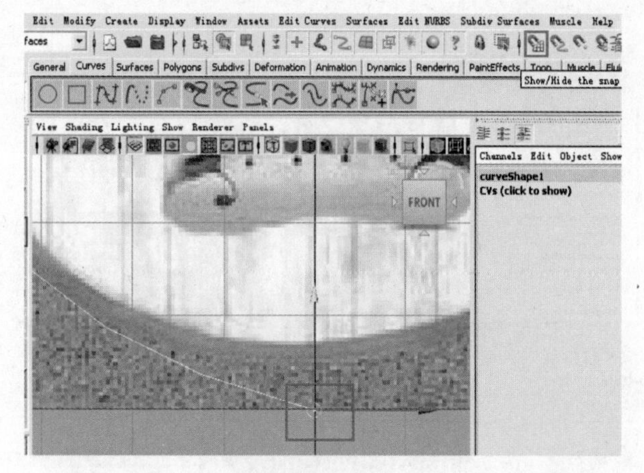

图2-75

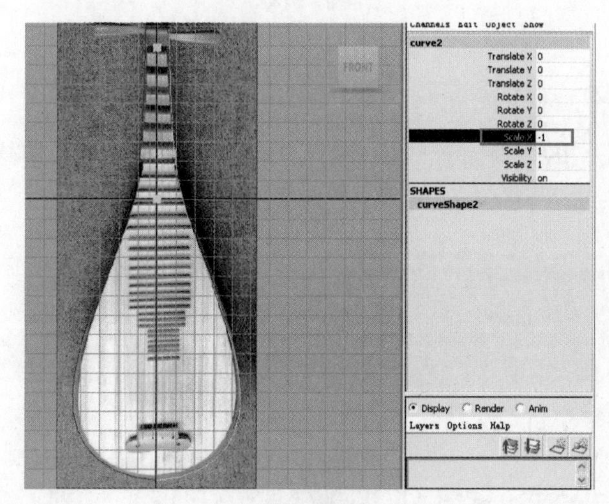

图2-76

接下来单击 Create→NURBS Primitives→Circle 命令旁的设置按钮，创建一个半圆，如图 2-77 所示。如图 2-78 所示对半圆进行参数设置，再如图 2-79 所示设置旋转参数。

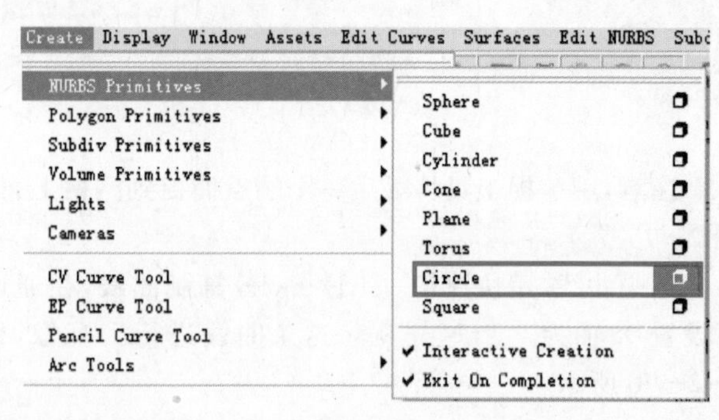

图2-77

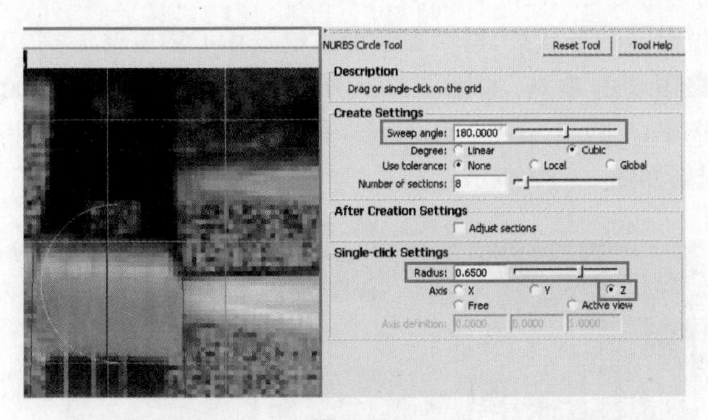

图2-78

图2-79

选中半圆，单击鼠标右键选中CV控制点，如图2-80所示。先选中半圆最顶端的顶点，按〈Shift〉键选中一

图2-80

操作方式：选择带有表面曲线的曲面，单击Apply按钮，然后选择要保留的部分或要切除的部分，按〈Enter〉键结束。

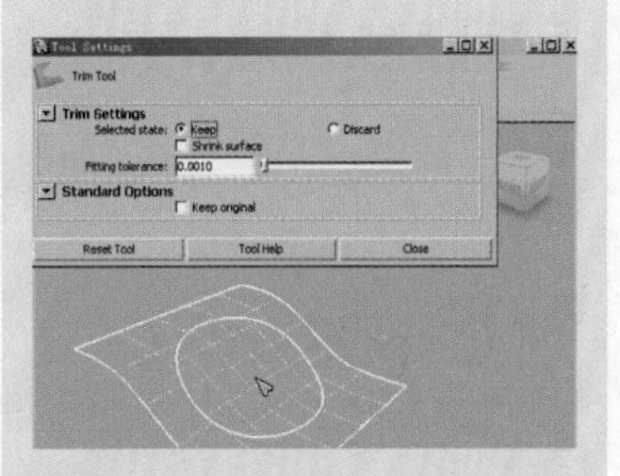

（1）Shrink surface（缩减曲面）：选中该项，剪切时，Maya会缩减原始曲面，使其适合剪切后的曲面，这样可以缩减剪切后曲面CV的数目。

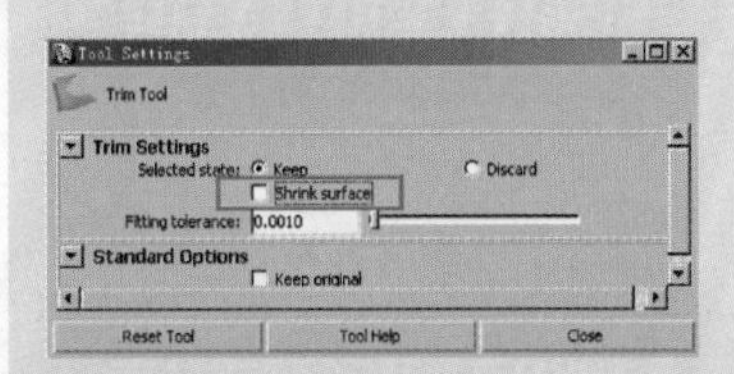

（2）Fitting tolerance（适应容差）：该参数值越小，剪切时精度越高。

（3）Keep（保留原始曲面）：选中该项，在剪切的同时保留原始曲面；否则将删除原始曲面，只保留剪切后的曲面。

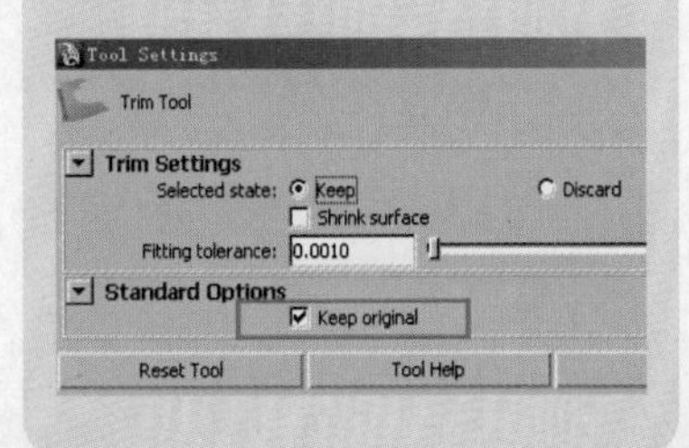

5. Untrim Surface(取消剪切曲面)

对于剪切过的曲面撤消剪切，恢复其原始形状。

操作方式：选择剪切过的曲面，单击 Apply 按钮。

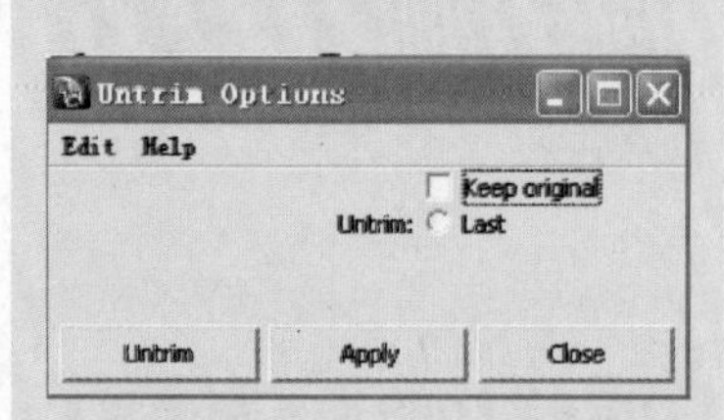

6. Booleans Union Tool(布尔运算合并工具)

将两个相交的 NURBS 曲面通过布尔运算合并起来。

(1) Delete inputs(删除输入)：选中该项，在历史记录关闭的情况下，可以删除布尔运算的输入。

(2) Tool behavior(工具特性)：

① Exit on completion(完成后退出)：如果关闭该项，在布尔运算操作完成后，会继续使用 Boolean 工具，这样不必再在菜单中选择工具，就可以进行下一次的布尔运算。

② Hierarchy selection(层级选择)：选中该项，选中物体进行布尔运算时，会选中物体所在层级的根节点。需要对群组中的对象或者子物体进行布尔运算时，需要关闭该项。

操作方式：单击 Apply 按钮，然后选择一个或多个曲面作为布尔运算的第一组曲面，按〈Enter〉键，然后再选择另外一个或多个曲面作为布尔运算的第二组曲面。

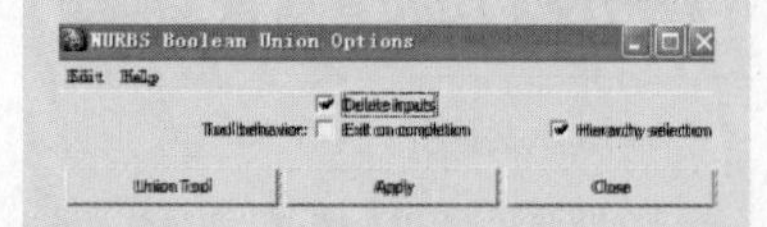

根琵琶的形状线，再单击鼠标右键选中 CV 顶点，选中其最顶端的顶点，如图 2－81 所示。执行 Modify→Snap Align Objects→Point to Point 命令，使这 2 个顶点接在一起，如图 2－82 所示。

图 2－81

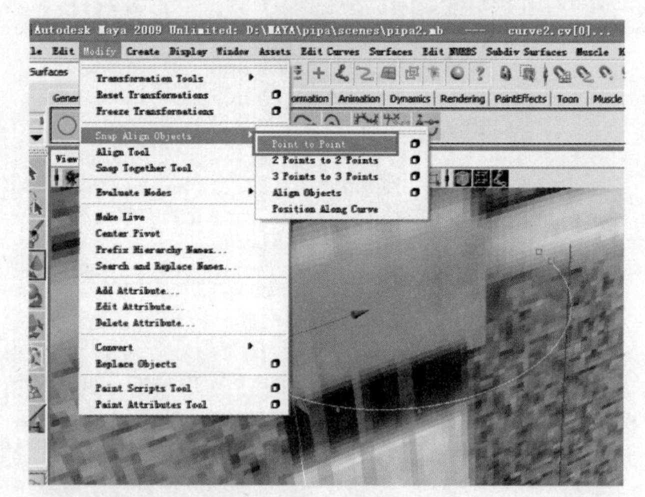

图 2－82

通过顶点吸附工具将另外一端的顶点吸附在另外一边的琵琶的形状线的顶端，如图 2－83 所示。执行 Surfaces→Birail→Birail 1 Tool 命令，按图 2－84 所示的顺序依次单击 1,2,3 点。

05. 制作琵琶体面

选中刚制作好的琵琶体，按〈Ctrl〉+〈D〉键复制一个琵琶体，如图 2－85 所示将 Z 轴向放缩更改为 0，变成一平面。

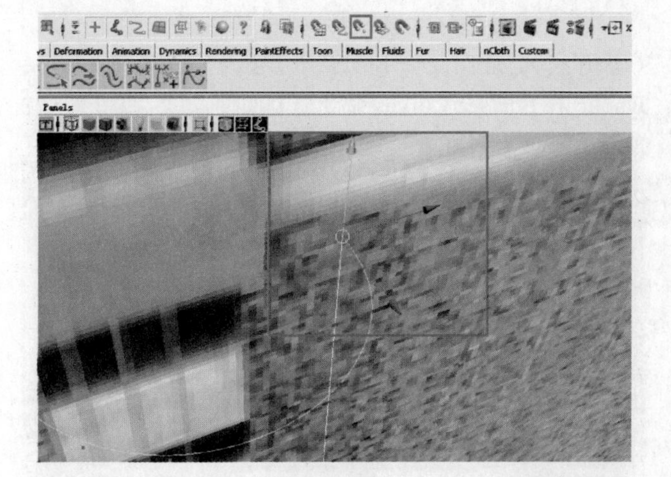

图 2 - 83

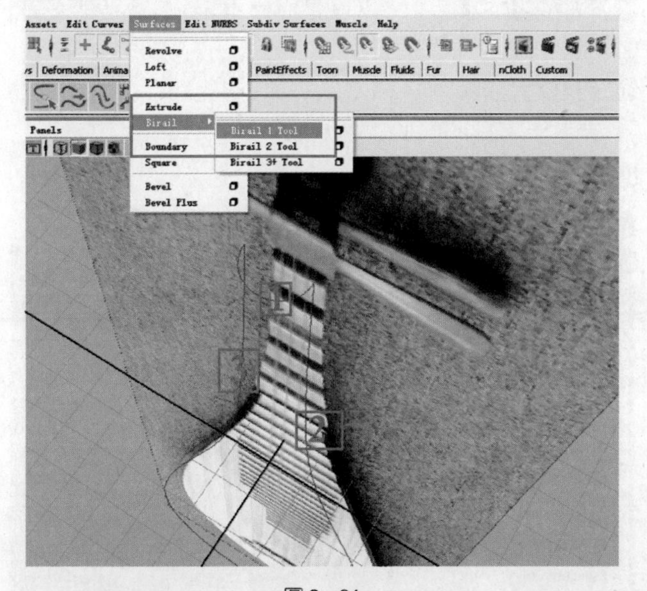

图 2 - 84

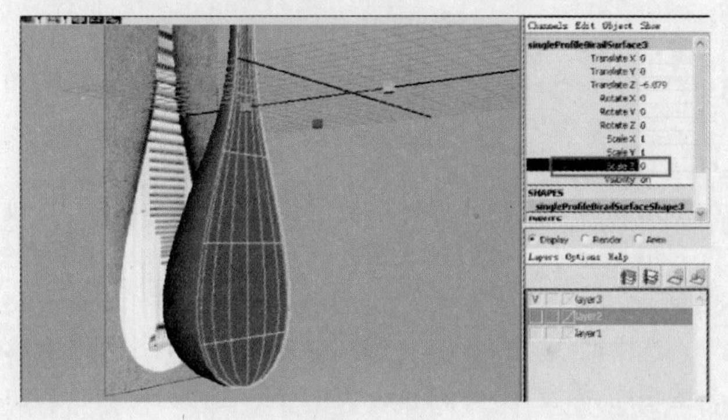

图 2 - 85

(3) Booleans Difference Tool(布尔运算相减工具):将两个相交的 NURBS 曲面作减运算,切除不必要的部分。

操作方式:单击 Apply 按钮,然后选择一个或多个曲面作为布尔运算的第一组曲面,按〈Enter〉键,然后再选择另外一个或多个曲面作为布尔运算的第二组曲面。

(4) Booleans Intersection Tool(布尔运算相交工具):得到两个 NURBS 曲面相交的部分。

操作方式:单击 Apply 按钮,然后选择一个或多个曲面作为布尔运算的第一组曲面,按〈Enter〉键,然后再选择另外一个或多个曲面作为布尔运算的第二组曲面。

7. Attach Surfaces(连接曲面)

将两个曲面连接成一个曲面。

操作方式:依次选择 2 个 NURBS 曲面,单击 Apply 按钮。

(1) Attach method(连接方式):

① Connect(连接):连接选择曲面,不做任何的扭曲变形处理。

② Blend 混合:将对曲面作一定变形,从而使 2 个曲面的连接连续平滑。

(2) Multiple knots(多节):

① Keep(保留):在连接处保留原来的节不变,并合并原来的2个节。

② Remove(去除):在连接处删除原来的节,并重新创建2个节。

(3) Blend bias(混合容差):调整该参数,可改变连接面的连续性。

(4) Insert knot(插入节):选中该项,可在连接区域附近插入2条结构线。只有当连接方式选择Blend时,该项才被激活。

(5) Insert Parameter(插入参数):选中Insert knot时,该项可以调整插入的结构线的位置。参数值越接近0,插入的结构线相距越近,混合形状越接近原来连接曲面的曲率。

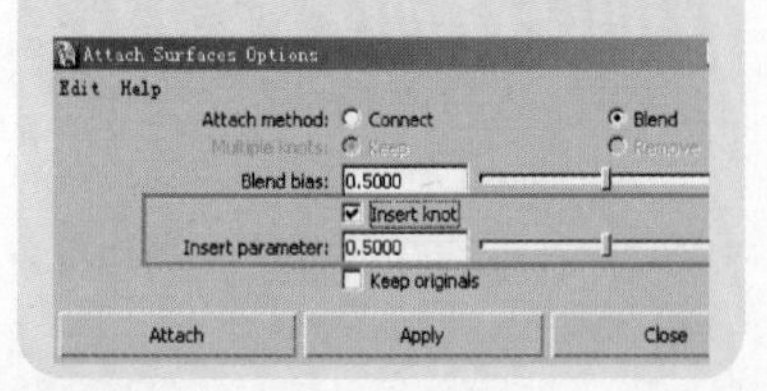

选中刚制作好的琵琶体,用鼠标右键选中Isoparm(结构线),如图2-86所示。执行Edit Curves→Duplicate Surface Curves命令复制曲面曲线,如图2-87所示。

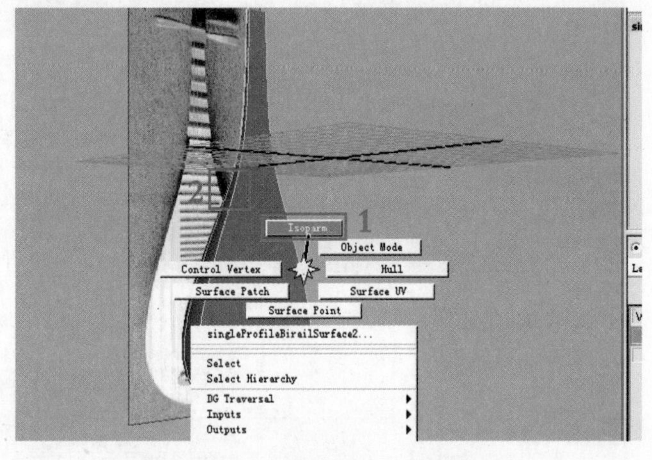

图2-86

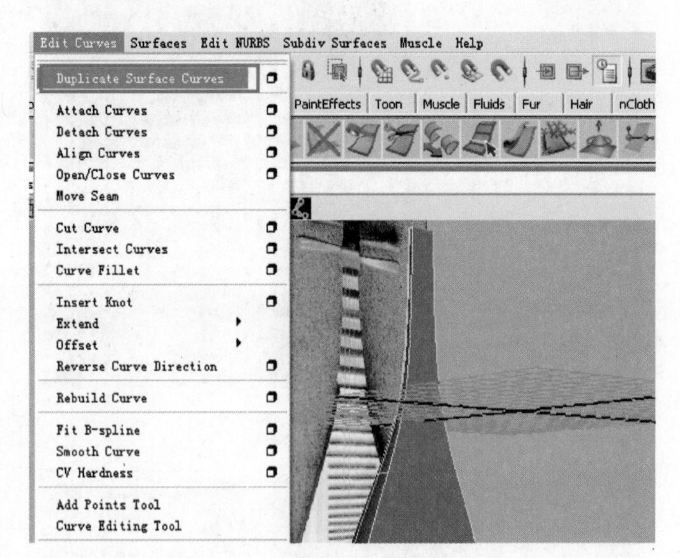

图2-87

用同样方法制作另外一根曲线,将2条曲线选中,执行Edit Curves→Attach Curves命令合并曲线,如图2-88所示。

选中曲线,按〈Ctrl〉+〈D〉键复制一条曲线,向上移一些距离,再复制一条曲线。缩小这条曲线,将缩小的曲线复制一条,往下移动一些,如图2-89所示。

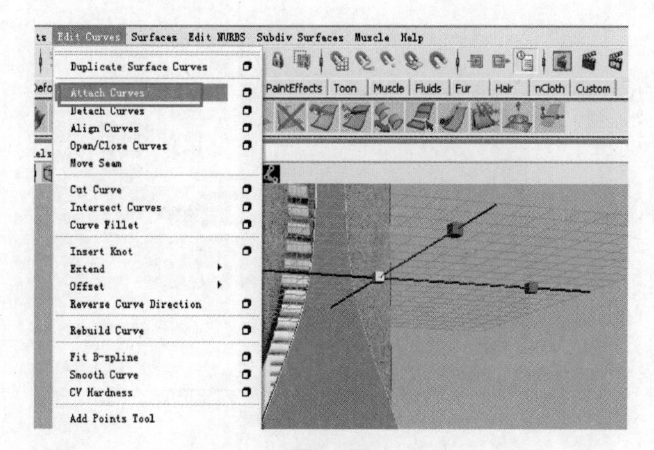

图2-88

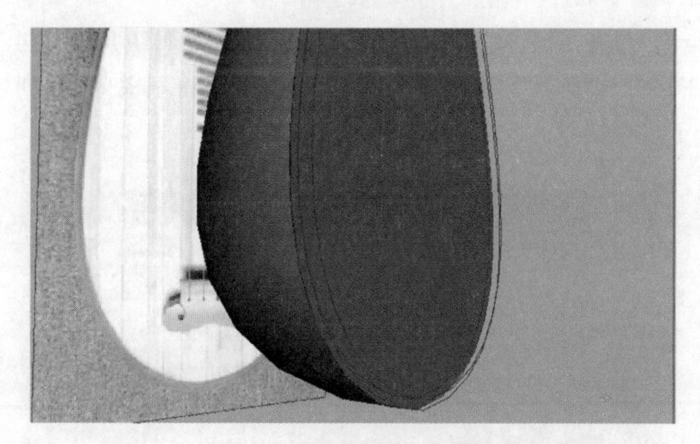

图2-89

按照制作顺序依次选择这4根曲线，执行Surfaces→Loft命令，如图2-90所示。通过放样命令生成琵琶的框，如图2-91所示。

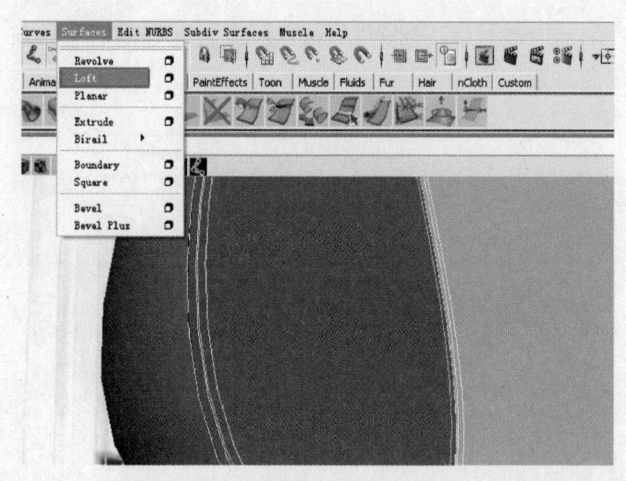

图2-90

（6）Keep originals（保留原始曲面）：选中该项，在连接曲面的同时保留原始曲面。否则，Maya将删除原始曲面，只得到连接后的曲面。

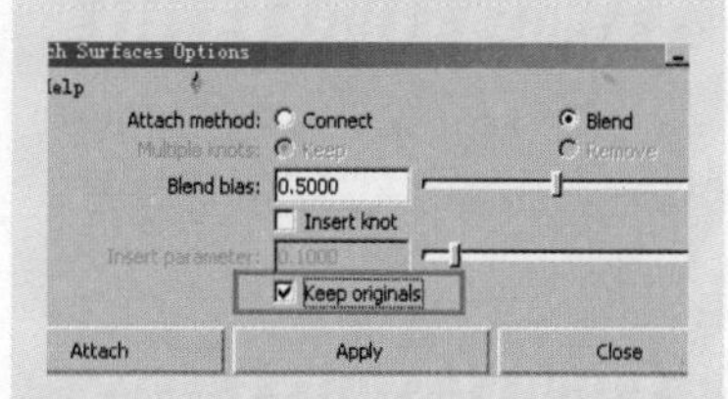

8. Attach Without Moving（无位移连接）

不改变要连接的曲面的位置和形状，只是将两个曲面间的缝隙填补起来。

操作方式：选择一个曲面上的一条结构线（Isoparm），按住〈Shift〉键，选择另一个曲面上的一条结构线（Isoparm），单击Apply按钮。

Attach Without Moving

9. Detach Surfaces（断开曲面）

将曲面沿所选择的结构线（Isoparm）处断开。

操作方式：选择曲面上的一条或多条结构线（Isoparm），单击Apply按钮。

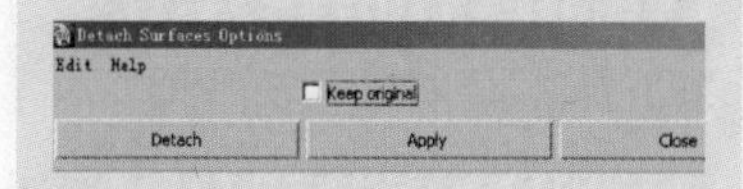

10. Align Surface 对齐曲面

对齐2个曲面并保持G1或G2或G3连接。

（1）Attach连接：选中该项，对齐曲面后将它们连接成为一个曲面。

操作方式：选择2个曲面，单击Apply按钮。

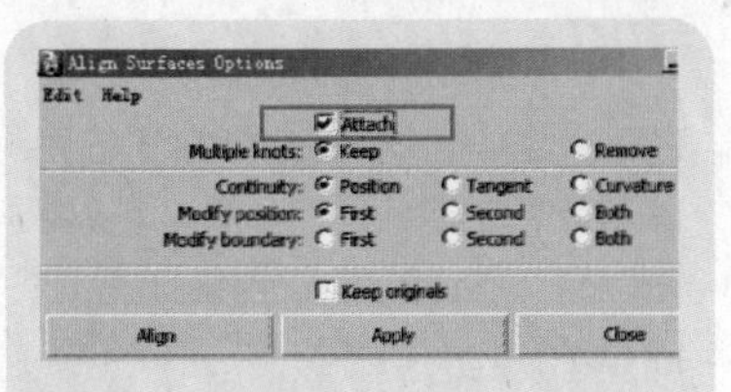

(2) Multiple knots(多节)

① Keep(保留):在连接处保留原来的节不变,并合并原来的2个节。

② Remove(去除):在连接处删除原来的节,并重新创建2个节。

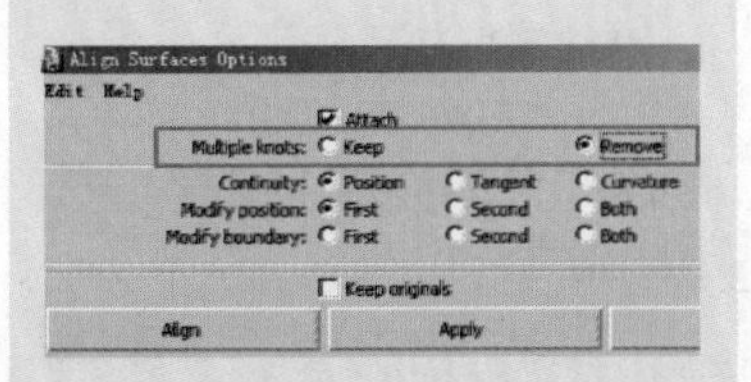

(3) Continuity(连接性):可设定对齐两个曲面时的连续性。

这里有3种连接方式:Position(位置连续)、Tangent(切线连续)、Curature(曲率连续),即常说的G1、G2、G3连接。

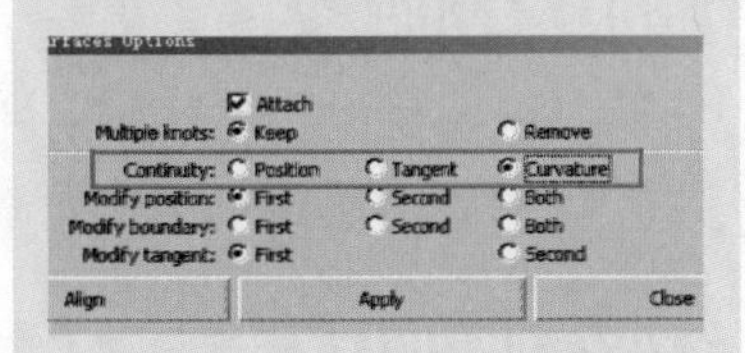

(4) Modify position(调整位置):可以移动曲面以对齐曲面。

① First(首先):对齐过程中,移动首先选择的那个曲面,另一个曲面保持不动。

② Second(第二):对齐过程中,移动后选的那个曲面,另一个曲面保持不动。

③ Both(同时):对齐过程中,同时移动两个曲面,在中间对齐。

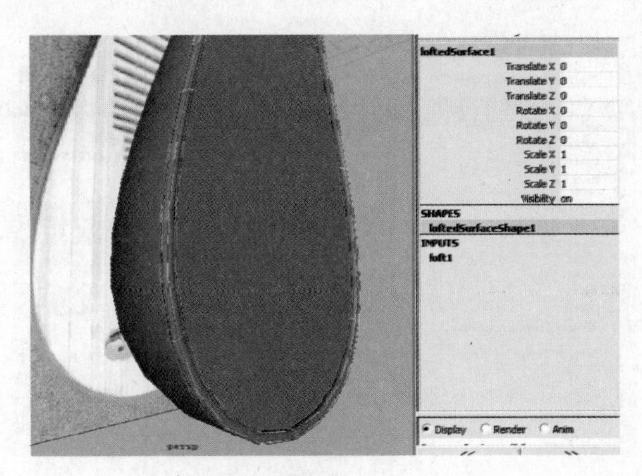

图2-91

新建一个图层,将一些线条放在这个图层里,如图2-92所示。如果这个图层不用,可以将其关闭,有利于管理场景。

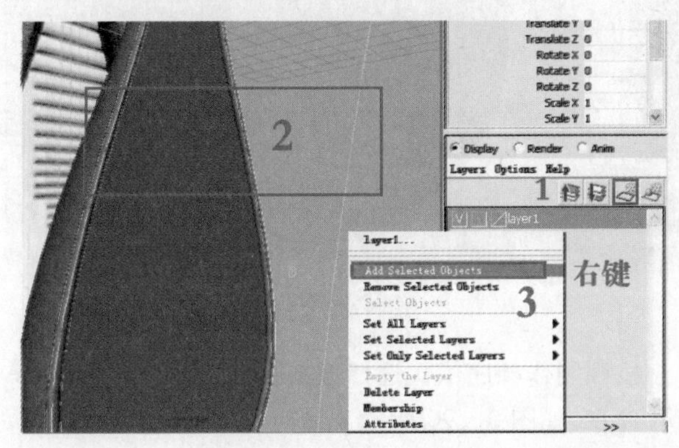

图2-92

关闭线框层。创建一个圆球,放置在如图2-93所示的位置。

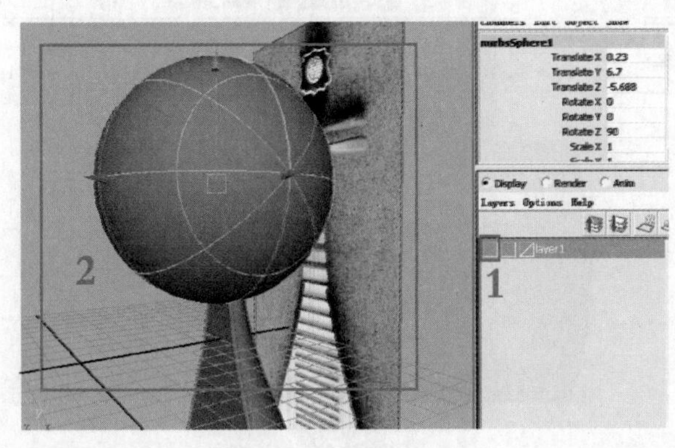

图2-93

选中圆球和框，执行 Edit NURBS→Surface Fillet→Circuit Fillet 命令，如图 2－94 所示。

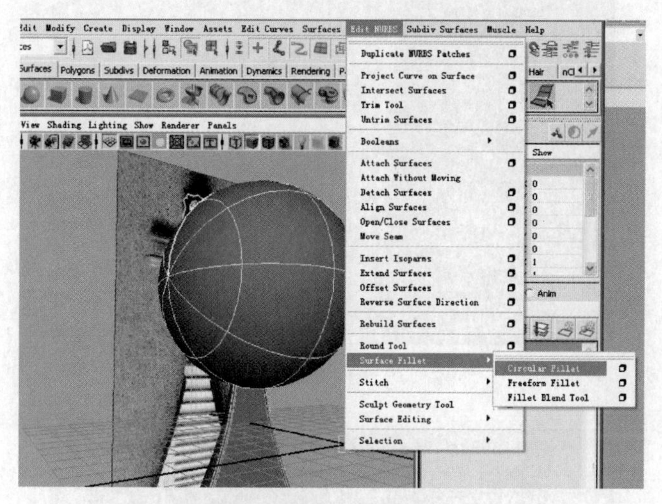

图 2－94

选中圆球，将其删除。选中边框，用 Trim Tools（剪切工具），将选择的箭头在需要保留的地方单击一下，会出现如图 2－95 所示的小黄点。

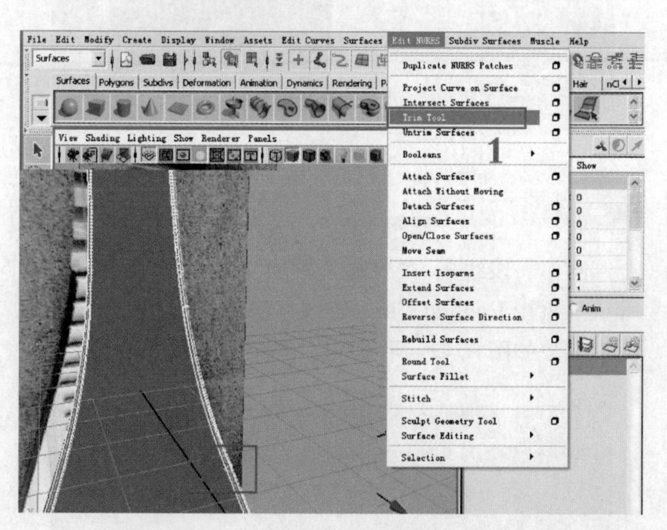

图 2－95

单击〈Enter〉键，有一部分图形被裁减掉了，如图 2－96 所示。

单击鼠标右键，在弹出的菜单中选择 hull 命令，选中中间一圈，使用放缩工具如图 2－97 进行制作。

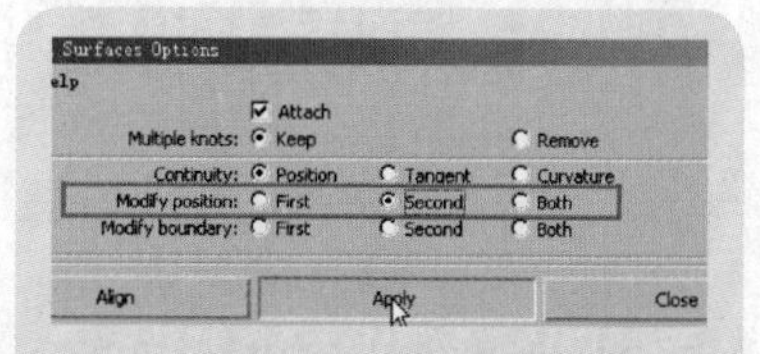

11. Open/Close Surface（打开/闭合曲面）

（1）Surface direction（曲面方向）：设定要在哪个方向上打开/闭合曲面，有 3 个选项（U、V 和 Both）。

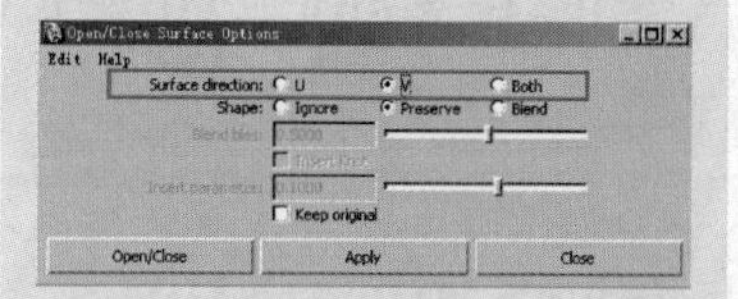

（2）Shape（形状）。

（3）Ignore（忽略）：在打开/闭合曲面时，不保持原曲面形状。

（4）Preserve（保持）：在打开/闭合曲面时，可以添加或删减可控点，尽量保持原曲面的形状不做改变。

（5）Blend（混合）：尽量保持打开/闭合后的曲面的连续性。

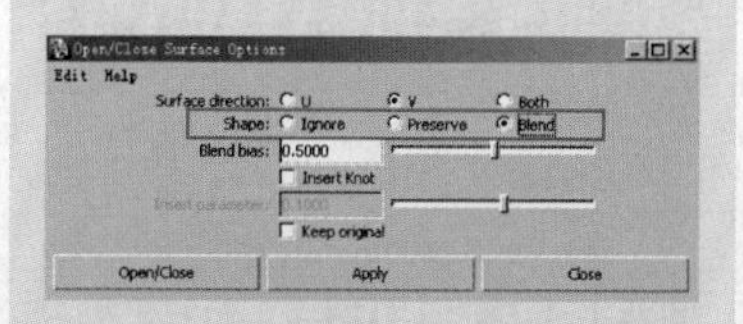

（6）Blend bias（混合偏差）：该参数值越大，表面切线的变形越厉害。

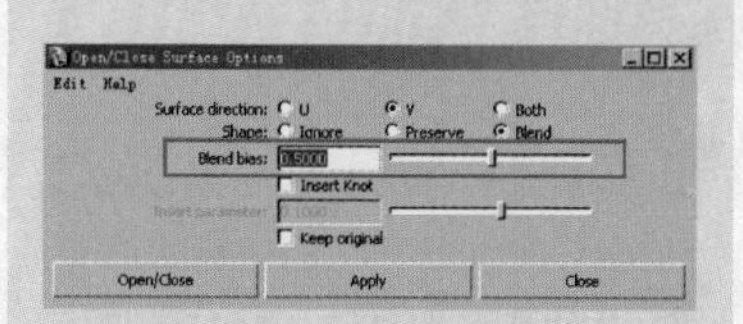

（7）Insert knot（插入节）：选中该项，可在要闭合的区域附近插入两条结构线。只有当 Shape（形状）选择 Blend 时，该项才可被激活。

(8) Insert parameter(插入参数):选中 Insert knot 时,该项可以调整插入的结构线的位置。参数值越接近 0,插入的结构线相距越近,混合形状越接近原来连接曲面的曲率。

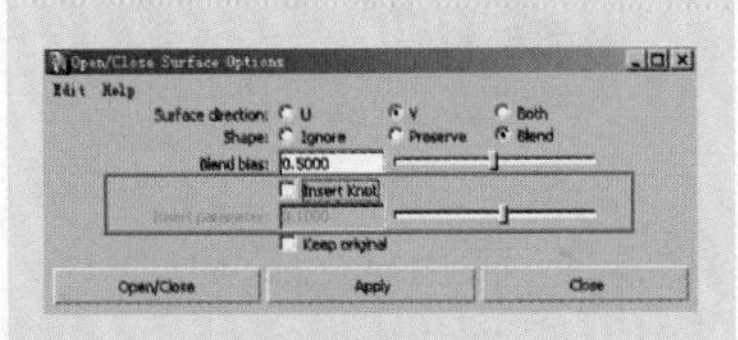

(9) Move Seam(偏移接缝):偏移一个闭合曲面的接缝。

操作方式:选择闭合曲面上的一条结构线(Isoparm),然后单击 Apply 按钮。

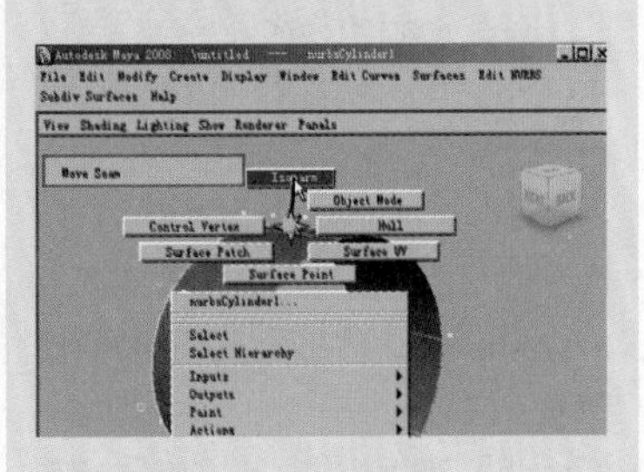

12. **Insert Isoparms(插入结构线)**

为 NURBS 曲面插入结构线(Isoparm)。

Insert location(插入位置):

① At Selection(选择处):在所选位置插入结构线。

② Between Selection(在所选对象间):在所选的结构线之间或所有 U、V 结构线之间插入等位结构线。

操作方式:选择 NURBS 曲面,进入 Isoparm 模式,把一条现存的结构线拖到想增加新结构线的位置,或者选择表面的一个点并按住〈Shift〉键拖拽,可一次性插入多条 Isoparm,单击 Apply 按钮。

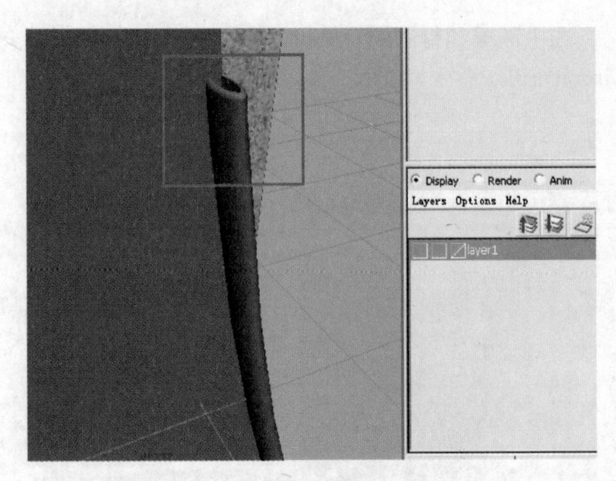

图 2-96

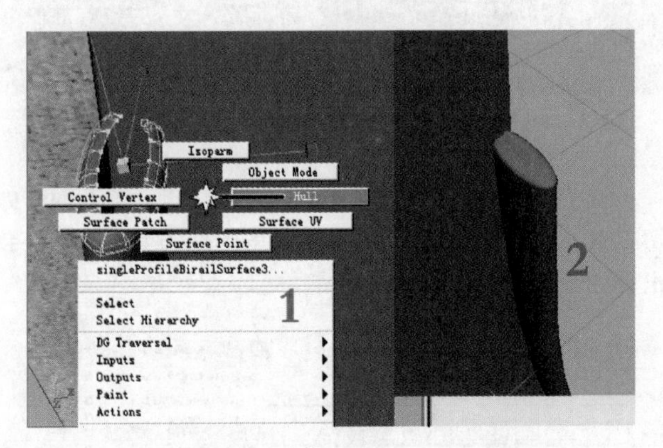

图 2-97

06. 制作琵琶琴弦底座

制作一段线条,在线段里再加 4 个小圆,如图 2-98 所示。执行 Rebuild Curve 命令,重新设置曲线的顶点,设置参数如图 2-99 所示。

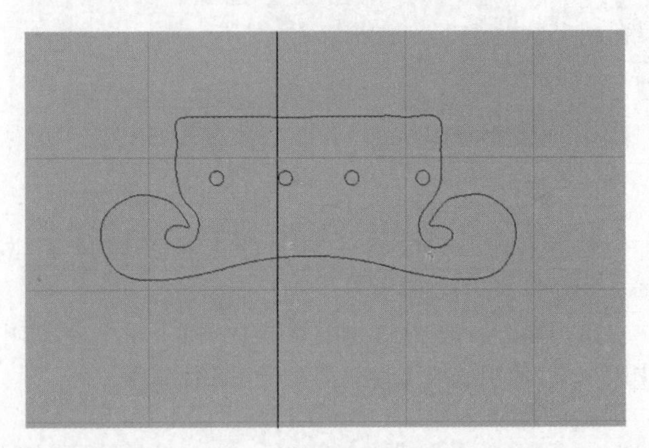

图 2-98

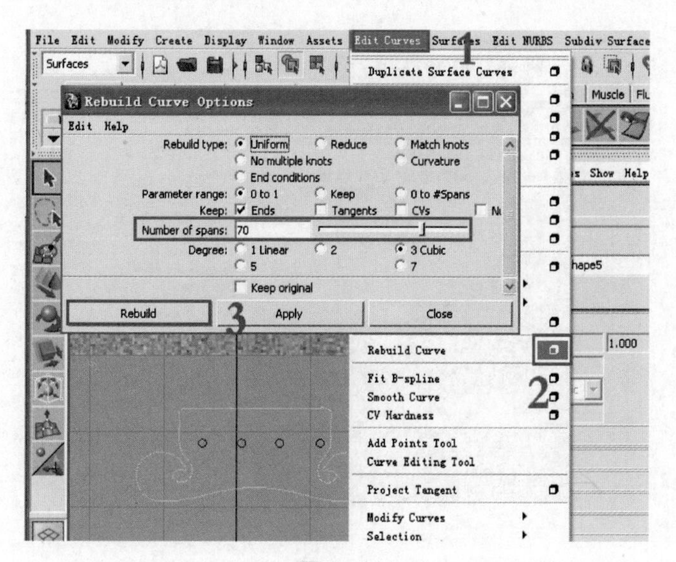

图 2-99

如图 2-100 所示,创建一个曲面圆柱。

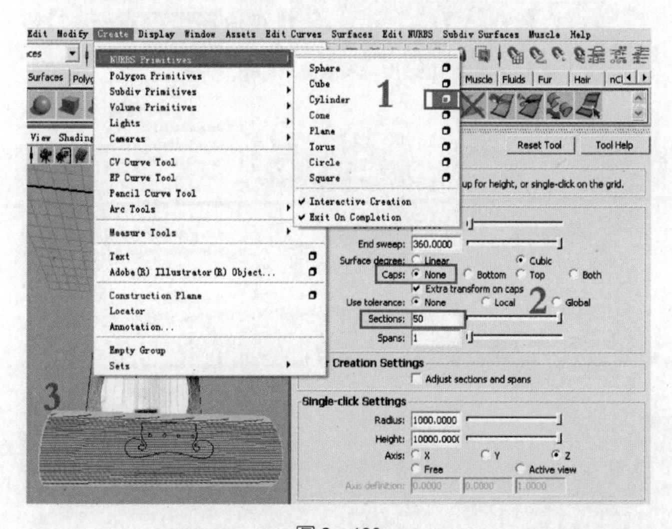

图 2-100

先选中所有的曲线,再选中圆柱。切换到 Front 视图,执行 Edit NURBS→Project Curve on Surface 命令,映射曲线到曲面,如图 2-101 所示。

曲线映射到圆柱上后,选中圆柱,执行 Edit NURBS→Trim Tool 命令,如图 2-102 所示在需要的地方单击。然后单击〈Enter〉键,需要的形状就保留下来了。

单击鼠标右键,在弹出的菜单中选中 Trim Edge 命令,选中图形外面一圈边,如图 2-103 所示。

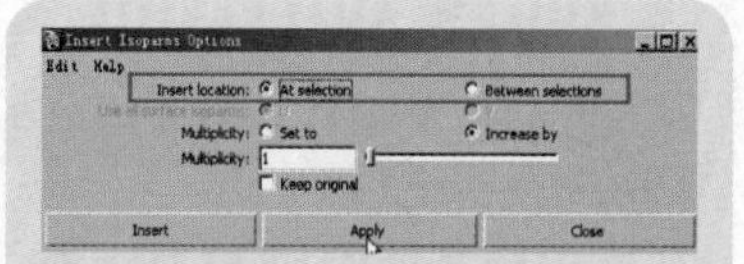

13. Extend Surface(延伸曲面)

沿曲面的某个方向延伸曲面。

(1) Extension type(延伸类型)

① Tangent(切线):沿曲面顶端切线方向延伸曲面。

② Extrapolate(外推):根据原曲面的曲率来延伸曲面。

操作方式:选择曲面,单击 Apply 按钮。

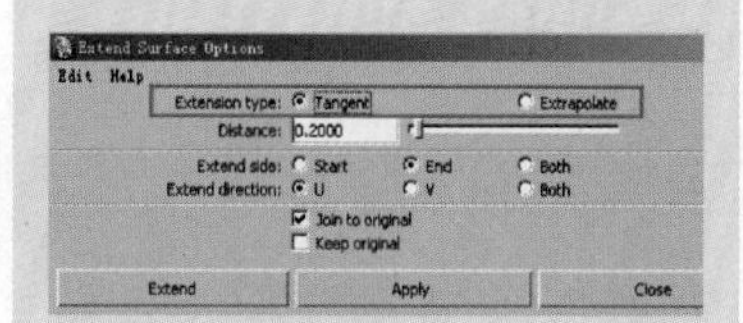

(2) Distance(距离):可设置延伸曲面的距离。

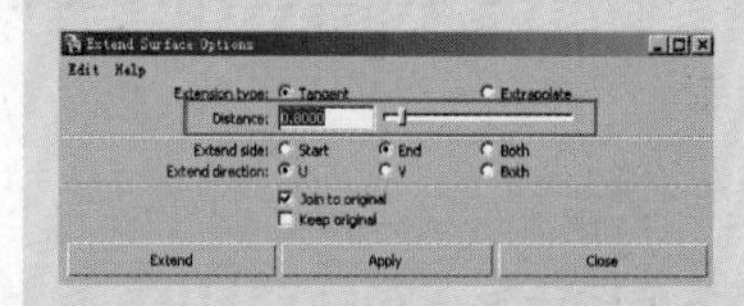

(3) Extend side(延伸边):

① Start(始端):从曲面的始端延伸曲面。

② End(末端):从曲面的末端延伸曲面。

③ Both(两端):从曲面的两端同时延伸曲面

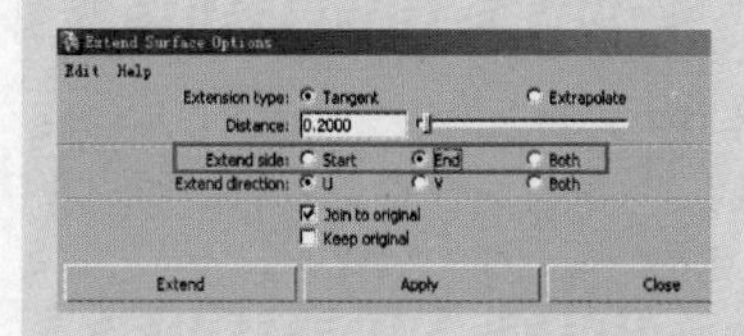

(4) Extend direction(延伸方向):

① U:在 U 方向延伸曲面。

② V:在V方向延伸曲面。

③ Both(两端):在U和V两个方向延伸曲面。

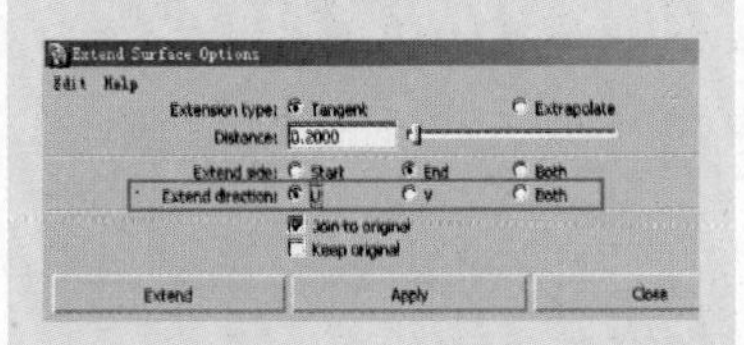

14. Offset Surface偏移曲面

(1) Mothod(偏移方式):

① Surface fit(曲面匹配):偏移曲面与原曲面的曲率保持一致。

② CV fit(控制点匹配):偏移曲面保持了CV沿其法线方向的位置偏移。

操作方式;选择曲面,单击Apply按钮。

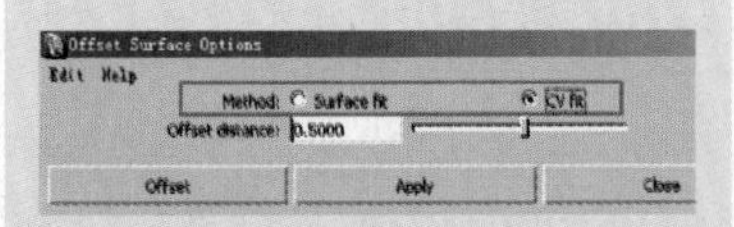

(2) Offset distance(偏移距离):可设定偏移曲面相对于原始曲面的偏移距离。该参数可以为正值,也可以为负值,代表了不同的偏移方向。

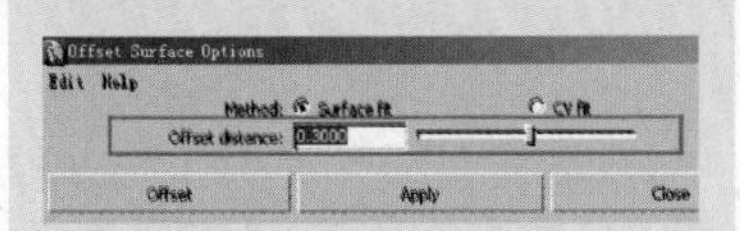

15. Reverse Surface Direction(反转曲面方向)

Surface direction(曲面方向):

① U:沿U方向反转曲面,同时反转曲面的法线方向。

② V:沿V方向反转曲面,同时反转曲面的法线方向。

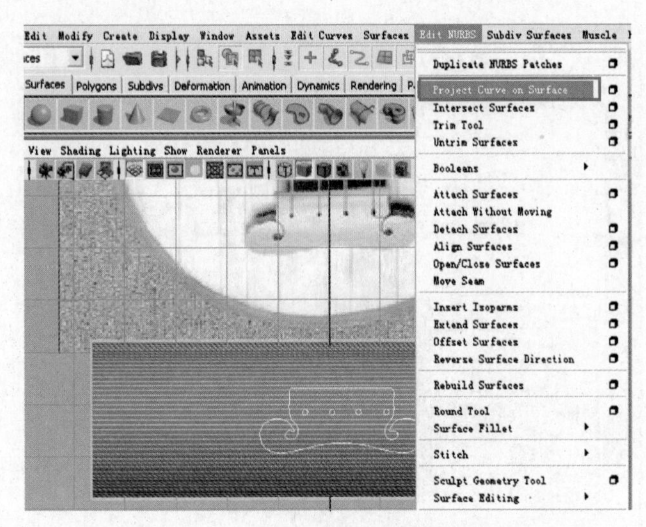

图2-101

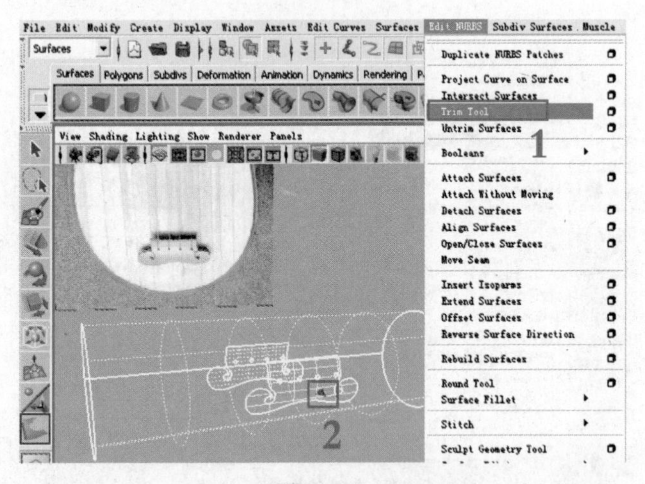

图2-102

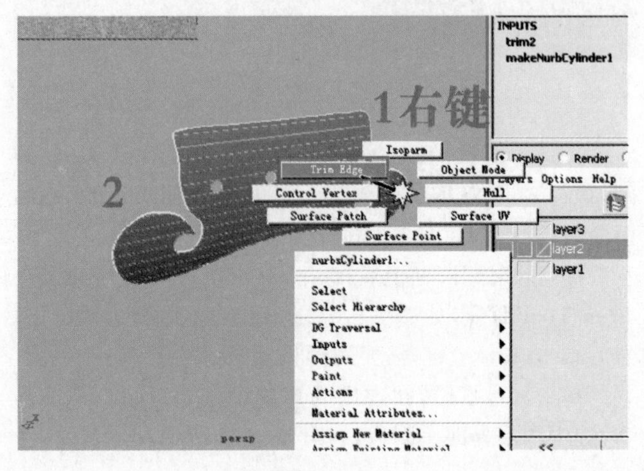

图2-103

按住〈Shift〉键键依次选中4个圆，执行 Edit Curves→Duplicate Surface Curves 命令，如图2-104所示。按住〈Ctrl〉+〈D〉键复制图形，移动到如图2-105所示的位置。将曲线的中心居中，然后如图2-106所示设置Z轴为0。

依次选择2根曲线，执行 Surfaces→Loft 命令，如图2-107所示。

依次选中小圆，执行 Surfaces→Loft 命令，如图2-108所示。将其他圆圈一一对应，得到的效果如图2-109所示。

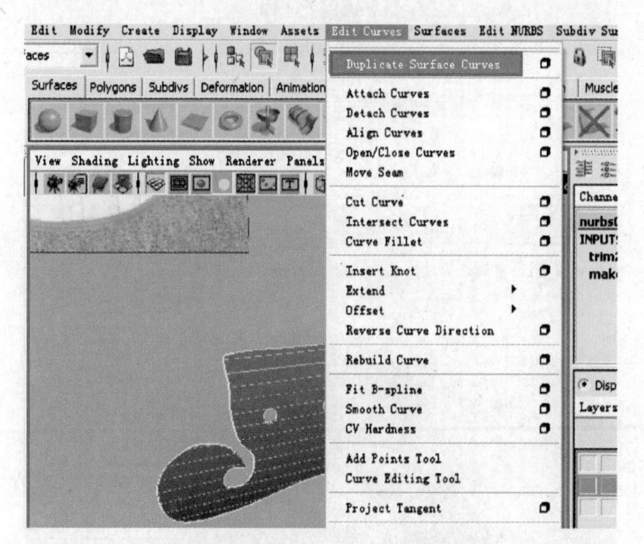

图2-104

图2-105

③ Swap(交换)：交换曲面的U和V方向，同时反转曲面的法线方向。即曲面原来的U方向变为V方向，曲面原来的V方向变为U方向。

④ Both(同时)：同时反转曲面的U方向和V方向，但此时曲面的法线方向不变。

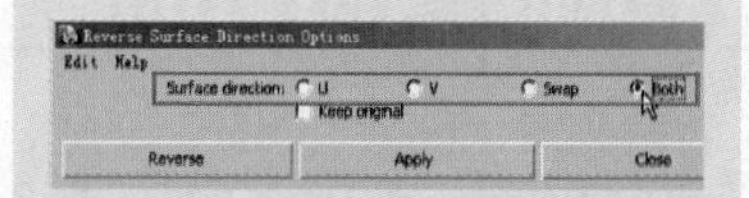

16. Rebuild Surface(重建曲面)

操作方式：选择曲面，单击 Apply 按钮。

Rebuild type(重建类型)：根据所选的重建类型的不同，重建曲面选项窗口显示出不同的选项。

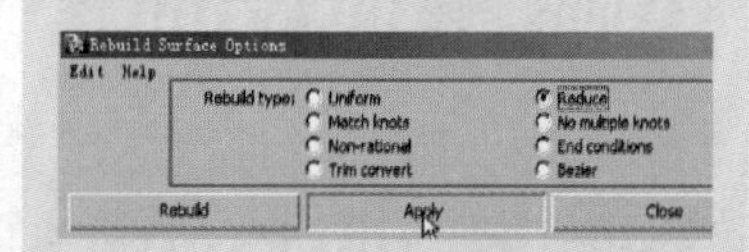

17. Round Tool(圆角工具)

将2个相交曲面变成倒圆角。

操作方式：单击 Apply 按钮，然后选择成对的边，出现一个半径操纵器，显示当前的圆角半径。用鼠标拖动操纵器，交互式地改变半径。按〈Enter〉键完成操作。

Radius(半径)：用来设置圆角的半径大小。

18. Circular Fillet(圆弧衔接)

用圆弧表面连接原来的2个表面。

操作方式：依次选择2个表面，单击 Apply 按钮。

19. Freeform Fillet(自由衔接)

用自由曲面连接连个曲面。

操作方式:选择曲面上的一条结构线(Isoparm)或表面曲线或剪切边(Trim Edge),按住〈Shift〉键选择另一个曲面上的一条结构线(Isoparm)或表面曲线或剪切边(Trim Edge),单击 Apply 按钮。

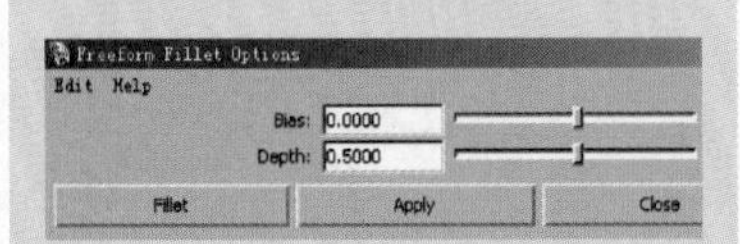

(1) Bias(偏差):参数值与跨过两曲面曲线末端的切线成正比。

(2) Depth 深度:可控制倒角曲面的曲率。

20. Fillet Blend Tool(混合衔接工具)

根据所选表面曲线填补融合两个曲面。

操作方式:单击 Apply 按钮,然后选择曲面上的一条结构线(Isoparm)或表面曲线或剪切边(Trim Edge),按〈Enter〉键。然后再选择另一个曲面上的一条结构线(Isoparm)或表面曲线或剪切边(Trim Edge),按〈Enter〉键。

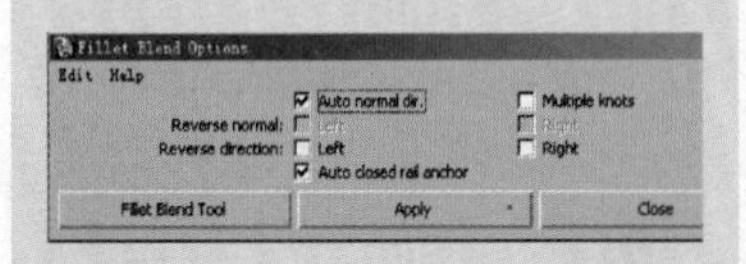

21. Stitch Surface Points(缝合曲面点)

基于选择的点将 2 个(或更多)曲面缝合起来。

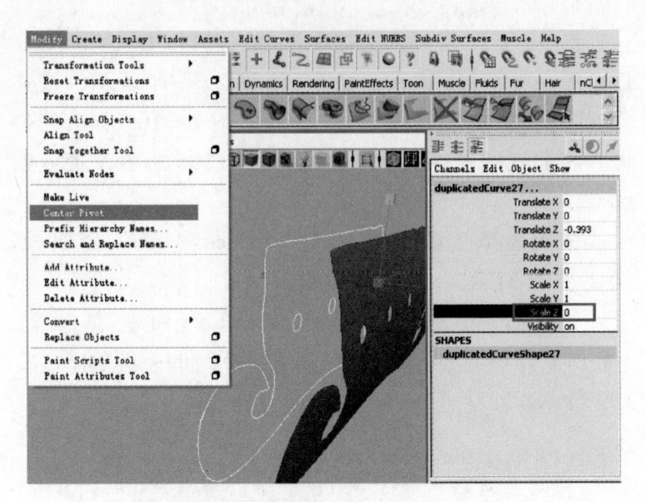

图 2-106

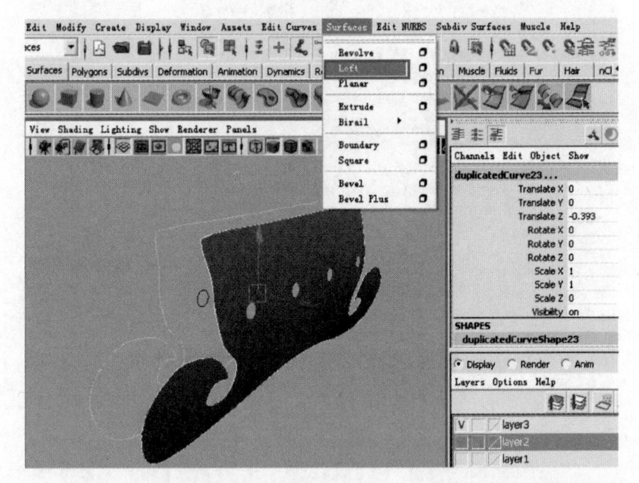

图 2-107

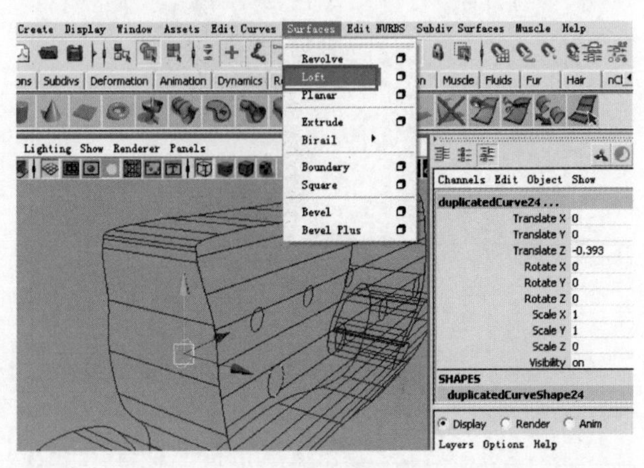

图 2-108

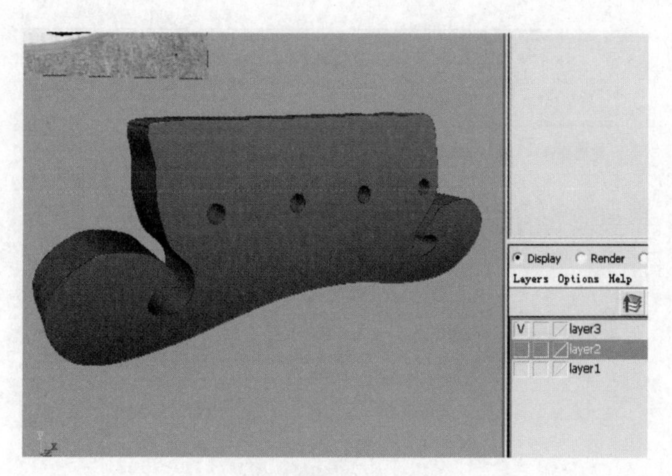

图 2－109

07. 制作琵琶琴弦座

执行 Creat→NURBS Primitives→Square 命令，创建一个矩形，如图 2－110 所示。

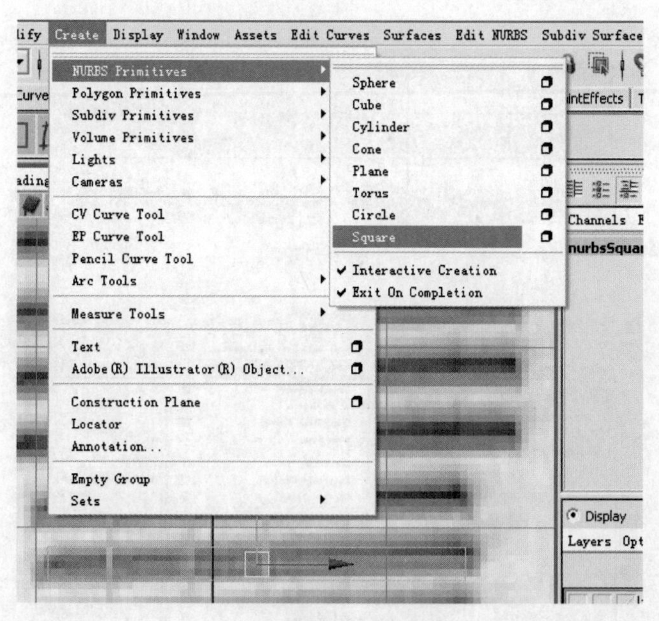

图 2－110

选中矩形的 2 根线条，单击 Curve Fillet 命令旁的设置按钮，在弹出的对话框中进行参数设置，如图 2－111 所示。

操作方式：在需要缝合的曲面上各选择一个相对应的 CV，单击 Apply 按钮。

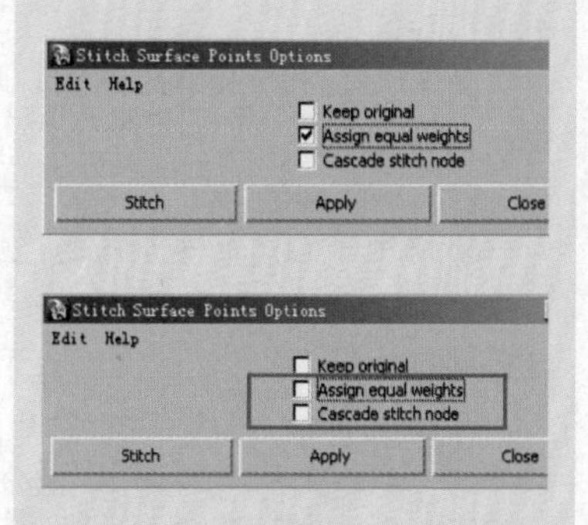

22. Stitch Edges Tool（缝合边工具）

基于选择的边或 Isoparm（结构线）将 2 个曲面缝合起来。

操作方式：单击 Apply 按钮，然后框选要缝合的 2 个曲面的一对边，按〈Enter〉键完成。

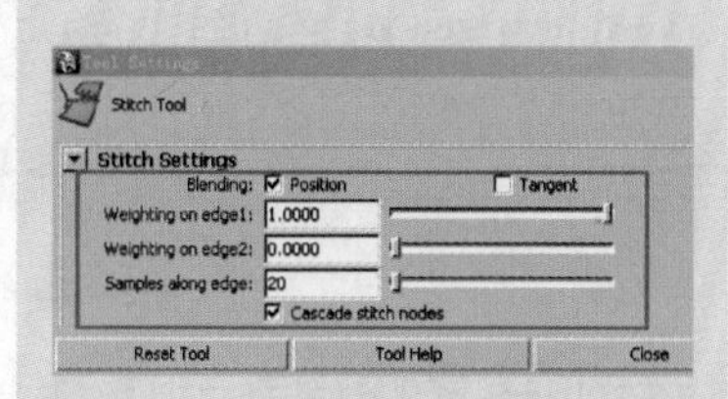

23. Global Stitch（全局缝合）

缝合 2 个或更多曲面最近的边。

操作方式：选择要缝合的曲面，单击 Apply 按钮。

Stitch Corners（缝合角）：设置在何处将曲面的角缝合到相邻的角或曲面的边上。无论选择哪一个，只要在 Max Separation（最大间隔）距离内，曲面就会被缝合。

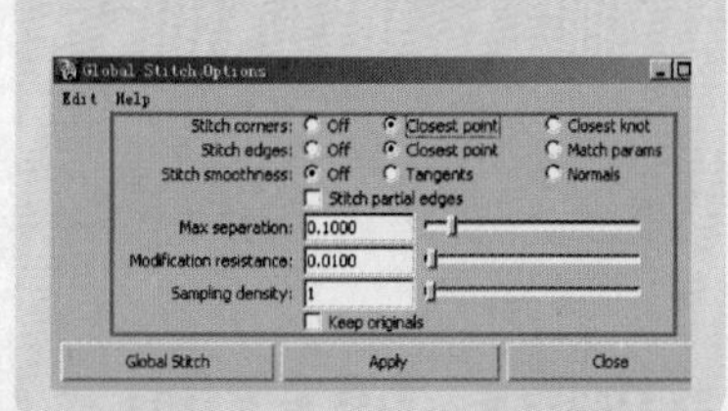

24. Sculpt Geometry Tool(雕刻几何体工具)

使用工匠笔刷雕刻 NURBS 曲面进行造型。

操作方式：选择 NURBS 曲面，单击 Apply 按钮。

(1) Brush 画笔：

① Radius(U)(半径 Upper)：如果使用压感笔，需该选项可以设定笔刷的最大半径。

② Radius(L)(半径 Lowest)：如果使用压感笔，需该选项可以设定笔刷的最小半径。

③ Opacity(不透明度)：该设置设定笔刷的效果强度。

(2) Profile 笔画轮廓：Maya 提供 5 种方式的画笔轮廓。从左到右是：Gaussian Brush(高斯笔刷)、Soft Brush(软笔刷)、Solid Brush(硬笔刷)、Square Brush(方形笔刷)、Brush from Image(来自图片的笔刷)。

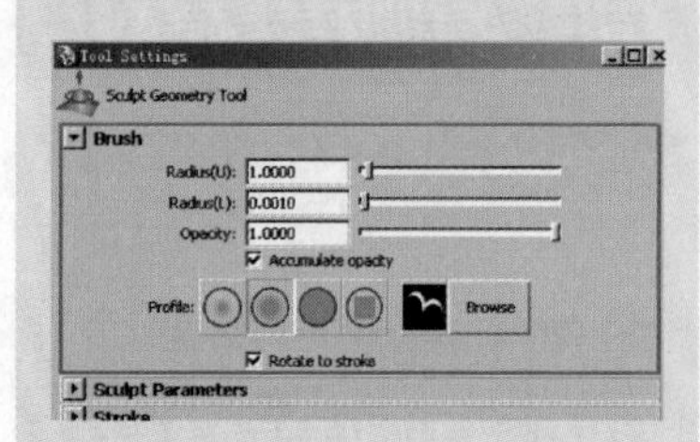

(3) Operation 操作：Maya 提供 5 种雕刻操作方式，从左到右为：Push(推)、Pull(拉)、Smooth(平滑)、Relax(松弛)、Erase(擦除)。

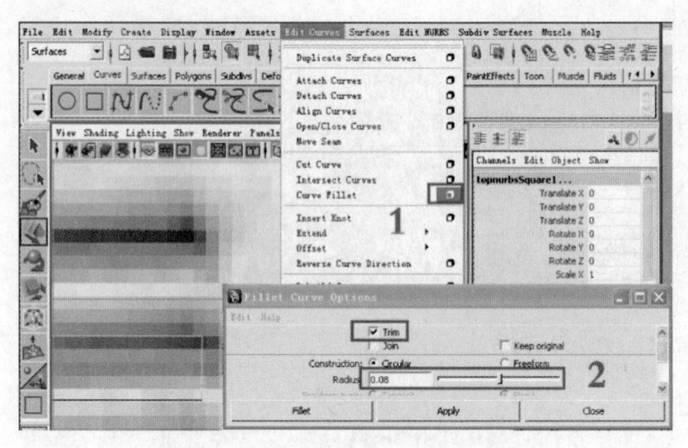

图 2-111

依次选择 2 根曲线，执行 Edit Curves→Curve Fillet 命令，将矩形的四个角变成圆角，效果如图 2-112 所示。分别对 2 条线进行合并，如图 2-113 所示。最后将整条曲线封闭，如图 2-114 所示。

选中线条，单击 Surfaces→Bevel Plus 命令旁的设置按钮，如图 2-115 所示设置参数。

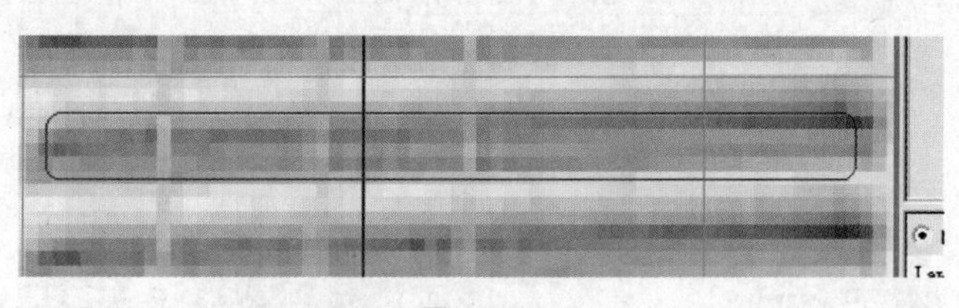

图 2-112

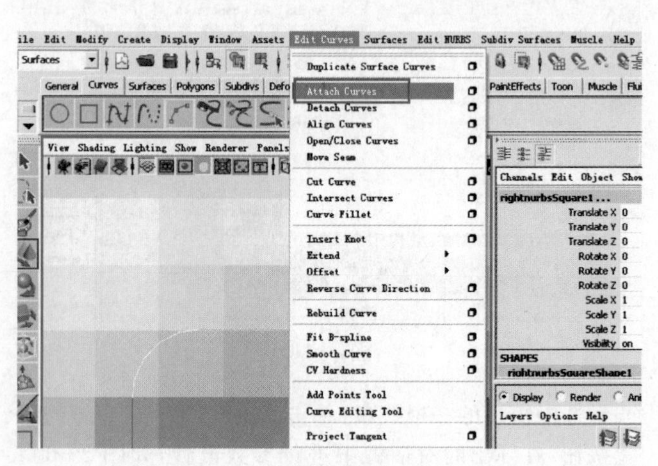

图 2-113

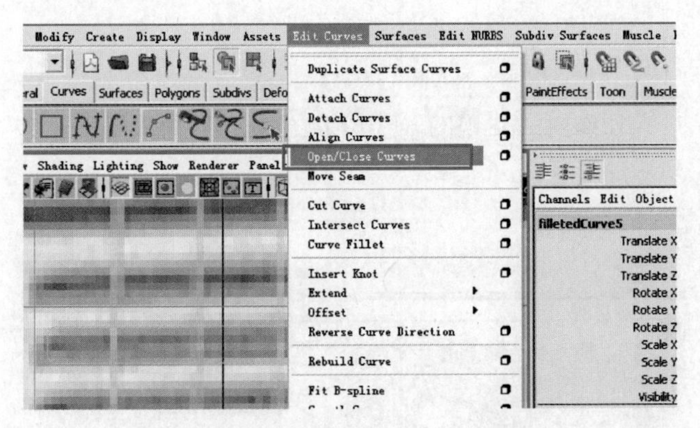

图 2 - 114

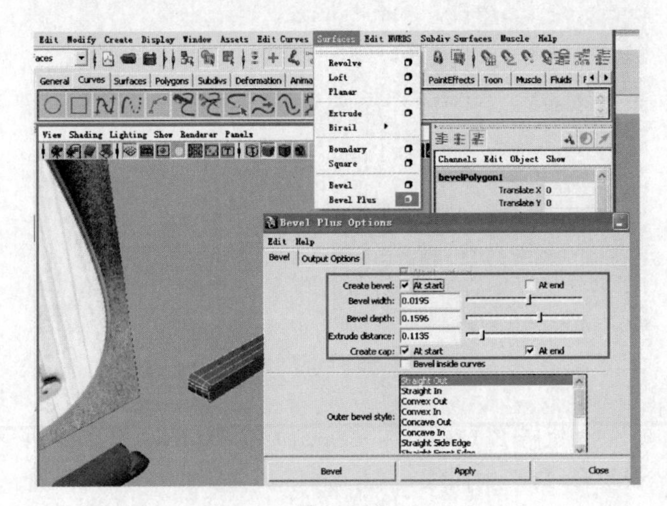

图 2 - 115

用同样的方法制作出其他的弦座，如图 2 - 116 所示。

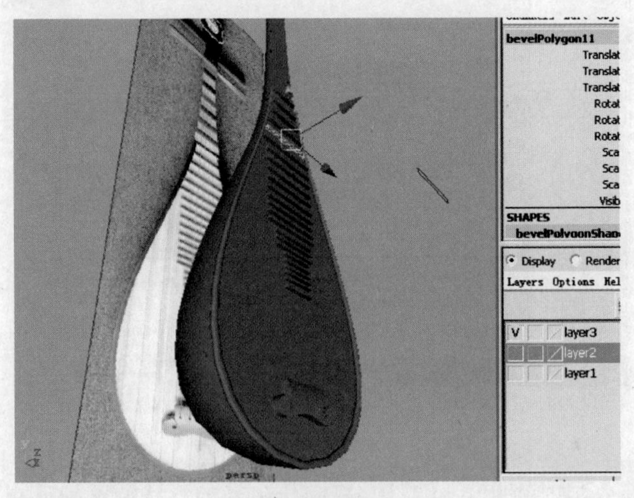

图 2 - 116

08. 制作琵琶上端琴弦座

切换到 Side 视图,使用 EP 工具,制作出如图 2－117 所示的形状。

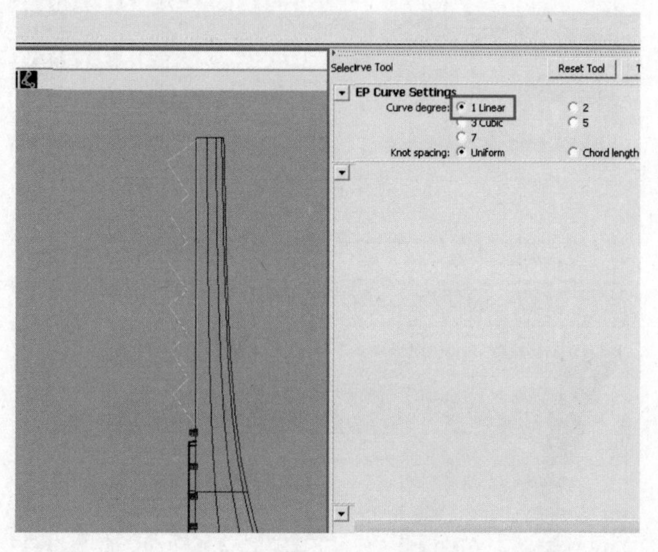

图 2－117

先执行 Edit Curves→Open/Close Curves 命令将曲线闭合,再选中曲线,单击 Surfaces→Bevel Plus 命令旁的设置按钮,如图 2－118 所示设置参数。

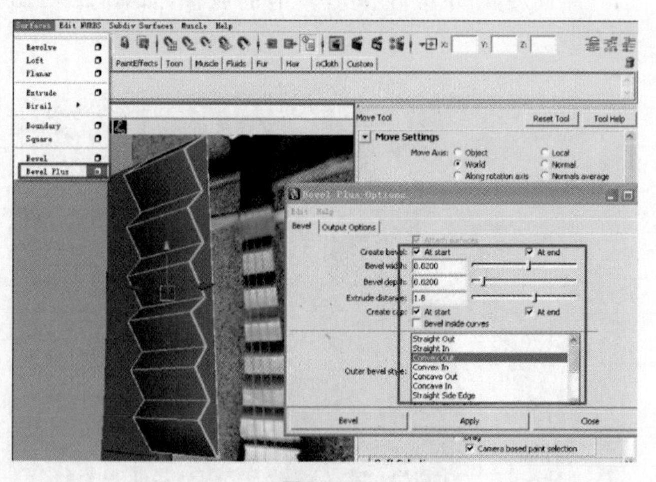

图 2－118

切换到 Front 视图,将制作出来的形状调整到适当位置。切换到 Animation 模块，执行 Create Deformers→Lattice 命令，使用晶格变形，如图 2－119 所示。单击鼠标右键选中晶格点，使用放缩工具将晶格调整至如图 2－120 所示的位置。

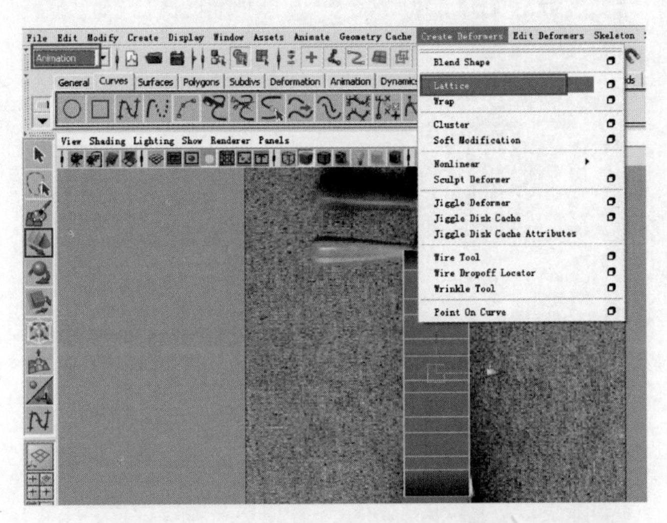

图 2－119

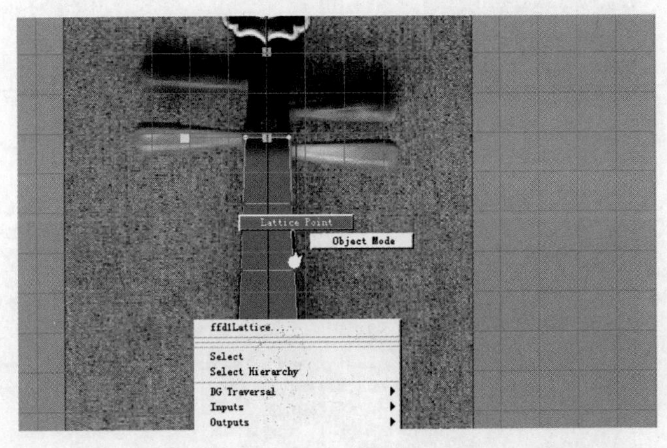

图 2－120

09. 制作琵琶上端

使用 CV 曲线工具绘制形状，在曲线上加上 4 个小圆，如图 2－121 所示。

选中曲线，执行 Surfaces→Bevel Plus 命令，如图 2－122 所示设置参数。

复制刚制作好的图形，移动一个到另外一边，如图 2－123 所示。

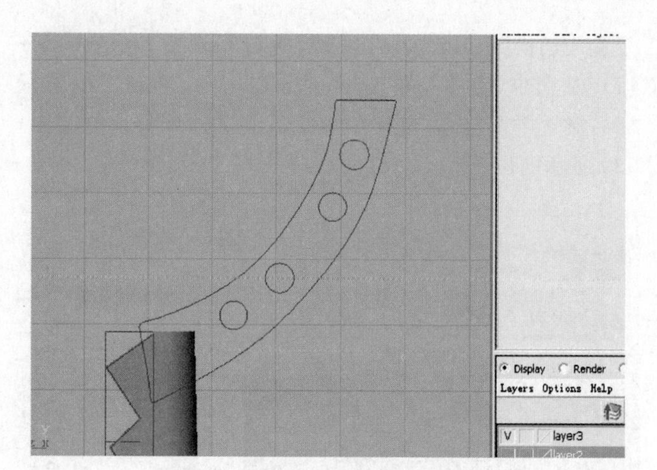

图2-121

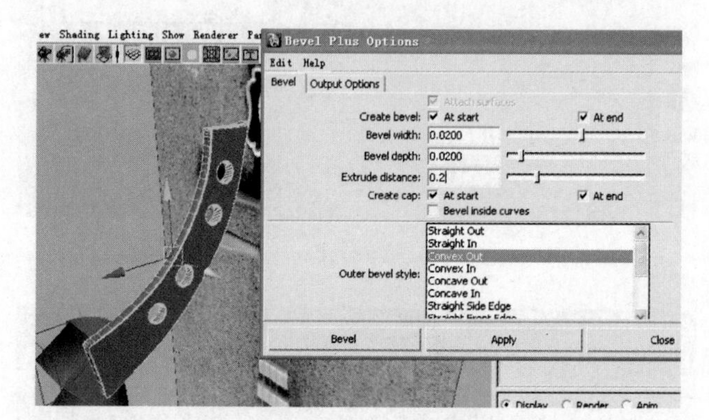

图2-122

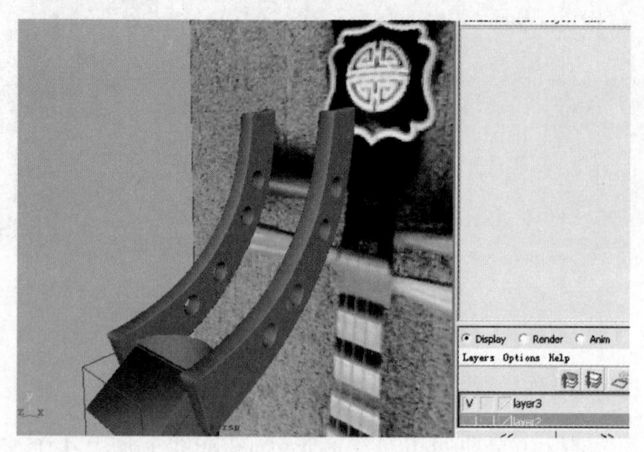

图2-123

再用同样方法制作出上面的细节，如图 2－124 所示。

接下来使用放样、裁剪等各种曲面工具制作出琵琶的头部，如图 2－125 所示。具体制作见视频教学部分。

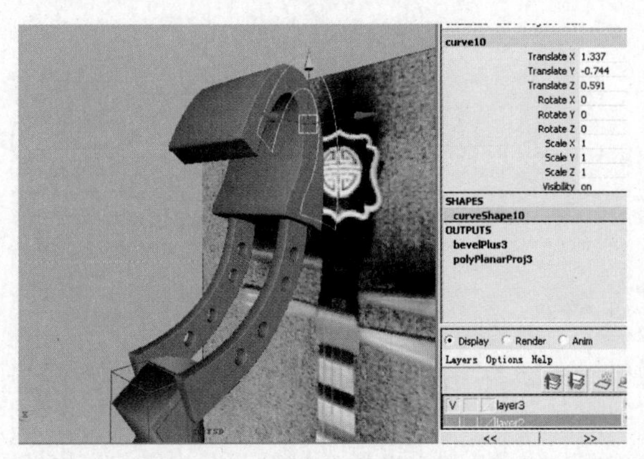

图 2 - 124

图 2 - 125

最后将其他部分整合在一起。效果如图 2 - 126 所示。

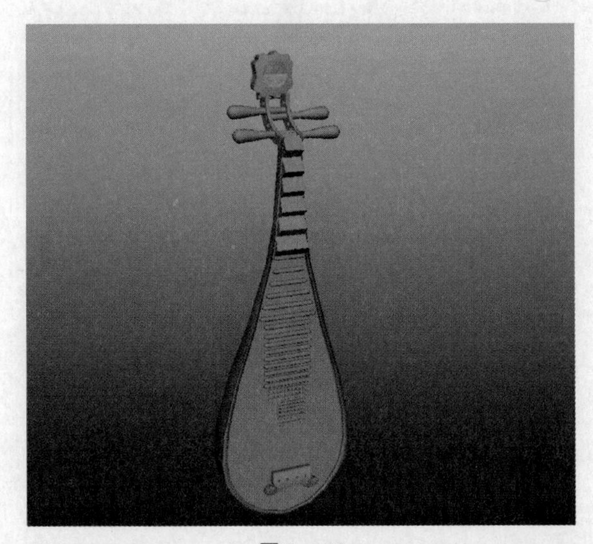

图 2 - 126

本章小结

曲面建模在 Maya 里面属于比较基础和重要的建模方式。本章学习了 NURBS 建模指令，其中包括曲线的使用方法和曲线的基本属性设置，曲线的增删点和调整方法，以及旋转、放样、挤压、双轨成型等曲面成型的几种常用方法。通过这些基础的方法，能够制作目前绝大部分的模型。Maya 还提供了几种模型之间互相转换的方法。曲面物体也能直接变成多边形和细分物体，大大地方便用户进行创作。

课后练习

1. 在 Maya 中（　　）快捷键是在视图中最大化显示物体的。
   A. 〈P〉键　　B. 〈F〉键　　C. 〈V〉键　　D. 〈H〉键
2. 使用 Maya 的曲面建模工具，制作如图 2－127 所示的模型。
3. 参照图 2－128 的效果，使用 Maya 的曲面建模工具制作模型。

图 2－127

图 2－128

3

Maya 多边形建模艺术

本课学习时间：36 课时

学习目标：掌握多边形的基本概念、基本元素，以及多边形建模技巧和方法

教学重点：多边形的建模技巧和方法

教学难点：建模中对原画比例、细节的把握；运用人体解剖学，把握人体比例与结构

讲授内容：制作水晶灯塔，制作小女孩模型

课程范例文件：chapter3\final\多边形建模.pro

本章课程总览

多边形（Polygon）建模从早期主要用于游戏、建筑效果图，而现在已被广泛应用（包括电影），成为 CG 行业中与 NURBS 并驾齐驱的建模方式。在电影《最终幻想》、《精灵鼠小弟 2》中，多边形建模完全有能力把握复杂的角色结构，以及解决后续部门的相关问题。在超级游戏大作《战争机器 2》中，多边形建模更是把这一建模工具发挥到极致，呈现给玩家逼真写实的震撼效果。在本章中我们将制作几个从简单到复杂的项目，使读者熟悉并掌握多边形建模的方法，为以后的制作材质、动画打下基础。

案例一　水晶灯塔的制作

案例二　小女孩的制作

3.1　水晶灯塔的制作

知识点：Maya多边形建模原理，多边形基本形状，切割、挤压面、加线、层管理等命令

图3-1

知识点提示

多边形建模

Polygon为多边形建模，有时也简写为poly。

Polygon的本质就是利用点、边、面来构造多边形物体。而这种建模技术的操作方式就是直接对多边形物体上的点、边、面进行空间上的移动，由此达到造型的目的。复杂的模型也是通过简单的点、边、面等基本元素拼合构造而成的。

多边形建模是各种三维软件中最经典、最成熟、最通用的建模方式。在制作各种项目时首先考虑使用Polygon建模方式，只有遇到一些特殊要求，才会考虑其他方式。这是因为多边形建模方式更便捷、更直观。而且多边形建模方

通过Maya多边形建模方法制作一个水晶灯塔的实例，学习Maya多边形建模原理，以及切割、挤压面、加线、层管理等命令的具体用法。

01.

打开Maya，执行File→Project→Set命令，指定文件的保存路径为E:\Tutorial\Exe_Project，如图3-2所示。

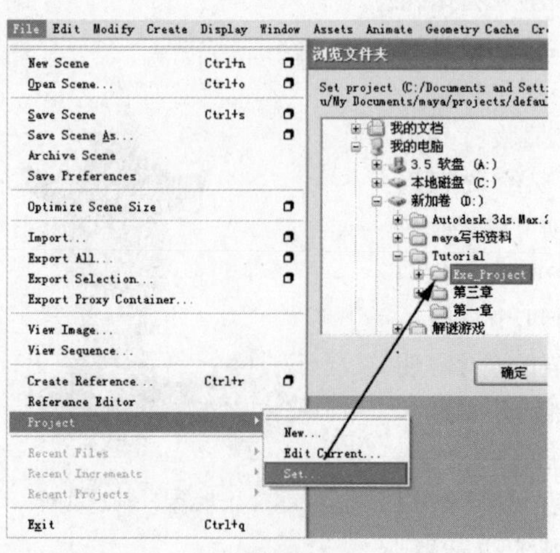

图3-2

02.

创建一个 box 立方体，按〈F3〉键切换到 Polygon 模块，执行 Create→Polygon Primitives→Cube 命令，如图 3-3 所示。

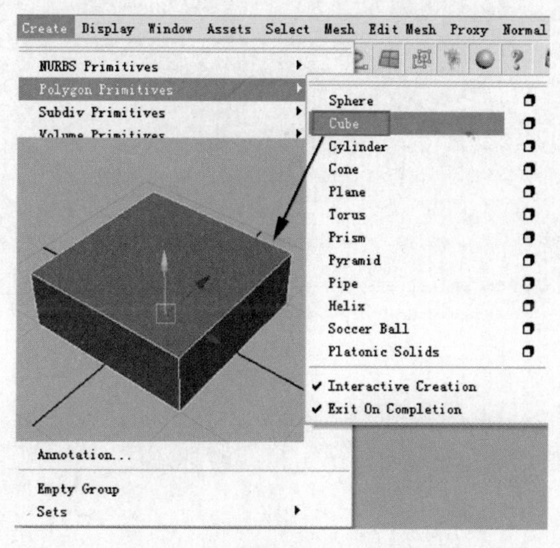

图3-3

03.

按〈F5〉键，将显示模式变为实体显示模式。选中物体，单击鼠标右键进入物体的边级别，如图 3-4 所示。选择物体的一条边，如图 3-5 所示。先按〈F4〉键，将

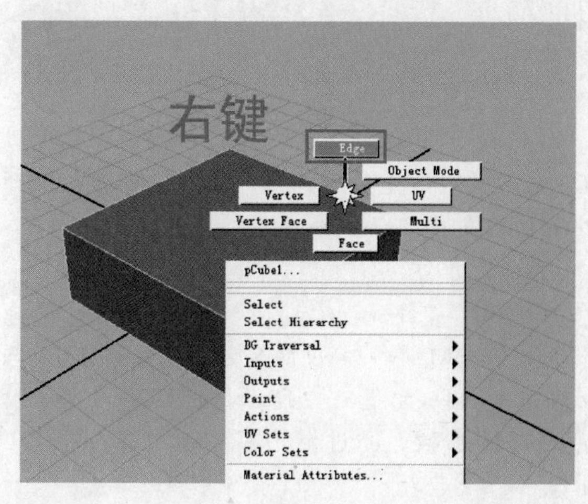

图3-4

式在后续的材质特效处理上更稳定，出错的概率较小。即使是和其他三维软件交换文件，多边形建模也是一种最通用、最容易互相转换的方式。

Polygon(多边形)是由多条边围成的一个闭合的路径形成的一个面，它主要包含 4 个基本元素。

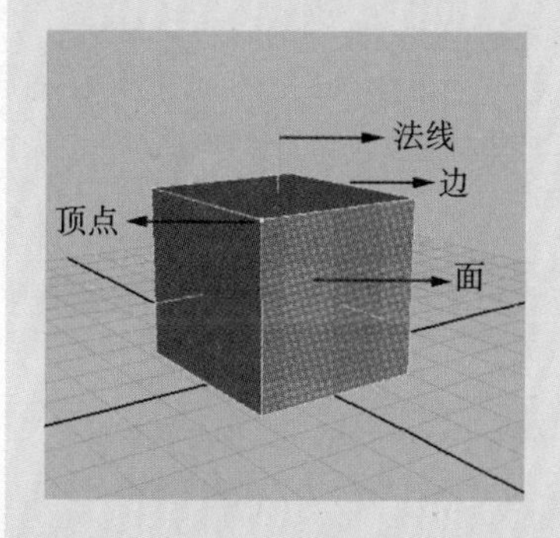

1. Vertex(顶点)

线段的端点，构成多边形的最基本的元素。

2. Edge(边)

就是一条连接两个多边形顶点的直线段。

3. Face 面

就是由多边形的边所围成的一个面。在 Maya 中同样是由三条以上的边构成一个多边形面，三角面是所有建模的基础。

4. 法线 Normal

表示面的方向。法线朝外的是正面，反之是背面。

在物体上单击可以分别进入各个元素的选择状态。

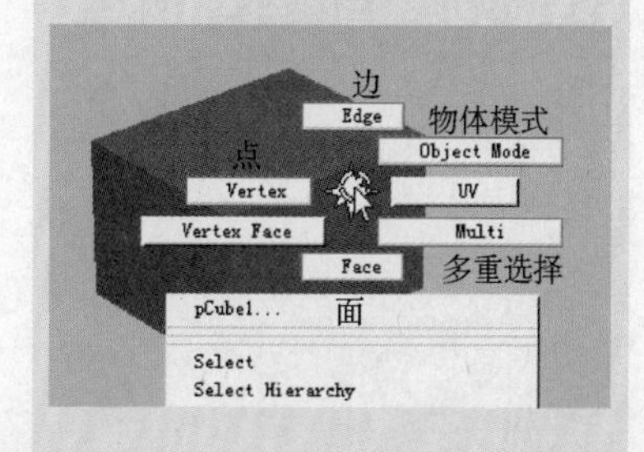

选择多边形，单击状态栏上的元素遮罩，也可以进入元素选择状态。

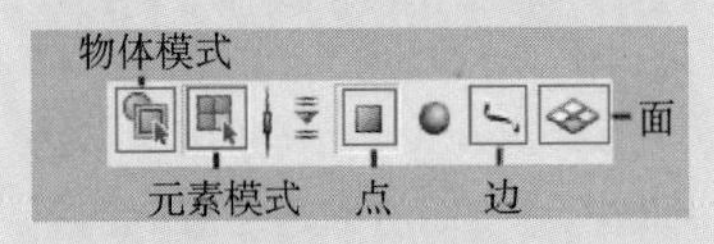

在工具架上的 Polygons 快捷按钮可以选择多边形的基本物体，这些物体基本上可以满足建模初期的需要。

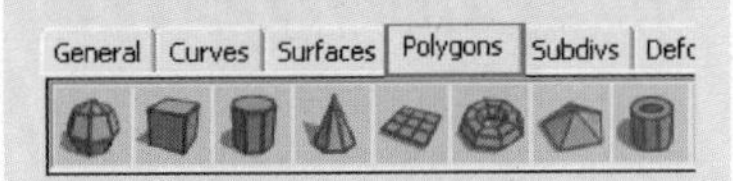

Polygon Primitives 多边形菜单

多边形菜单为我们提供了 12 种基本形状。

Polygon Primitives 标准多边形

Sphere	球体
Cube	立方体
Cylinder	圆柱体
Cone	圆锥体
Plane	平面
Torus	圆环
Prism	棱柱体
Pyramid	棱锥体
Pipe	软管
Helix	螺旋体
Soccer Ball	足球
Platonic Solids	理想固体

1. Sphere(球体)

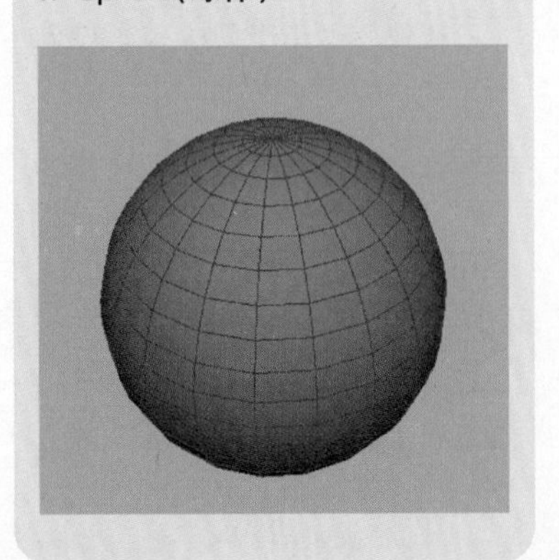

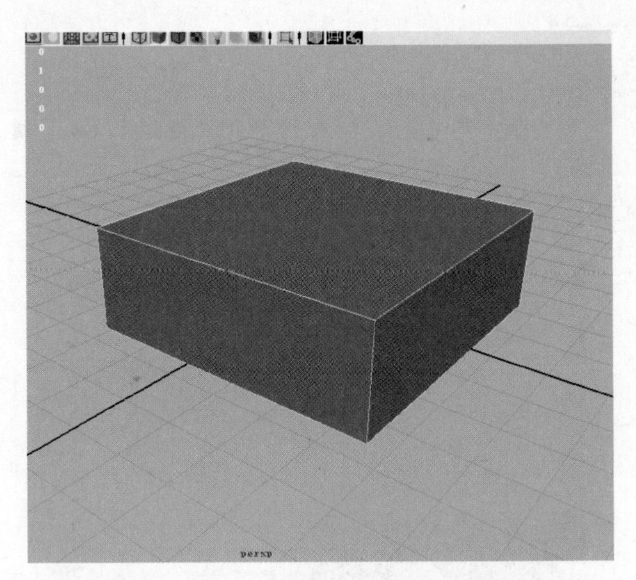

图3-5

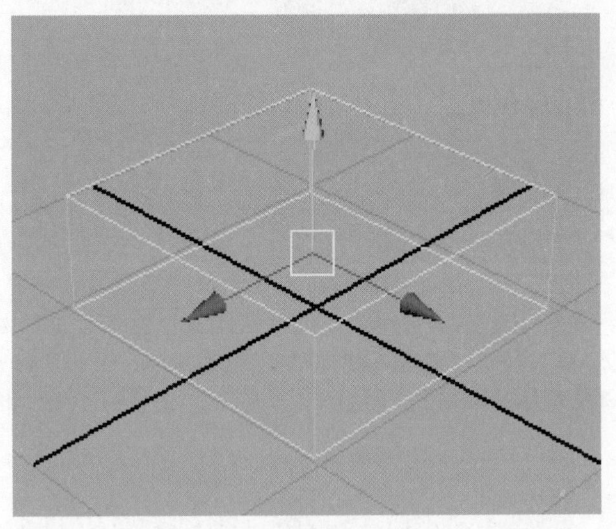

图3-6

显示模式变为线框显示，然后按住〈Shift〉键依次选择物体的 4 个边，如图 3-6 所示。

04.

单击 Edit Mesh→Bevel 命令旁的设置按钮，为选择的一圈边做倒边，如图 3-7 所示。如图 3-8 所示设置倒边的具体参数。经过倒边后得到效果如图 3-9 所示。

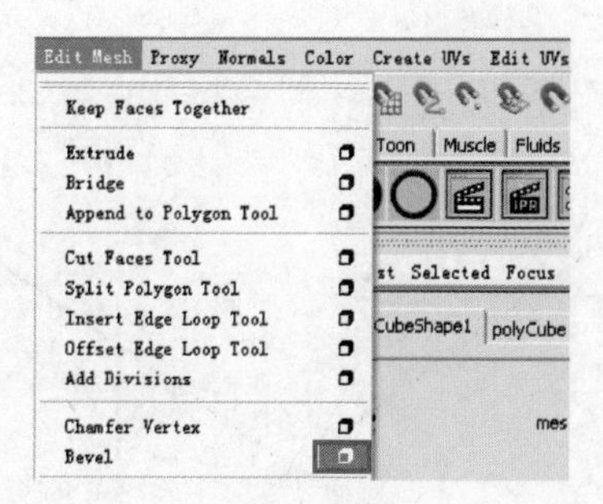

图3-7

Bevel Options
Edit Help
Settings
Offset type: Fractional (prevents inside out bevels)
Absolute
Offset space: World (ignore scaling on objects)
Local
Width: 0.05
Segments: 1
Automatically fit bevel to object
Roundness: 0.5000
UV assignment: Planar project per face
Preserve original boundaries
Bevel Apply Close

图3-8

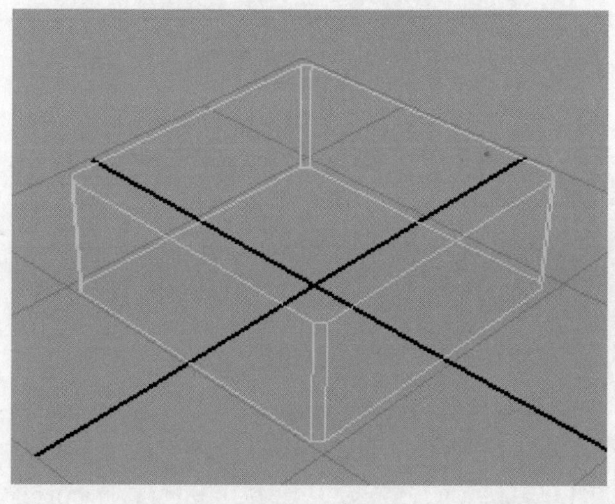

图3-9

05.

选择上面一圈边，继续做倒角，如图 3－10 所示。倒角的具体设置如图 3－11 所示。做好倒角的效果如图 3－12 所示。

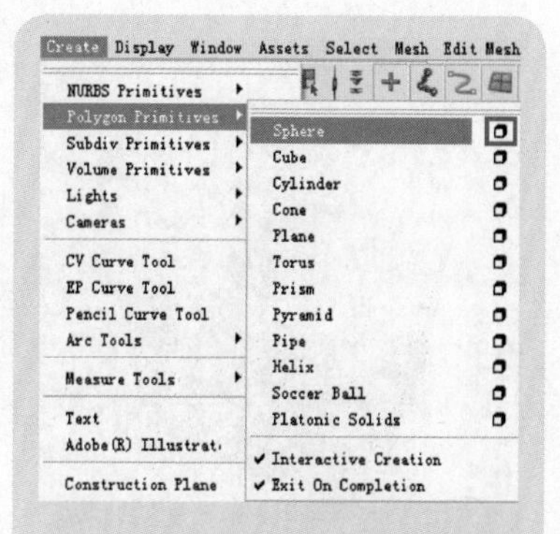

单击上图所示的设置，在设置面板中可以对其半径、轴的分割数和高度的分割数进行设置。

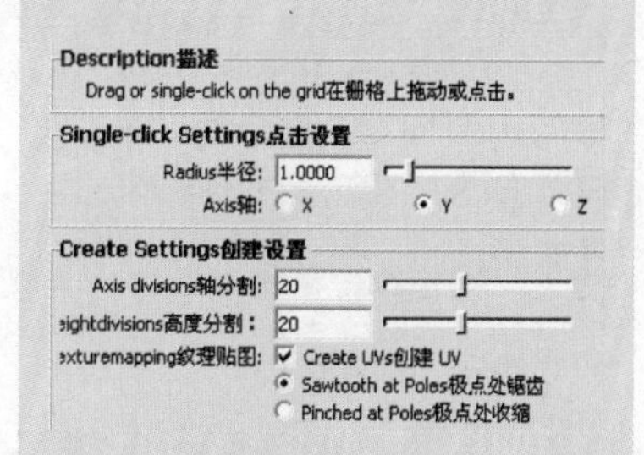

也可以创建好球体以后，再在通道栏上对物体进行参数修改。

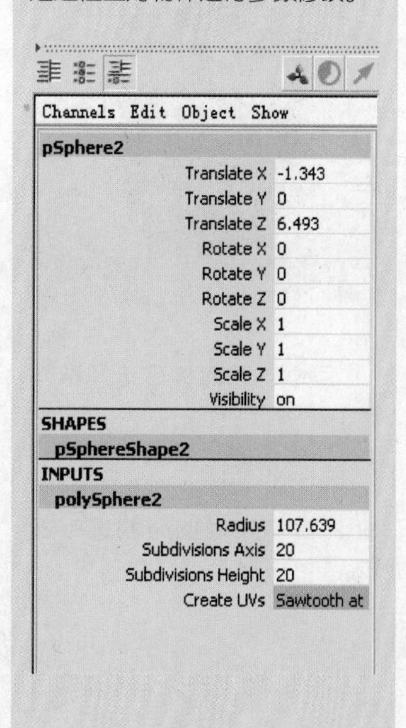

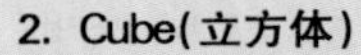

2. Cube(立方体)

立方体的创建方法和球体一样。

在设置面板中可以对立方体的宽度、高度和深度进行设置,对其宽度、高度和深度上的分割进行设置。

3. Cylinder(圆柱体)

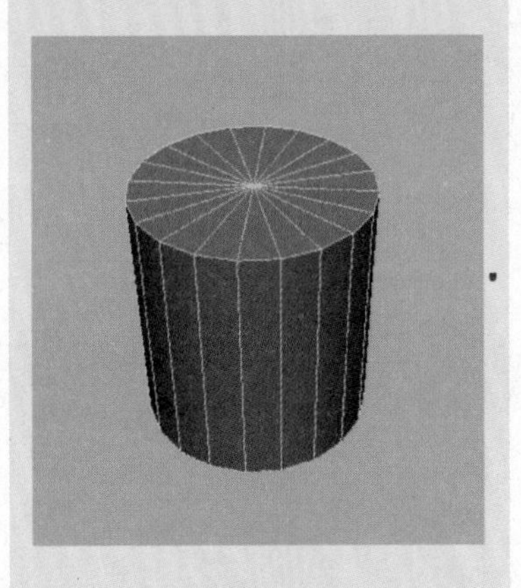

圆柱体的创建方法和球体一样。

在设置面板中可以对圆柱体的半径和高度进行设置,对其轴、高度和端面的分割进行设置。

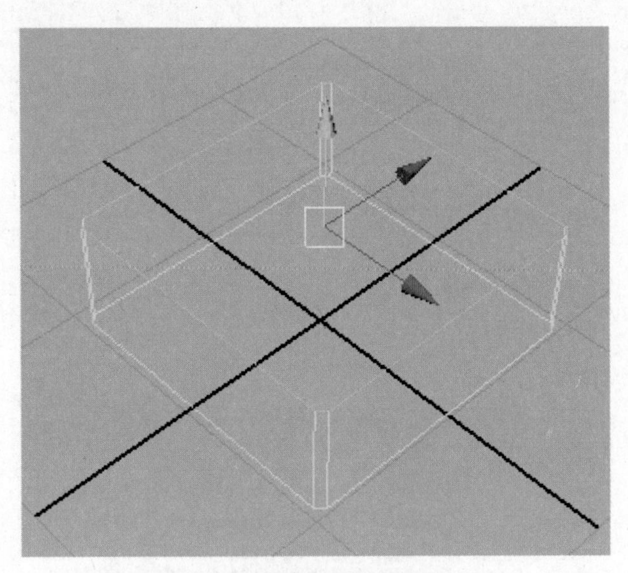

图3-10

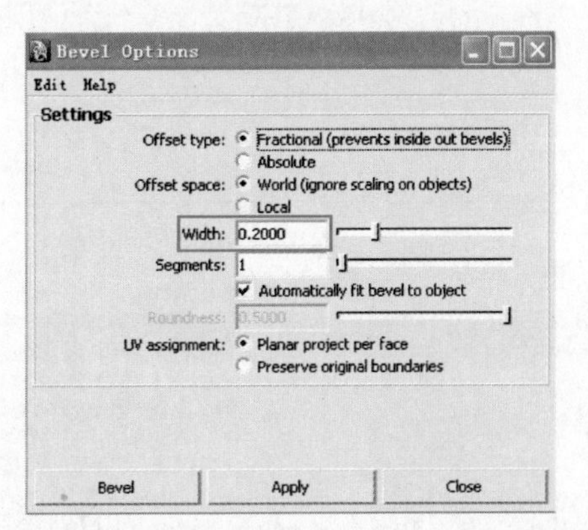

图3-11

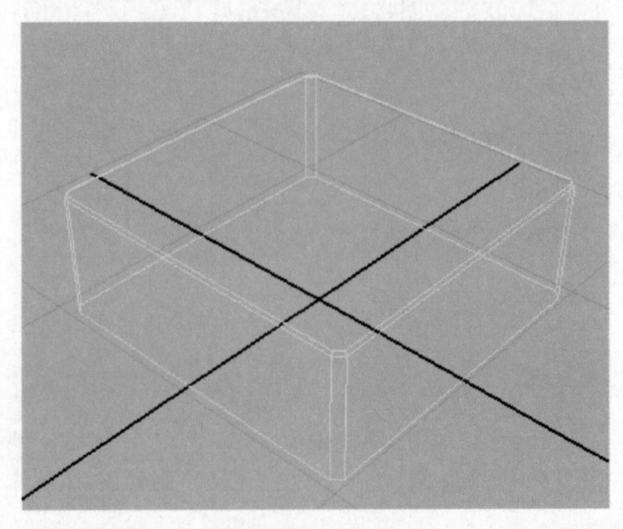

图3-12

06.

接着制作模型的楼梯部分。再创建一个立方体，如图 3－13 所示。

图 3－13

选择边级别，通过移动工具进行调整，如图 3－14 所示。在边模式下，按住〈Shift〉键依次选择物体的几条边，如图 3－15 所示。将这几条边继续做倒角处理，如图 3－16 所示。

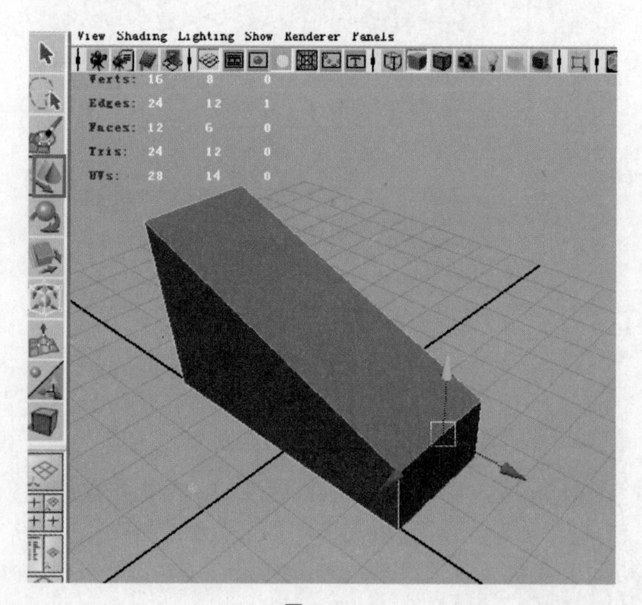

图 3－14

4. Cone(圆锥体)

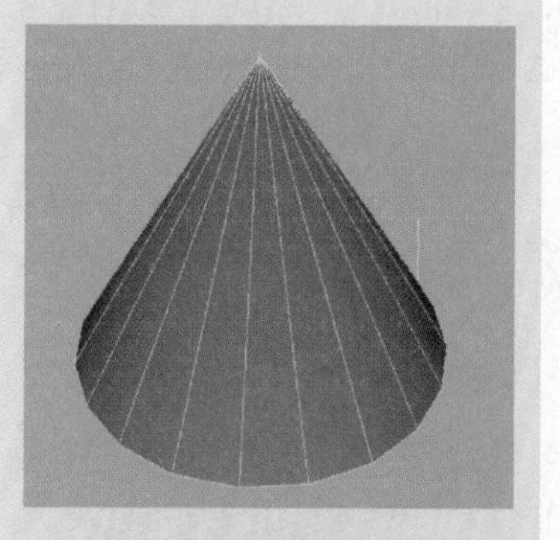

圆锥体的创建方法和球体一样。

在设置面板中可以对圆锥体的半径和高度进行设置，对其轴、高度和端面的分割进行设置。

5. Plane(平面)

平面的创建方法和球体一样。

在设置面板中可以对平面的宽度和高度进行设置，对其宽度和高度的分割进行设置。

6. Tours(圆环)

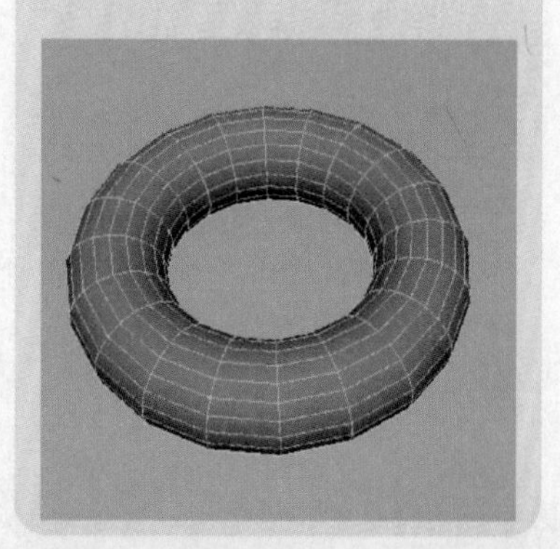

圆环的创建方法和球体一样。

在设置面板中可以对圆环的半径进行设置，对其轴、高度的分割进行设置，对截面半径和扭曲度进行设置。

7. Prism(棱柱体)

棱柱体的创建方法和球体一样。

在设置面板中可以对棱柱的长度和边长进行设置，对其高度和端面的分割进行设置，对其边数进行设置。

8. pyramid(棱锥体)

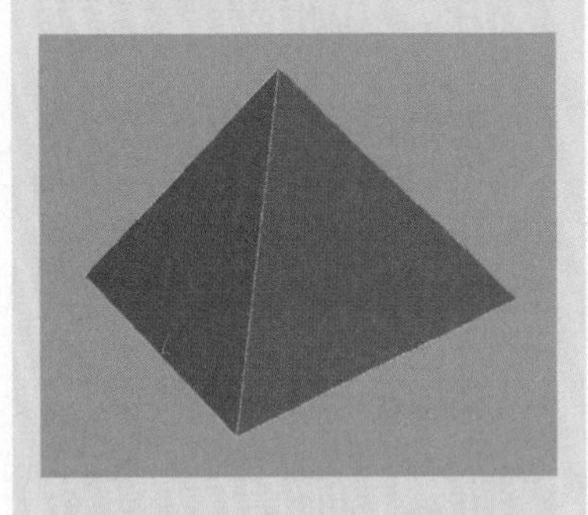

棱锥体的创建方法和球体一样。

在设置面板上可以对棱锥的边长进行设置，对其高度和端面的分割进行设置，对基础边数进行设置。

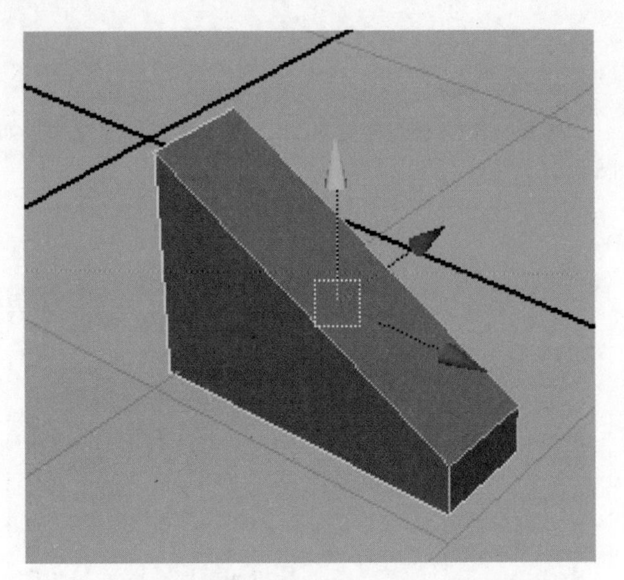

图3-15

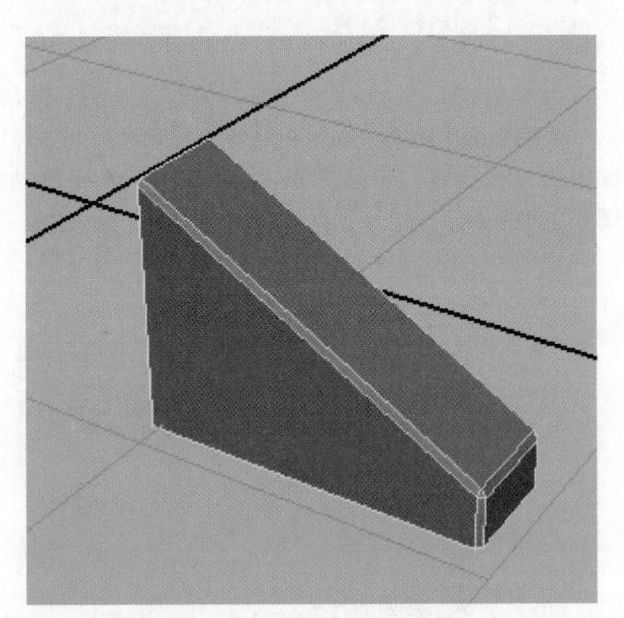

图3-16

07.

单击 Edit Mesh→Insert Edge Loop Tool 旁的设置按钮，为楼梯增加细节，增加模型的分段数，如图3-17所示。单击需要增分段的地方，如图3-18所示。在这个物体上增加4段线条，如图3-19所示。通过移动工具，在点模式下调节模型的点，使物体看上去有变化，而不是看上去很规整，如图3-20所示。

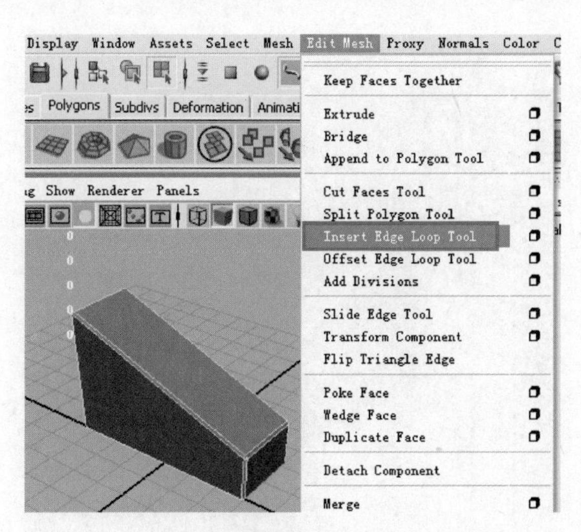

图3-17

图3-18

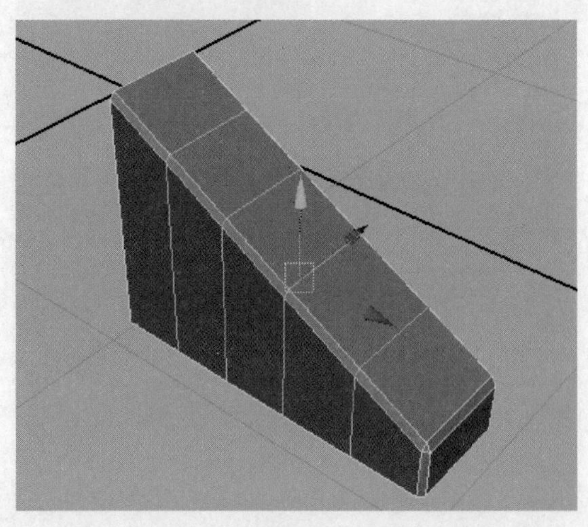

图3-19

9. Pipe(软管)

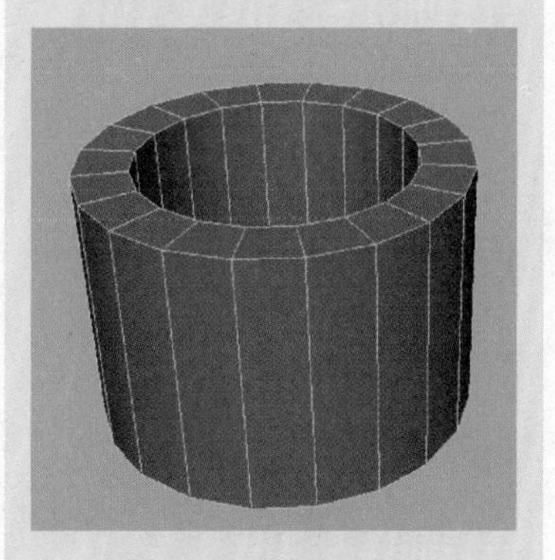

软管的创建方法和球体一样。

在设置面板中可以对软管的半径和高度进行设置，对其轴、高度和端面的分割进行设置。

10. Helix(螺旋体)

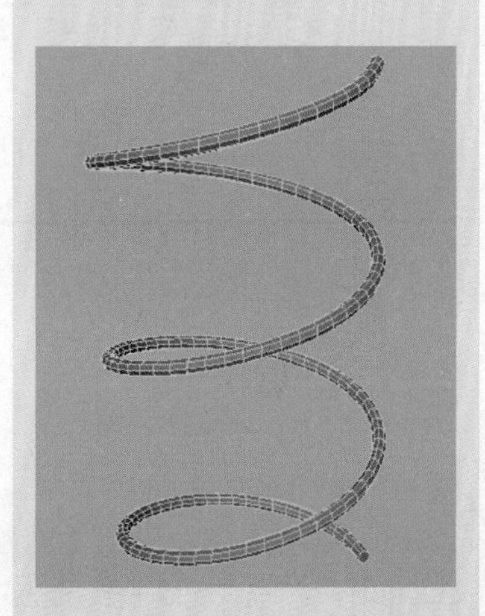

螺旋体的创建方法和球体一样。

在设置面板中可以对螺旋体的高度、宽度和半径进行设置，对其轴、螺旋线和端面的分割进行设置。

11. 创建 Soccer Ball(足球)

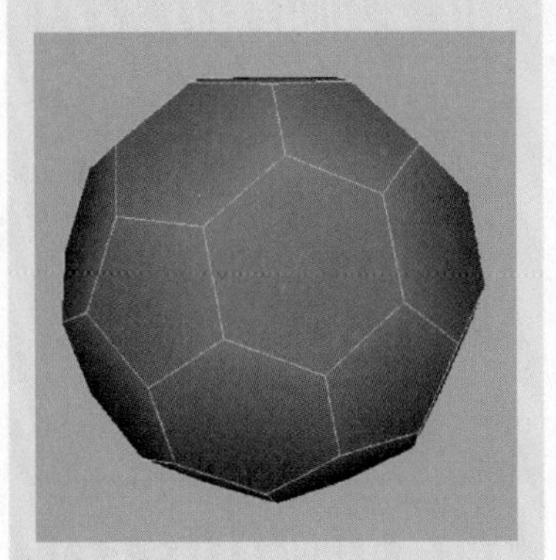

足球的创建方法和球体一样。

在设置面板中可以对足球的半径和边长进行设置。

12. Platonic Solids(理想固体)

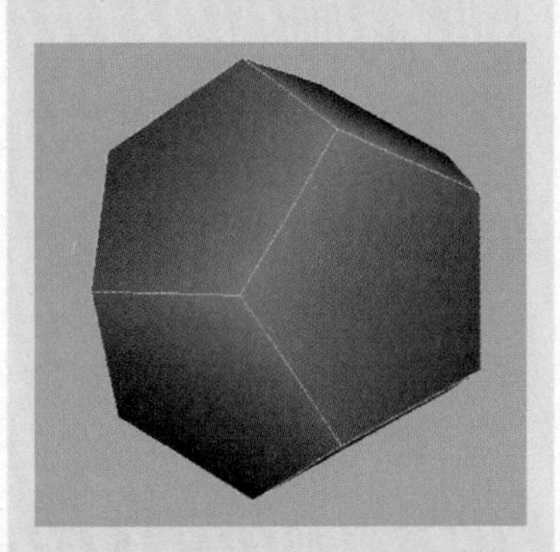

理想固体的创建方法和球体一样。

在设置面板中可以对理想固体的半径和边长进行设置。

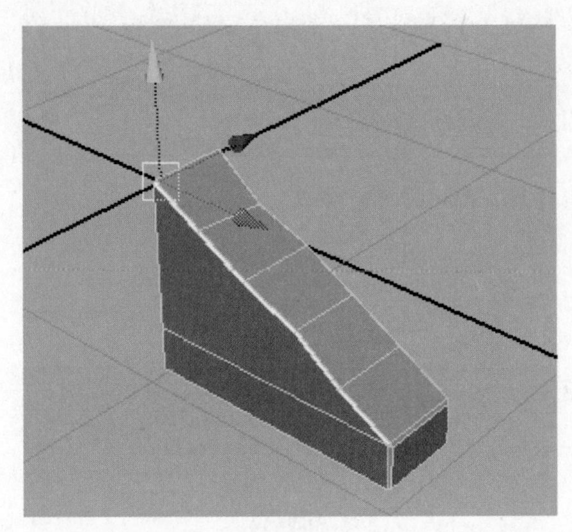

图 3-20

复制模型，选中物体，执行 Edit→Duplicate 命令(或用快捷键〈Ctrl〉+〈D〉)，如图 3-21 所示。用移动工具将物体拖到相应位置，如图 3-22 所示。

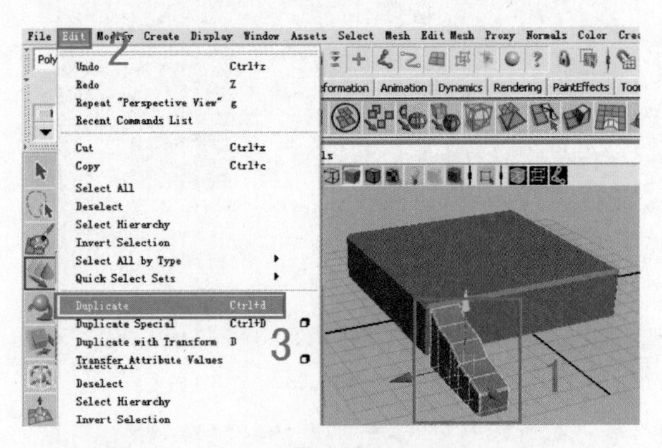

图 3-21

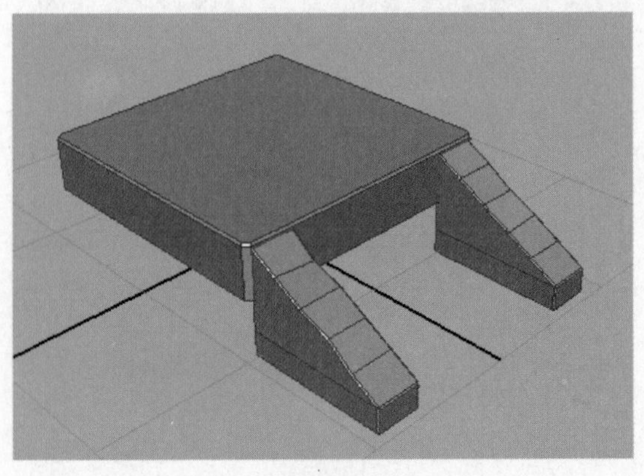

图 3-22

下面制作台阶。先制作一个长方体,如图 3－23 所示将宽度上的线段的细分数改为 2。选择一块面,单击 Edit Mesh→Extrude(挤压)命令,如图 3－24 所示。选择移动组,使用 Y 轴的指示箭头向上拖拉,如图 3－25 所示。

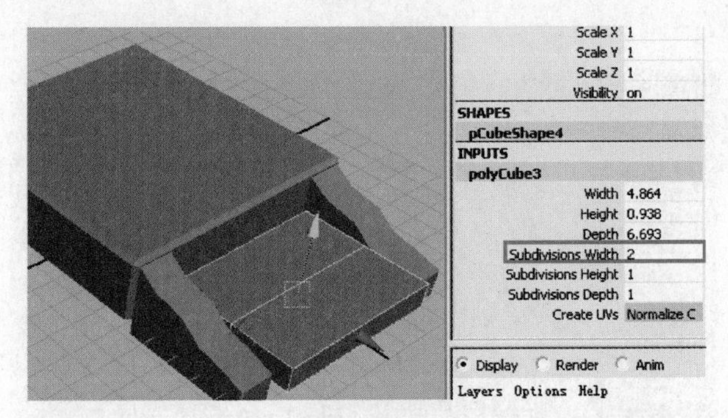

图 3－23

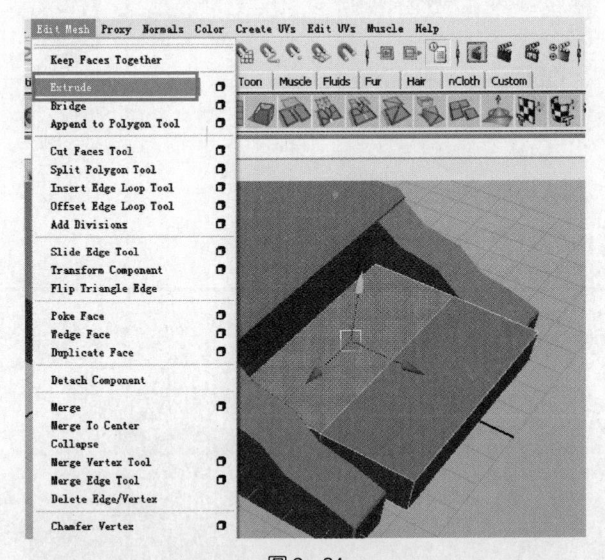

图 3－24

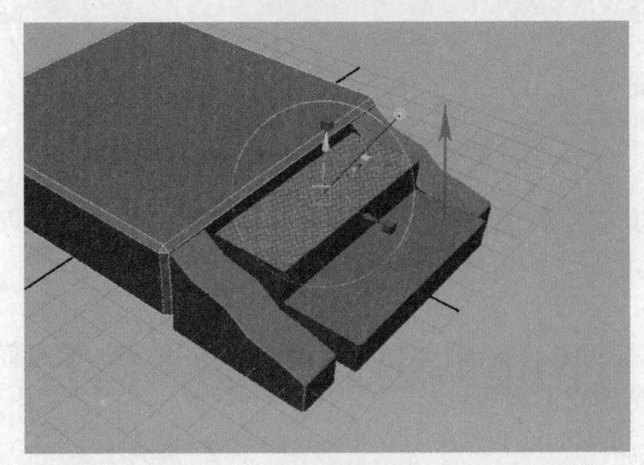

图 3－25

Mesh 网格菜单

Combine	组合
Separate	分离
Extract	榨取(破碎)
Booleans	布尔运算
Smooth	平滑
Average Vertices	平均顶点
Transfer Attributes	转移属性
Paint Transfer Attributes Weights Tool	描绘转移属性权重工具
Clipboard Actions	剪贴板动作
Reduce	减少
PaintReduceWeightsTool	描绘简化权重工具
Cleanup...	清理...
Triangulate	三角面
Quadrangulate	四角面
Fill Hole	填充洞
Make Hole Tool	生成孔洞工具
Create Polygon Tool	创建多边形工具
Sculpt Geometry Tool	雕刻几何体工具
Mirror Cut	镜像剪切
Mirror Geometry	镜像几何体

1. Combine(组合)

Combine 是将几个多边形结合在一起,并不是真正的无缝结合,只是把不同的多边形物体集合在一起

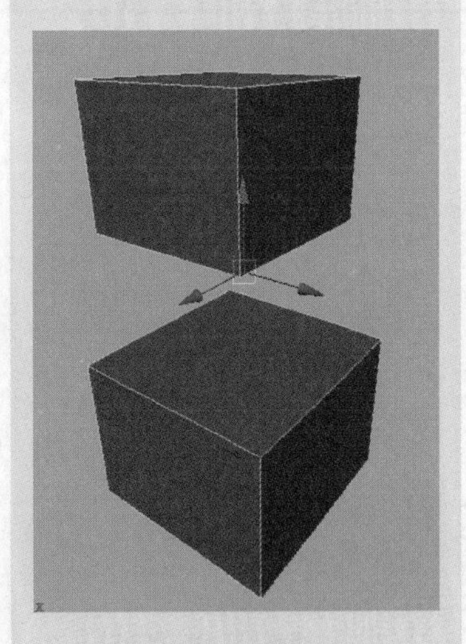

2. Separate(分离多边形)

选择已经 Combine(合并)过的多边形进行分离。

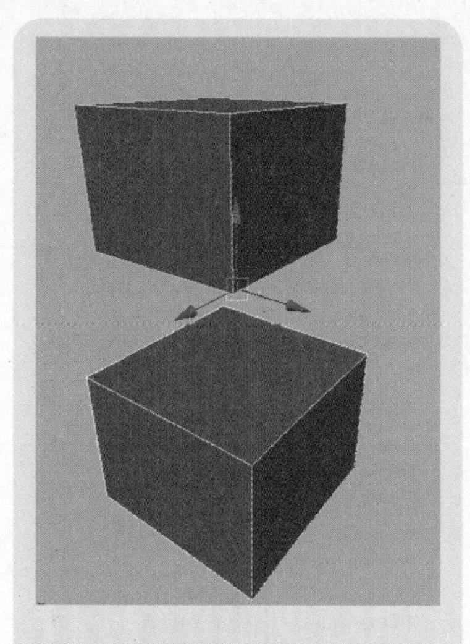

3. Extract(榨取)

Extract Options

Edit Help

Settings

Separate extracted faces

Offset: 0.0000

Extract Apply Close

Extract 命令可以提取多边形的面。

选中 Separte extracted faces 选项，提取出来的面成为一个独立的物体。

单击鼠标右键，在弹出的快捷菜单中选择 Select 命令，返回物体模式，如图 3－26 所示。执行 Edit Mesh→Insert Edge Loop Tool 命令，为楼梯增加细节，增加模型的分段数，如图 3－27 所示。

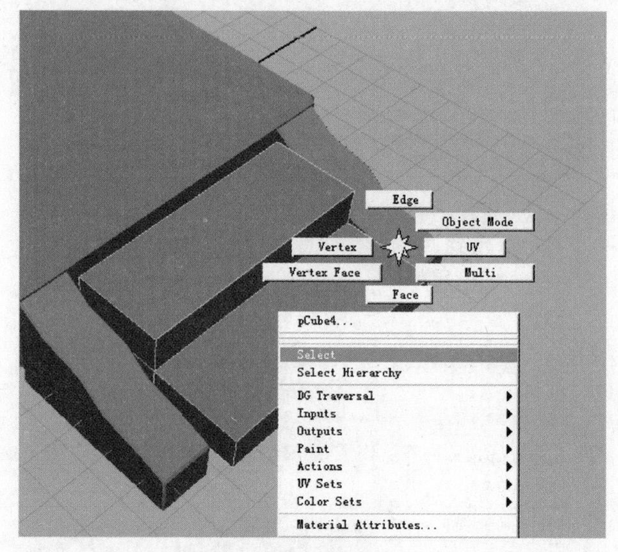

图 3－26

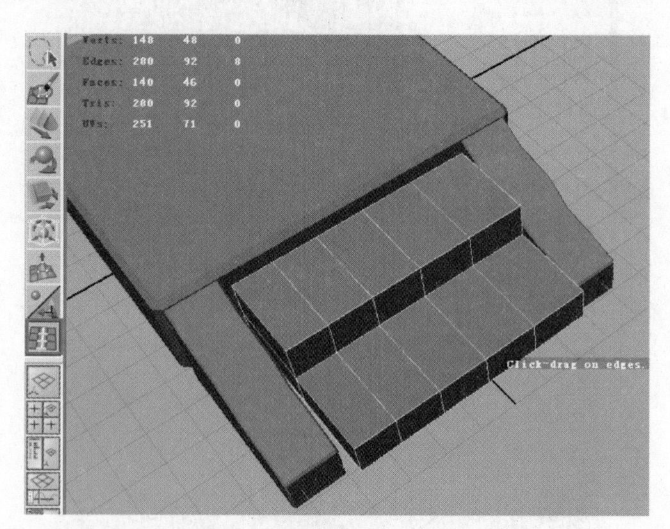

图 3－27

单击鼠标右键，如图 3－28 所示，在弹出的快捷菜单中选择点的模式，对台阶物体进行调整。

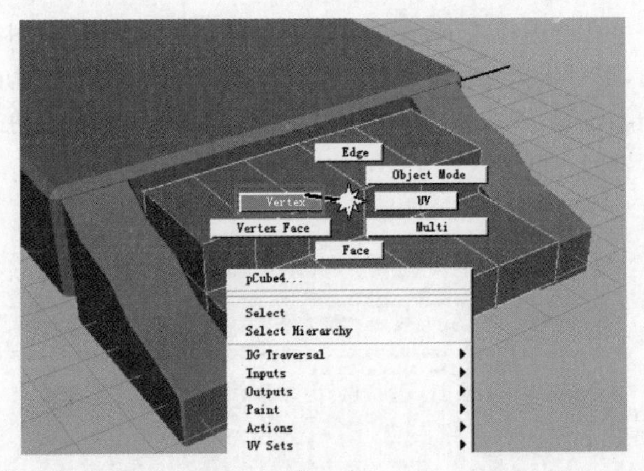

图 3-28

使用移动工具，在点的模式下，通过拖拉的方法对台阶进行调整，如图 3-29 所示。

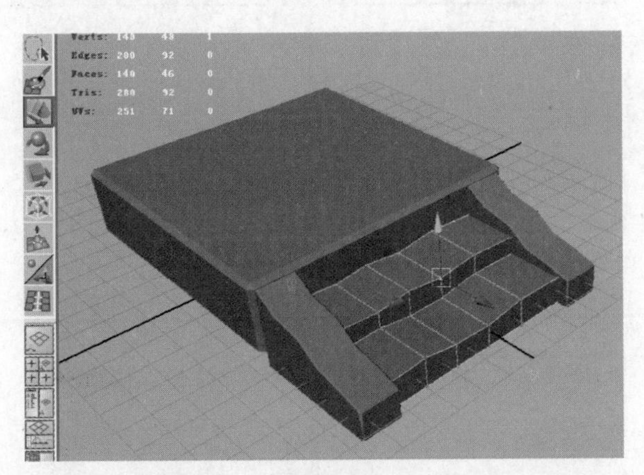

图 3-29

在物体模式下，依次选择台阶物体，执行 Edit→Group 命令群组物体，如图 3-30 所示。

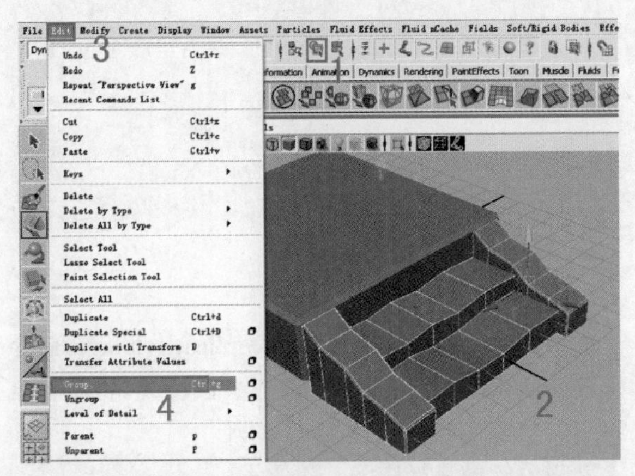

图 3-30

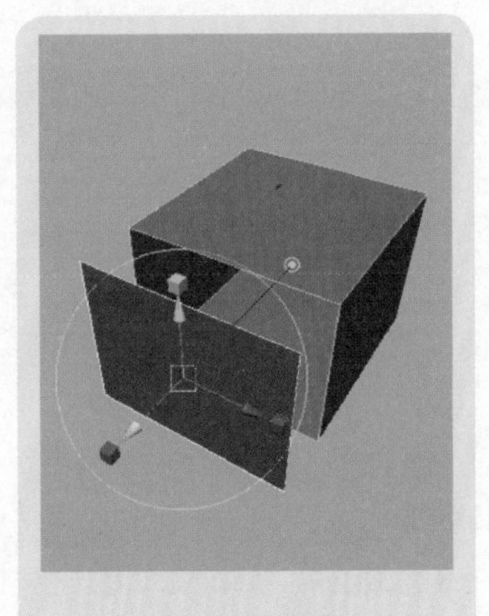

offset(偏移量)：可以将提出的面进行等比缩放。

操作方式：选择要提取的面，单击 Apply 按钮。

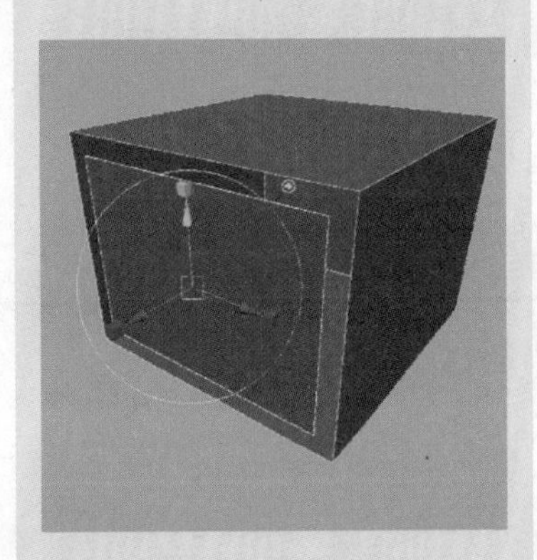

4. Booleans(布尔运算)

Union	合集
Difference	差集
Intersection	交集

Union(合集)：合并两个多边形。相比 Combine(合并)来说，布尔运算可以做到无缝拼合。

操作方式：依次选择两个多边形，单击 Apply 按钮。

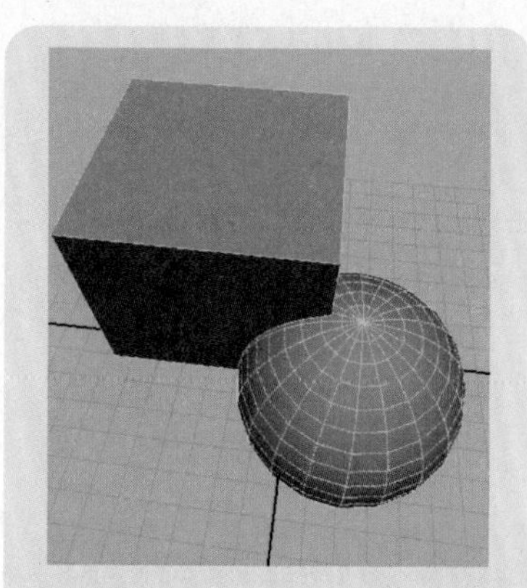

Difference(差集):两个多边形相减,得到另一个新的多边形。

操作方式:依次选择两个多边形,单击 Apply 按钮。

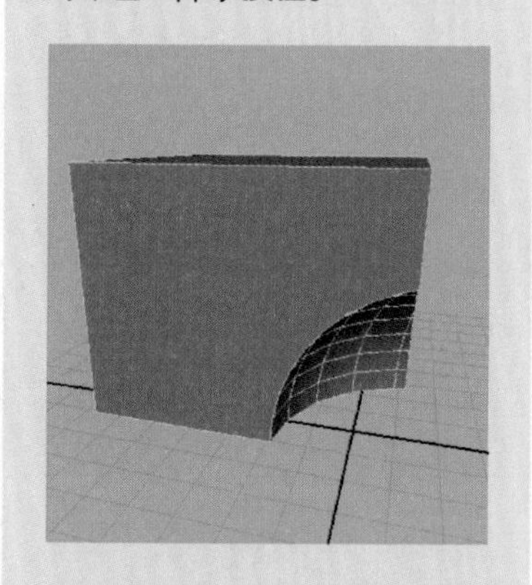

Intersection(交集):求出两个多边形交叉的部分并剪除其他部分,得到另一个新的多边形。

操作方式:依次选择两个多边形,单击 Apply 按钮。

在群组模式下,选中群组的台阶部分,转到顶视图视窗,按〈Insert〉键,使用移动工具,将轴调整到中间物体的中心位置,如图 3 - 31 所示。再次按〈Insert〉键,成功改变轴向,如图 3 - 32 所示。

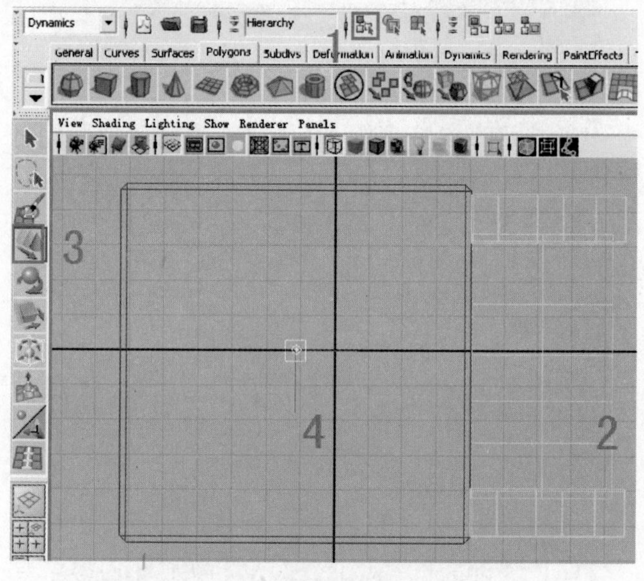

图 3 - 31

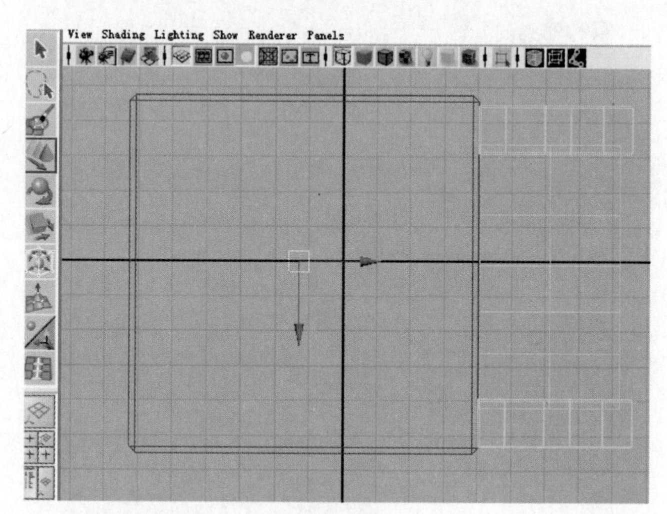

图 3 - 32

选中台阶物体,选择 Edit→Duplicate Special 命令旁的设置按钮,如图 3 - 33 所示进行参数设置,将旋转度数改为 90°,将复制物体数改为 3。

复制后的效果如图 3 - 34 所示。

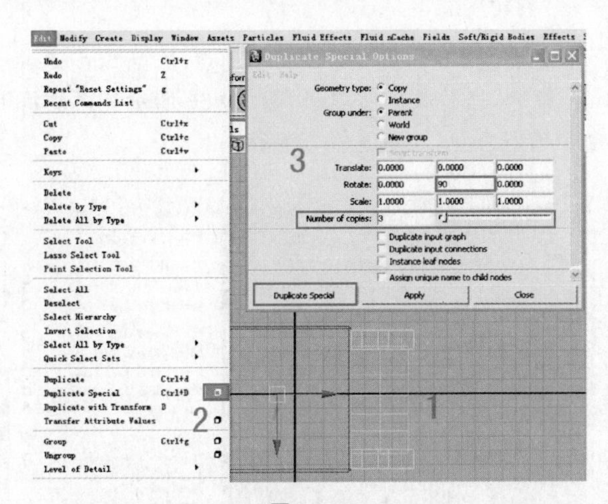

图 3 - 33

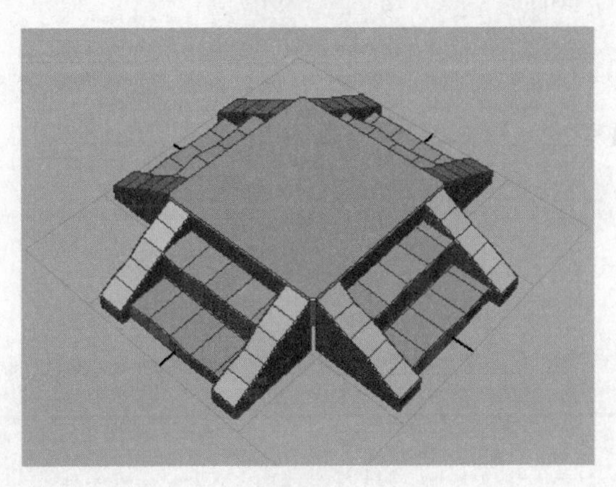

图 3 - 34

08.

创建一个长方体来作为 2 个台阶之间的连接，使用旋转工具，如图 3 - 35 所示进行旋转。

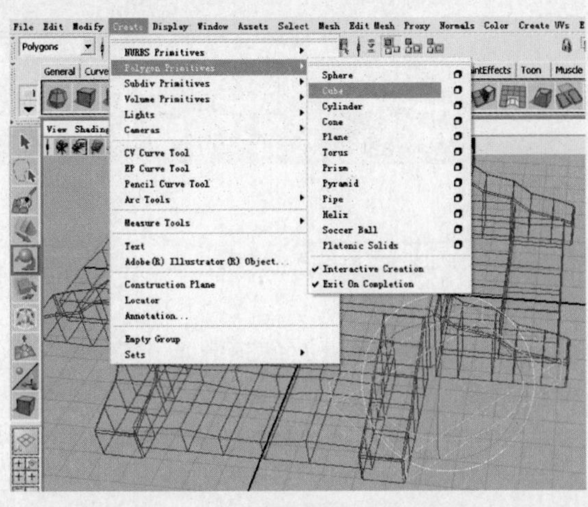

图 3 - 35

5. Smooth（平滑）

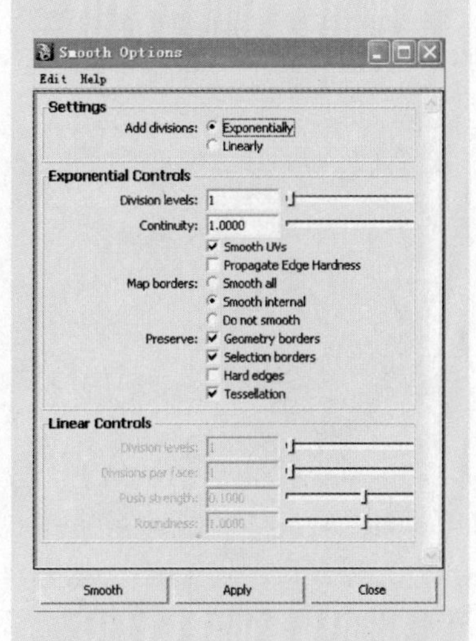

Exponential（指数式的）：通过指数式分割来光滑和细分多边形。该细分方式可以将模型网格全部拓扑成为四边形。

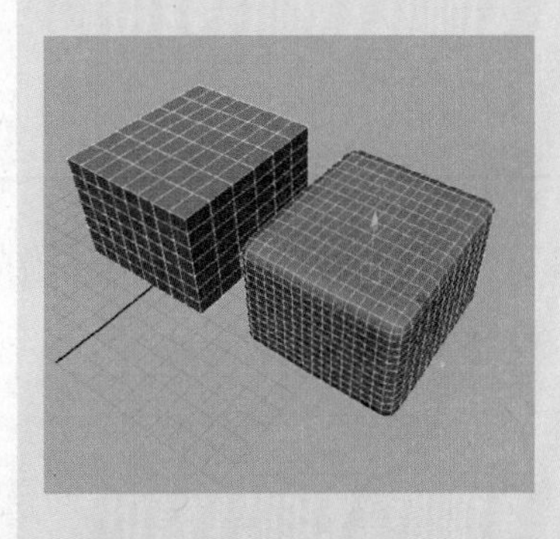

Linear（线性的）：该细分方式会产生部分三角面。

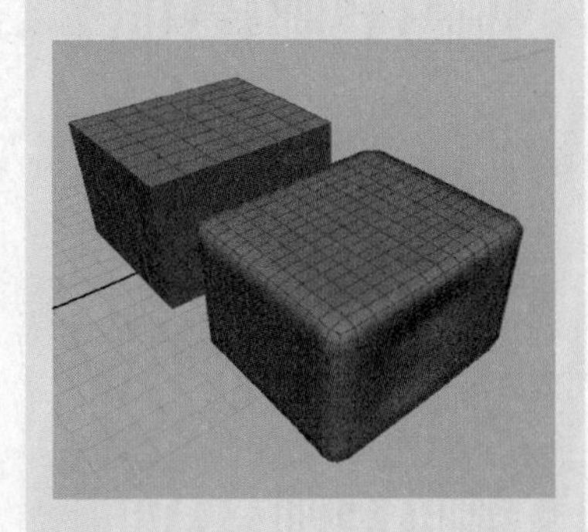

Division levels(分配层级):控制物体的平滑程度和细分面数目。该参数值越高,物体就越平滑,细分面也越多。该参数最小值为 1,最大值为 4,Maya 默认值为 1。

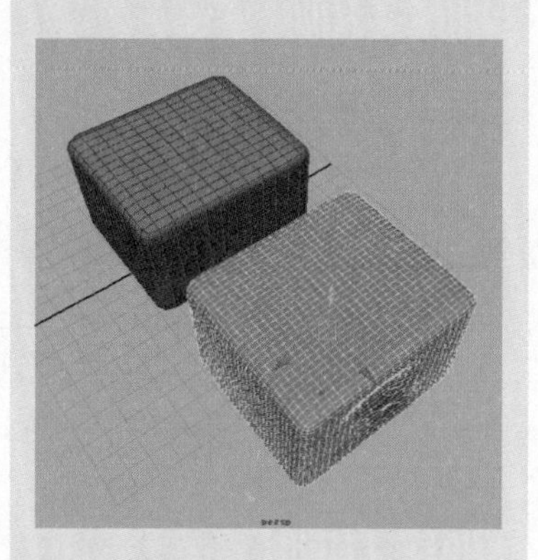

Continuity(连续性):该参数值可设定模型的平滑程度。当值为 0 时,面与面之间的转折连接都是线性的,比较硬;当值为 1 时,面与面之间的连接、转折都比较圆滑。

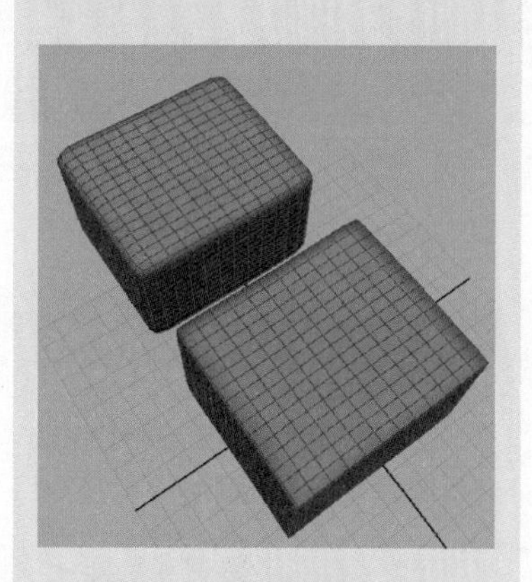

Smooth UVs(光滑 UV):选中该项,在光滑细分模型的同时,还将光滑细分模型的 UV。有 3 个选项:

Smooth all:光滑细分所有 UV 边界。

Smooth internal:光滑细分中间的 UV 边界。

在顶点模式中选择物体的 2 个顶点,执行 Edit Mesh→Merge 命令,合并 2 个顶点,如图 3-36 所示。再次将下面 2 个顶点合并,如图 3-37 所示。

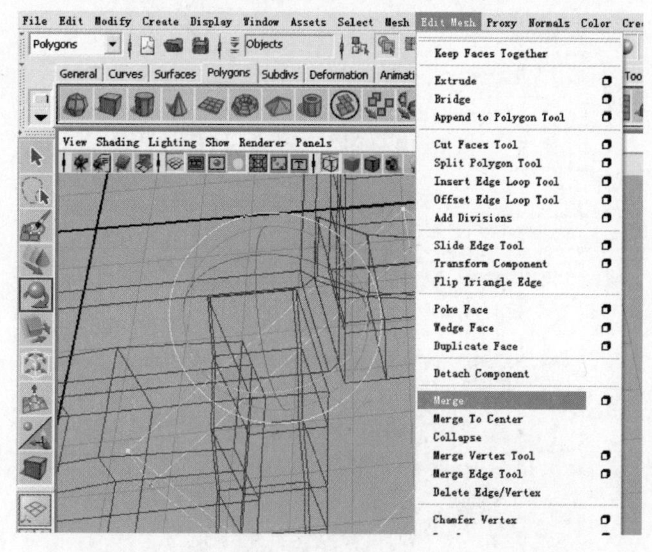

图 3-36

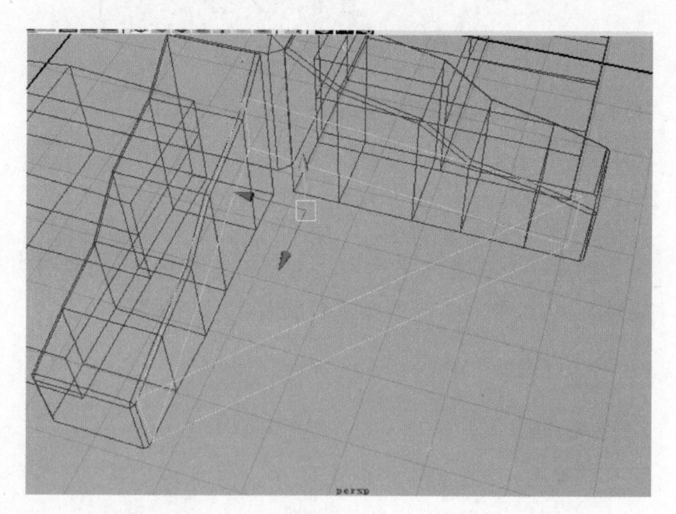

图 3-37

选择一条边,执行 Edit Mesh→Bevel 进行倒角处理,如图 3-38 所示。

在顶点模式下,将后面的顶点向上移动一些,如图 3-39 所示。

使用复制台阶的方法,将这个物体复制到其他台阶的连接处,如图 3-40 所示。

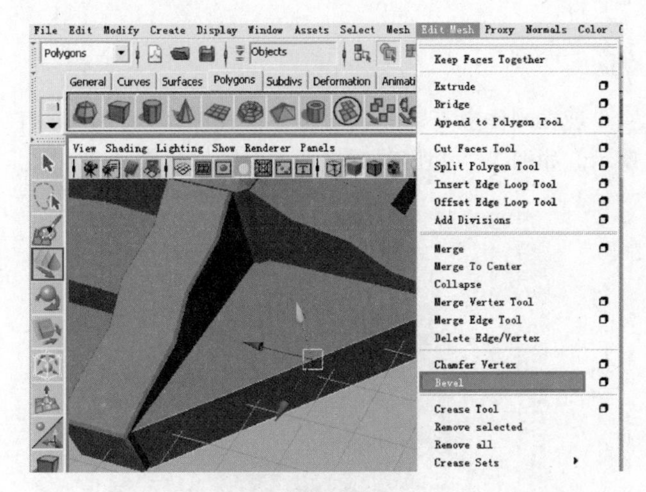

图 3 - 38

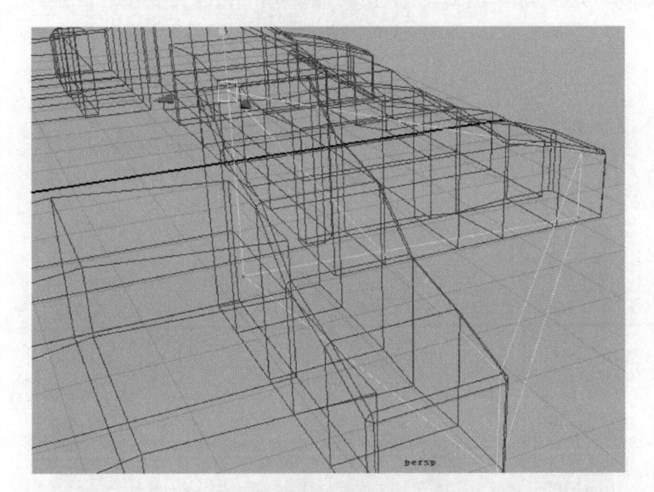

图 3 - 39

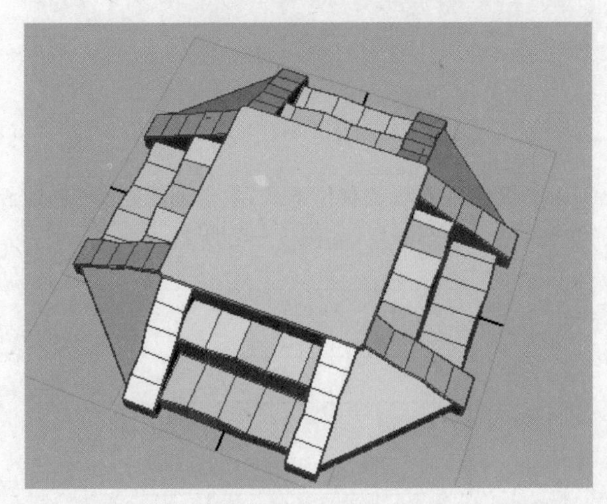

图 3 - 40

Do not smooth：所有 UV 边界都不会被光滑细分。

Propagate Edge Hardness：选中该项，细分的模型边界会产生硬度。

Preserve/Hardedges（保持硬边）：如果已经设置了硬边和软边，可以选中该项以保持硬边不会被转换为软边。

Divsion levels（细分层级）：控制物体的平滑程度和细分面数目。该参数值越高，物体就越平滑，细分面也越多。该参数最小值为 1，最大值为 4，Maya 默认值为 1。

Division perface（每面细分）：设置细分边的次数。该参数为 1，则每条边只被细分一次；该参数为 2，则每条边被细分 2 次。该参数可以比较好地控制光滑和多边形数目。

Push strength（推动强度）：控制光滑细分的结果。该参数较大时，细分模型向外扩张；该参数值较小时，细分模型内缩。

Roundness（圆滑度）：控制光滑细分的圆滑度。该参数较大时，细分模型向外扩张，比较圆滑；该参数值较小时，细分模型内缩，光滑度不理想。

6. Average Vertices（平均顶点）

Average Vertices Options

Edit Help

Description

Smooths the mesh by moving vertices.

Does not increase the number of polygons in the mesh.

Settings

Smoothing amount: 34

Average Apply Close

均化顶点的值来平滑几何体，而且不改变拓扑结构。

Smooth amount（平滑数量）：该参数值越小，产生的结果越精细；该参数值越大，每次均化时越平滑。

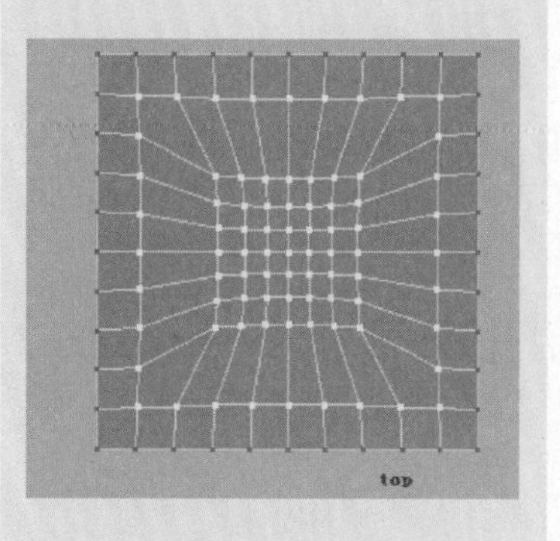

7. Transfer Attributes（转移属性）

Transfer Attributes Options
Edit Help
Attributes To Transfer
Vertex position: Off On
Vertex normal: Off On
UV Sets: Off Current All
Color Sets: Off Current All
Attribute Settings
Sample space: World Local UV Component
Mirroring: Off X Y Z
Flip UVs: Off U V
Color borders: Ignore Preserve
Search method: Closest along normal Closest to point
Transfer Apply Close

将一个多边形相关的信息应用到另一个相似的多边形上。传递之后，他们相关的信息就相同了。

执行方式：首先选择目标多边形，然后选择要修改的多边形，单击 Apply 按钮。

Vertex position（顶点位置）。

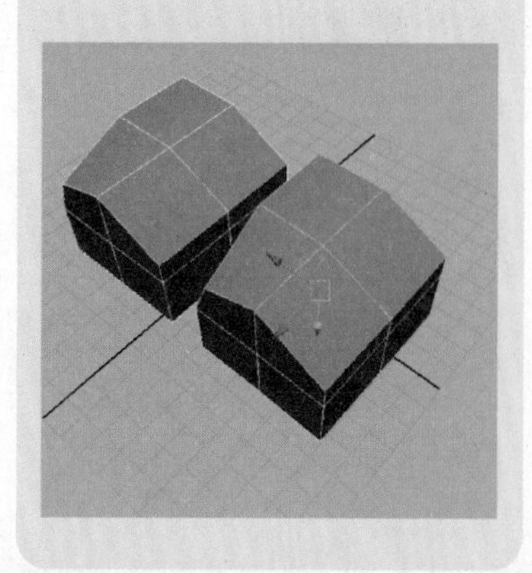

09.

现在制作宝石部分。创建一个长方体，如图 3－41 所示。如图 3－42 所示，稍微调整物体的形状。

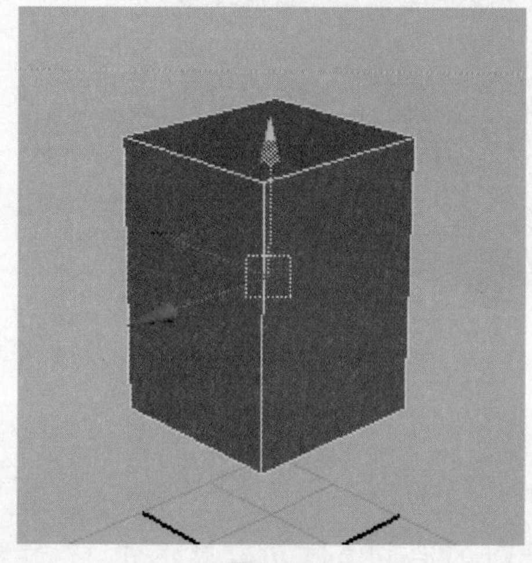

图 3－41

图 3－42

为了更容易看清楚制作部分，单击通道栏的“创建新层”按钮，创建一个新层，如图 3－43 所示。

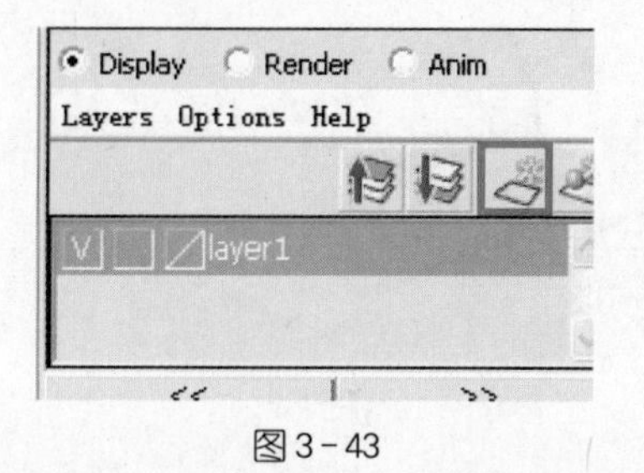

图 3－43

然后选中底座上的所有物体，在物体上单击鼠标右键，选择 Add Selected Objects 命令，将物体加入该层，如图 3-44 所示。

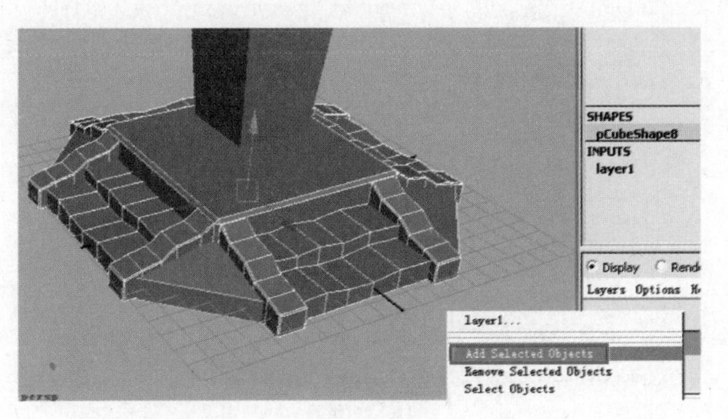

图 3-44

取消“layer1”的选中状态，只留下要做的宝石部分，如图 3-45 所示。

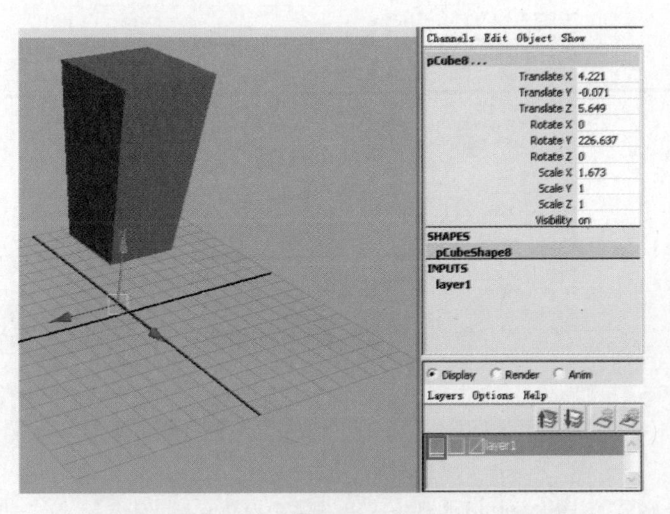

图 3-45

执行 Edit Mesh→Extrude(挤压)命令，如图 3-46 所示移动上面的面。

在点的模式下选择上面 4 个点，执行 Edit Mesh→Merge 命令合并顶点，如图 3-47 所示。将数值设置大一些，合并结果如图 3-48 所示。

Vertex normal(顶点法线)。

UV Sets (UV 设置)。

Color Sets (顶点颜色设置)。

8. Paint Transfer Attributes Weights Tool(描绘转移属性)

Brush笔刷
Radius外径: 1.0000
Radius内径: 0.0010
Opacity不透明度: 1.0000
Accumulate opacity积累不透明度
Profile轮廓: 浏览
Rotate to stroke旋转到笔划
Paint Attributes描绘属性
Stroke笔划
Stylus Pressure铁笔压力
Attribute Maps属性贴图
Display显示

9. Clipboard Action(剪切板动作)

Copy Attributes	拷贝属性
Paste Attributes	粘贴属性
Clear Clipboard	清除剪贴板

10. Reduce(精简面)

简化多边形，减少其面数。

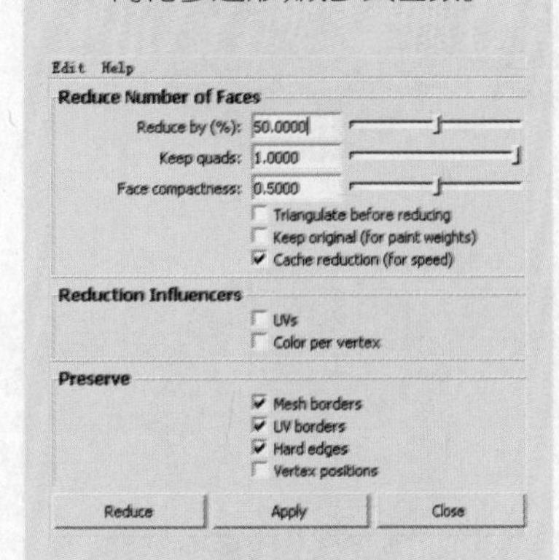

Reduce by (%)(简化百分比)：设置参数减少多边形的百分比。默认值是 50%。该参数越大，多边形精简得越厉害。

执行方式：选择多边形或者多边形的一部分面，单击 Apply 按钮。

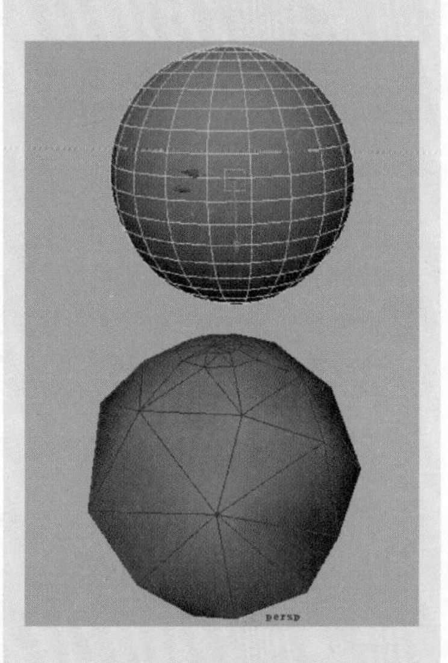

keep quads（保持四边面）：该参数为越大时，简化后的多边形的面都尽可能地以四边面形式；该参数越小时，简化后的多边形的面都尽可能地以三边面形式。

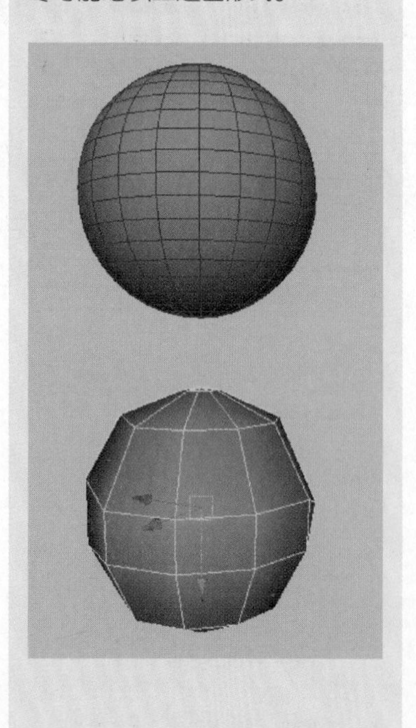

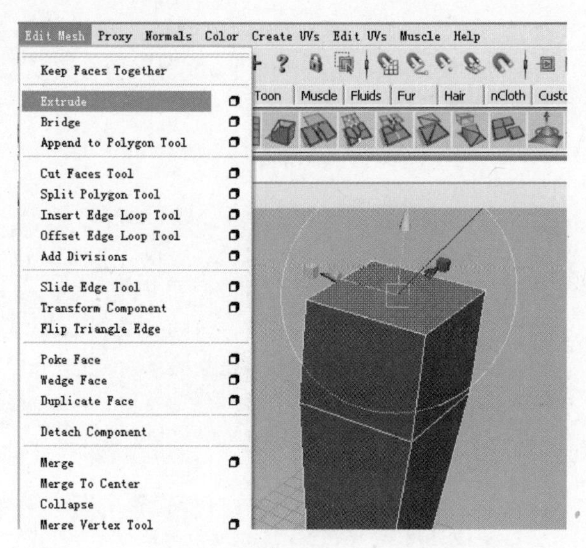

图3-46

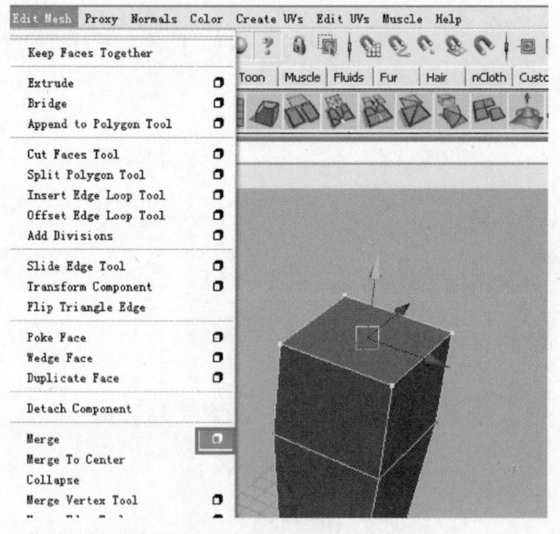

图3-47

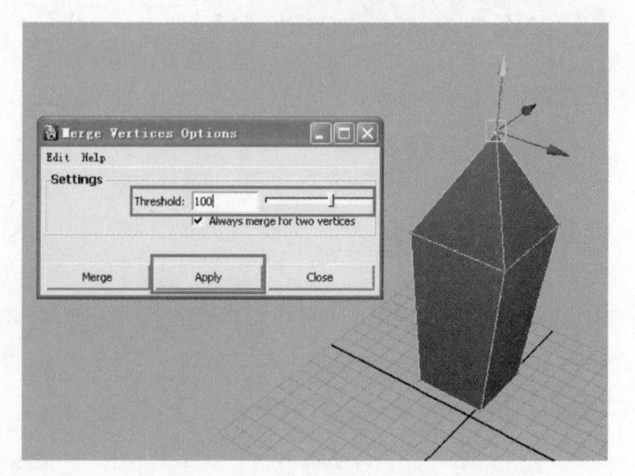

图3-48

用同样方法制作下面的部分，如图 3－49 所示。

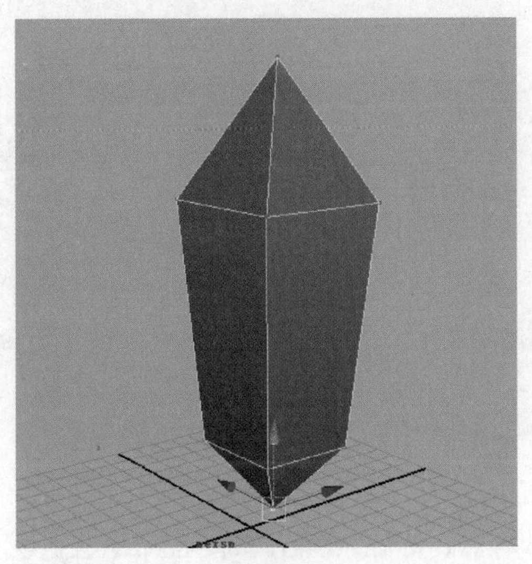

图3－49

在边的模式下选择所有的边，执行 Edit Mesh→Bevel 命令，如图 3－50 所示进行倒角设置。倒角后效果如图 3－51所示。

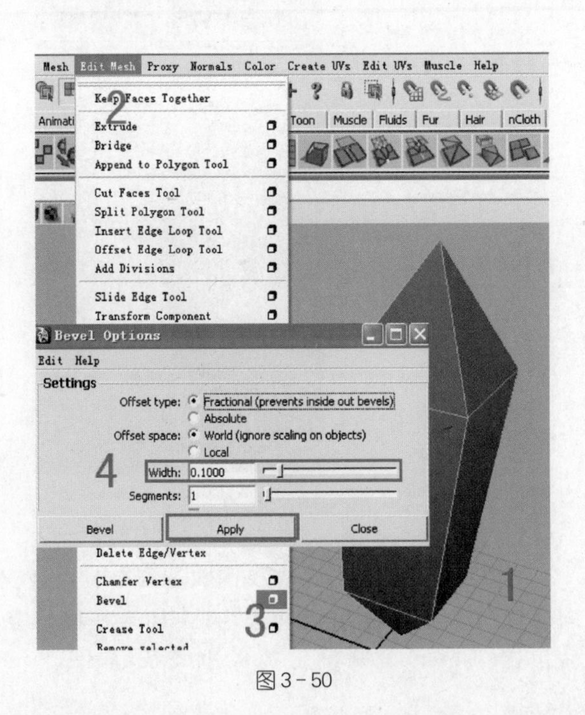

图3－50

Triangle compatness（三角压缩度）：设置该参数靠近 0，简化多边形时 Maya 将尽量保持原来模型的形状，但可能产生尖锐的非常不规则的三角面，这样的三角面将很难编辑；设置该参数为 1，简化多边形时，Maya 将尽量产生规则的三角面，但是和原来的模型的形状有偏差。

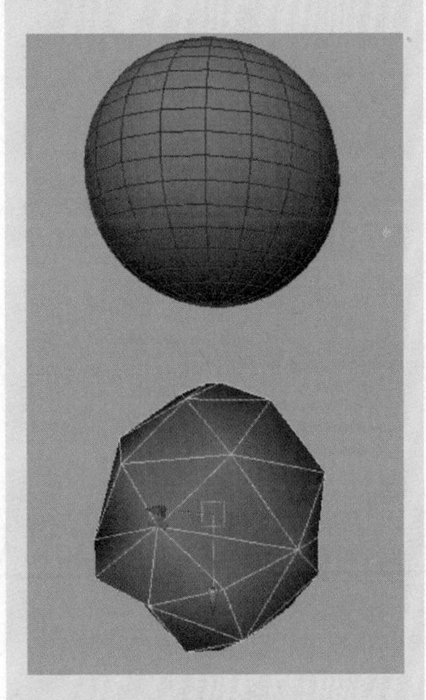

Triangulate-before-reducing（简化之前以三角面显示）。

keep original（简化之后保留原模型）。

Reduction Influencers（精简影响）：有 2 个选项。

UVs：选中该项可以在精简多边形的同时，尽量保持其 UV 的纹理放置。

Color per vertex（每个顶点颜色）：选中该项可以在精简多边形的同时，尽量保持顶点的色彩信息。

Preserve(保持)：有 4 个选项。

Mesh Border（网格边界）：选中该项，可以在精简多边形的同时尽量保持模型的边界。

UV Border(UV 边界):选中该项,可以在精简多边形的同时尽量保持模型的 UV 边界。

Hard edges(硬边):选中该项,可以在精简多边形的同时,尽量保持模型的硬边。

Vertex positions(顶点位置):选中该项,可以在精简多边形的同时,尽量保持模型的硬顶点位置。

11. Paint Reduce Weights Tool(绘画减少权重工具)

Brush笔刷
Radius外径: 1.0000
Radius内径: 0.0010
Opacity不透明度: 1.0000
Accumulate opacity积累不透明度
Profile轮廓: 浏览
Rotate to stroke旋转到笔划
Paint Attributes描绘属性
Stroke笔划
Stylus Pressure铁笔压力
Attribute Maps属性贴图
Display显示

通过绘画权重来决定多边形哪个区域的简化多些,哪个区域的简化少些。

执行方式:执行 Polygons(多边形)→Reduce(减少)命令时,选中 Keep original(保留原始多边形),然后选择原始多边形,单击 Apply 按钮。

注意:绘画权重时必须选择原始模型,不可选择简化后的模型;绘画权重时,黑色区域将被简化的多些,白色区域将被简化的少些。

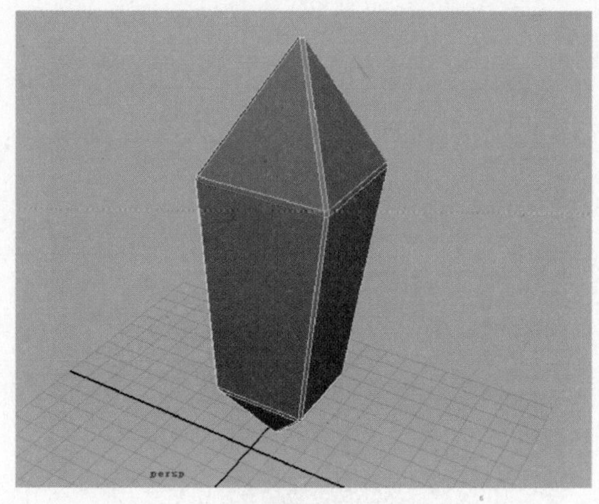

图3-51

执行 Edit Mesh→Insert Edge Loop Tool 命令,在横向增加一些细节,如图 3-52 所示。

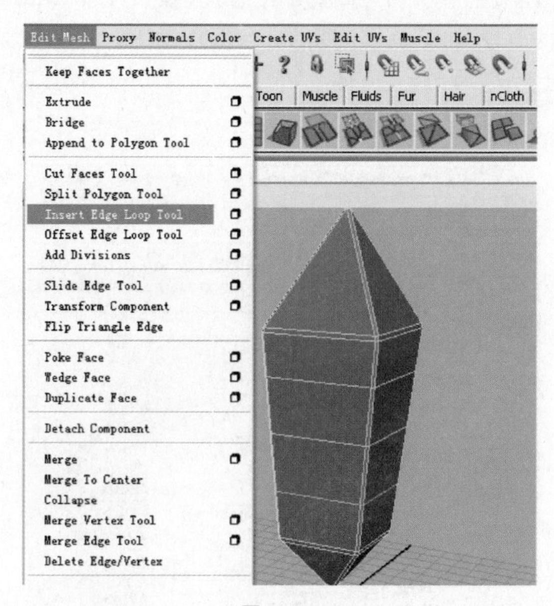

图3-52

也可以执行 Edit Mesh→Split Polygon Tool 命令,在纵向通过单击来连接顶点和边,自由加入一些线条。最后单击〈Enter〉键来确定加入边线条,如图 3-53 所示。

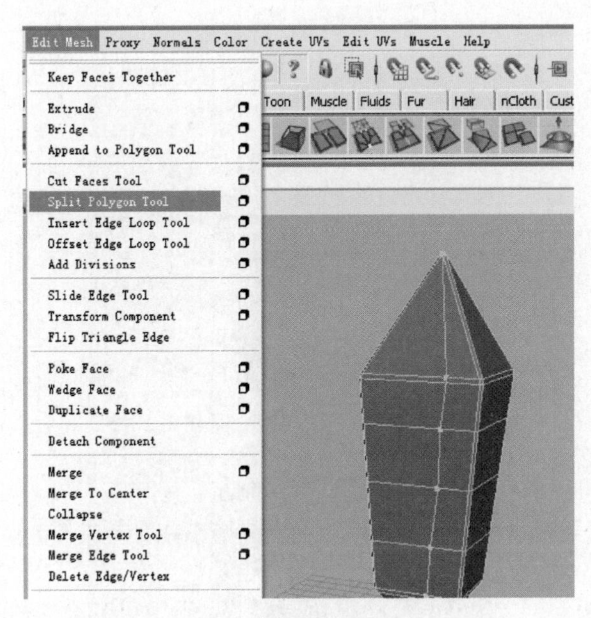

图 3-53

调整顶点的一些细节和结构，最后宝石的形状如图 3-54 所示。

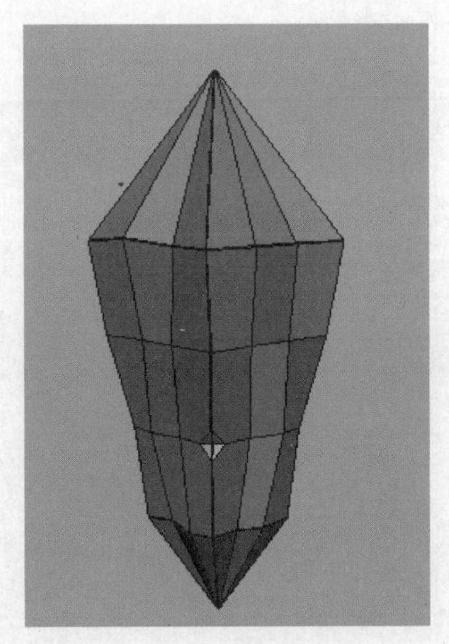

图 3-54

10.

下面制作模型的屋顶。先创建一个长方体，然后通过点调整好形状来创建屋顶的基本形状，如图 3-55 所示。

12. Cleanup(清理)

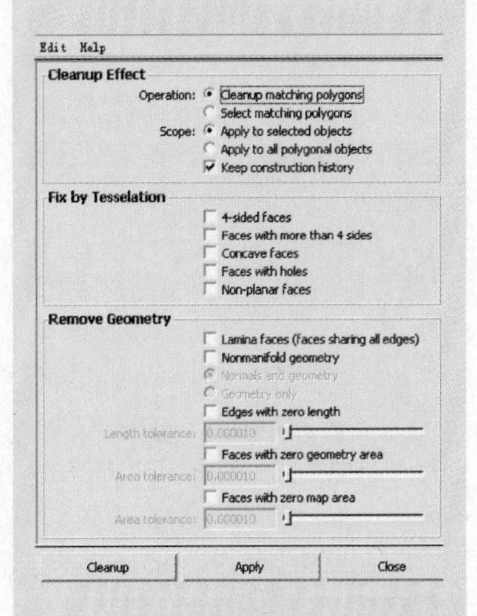

可清除模型中的 Non-planar Faces（非平面）、Concave Faces（凹面）或场景中的 Nonmanifold geometry(不可展开几何体)，可以在减少物体上不需要的多边形面或边以节省资源。

Operation(操作)：有 2 个选项，即 Cleanup matching polygons（清除匹配的多边形）、select matching polygons(选择匹配的多边形)。

Scope(范围)：有 2 个选项和 1 个复选框，即 Apply to selected objects(应用到选择对象)、Apply to all polygonal odjects(应用到全部多边形对象）和 Keep construction history(保存建造历史)。

4 - sided faces(四边面)：清除多边形中的四边形的面。

Faces with more than 4 sides（多于四边的面)：清除多边形中多于四边形的面。

Concave faces(凹面)：清除场景中的凹面。

Faces with holes(带洞的面)：清除场景中带洞的面。

Non-planar faces(非平面的面):清除场景中非平面的面。例如一个四边面有4个顶点构成,而这4个顶点不在同一个平面上则该面为 Non-planar faces(非平面的面)。

Lamina faces (faces sharing all edges)[层叠面(共享所有边的面)]:选中该项可清除模型中的一些。

Nonmanifold geometry(不可展开几何体):选中该项可以清除 Nonmanifold(不可展开)几何体。

Normals and geometry(法线和几何体):选中该项可以清除不规则顶点或者边的同时确定法线方向。

Geometry only(仅对几何体):清除 Nonmanifold(不可展开)几何体而不改变法线方向。

Edges with zero length(零长度边):清除模型中零长度的边。可以在下面的 length tolerance(长度容差)中设置边长,小于该长度的边将被清除。

Faces with zero geometry area(零几何体面积面):清除模型中零面积的面。可以在下面 Area tolerance(面积容差)中设置面积,小于该面积的面将被清除。

Faces with zero map area(零贴图面积面):清除模型中零 UV 面积的面。可以在下面 Area tolerance(面积容差)中设置面积,小于该面积的面将被清除。

13. Triangulate(三角化)

把多边形物体细分为三角形。

操作方式:选择多边形或者多边形的部分面(faces),单击 Apply 按钮。

图3-55

执行 Edit Mesh→Extrude 命令制作顶上的面,如图3-56所示。

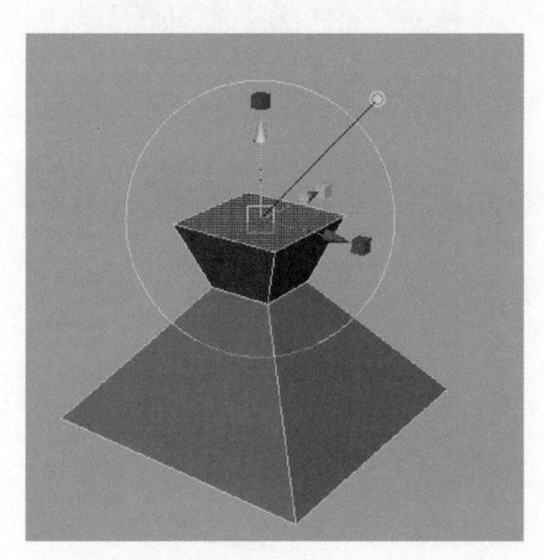

图3-56

选择挤压好的面,执行 Edit Mesh→Extrude 命令进行挤压,使用缩放工具组向里缩小一些,如图3-57所示。

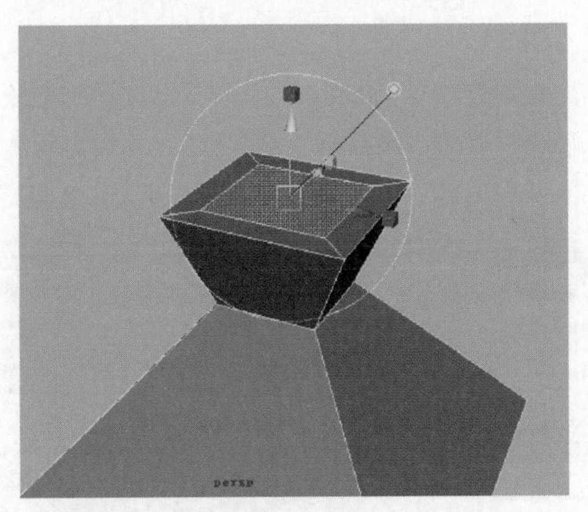

图 3－57

向上挤压和调整这块面，如图 3－58 所示。将上面的面再向上挤压和调整，如图 3－59 所示。

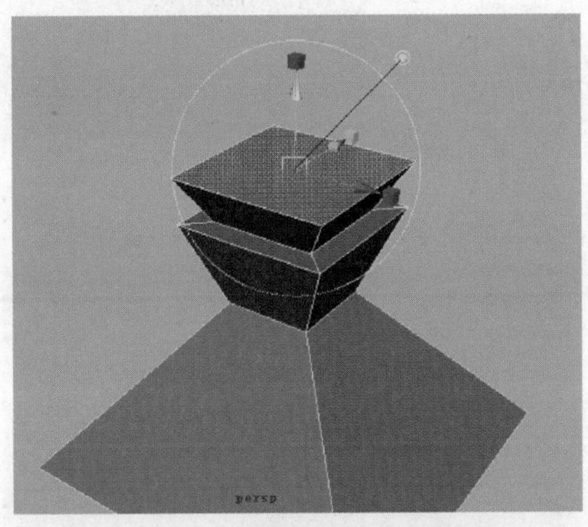

图 3－58

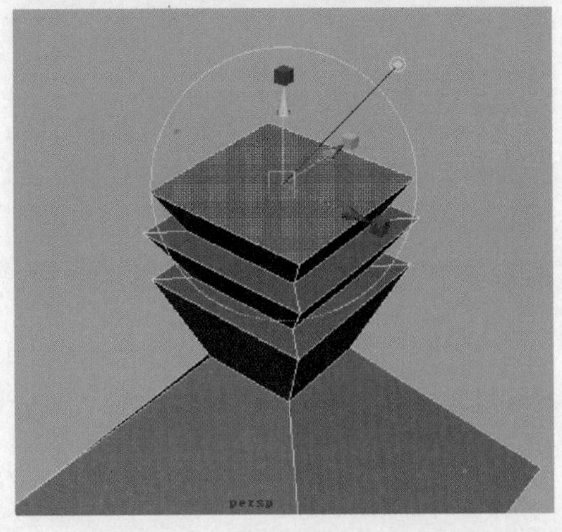

图 3－59

14. Quadrangulate（四边化）

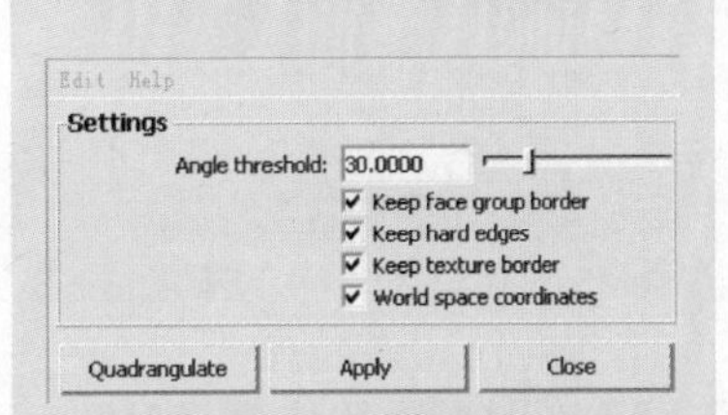

把多边形物体中的三边的面合并为四边的面。

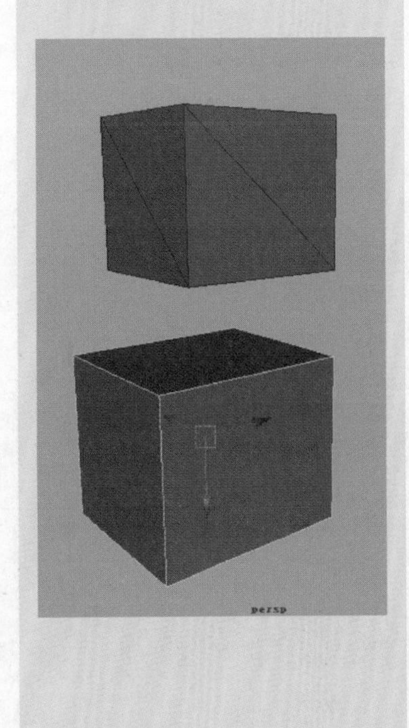

Angle threshold(角度阈值):可以设定 2 个合并三角形的极限参数(其中此处的极限参数是两个邻接三角形的面法线之间的角度)。

Keep face group border(保持面组的边界):选中该项,可以保持面组的边界。当关闭此项时,面组的边界可能被修改,Maya 默认是打开的。

Keep hard edges(保留硬边):选中该项,可以保留多边形中的硬边。当关闭此项时,在 2 个三角形面之间的硬边可能被删除。Maya 默认是打开的。

keep texture border(保持纹理贴图的边界):选中该项,Maya 将保持纹理贴图的边界。当关闭此项时,Maya 将修改纹理贴图的边界。Maya 默认是打开的。

World Space coordinates(世界空间坐标):选中该项,设置的 Angle threshold(角度阈值)项的参数是处于世界坐标系中的 2 个相邻三角形面法线之间的角度。关闭此项时,Angle threshold(角度阈值)项的参数值是处在局部坐标空间中的两个相邻三角形面法线之间的角度。Maya 默认是打开的。

15. Fill Hole(补洞)

填补模型上的洞。

执行方式:选择模型或者环绕洞的边界,单击 Apply 按钮。

执行 Edit Mesh→Insert Edge Loop Tool 命令,增加一些线来调整细节,如图 3-60 所示。调整好的效果如图 3-61 所示。

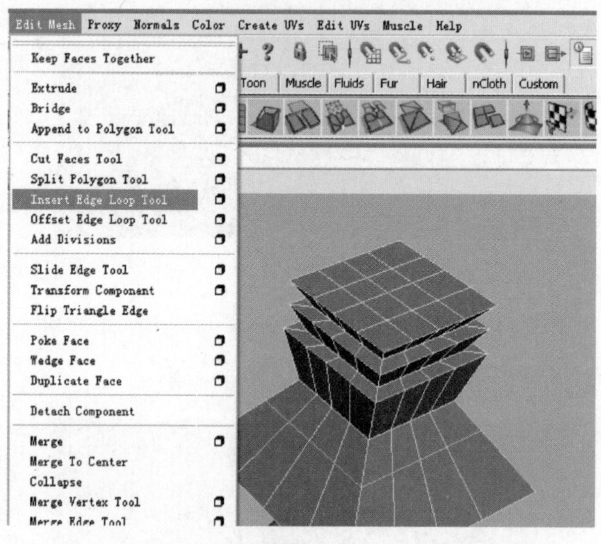

图 3-60

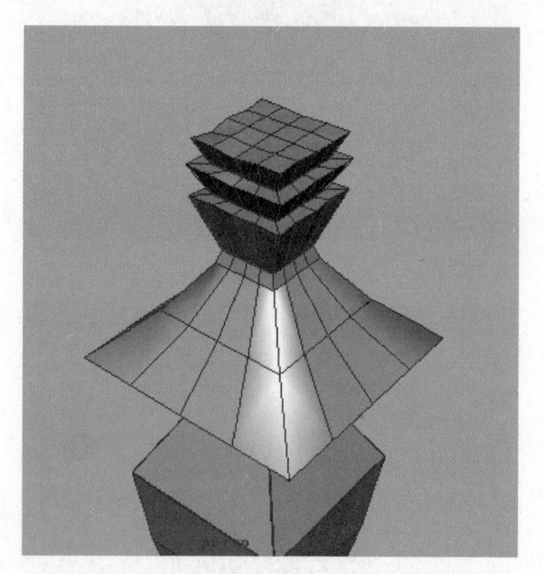

图 3-61

再用制作宝石的方法,增加顶上的一个细节,如图3-62 所示。

图3-62

11.

先将屋顶旋转45°,如图3-63所示。

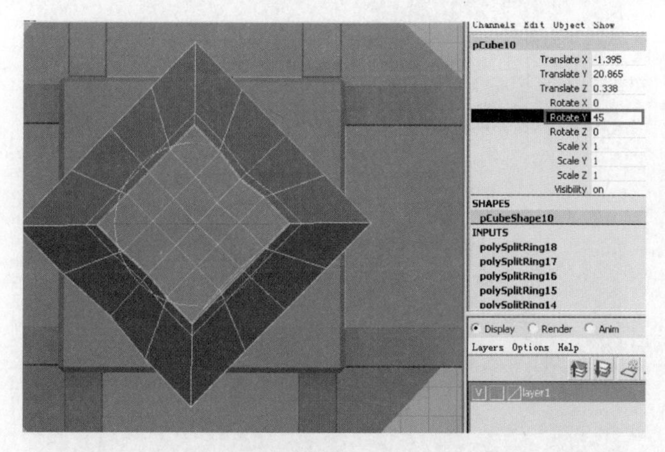

图3-63

创建一长方体,如图3-64所示进行参数设置。

在Maya视图中将物体调整,如图3-65所示。执行Edit Mesh→Insert Edge Loop Tool命令,增加一些线来调整细节,如图3-66所示。

16. Make Hole Tool(打洞工具)

在模型上创建特定形状的洞。

操作方式:选择要打洞的模型,单击Apply按钮。然后首先选择要产生洞的面,再选择图章面(Stamp Face),该面决定洞的形状,按<Enter>键结束。

17. Create Polygon Tool(创建多边形工具)

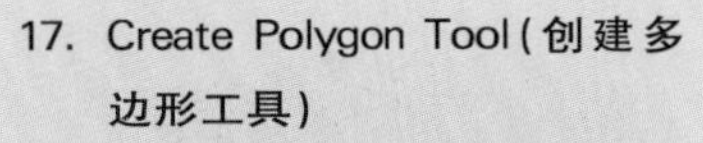

可以在视窗中通过连续单击鼠标左键创建多边形面。

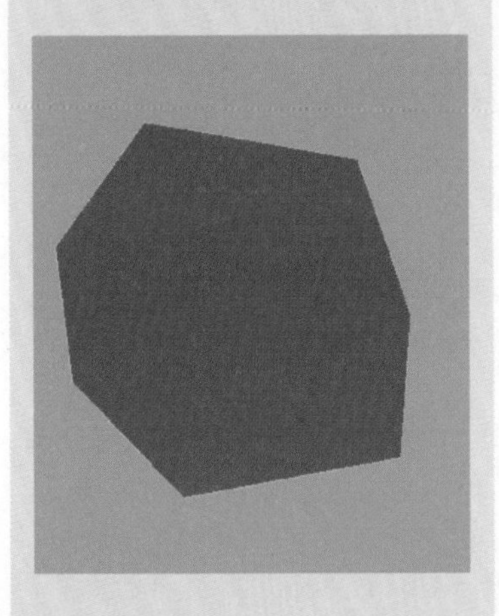

18. Sculpt Geometry Tool(雕刻几何体工具)

使用该工具可通过雕刻笔喷涂的方式将物体上的顶点进行移动,从而改变物体的形体结构。

19. Mirror Cut(镜像剪切)

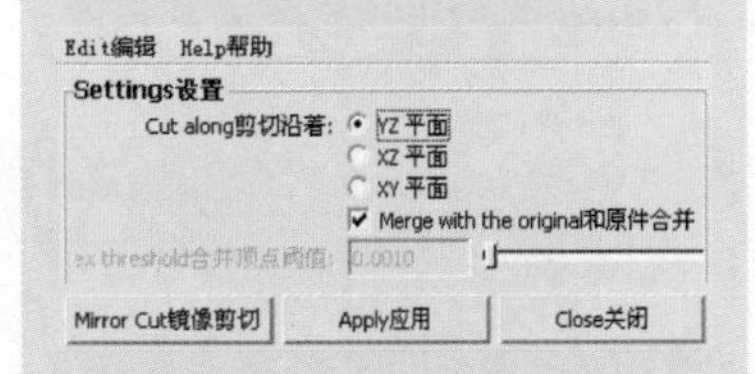

Cut along(剪切沿着):用3组轴向来控制镜像切割时产生的切平面的方向。

Combine Meshes(合并网格):此选项决定物体被镜像切割后形成的物体是结合成整体还是分离的。选项被选中时,物体上交界位置的点会执行点焊接。

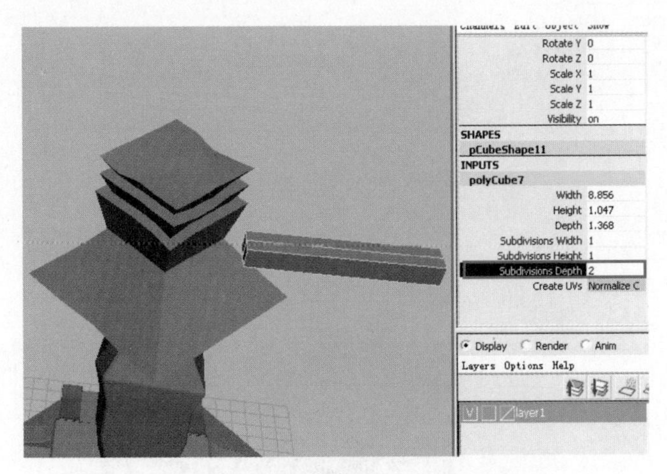

图3-64

图3-65

图3-66

在顶点模式下进行调整，如图 3－67 所示。

图3－67

在顶端也可以执行 Edit Mesh→Split Polygon Tool 命令，加入一些线条，如如图 3－68 所示。

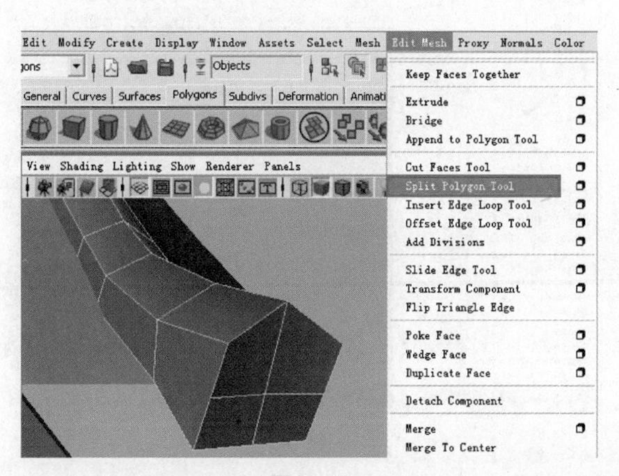

图3－68

最终调整好的效果如图 3－69 所示。

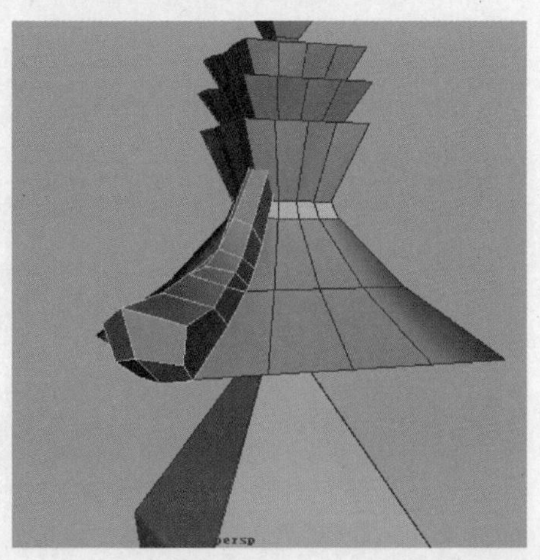

图3－69

20. Mirror Geometry（镜像几何体）

如果模型具有对称结构，一般都是先创建模型的一半，再通过复制得到另一半。

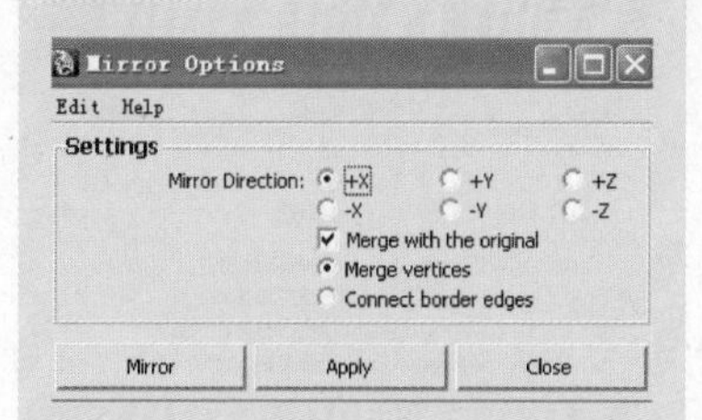

Mirror Direction：这一组轴向的选择，可以控制物体镜像的参考轴向以及镜像的方向。

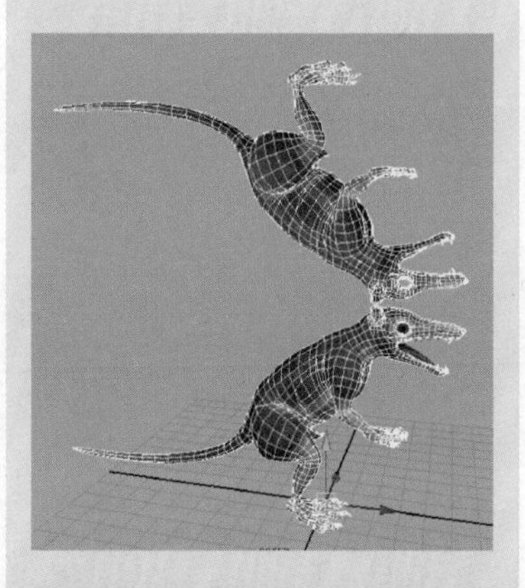

Merge with the original：此选项决定几何体镜像后，对于合并的两个表面是否执行焊接操作。如果不选择此项，那么镜像完成后的几何物体在分界线上的点是断开的。

Connect border edges(连接边界边线)。

Select 选择命令菜单

Select选择

Object/Component	物体/部件	F8
Vertex	顶点	F9
Edge	边线	F10
Face	面	F11
UV	UV	F12
Vertex Face	顶点面	Alt+F9
Select Edge Loop Tool	选择循环边线工	
Select Edge Ring Tool	选择环形边线工具	
Select Border Edge Tool	选择边界边线工具	
SelectShortestEdgePathTool	选择最短边线路径工具	

1. Object/Component(物体/部件)

可以使物体在物体层级和部件层级转换。快捷方式为〈F8〉。

2. Vertex 顶点

可以切换为显示顶点状态。快捷方式为〈F9〉。

3. Edge(边线)

可以切换为显示边线状态。快捷方式为〈F10〉。

4. Face(面)

可以切换为显示面状态。快捷方式为〈F11〉。

5. UV(UV 点)

可以切换为显示 UV 点状态。快捷方式为〈F12〉。

6. Vertex Face(顶点面)

可以切换为显示顶点面状态。快捷方式为〈Alt〉键+〈F9〉。

7. Select Edge Loop Tool(选择循环边线工具)

在边的模式下,通过双击选择一圈循环边线。

用同样的方法再制作一些小细节,如图 3-70 所示。将这 3 个物体选中并群组在一起,如图 3-71 所示。

图 3-70

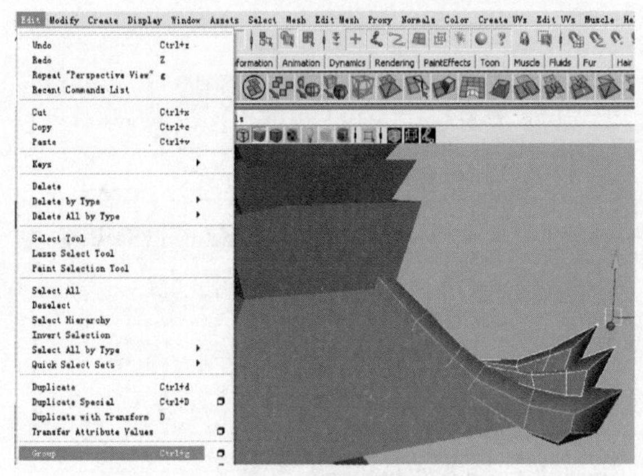

图 3-71

参照前面的复制过程,将物体再复制 3 个,分别放置在顶的四角,如图 3-72 所示。

图 3-72

选中顶上的所有物体，执行 Edit→Group 命令进行群组，再将其旋转 45°，回到原来的角度，如图 3－73 所示。

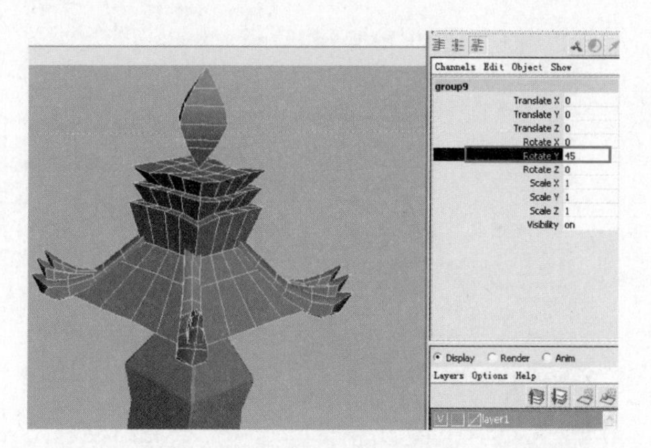

图 3－73

12.

创建多边形圆球，在宝石上面制作一个小细节，如图 3－74 所示。通过移动、旋转、缩放等工具进行调整，效果如图 3－75 所示。

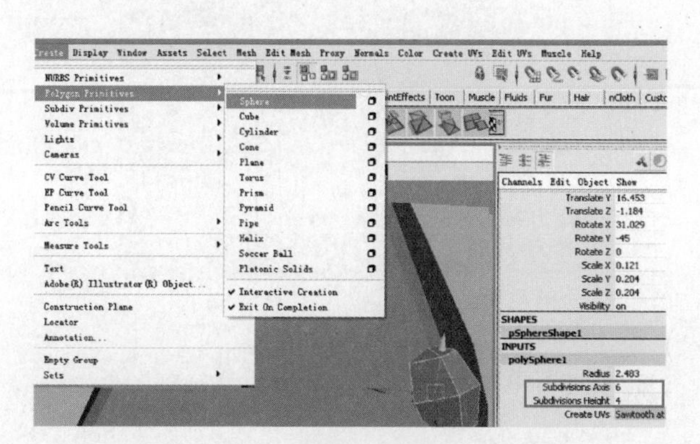

图 3－74

图 3－75

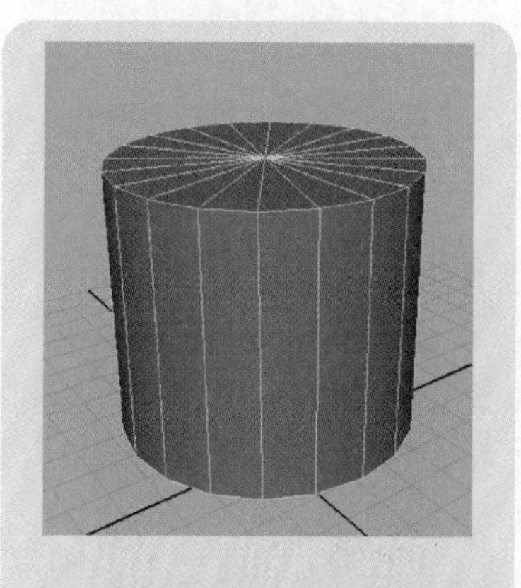

8. Select Edge Ring Tool（选择环形边线工具）

在边的模式下，通过双击选择一圈环形边线。

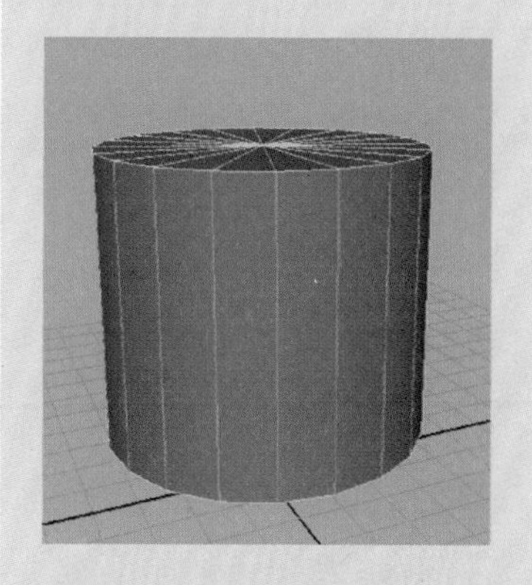

9. Select Border Edge Tool（选择边界边线工具）

在边的模式下，通过双击选择一圈边界边线。

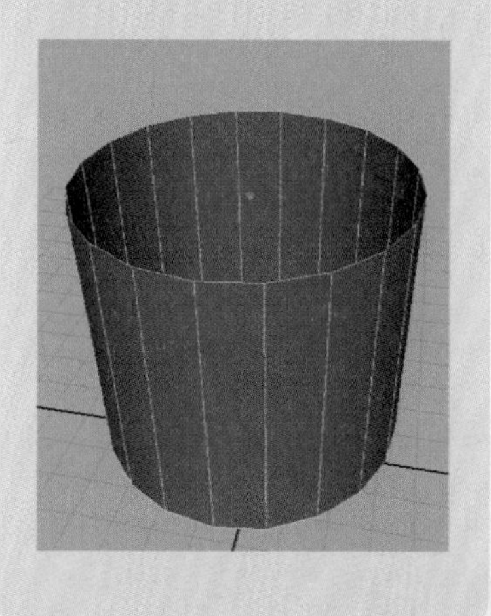

10. Select Shortest Edge path Tool(选择最短边线路径工具)

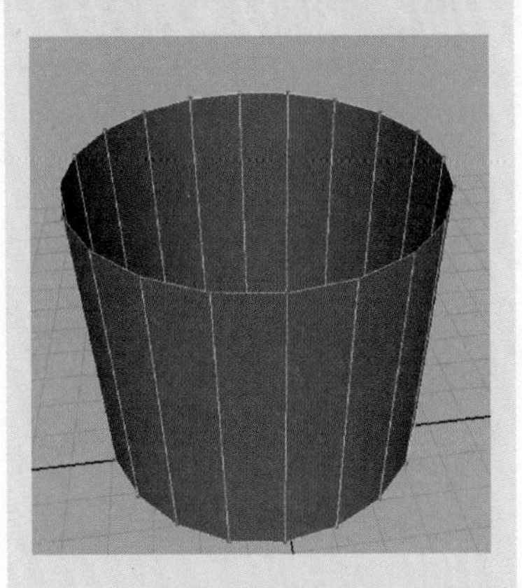

创建一个圆柱物体,具体设置如图 3－76 所示。通过移动、旋转、缩放等工具进行调整,效果如图 3－77 所示。

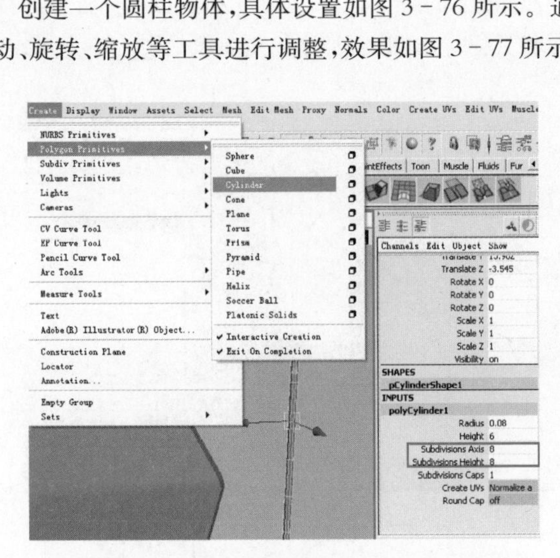

图 3－76

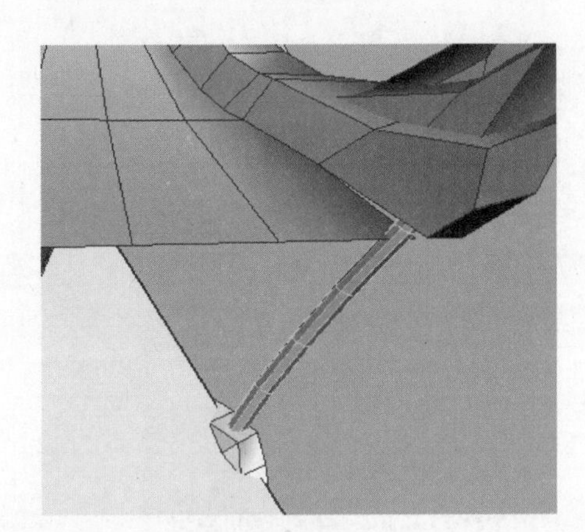

图 3－77

将这些细节复制 3 个,如图 3－78 所示。

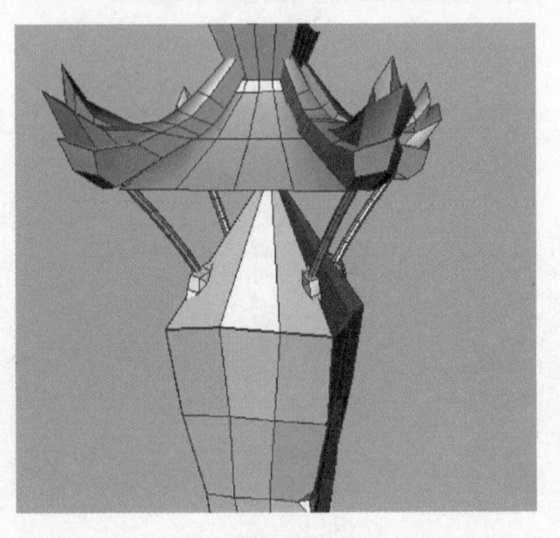

图 3－78

13.

下一步将制作屋顶的瓦片。先创建一个圆柱体，具体设置如图 3-79 所示。

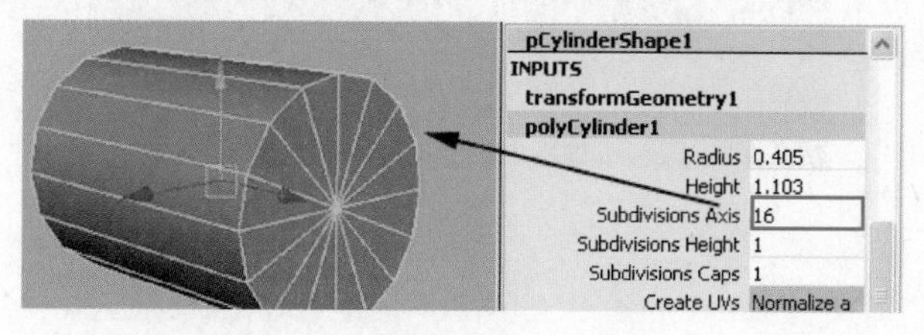

图 3-79

将圆柱体下面一半的面删除，使用放缩工具进行调整，如图 3-80 所示。在点的模式下进行调整，如图 3-81 所示将后面的部分缩小。将其放置在屋顶的位置上，如图 3-82 所示。

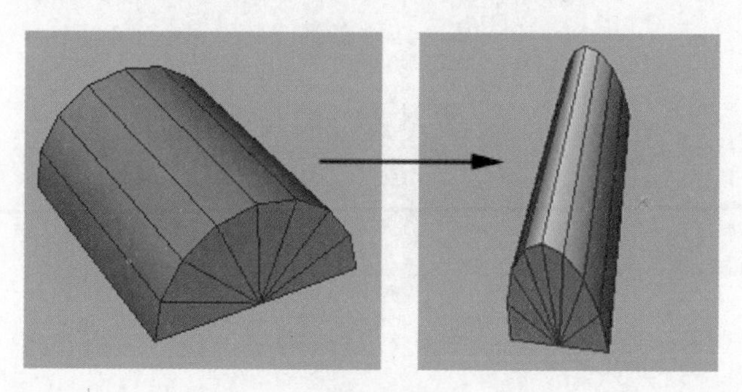

图 3-80

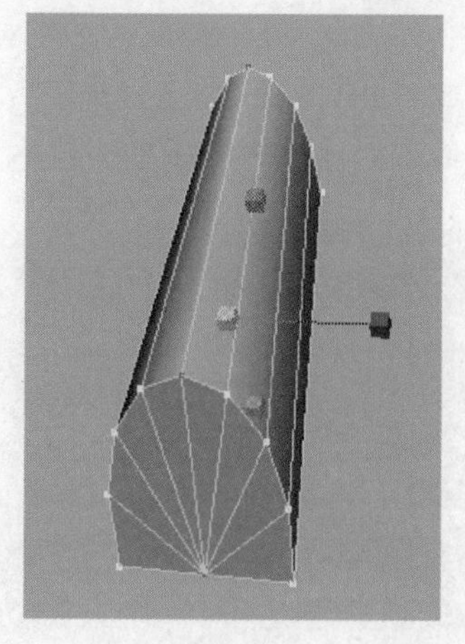

图 3-81

Edit Mesh 编辑网格命令集(一)

✔ Keep Faces Together	保持面在一起
Extrude	挤出
Bridge	桥接
AppendToPolygonTool	追加多边形工具
Cut Faces Tool	剪切面工具
Split Polygon Tool	分割多边形工具
Insert EdgeLoopTool	插入循环边线工具
Offset EdgeLoopTool	偏移循环边线工具
Add Divisions	添加分割
Slide Edge Tool	滑动边线工具
Transform Component	变换部件
Flip Triangle Edge	翻转三角格边线
Poke Face	拔开面
Wedge Face	楔入面
Duplicate Face	复制面
Detach Component	分离部件
Merge	合并
Merge To Center	合并到中心线
Collapse	塌陷
Merge Vertex Tool	
Merge Edge Tool	合并边线工具
Delete Edge/Vertex	删除 边线/顶点
Chamfer Vertex	斜切顶点
Bevel	倒角
Crease Tool	褶皱工具
Remove selected	
Remove all	
Crease Sets	褶皱组

1. Keep Faces Together(保持面在一起)

保持新生的面在一起，在执行 Exturde Face、Exturde Edge 等操作时，打开和关闭 Keep Faces Together，效果完全不同。

操作方式：单击命令，可以切换其打开和关闭状态。

打开的状态：

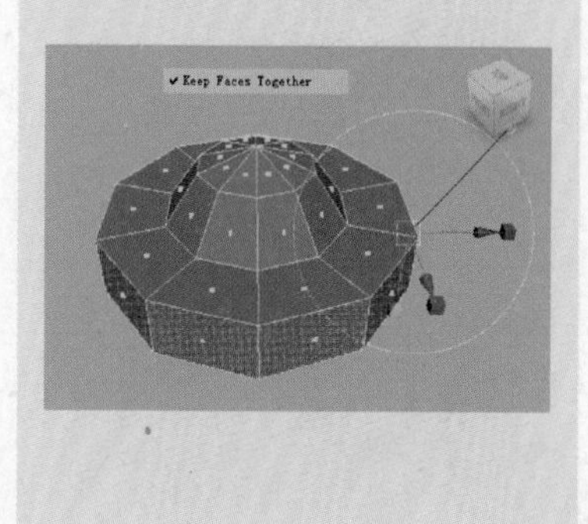

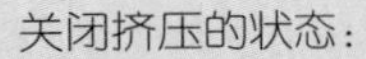

关闭挤压的状态：

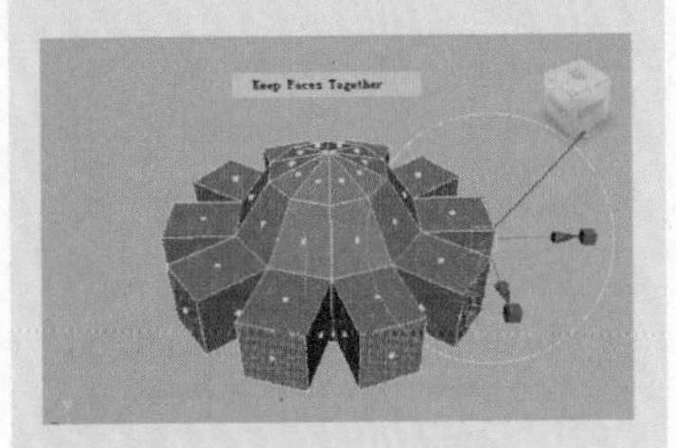

2. Extrude(挤出)

这个命令是多边形建模中最常用的命令之一，有3种状态。

当选中面挤压时为挤压面(默认状态)：

选中边挤压时为挤压边：

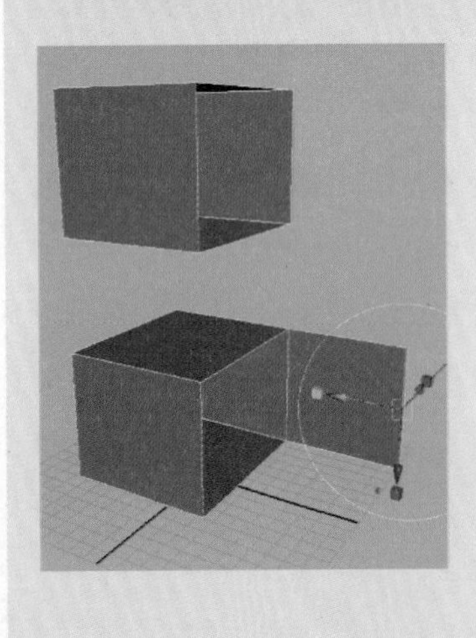

图3-82

执行 Edit Mesh→Split Polygon Tool 命令加入一些线条，如图 3-83 所示。

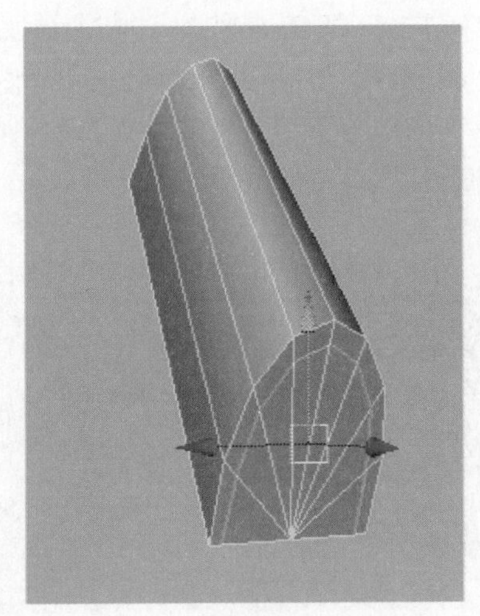

图3-83

在面模式下选中面，如图 3-84 所示。执行 Edit Mesh→Keep Faces Together 命令，在挤压时就可以将所有面结合在一起，如图 3-85 所示。挤压后，使用移动组将物体拖动一段距离，效果如图 3-86 所示。

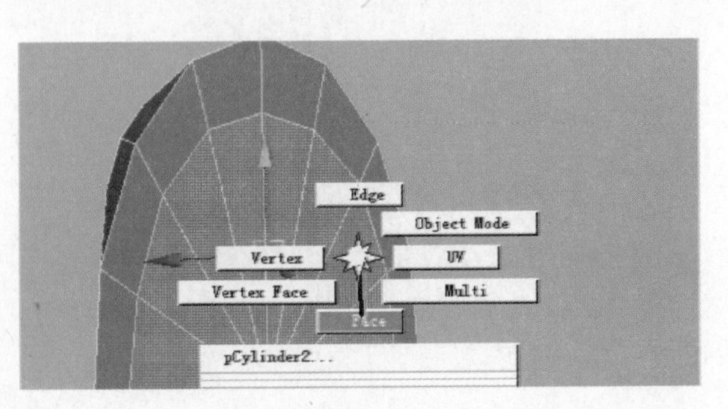

图3-84

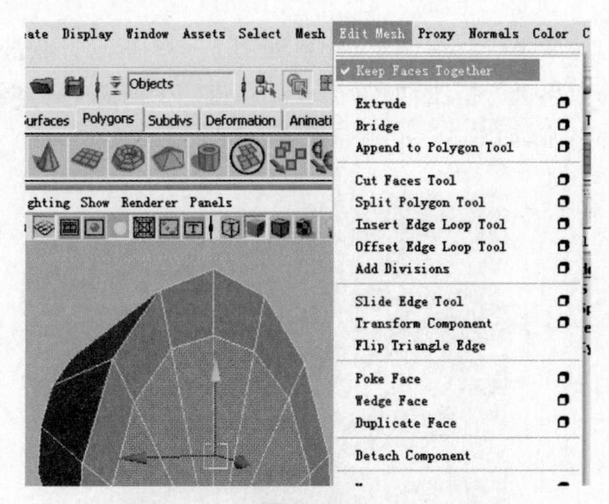

图 3-85

图 3-86

同样再将面挤出，效果如图 3-87 所示。再将左后

图 3-87

当选中点是为挤压点：

Extrude Faces(挤出面)：将所选的面向一个方向挤出。

操作方式：选择要挤出的面，单击 Apply 按钮。

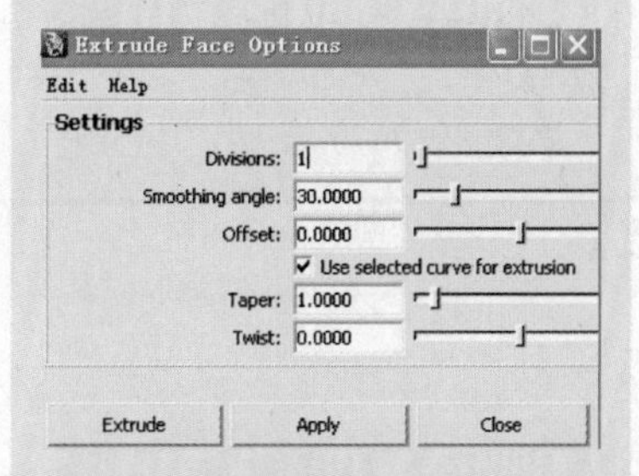

Divisions(分割)：设定每次挤出的面或边被细分的段数。

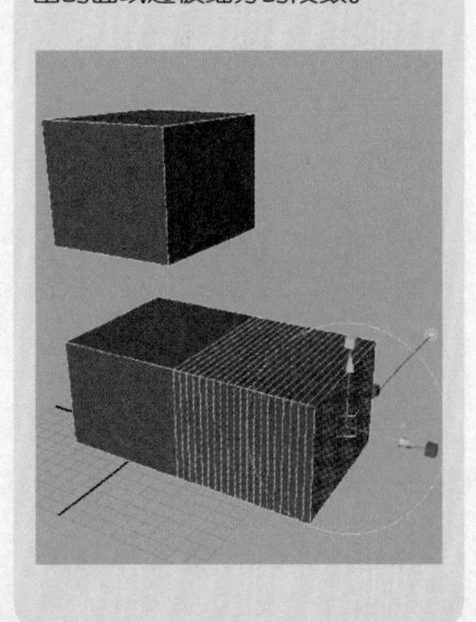

Smoothing angle（平滑的角度）：设定一个角度数值。当挤出面时，面与面的角度大于设定的角度，就会被平滑。

Offset（偏移）：设定参数使挤出的面产生倒角的效果，使挤出的面产生修剪的效果，使复制的面产生均匀缩放的效果。

Use selected curve for extrusion（使用曲线挤压）：使要挤出的面沿已有的曲线挤出面。

操作方式：沿已有曲线挤出面。首先选择要挤出的面，然后按〈Shift〉键选择 NURBS 曲线作为挤出路径，单击 Apply 按钮。

Taper（渐变）：在沿曲线挤压多边形时，可以一边积压一边缩放。

Twist（扭曲）。

Extrude Edge（挤出边）：将所选的边向同一方向挤出。

操作方式：选择要挤出的边，单击 Apply 按钮。

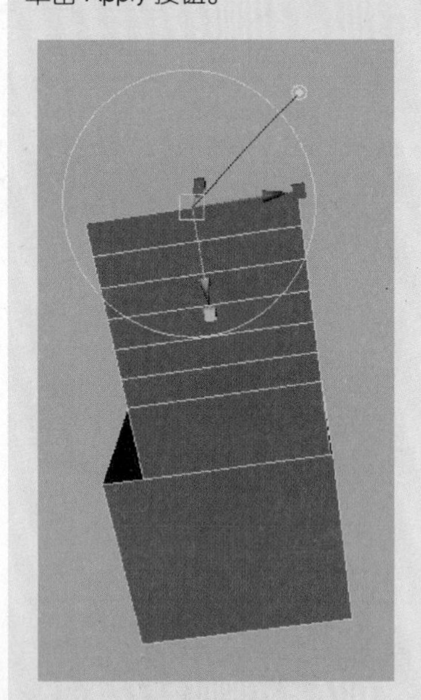

Use selected curve for extrusion（使用曲线挤压）：使要挤出的边沿已有的曲线挤出边。

挤出的面进行放缩调整，效果如图 3－88 所示。在最后的面上再进行挤压，如图 3－89 所示。向里缩放后，再向内部挤压，如图 3－90 所示。

图 3－88

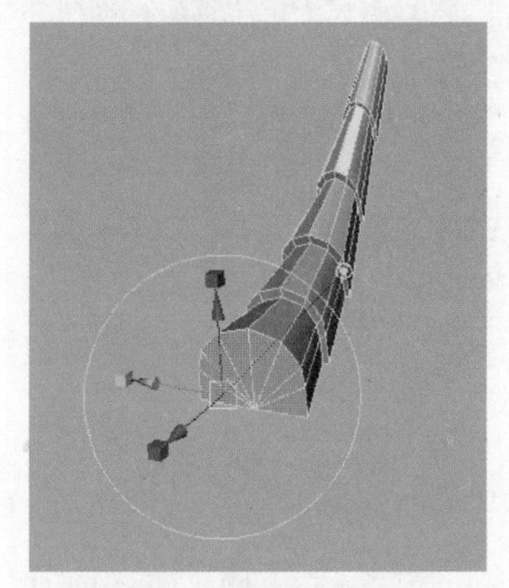

图 3－89

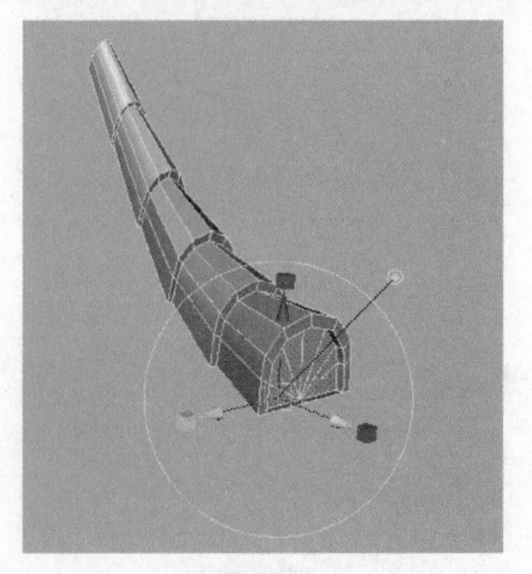

图 3－90

在边模式下，选中如图所示 3 - 91 的一些边，执行 Edit Mesh→Bevel 命令对边进行倒角，倒角设置如图 3 - 92 所示。这样，制作完成一段瓦片，如图 3 - 93 所示。

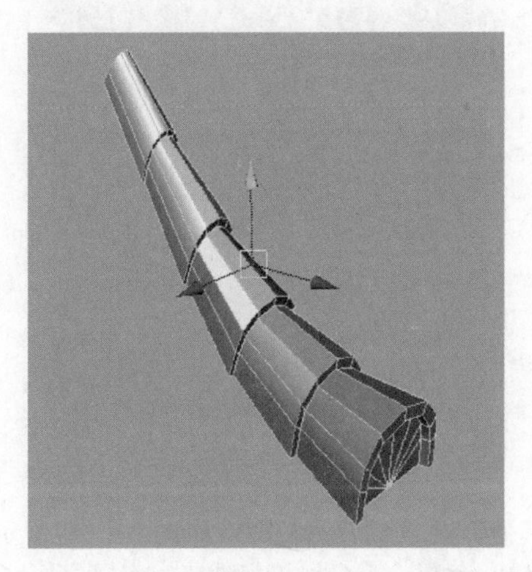

图 3 - 91

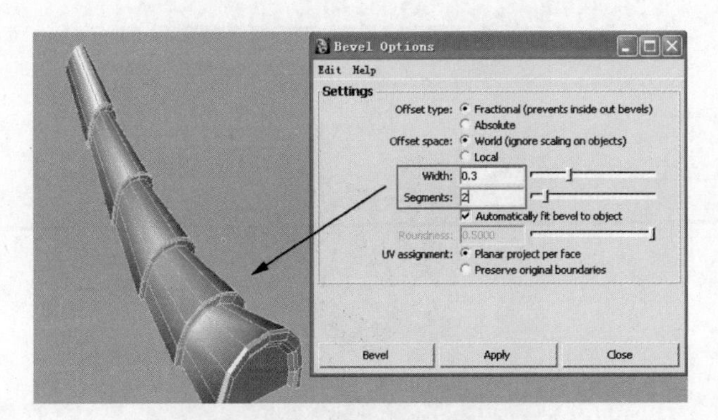

图 3 - 92

图 3 - 93

Extrude Vertex(挤出顶点)：将所选顶点向一个方向挤出。

操作方式：选择顶点，单击 Apply 按钮。

Width(拉伸宽度)：设定拉伸点的基本面的宽度，参数越大，基本面越宽。

Length(拉伸长度)：设定拉伸的长度，值越大，拉伸距离越长。

Divisions(分段)：设定每次挤出的边被细分的段数，Maya 默认参数为 1。

3. Bridge 桥接

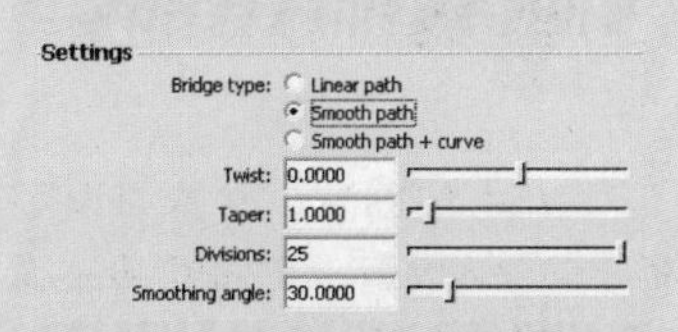

操作方式：选择需要桥接在一起的 2 条边，单击 Apply 按钮。

Linear path(线性路径)。

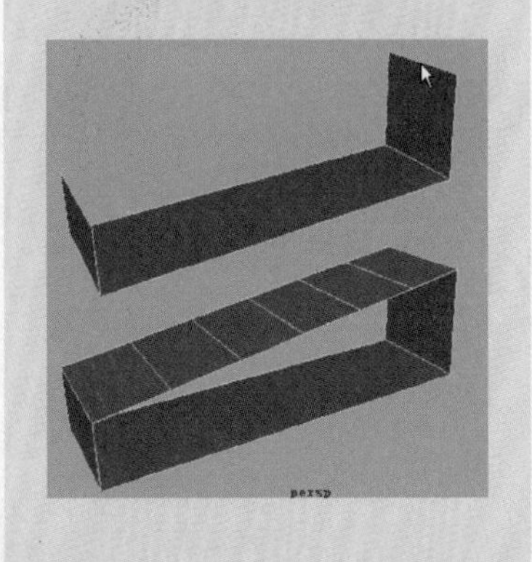

Smooth path(平滑路径)：选中该项，桥接的方式就会以一条平滑的路径连接。

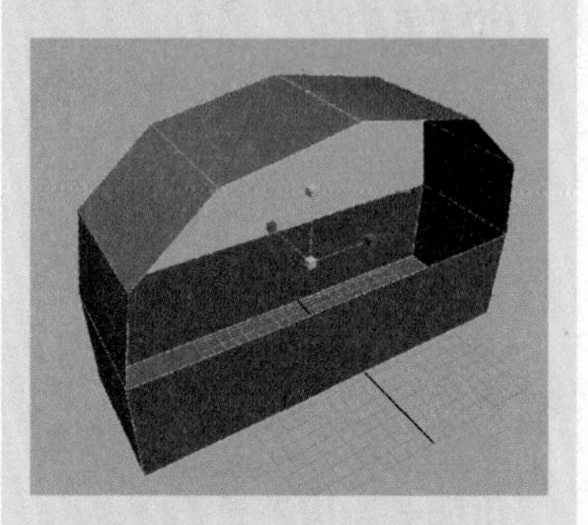

Smooth path + curve(平滑路径＋曲线)：选中该项，桥接方式以平滑路径连接，而且还生成路径曲线。

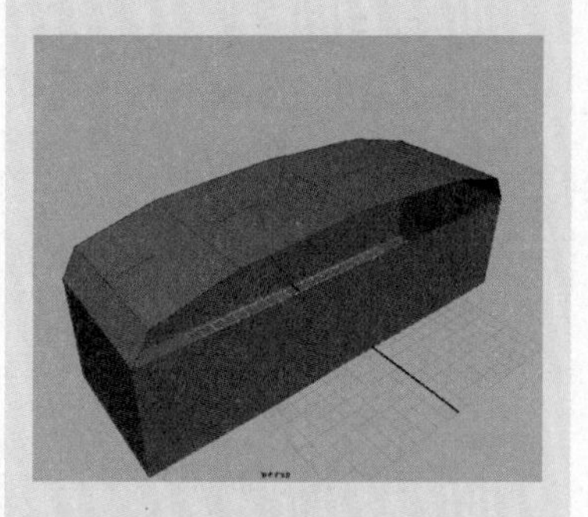

Twist(扭曲)：该参数可设定桥接的旋转度数，即控制桥接生成的面的扭曲程度。

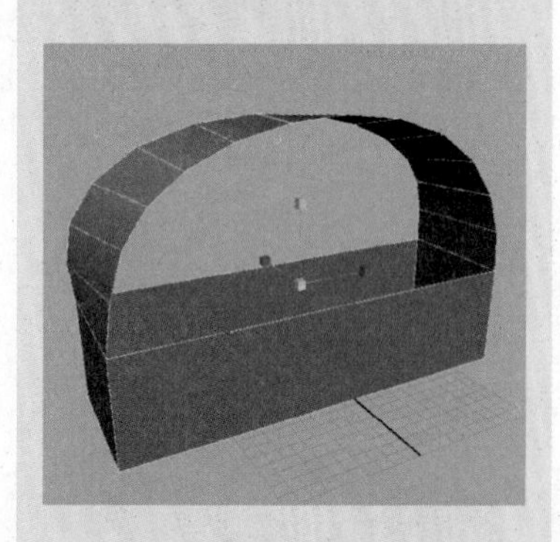

执行 Edit→Duplicate 命令，将一个方向的瓦片复制 5 段，并进行旋转、移动调整，如图 3－94 所示。

图 3－94

在其他方向复制瓦片，效果如图 3－95 所示。最终完成的效果如图 3－96 所示。

图 3－95

图 3－96

3.2 小女孩的制作

知识点：Maya 建模高级技巧，角色结构分析，角色布线分析

图 3-97

角色通常分为写实型和卡通型。这个实例制作的是一个相对写实的人物角色，主要通过一个片面 plane 拉出更多的面，再调整细节，最后完成模型，就是从局部到整体。也可以通过做个 Cube，一点点地切割，从整体到局部刻画模型。两种方法各有所长。

01.

人的头部从大体上看呈现椭圆形，在造型上比较接近圆形，所以从多边形球体开始建模。执行 Create→Polygon Primitives→Sphere 命令，创建一个在 Axis 和 Height 分段数分别为 12、8 的多边形球体，如图 3-98 所示。

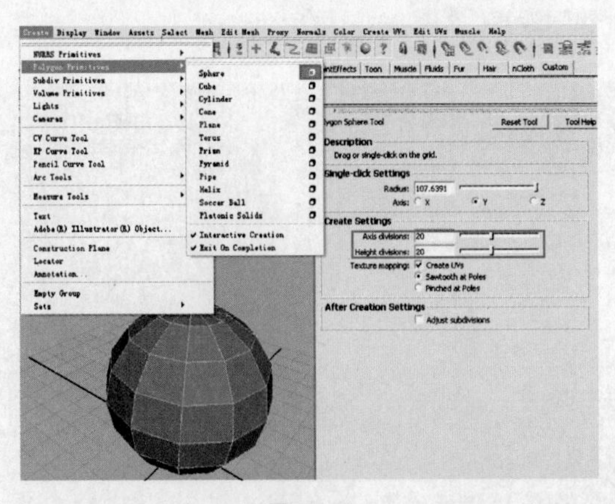

图 3-98

知 识 点 提 示

Edit Mesh 编辑网格命令集(二)

Taper(渐变)：在桥接多边形时，可以一边桥接一边缩放。当 Taper(渐变)小于 1 时，桥接生成的面逐渐变小；当 Taper(渐变)大于 1 时，桥接生成的面逐渐变大。

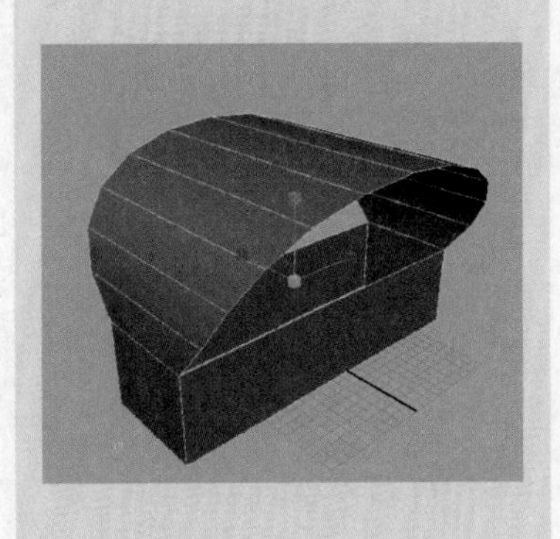

Divisions(分段):设定桥接生成的面的段数。

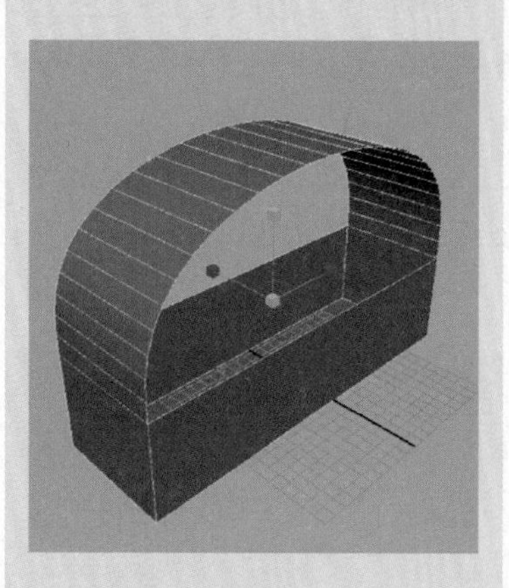

4. Append To Polygon Tool(追加多边形工具)

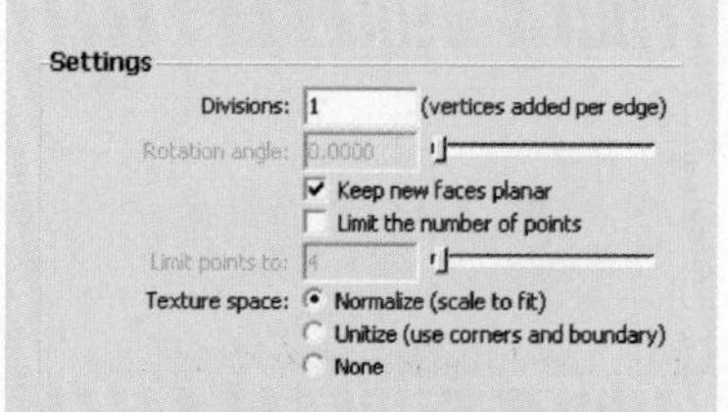

可以在已经生成的多边形的开放边界上添加多边形面。

Divisions(分段):设定追加生成新多边形的边的段数。

对球体的比例大小进行调整,按照人体解剖学把球体调整成椭圆形,再对点进行一些调整,如图 3-99 所示。

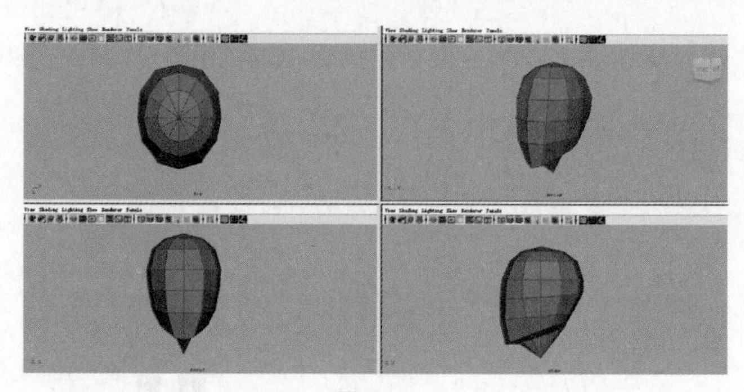

图 3-99

执行 Edit Mesh→Delete Edge/Vertex 命令,删除脖子和头部的顶点。再选择底部的面,执行 Edit Mesh→Extrude 命令挤出脖子,如图 3-100 所示。

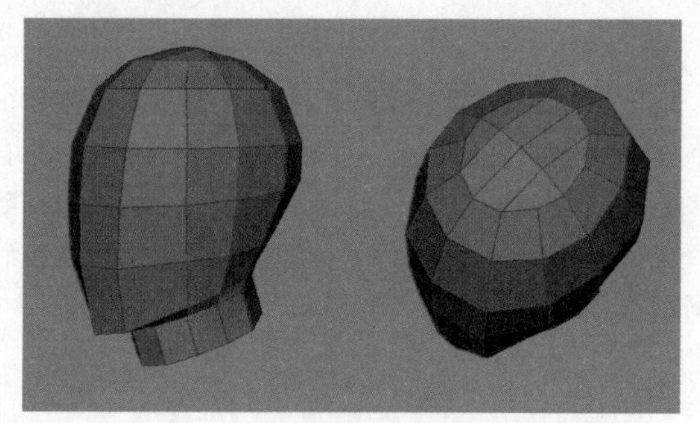

图 3-100

人的头部是对称的,所以可以删除一半,然后再镜像复制即可。执行 Edit→Duplicate Special 命令,注意选择 Instance(关联)选项,这样只需要调整左边的模型就可以看到整体效果,如图 3-101 所示。

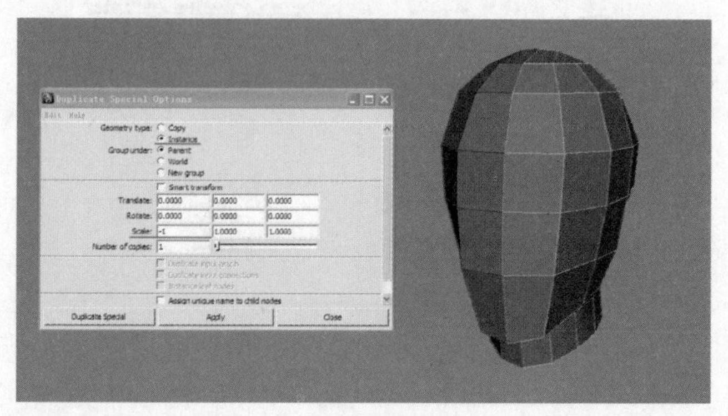

图 3-101

继续调整头部模型结构,效果如图 3-102 所示。此时要注意的是,一定要执行 File→Save Scene 命令保存文件,免得 Maya 程序无故跳出,造成不必要的数据损失。

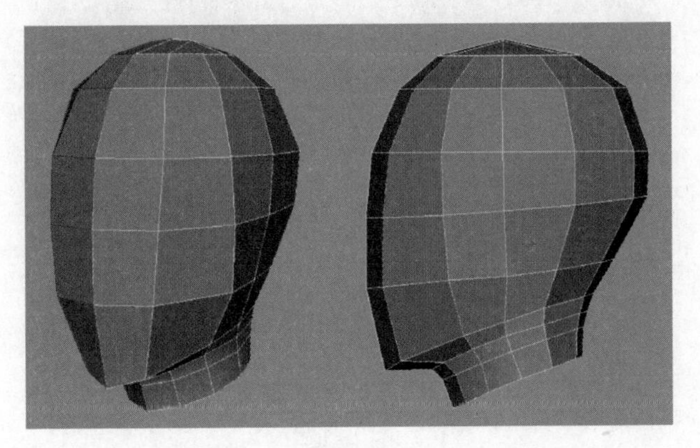

图 3-102

02.

继续塑造女孩模型的大体结构,执行 Edit Mesh→Extrude 命令挤出脖子下面的结构,调整后如图 3-103 所示。

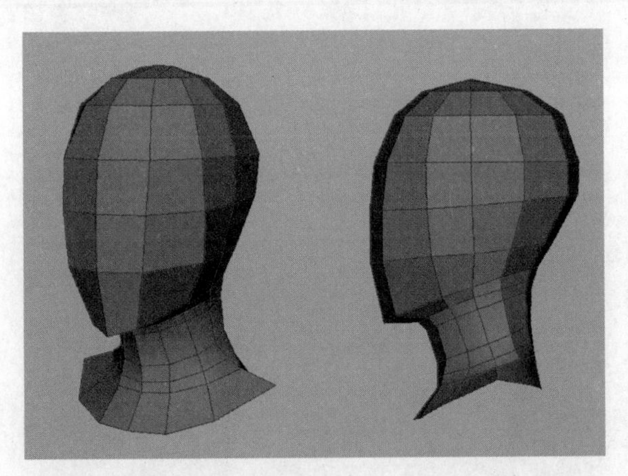

图 3-103

使用 Edit Mesh→Extrude 命令挤出模型的躯干部分,如图 3-104 所示。在调整的过程中要注意躯干的形状是呈扁圆柱形的,不要调整成方形。因此,在建模的时候要从多个角度去观察以达到比较好的人体结构造型。

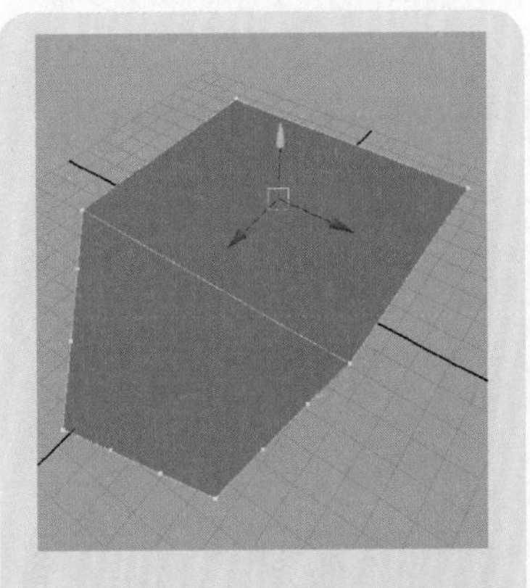

Limit the number of point(限定分点的数量):限定追加多边形生成的边数。

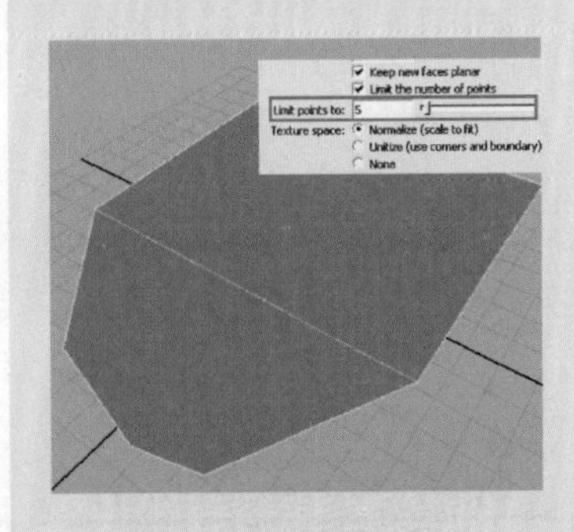

5. Cut Faces Tool(切面工具)

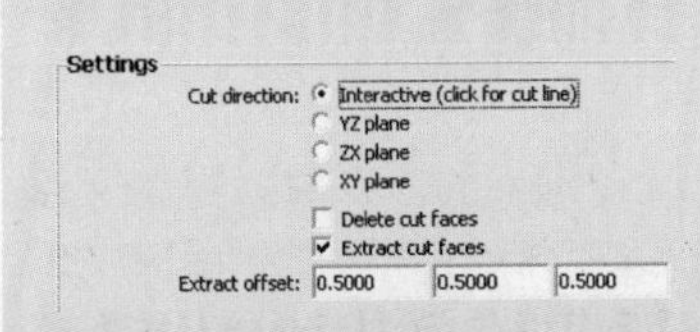

沿着一条线切割模型上所有的面,与这条线相交的面都会被切割。

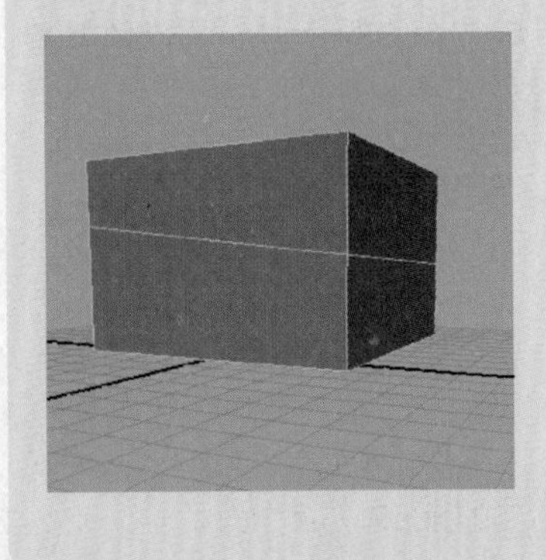

Delete cut faces(删除切割面):删除切割线一侧的模型。

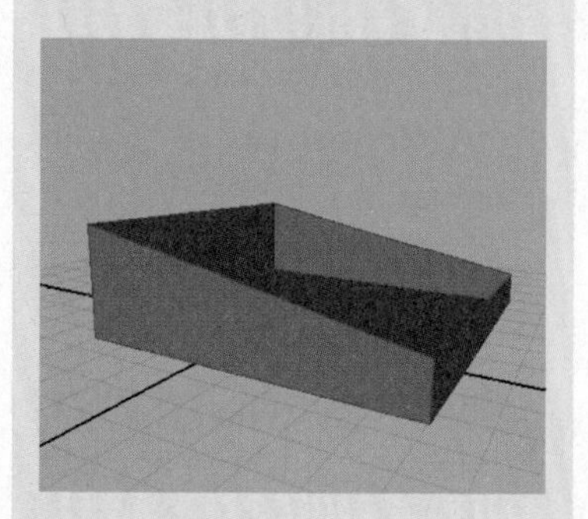

Extract cut faces(挤出切割面):将模型从切割线处断开并分离。

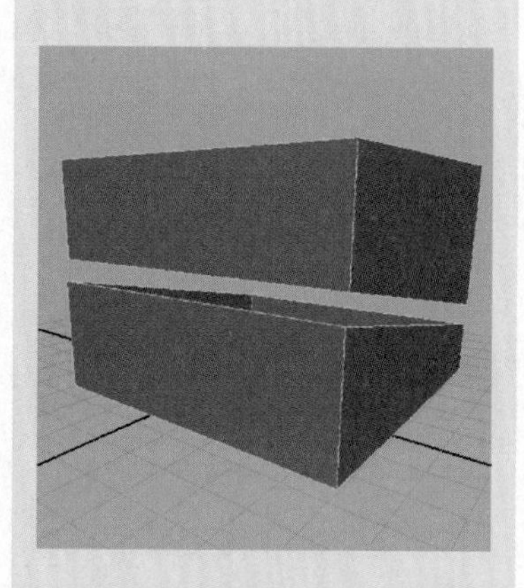

Interactive(交互):可以交互拖动切割线,以灵活的得到需要的切割效果。选择 Interactive 方式时,需酌情选择适合的视图。不同的视图,切割效果完全不同。

6. Split Polygon Tool(分割多边形工具)

Settings

Divisions: 1 (vertices added per edge)
Smoothing angle: 0.0000
✔ Split only from edges
✔ Use snapping points along edge
Number of points: 3 (1 = snap to midpoint)
Snapping tolerance: 100.0000

创建新的面、顶点和边,把现有的面分割为多个面。

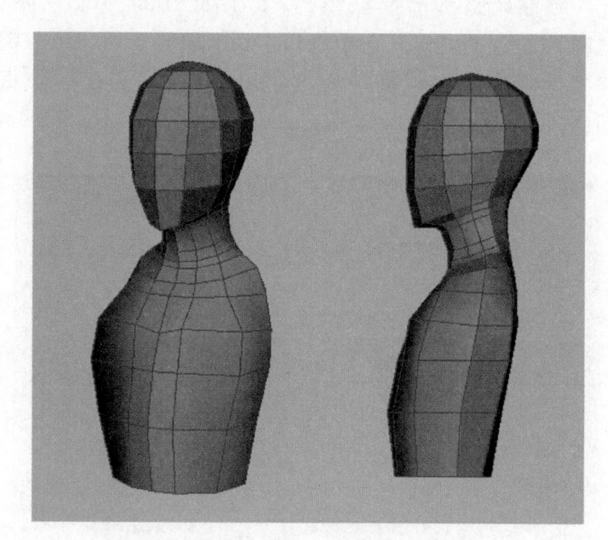

图 3-104

布线时应注意线条的流畅性,如图 3-105 所示。可以观察一下女性的身体形状,如图 3-106 所示。

当继续深入制作模型的时候,模型上有的地方有硬的转折边,有的地方有软边,这样很不好观察。可以选中模型,使用 Normals→Set Normal Angle(柔化/硬化边)命令使整个模型的边硬化,如图 3-107 所示。

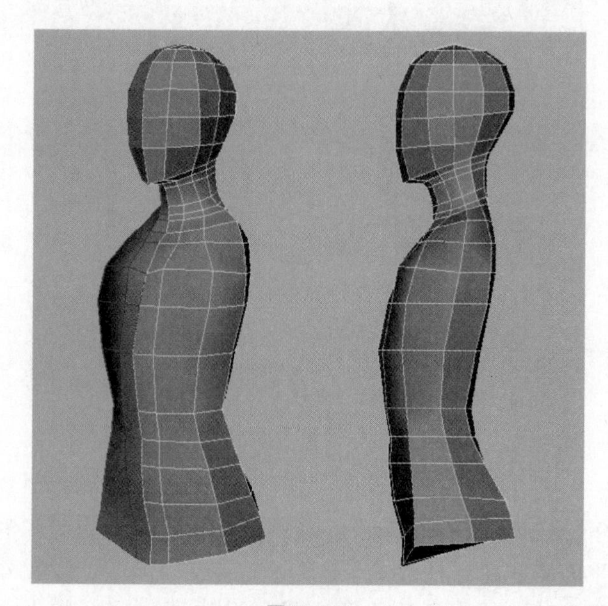

图 3-105

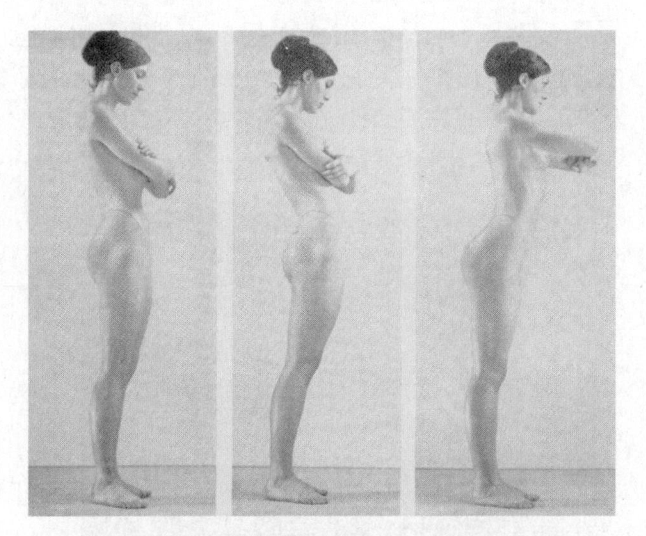

图 3 - 106

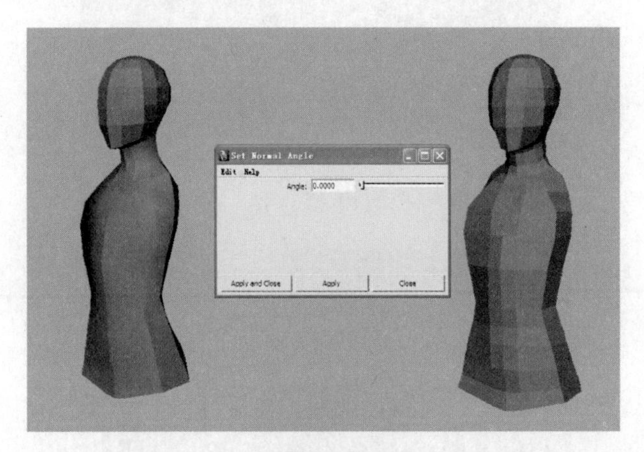

图 3 - 107

下面接着我们制作角色的下肢部分。选择下肢起始位置的面，执行 Edit Mesh→Extrude 命令多次挤出，挤出的时候可参考腿部的解剖外形，注意把腿做成方形，如图 3 - 108 所示。

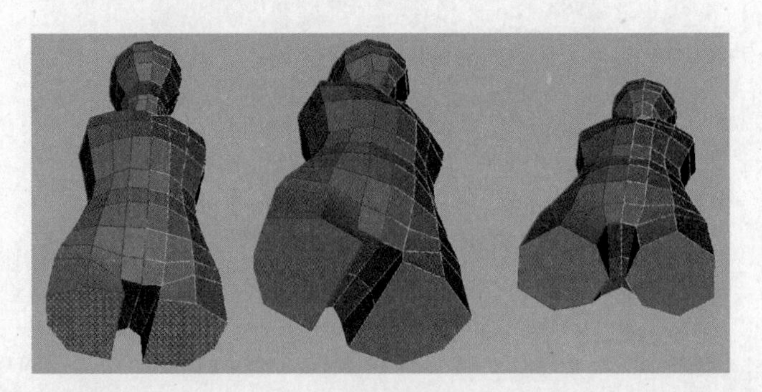

图 3 - 108

操作方式：单击 Apply 按钮，然后在多边形上要分割的边上连续单击，按〈Enter〉键结束分割。

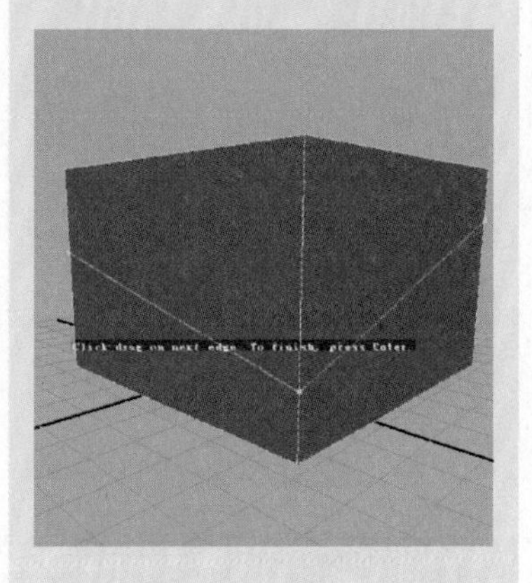

Divisions(分段)：设定新创建面的每一条边的分段数，分段点沿边放置。

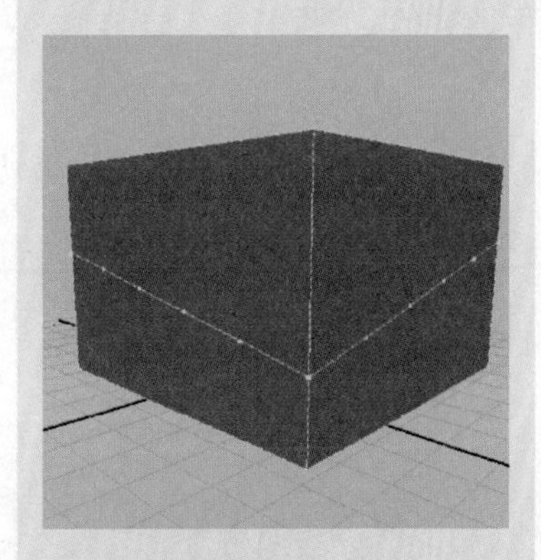

Number of points(点的数目)：设定沿着边平均放置吸附点的数目。默认是 1，并被放置在点的中部。

Snapping tolerance(吸附公差):设定将要创建的点的捕捉公差。公差范围为0~100%,0表示没有公差。

7. Insert Edge Loop Tool(环绕插入边工具)

可以沿着环绕的几排边线插入边线。

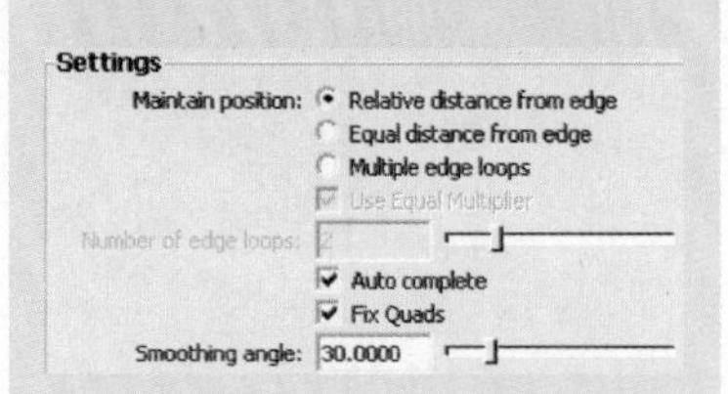

操作方式:选择多边形,单击Apply按钮,在需要嵌入环绕边的位置单击。

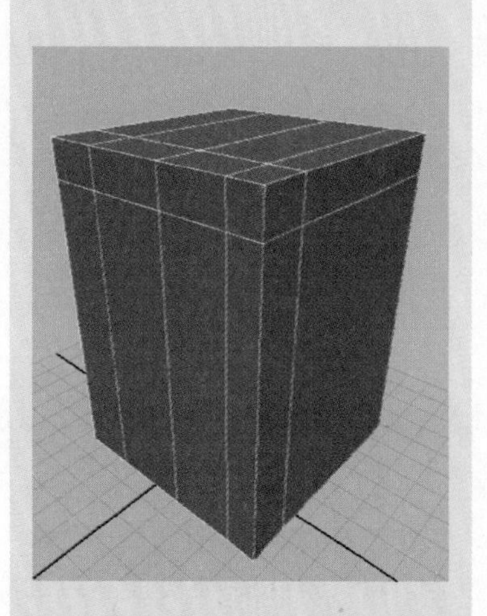

Multiple edge loops(多重边环绕):在模型上嵌入边的时候,多重地嵌入。

Use Equal Multiplier(使用相等多重):多重嵌入边的时候,与之相交的边被分割成相等的边。

Number of edge loops(环绕边的数量):在模型上嵌入环绕边的数量。

继续挤出大腿的形状,如图3-109。再挤出小腿部分,如图3-110所示。上下肢是活动非常频繁的部位,为了以后动画的需要,可以在大腿转折处、膝盖、脚踝、肘部等部位多留出几条线段。

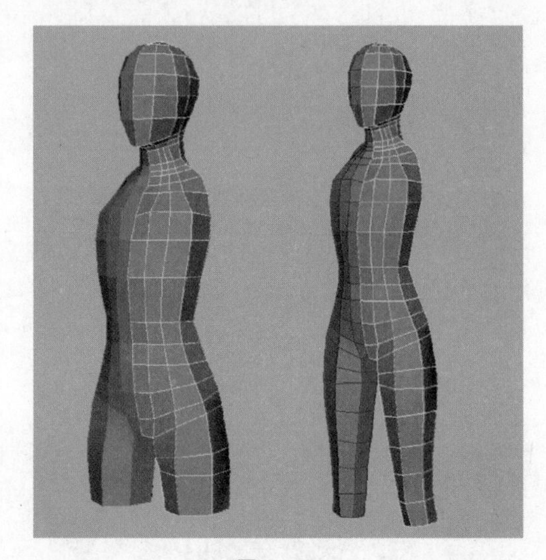

图3-109

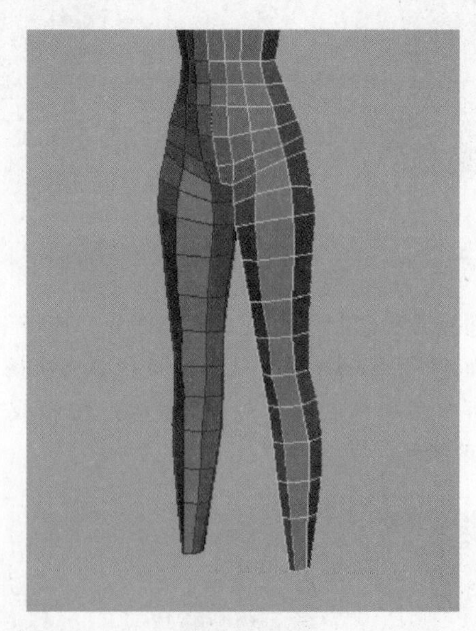

图3-110

继续挤出脚部,因为这里只是制作一个整体的粗模,所以只需要做出大致形状就可以了,不需要制作太多的细节,如图3-111所示。

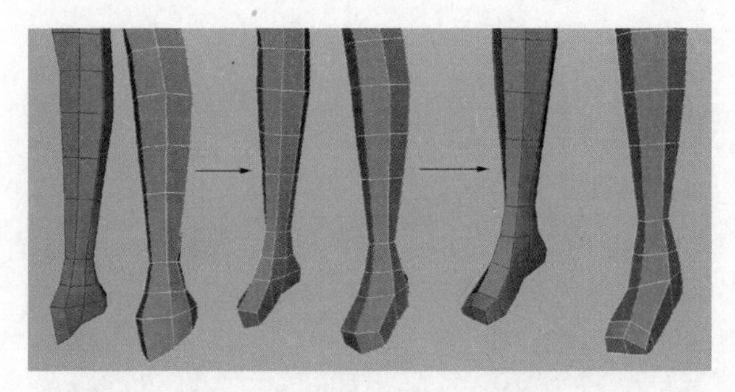

图3-111

下面进行手臂的制作。与制作腿部一样，同样选择上肢位置的面挤出，如图 3-112 所示。继续挤出手臂形状，如图 3-113 所示。挤出手掌部分，如图 3-114 所示。

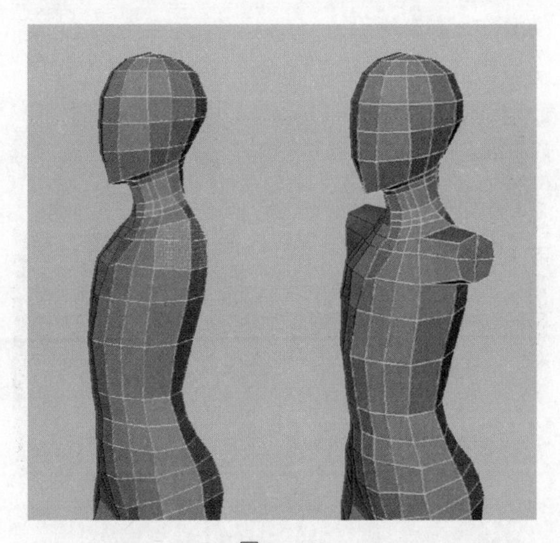

图3-112

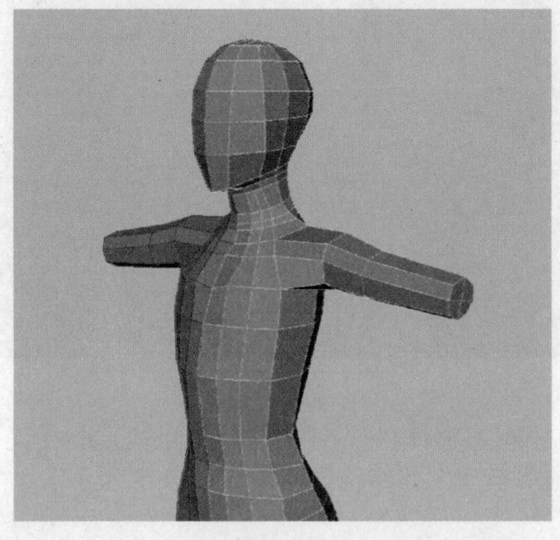

图3-113

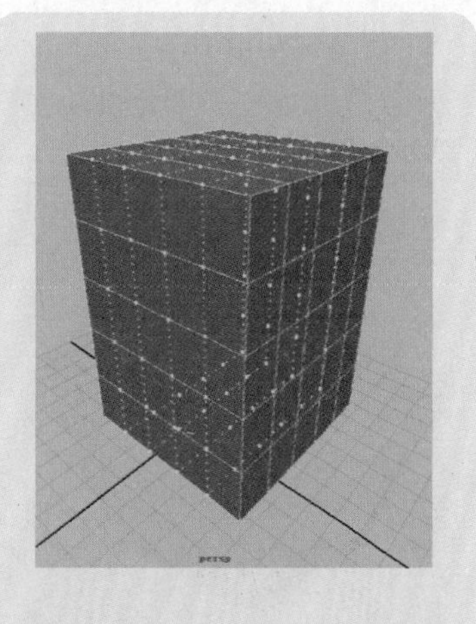

8. Offset Edge Loop Tool(偏移环绕边工具)

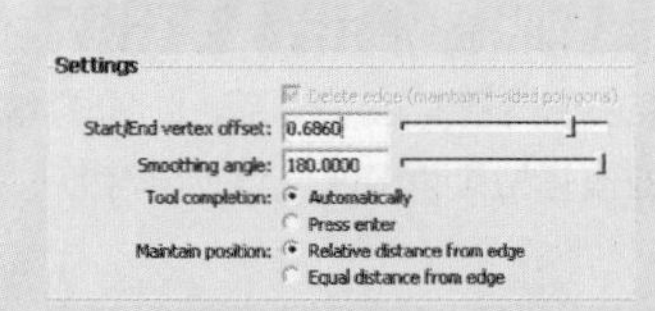

在多边形上沿一条环绕的边偏移的两侧分别嵌入环绕边。

操作方式：选择模型，单击 Apply 按钮，然后选择在需要偏移环绕边的边上单击，按住鼠标左键拖动。

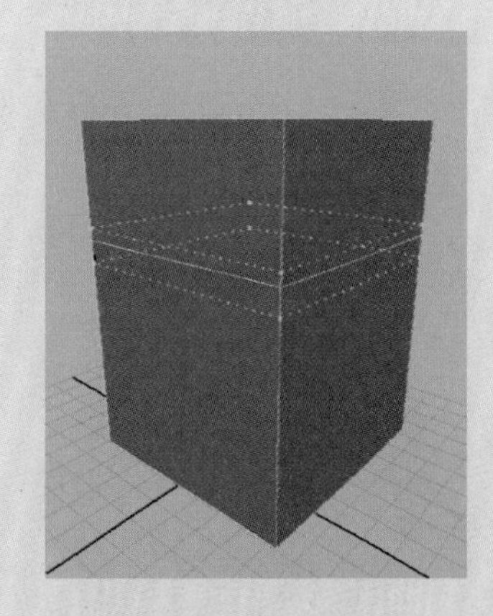

9. Add Divisions(增加分段)

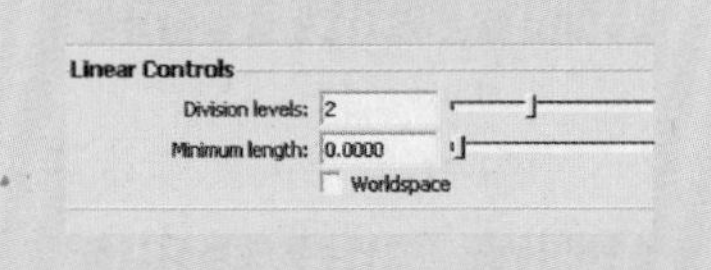

把一个边分段为一个或多个子边，也可以把一个面分割成一个或多个面，以创建新面。

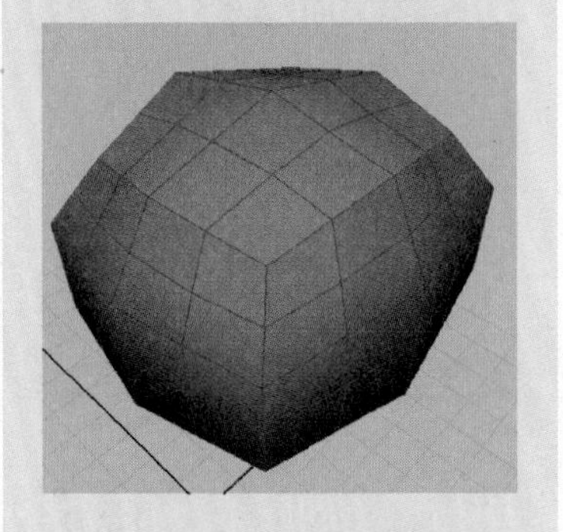

Division levels(分段层级)：对于边，此项设置在每个边上插入顶点的最大数目。对于面，此项的参数设置每个面递归分割的次数。

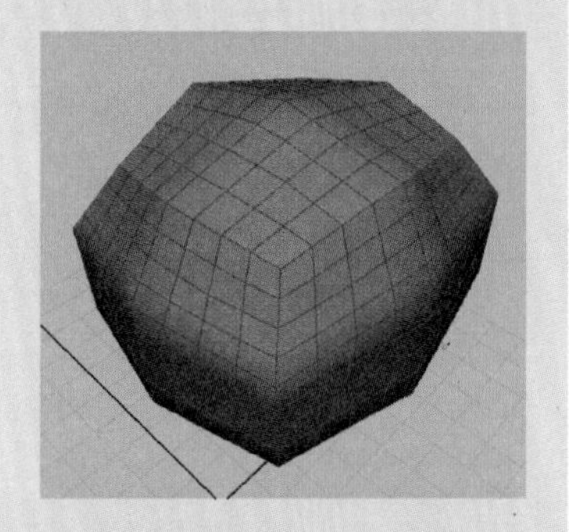

Quads(四方)：选择该项，会分割出四边形的面。

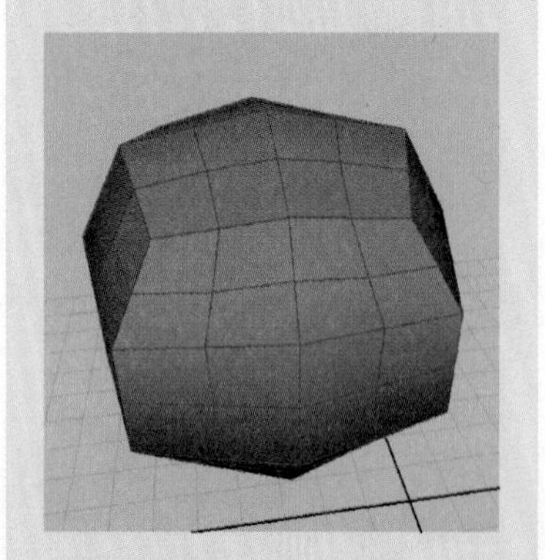

Triangles(三角)：选择该项，会分割出三角形的面。

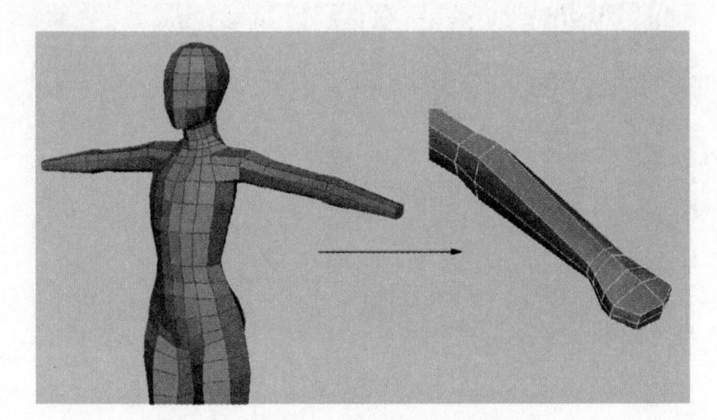

图3-114

下面调整模型的臀部结构。注意臀部结构大体上是一个椭圆形，如图 3-115 所示。前后部分要对应着调整。如图 3-116 所示。

图3-115

图3-116

最后模型大体结构造型如图 3-117 所示。

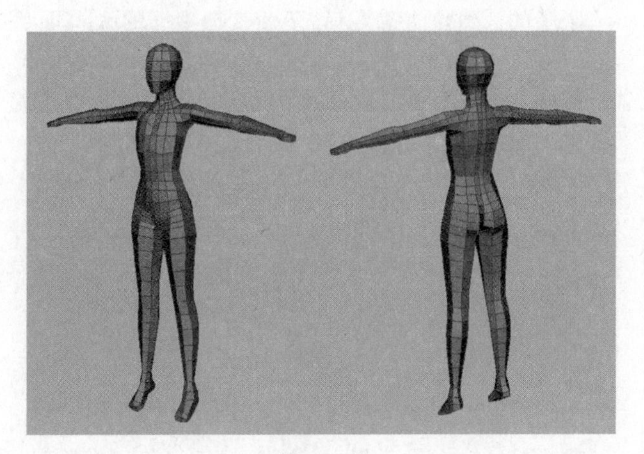

图3-117

03.

现在，从模型的头部开始塑造。与绘画一样，从眼睛开始确定面部各器官的位置。执行 Edit Mesh→Split Polygons Tool 命令，在头部中线眼部的位置画出一圈线作为眼睛，如图 3-118 所示。

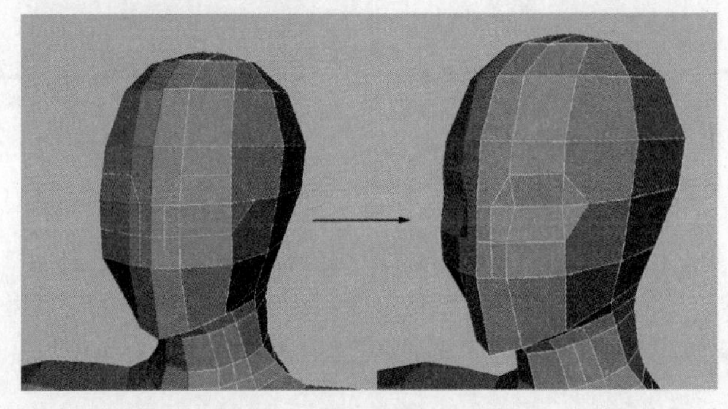

图3-118

执行 Edit Mesh→Split Polygons Tool 命令在眼部增加一圈线，并选择眼睛内部的线删除，如图 3-119 所示。

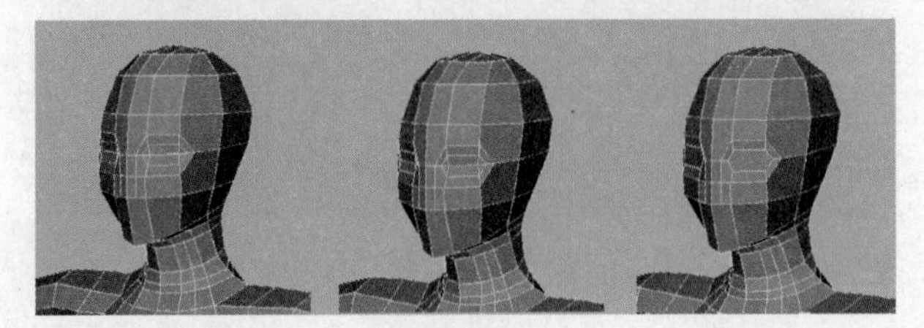

图3-119

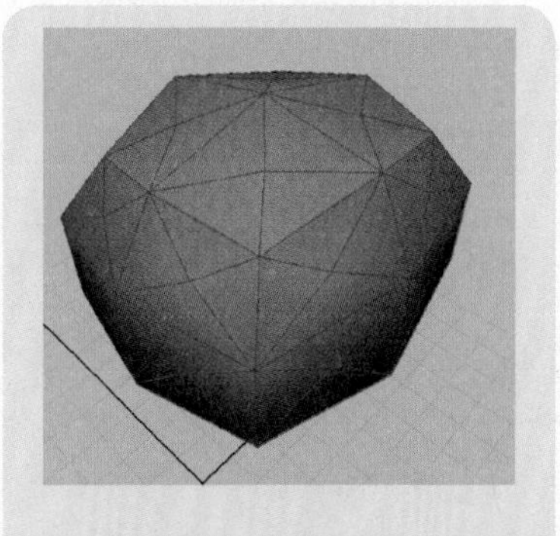

10. Slide Edge Tool（滑动边线工具）

Settings
Mode: Relative
Absolute
Snapping Settings
Use Snapping
Snapping Points: 1
Snapping Tolerance: 0.1000

11. Transform Component（转换构成）

Settings
Random 0.0000
Transform Vertex | Apply | Close

将多边形的某些部件进行形状的变换。

操作方式：选择多边形顶点，单击 Apply 按钮。

12. Flip Triangle Edge（翻转三角形）

翻转 2 个三角形的公共边。

操作方式：选择相邻 2 个三角形的公共边，单击 Apply 按钮。

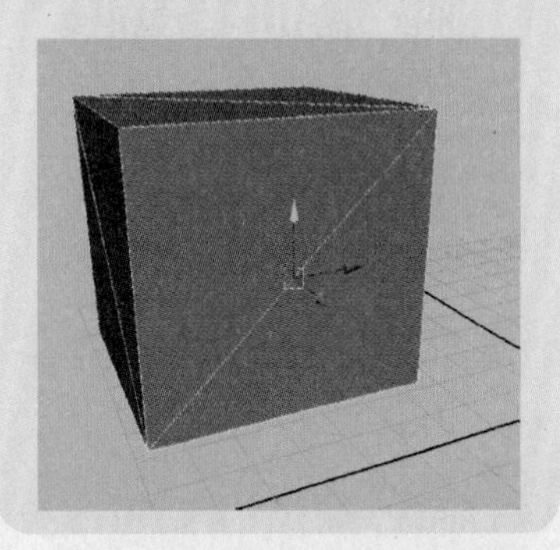

13. Poke Face(拔开面)

Settings
Vertex offset: -4.0000 0.0000 0.0000
Offset space: World (ignore scaling on objects) Local
Poke Face | Apply | Close

使用三角细分所选的面，并在面上形成一个细分中心，可以拖拉该中心得到凸起或凹陷的效果。

操作方式：选择多边形的部分面，单击 Apply 按钮。

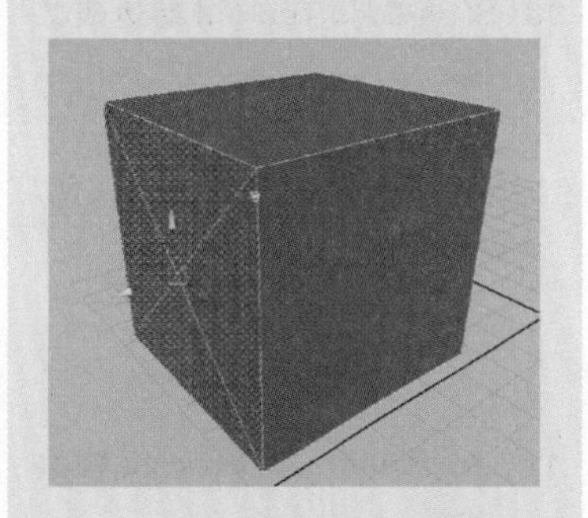

Vertex offset(偏移顶点)：偏移 Poke 得到的顶点。

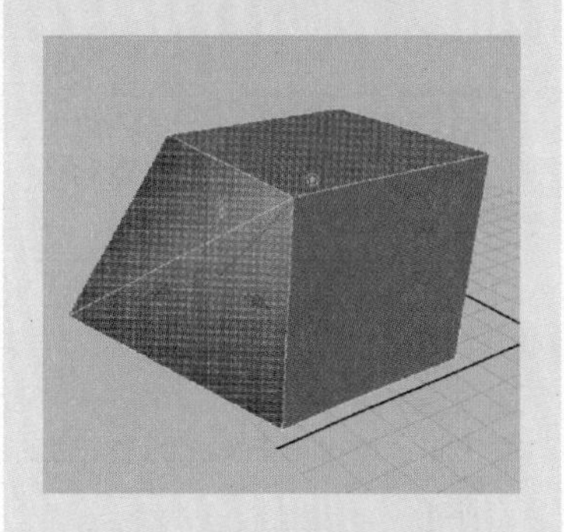

Offset space(偏移空间)：有 2 个选项。

World：以世界坐标空间偏移。

Local：以局部坐标空间偏移。

14. Wedge Face(楔入面)

基于面和一条边，挤出并旋转得到许多楔形面。

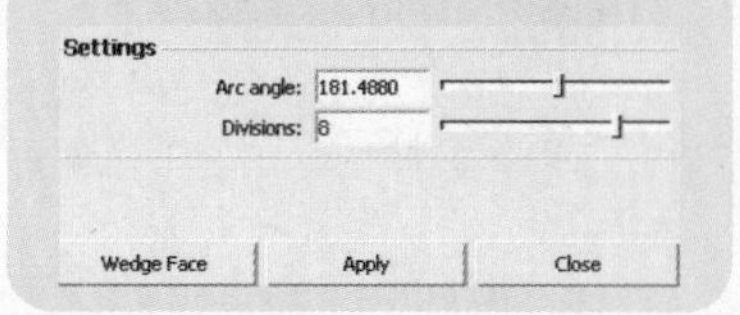

眼睛的大致位置确定后，下面就把嘴巴的大致形状确定下来。在嘴部位置添加一圈线以确定嘴部口缝的位置。同样执行 Edit Mesh→Split Polygons Tool 命令在嘴部增加一圈线，调节顶点位置，如图 3－120 所示。

图 3－120

制作鼻子的外形。选择鼻部位置的面，执行 Edit Mesh→Extrude 命令挤出鼻子外形，如图 3－121 所示。

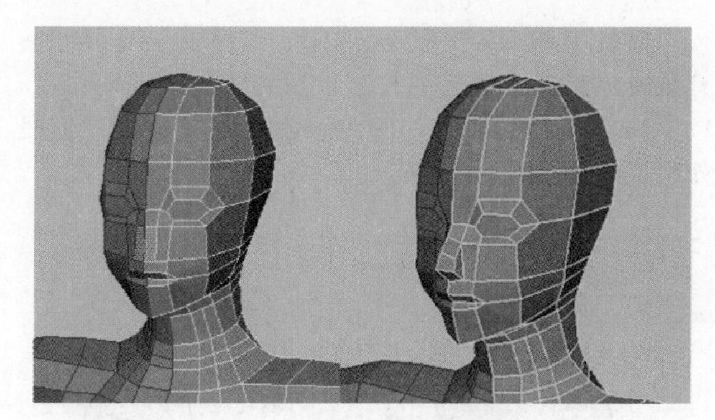

图 3－121

制作模型的耳朵部分。耳朵的位置在头部侧面中央偏后的地方，大约在眉和鼻底之间，如图 3－122 所示。

图 3－122

增加眼部的结构，如图 3－123 所示，围绕眼部再添加一圈线，并调整点的位置。

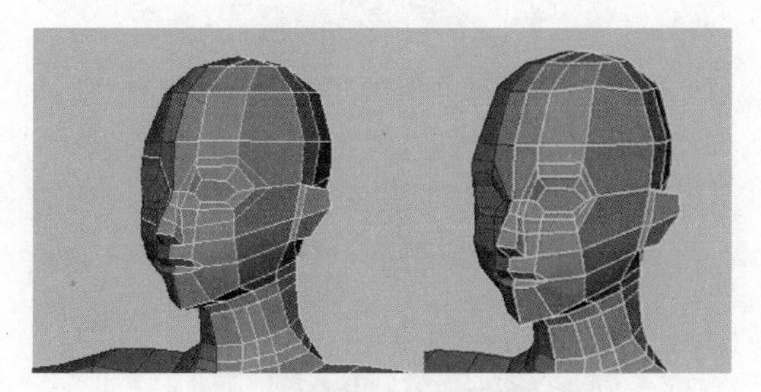

图 3-123

在嘴部也再增加一圈线，并调整点的位置，如图 3-124 所示。

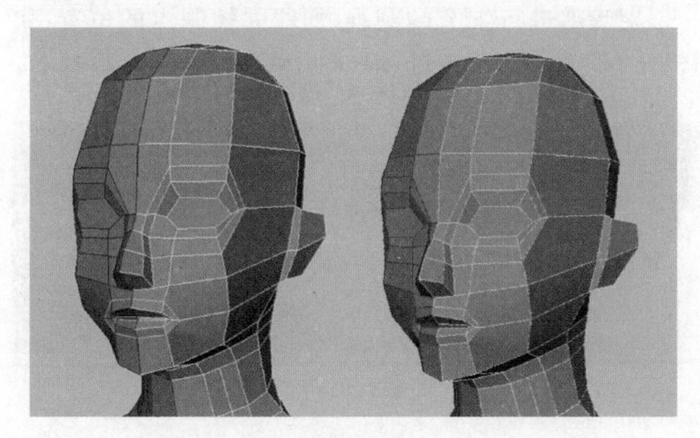

图 3-124

眼部和嘴部的分段不足，难以表现一定的细节，还要在它们周围添加几条纵向的线，如图 3-125 所示。

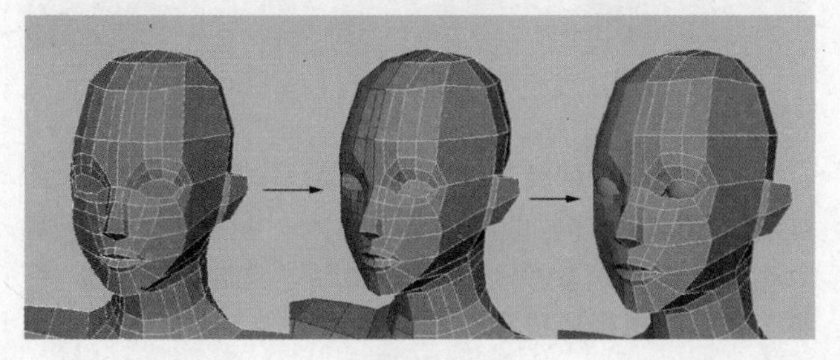

图 3-125

选择眼眶位置的一圈边，向内挤压，如图 3-126 所示。

操作方式：选择一个或多个面，然后按住〈Shift〉键选择面上的一条边，单击 Apply 按钮。

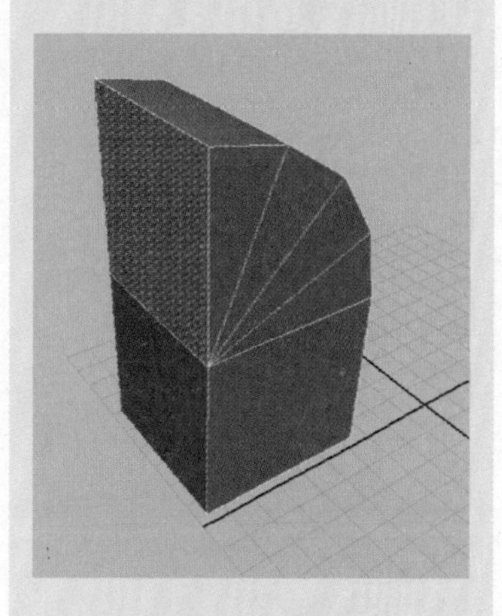

Arc angle（楔入角度）：设定楔入面时旋转的角度。

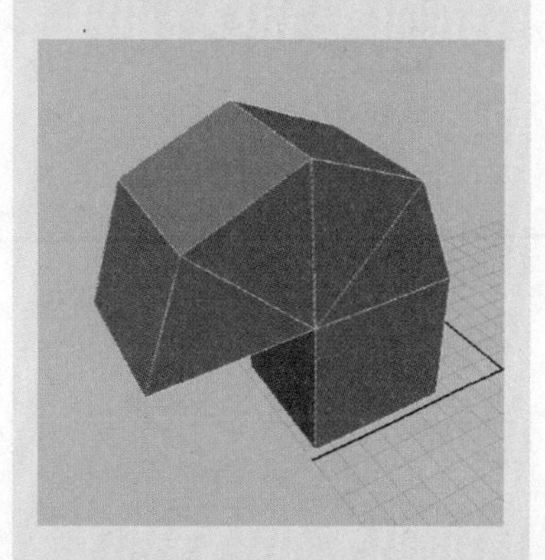

Divisions（细分）：设定楔入面时细分的数目。

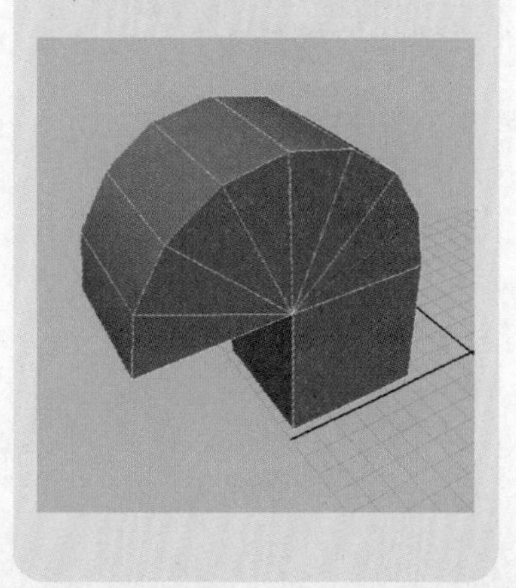

15. Duplicate Face(复制面片)

复制多边形上的部分面，并可以脱离原来的模型成为独立的面，而原来的模型保持不变。

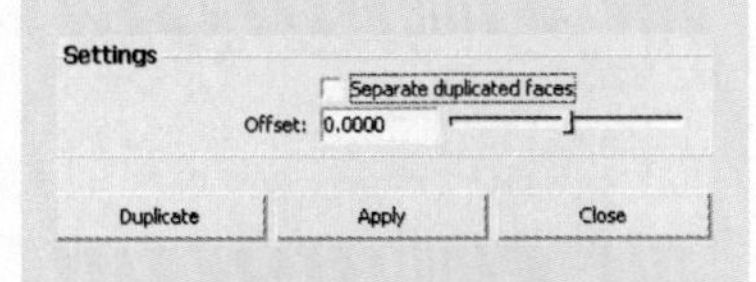

操作方式：选择有复制的面，单击 Apply 按钮。

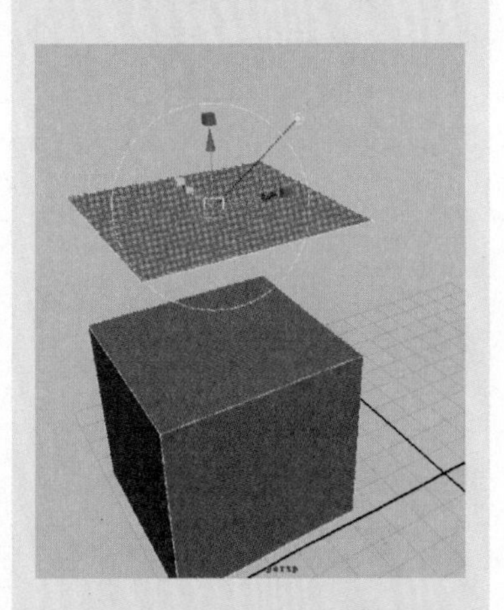

Separate duplicate face(隔离复制的面)：打开该项，复制后的面成为一个独立的多边形模型。

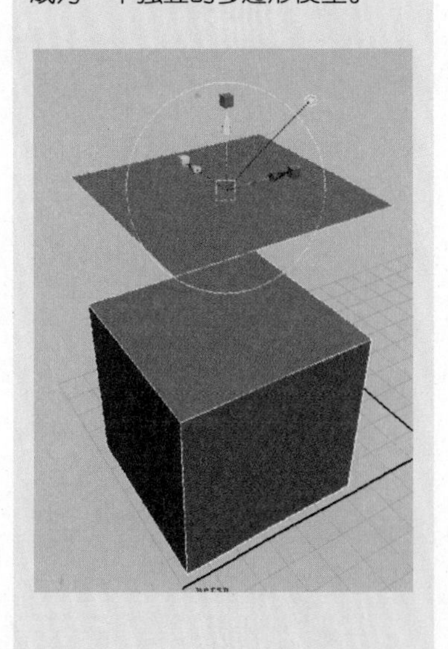

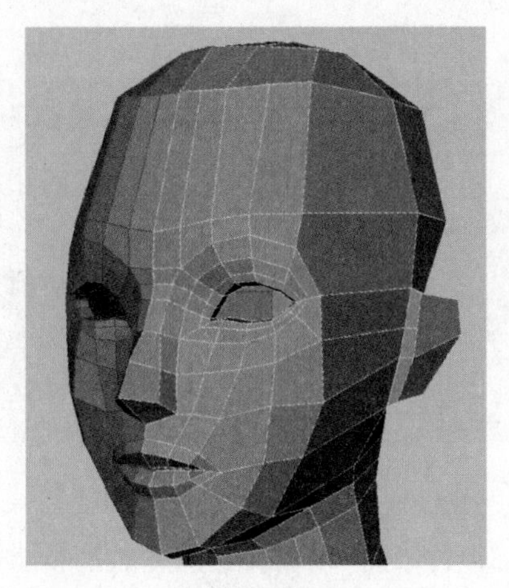

图 3-126

对嘴部进行细节的刻画，加线并控制点的位置，如图 3-127 所示。对点进行调整后效果如图 3-128 所示。

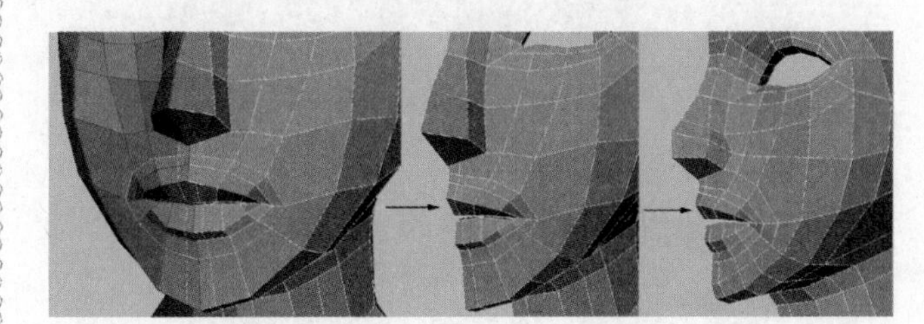

图 3-127

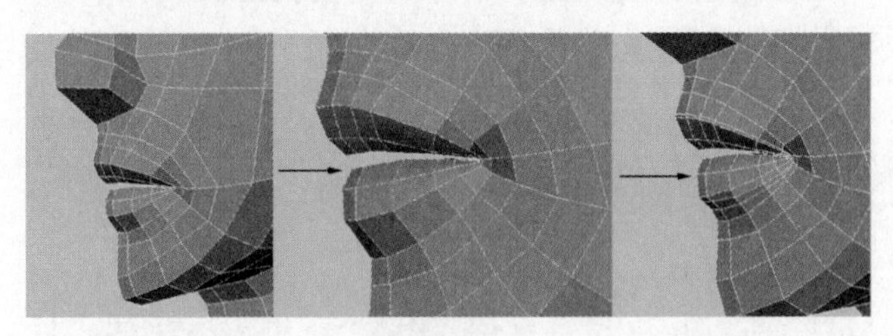

图 3-128

继续塑造眼部结构细节，如图 3-129 所示。为了更好地制作眼部结构，可以在眼部放入一个和眼球差不多大小的球体作为参考，这样在调整眼部控制点的时候，不至于把眼部结构做成平坦的。

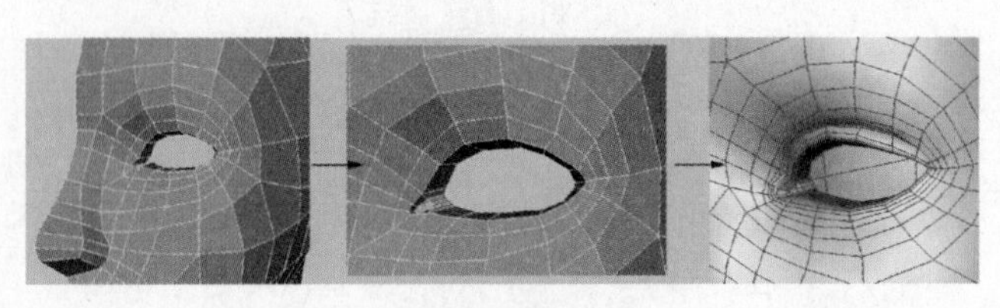

图 3-129

继续塑造鼻子结构细节，如图 3－130 所示。

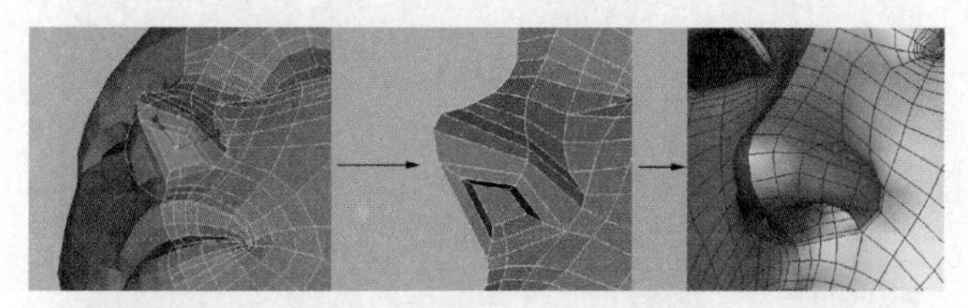

图 3－130

调整耳朵的造型。耳朵结构很复杂，同样使用加线、挤压命令，参考耳朵的解剖图片进行塑造，如图 3－131 所示。选中面，进行挤压，如图 3－132 所示。通过前面介绍的加线、调整点的方法，进行耳朵形状的塑造，如图 3－133 所示。

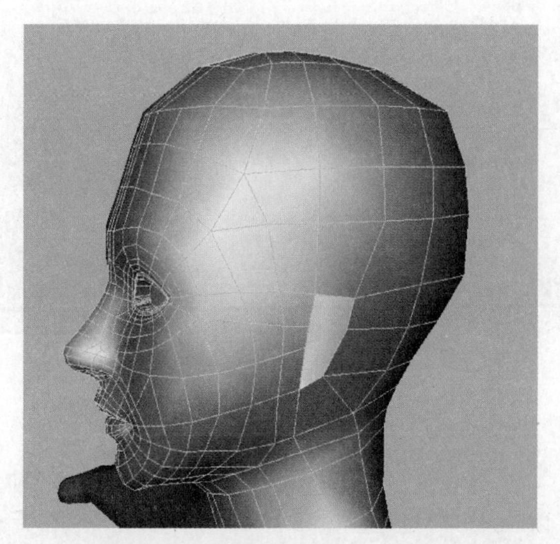

图 3－131

图 3－132

Duplicate Face/Offset(偏移)：使复制的面产生均匀缩放的效果。

16. Detach Component（删除构成）

使各个面的公共顶点分离开来。

操作方式：选择多边形模型顶点，单击 Apply 按钮。

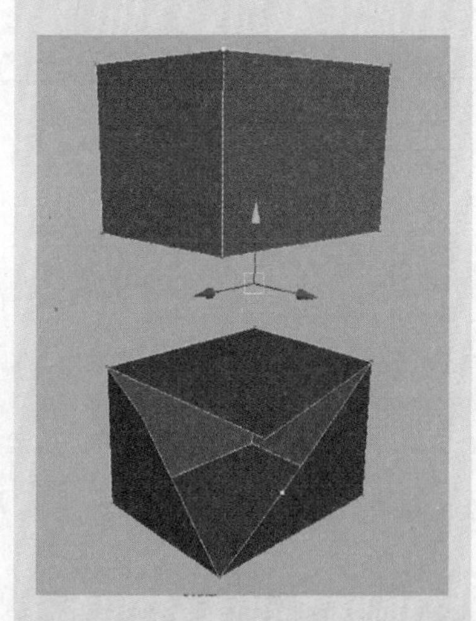

17. Merge(合并)

合并设定范围内的顶点。

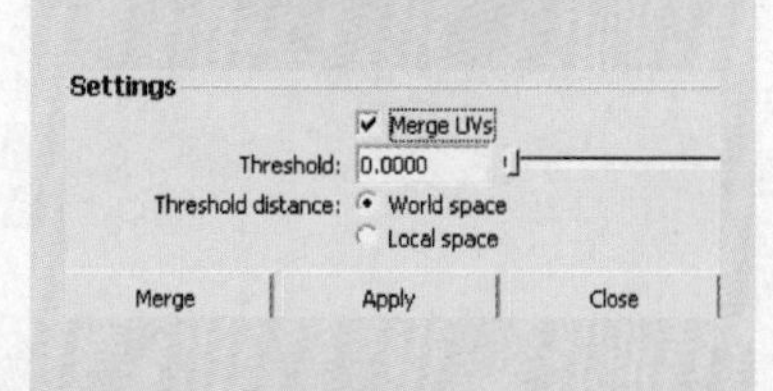

操作方式：选择要合并的顶点，设定合并距离，单击 Apply 按钮。

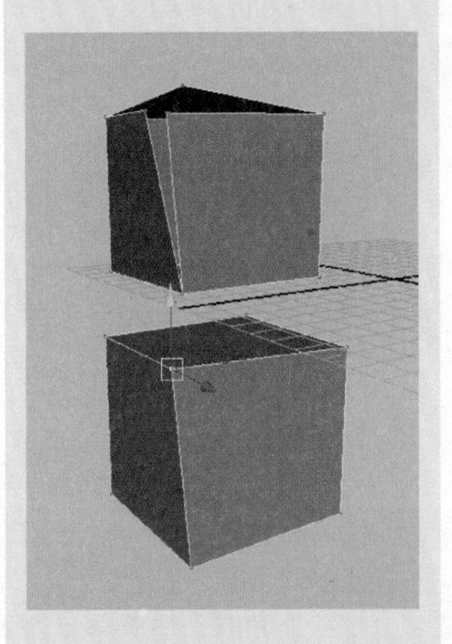

18. Merge To Center（合并到中心）

合并顶点到顶点之间中心的位置。

操作方式：选择要合并的顶点，单击 Apply 按钮。

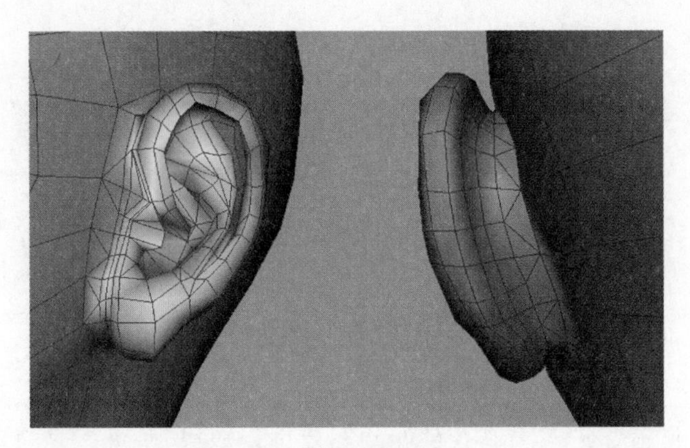

图3-133

整个头部模型的外形基本完成了。图 3-134 是头部的线框图。

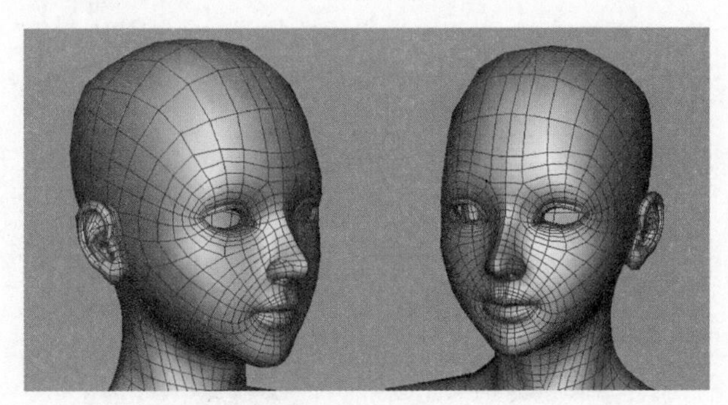

图3-134

04.

本例制作的是可以活动的角色，因而还要制作角色的口腔结构，通过建模做出上牙床、下牙床、牙齿、舌头，如图 3-135 所示。

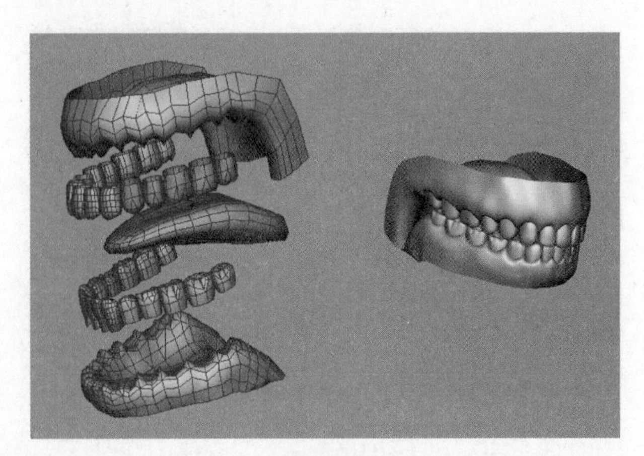

图3-135

眼睫毛的制作很简单。在眼睫毛的位置做出两个面片，通过绘制透明贴图来表现睫毛的效果，如图 3 - 136 所示。

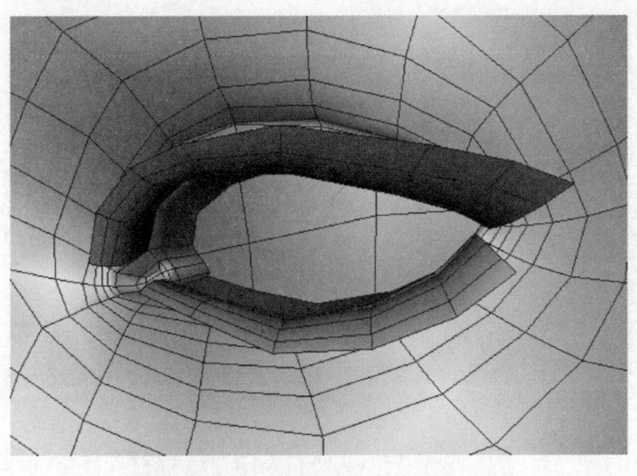

图 3 - 136

头部模型全部制作完成后，对头部进行镜像复制，并把两部分合并起来并进行缝合。首先选择左右头部 2 个模型，执行 Mesh→Combine 命令合并模型，为了更好地看清模型的边界是否缝合，使用 Display→Polygons→Custom Polygon Display（高亮显示边界）命令，选中 Highlight→Border edges 选项，如图 3 - 137 所示。

Custom Polygon Display Options

Edit Help

Objects affected: Selected / All

Vertices: Display / Normals / Backculling

Highlight: Crease vertices

Vertex Size: 3.0000

Edges: Standard / Soft/Hard / Only hard

Highlight: Border edges / Texture borders / Crease edges

Edge width: 3.0000

Face: Centers / Normals / Triangles / Non-planar

Show item numbers: Vertices / Edges / Face / UVs

Normals size: 0.4000

UV Size: 4.0000

Texture coordinates: UV / UV topology

Color: Color in shaded display

Color material channel: Diffuse

Material blend setting: Overwrite

Backface culling: Keep wire

Smooth Mesh Preview:

Display: Cage + Smooth Mesh

Edit: Cage / Smooth Mesh

Apply and Close | Apply | Close

图 3 - 137

19. Collapse（塌陷）

将所选的边或面塌陷为一个顶点。

操作方式：选择要塌陷的边或面，单击 Apply 按钮。

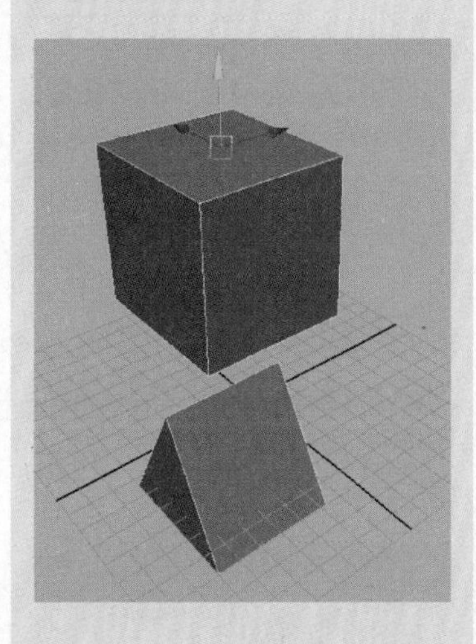

20. Merge Vertex Tool（合并点工具）

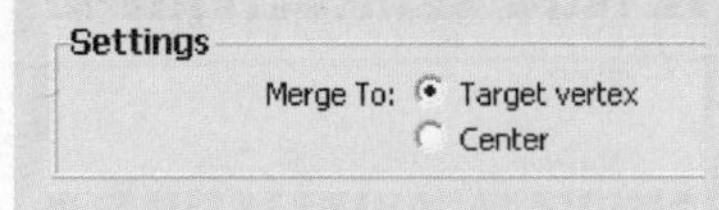

每次合并 2 个点。

操作方式：拖动一个点合并到另外一个点上。

21. Merge Edge Tool(合并边工具)

每次合并两条边界边。

Settings
New edge: Created between first and second edge
First edge selected becomes new edge
Second edge selected becomes new edge

操作方式:单击 Apply 按钮,然后选择两条边界边(不用按〈Shift〉键,直接选即可),按〈Enter〉键合并两条边。

22. Delete Edge/Vertex(删除边/顶点)

删除多边形的边或面。

操作方式:选择要清除的面或顶点,单击 Apply 按钮。

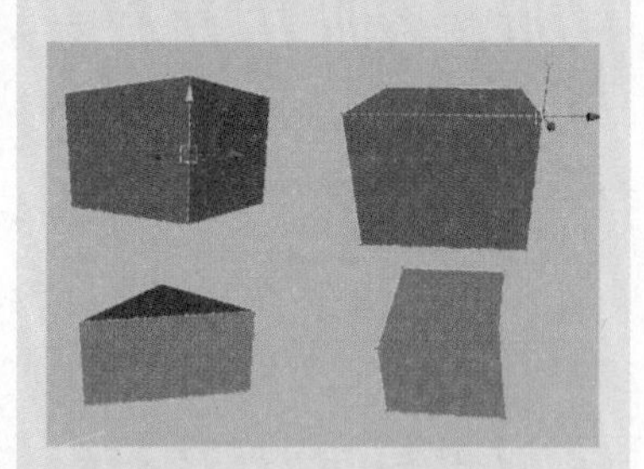

23. Chamfer Vertex(斜切顶点)

把多边形一个顶点斜切产生一个三角面。

Settings
Width: 0.5000
Remove the face after chamfer

Chamfer Vertex | Apply | Close

执行该命令后,如果模型没有缝合,则会在边界开口位置上显现高亮加粗的边界,如图 3-138 所示。最后选择高亮加粗的点,执行 Edit Mesh→Merge 命令进行点的最后缝合。

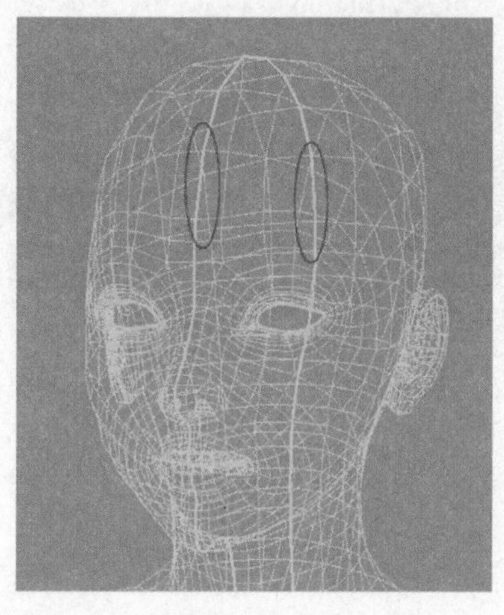

图 3-138

模型缝合完成后,开始制作角色的头发。为了在后面的动画处理、运算速度上比较快,采用 NURBS 面片建模,然后赋予透明贴图的方法来制作头发。这种方法快,但是很难制作出逼真的头发效果,如图 3-139 所示。

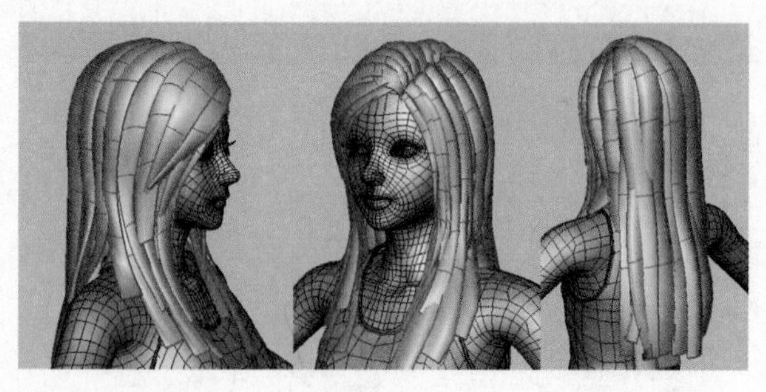

图 3-139

05.

选择需要制作衣服的面,执行 Edit Mesh→Duplicate Face 命令复制所选的面,并略微放大,这样就可以在新复制的面上制作衣服,如图 3-140 所示。

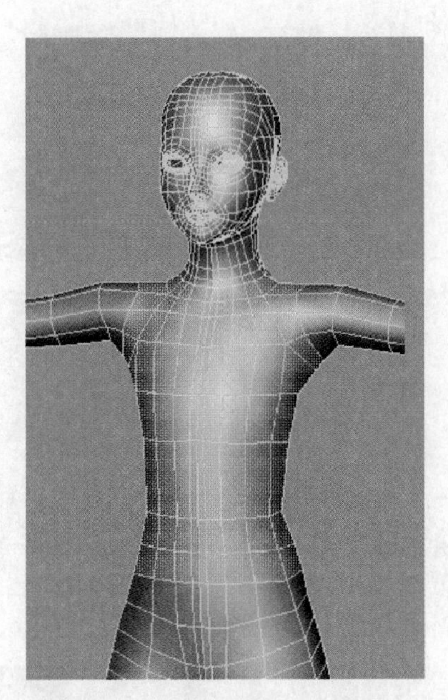

图 3 - 140

继续添加衣服的细节，使用加线、挤压命令，同时要注意制作出衣服的褶皱。褶皱一般出现运动比较激烈的地方，如腰部、大腿、手臂的转折处，如图 3 - 141 所示。

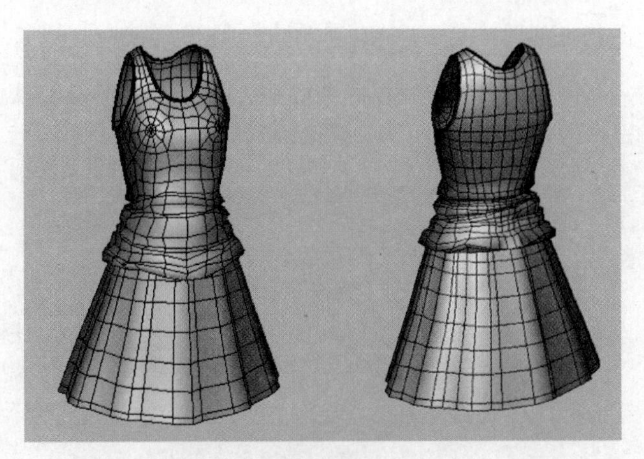

图 3 - 141

下面继续完善女孩模型的下肢结构，尽可能地接近人体解剖结构，如图 3 - 142 所示。

操作方式；选择一个或多个顶点，单击 Apply 按钮。

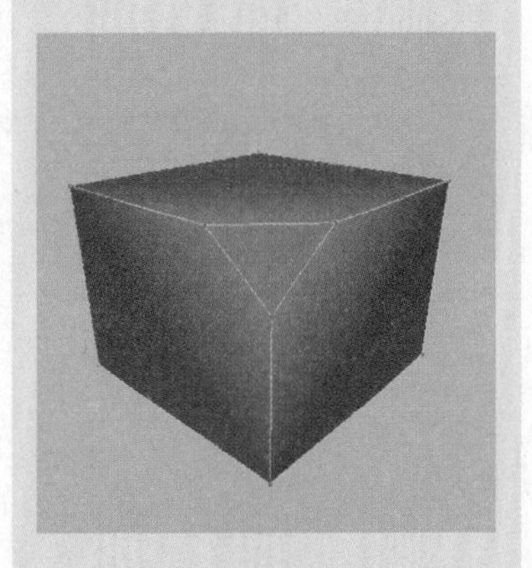

24. Bevel(倒角)

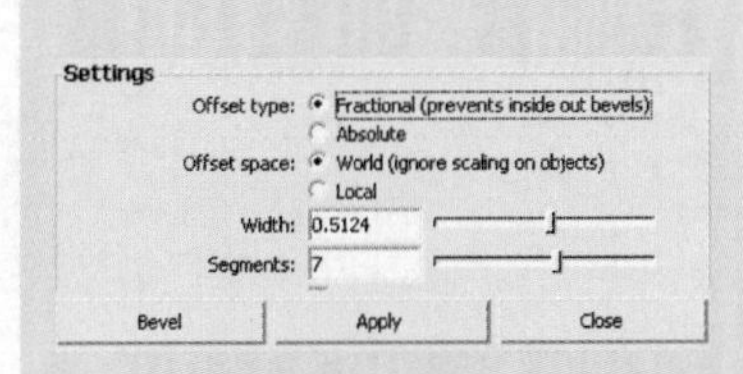

平滑尖锐的边或角。

操作方式：选择多边形或者多边形的几条边，单击 Apply 按钮。

Width(宽度)：设定偏移的距离大小。

Segments(段数):设定细分倒角的段数。参数越大，得到的倒角越精确，当然倒角所在面上的边也越多。

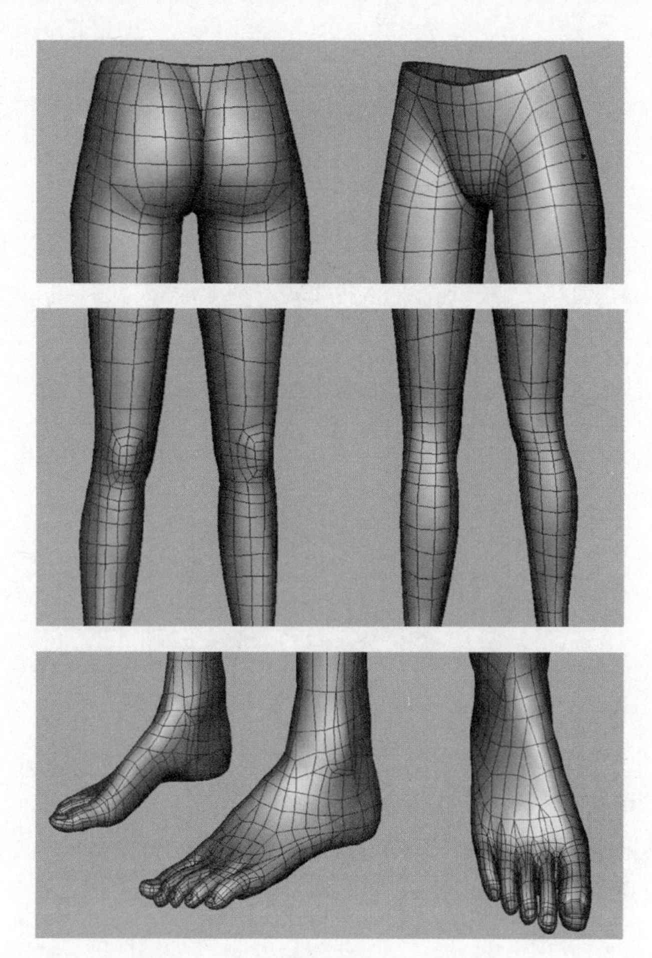

图3-142

再继续完善小女孩模型的手臂结构。图3-143是手臂的前面效果，图3-144是手臂的后面效果。

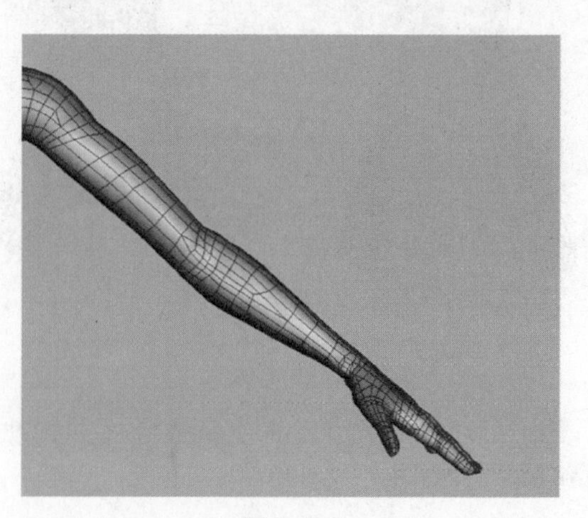

图3-143

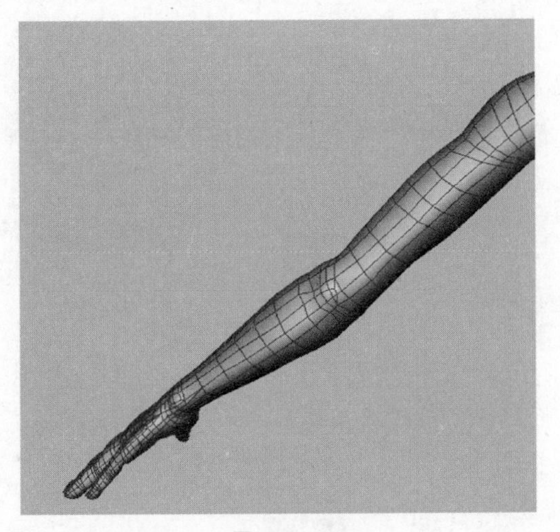

图3-144

注意肘关节前后的布线效果，如图3-145所示。制作关节部位时可以适当增加面数，通常关节部位要放置几圈线，一是可以表现关节的转折，二是方便绑定骨骼和权重，在制作动画时贴图不会因为模型的弯曲而产生过大的拉伸情况。

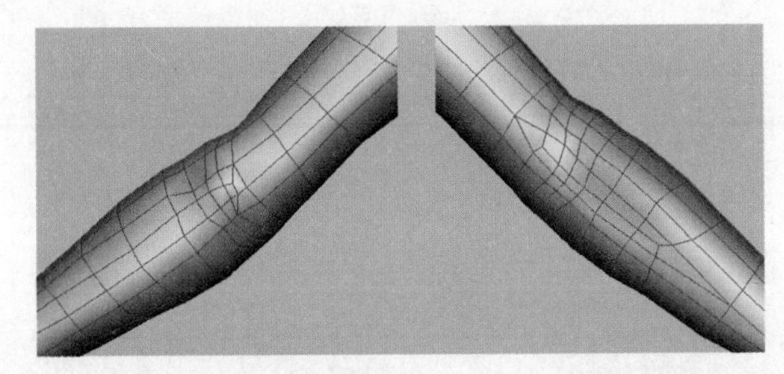

图3-145

手的布线效果如图3-146所示。注意每根手指的长度和比例、关节的数量、转折的程度。指尖可以制作得稍微细长一些，看起来像有指甲的效果。

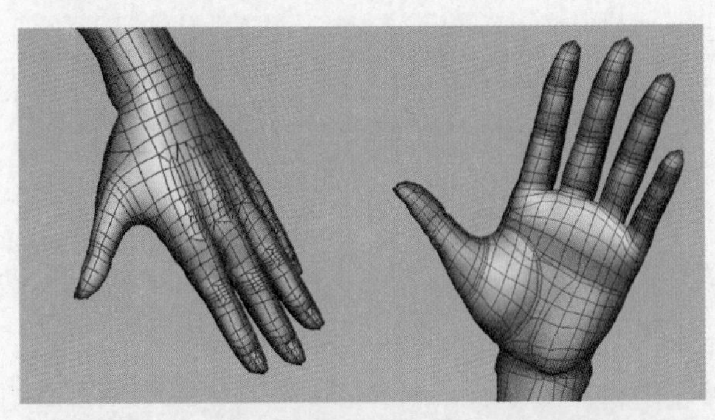

图3-146

06.

最后，女孩模型制作完成的效果如图 3－147 所示。

图 3－147

本章小结

多边形从技术角度来讲比较容易掌握，在创建复杂表面时，细节部分可以任意加线，在结构穿插关系复杂的模型中就能体现其强大的优势。

本章通过2个从浅入深的实例，讲解了Maya多边形建模的基本方法和操作步骤，使大家对复杂的场景和角色建模有大致的了解和认识，并在以后的项目制作过程中不断积累经验。

课后练习

1. 制作本章中的场景和角色，掌握人体解剖学的知识。
2. 参考图3-148，使用多边形建模手段制作一个室外场景，注意整体的比例和结构关系。
3. 参考图3-149，使用Maya多边形建模方式制作一个男性武士角色，注意男性角色的肌肉结构。

图3-148

图3-149

Maya 细分建模艺术

本课学习时间：12 课时

学习目标：熟悉 Maya 细分建模制作流程，掌握 Maya 细分建模基础知识和细分模型制作技巧

教学重点：Maya 细分建模的几种方法

教学难点：细分角色建模

讲授内容：吹风机的制作，卡通玩具的制作

课程范例文件：chapter4\final\细分建模.pro

本章课程总览

本章将介绍 Maya 的一种基础建模方法——细分建模。本章采用的细分建模实例非常典型和实用，包括基础的细分建模、完整角色的模型制作，除了 Maya 细分建模制作的步骤，还介绍其中参数和设置值，并对其中一些重要的参数做出相应的解释。

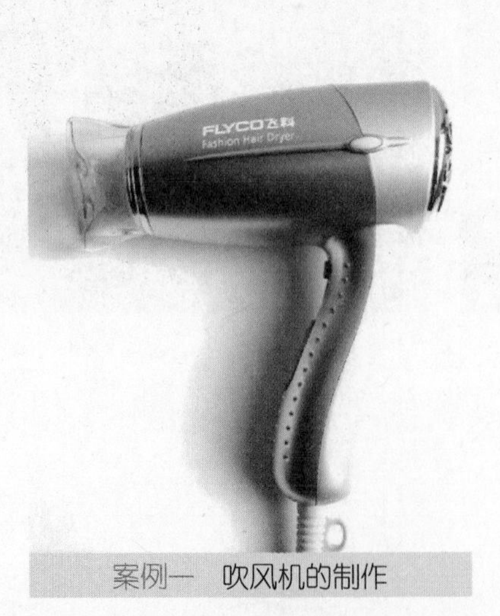

案例一　吹风机的制作

案例二　卡通玩具的制作

4.1 吹风机的制作

知识点：Maya 细分建模基础，细分和多边形转换命令，尖角命令

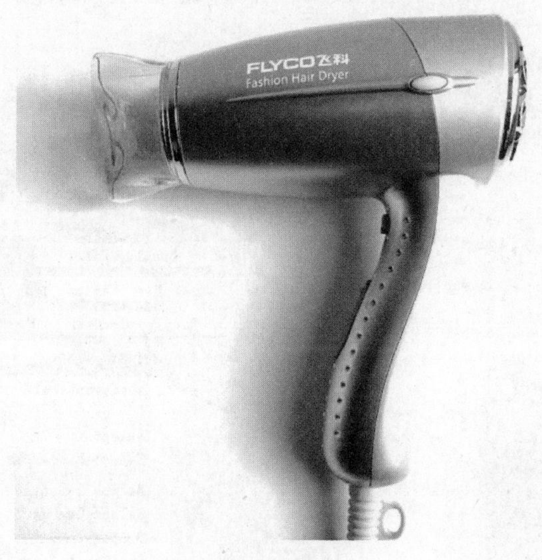

图4-1

本节通过一个制作吹风机的实例，让读者了解细分建模的基础知识，以及细分建模中的细分和多边形转换命令、尖角命令。

01.

打开 Maya 软件，执行 Create → Subdiv Primitives → Sphere 命令，创建一个球状的细分基本体，如图 4-2 所示。

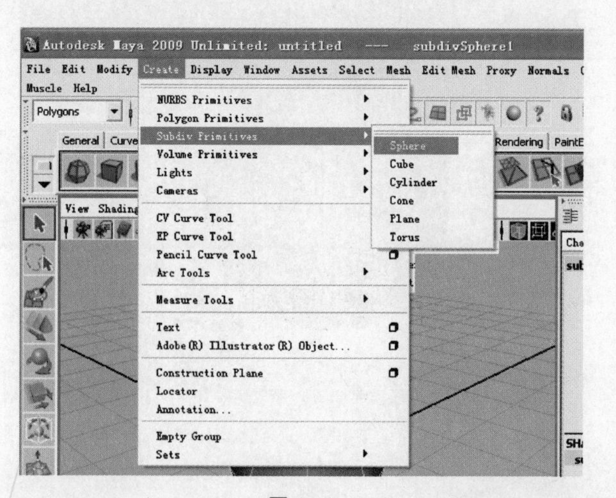

图4-2

知识点提示

由于多边形模型和 NURBS 模型具有各自的优势和局限性，于是在结合 2 种模型的优势特征的基础上，Subdivision(细分)模型就应运而生。

Subdivision 模型简称为 subd 或者 subdiv，这种模型的创建过程类似于多边形建模。在 Maya 中创建 Subdivision(细分模型)时，用于编辑 polygons(多边形)模型的大多数工具也可以用于编辑 Subdivision 模型。从表现效果方面来看，Subdivision 物体能够在简单的模型结构基础上输出非常光滑的模型表面，这一优势与 NURBS 物体相同。由于细分模型具有以上优势，因此影视动画中的生物角色模型越来越倾向于使用“细分”建模方法。

细分物体的创建

在 Maya 中创建细分物体有两种方法：一是通过 Create(创建)菜单中的命令直接创建细分物体的原始几何体；二是通过多边形和 NURBS 两种建模方法创建出模型的大体形态，然后将模型转化成细分物体并进行编辑。

02.

细分有 2 种状态，单击鼠标右键选择 Polygon 状态。如图 4－3 所示。按键盘的〈3〉键，使其呈圆滑状态，如图 4－4 所示。然后选择 Polygon 的 Face(面)，如图 4－5 所示。

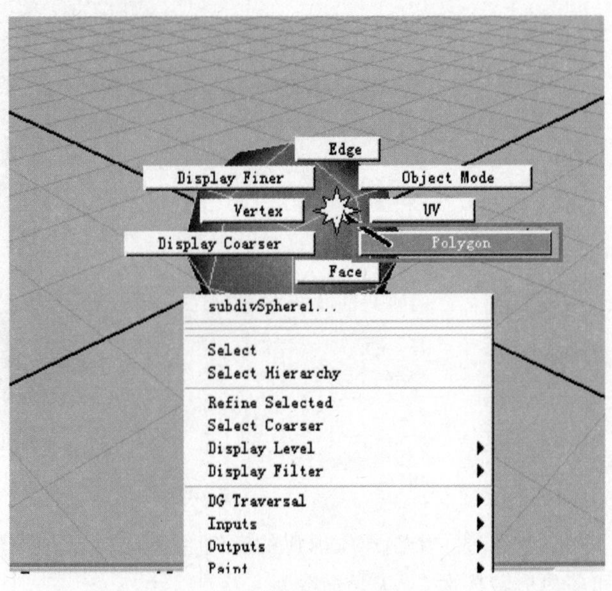

图 4－3

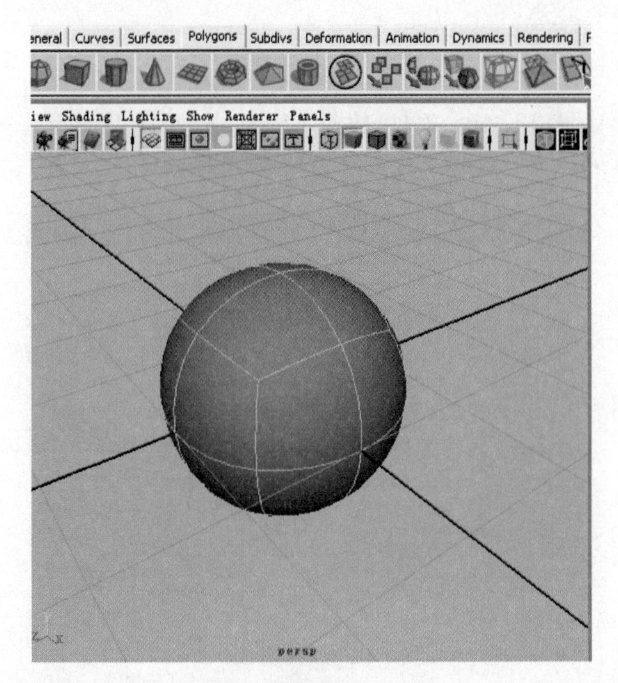

图 4－4

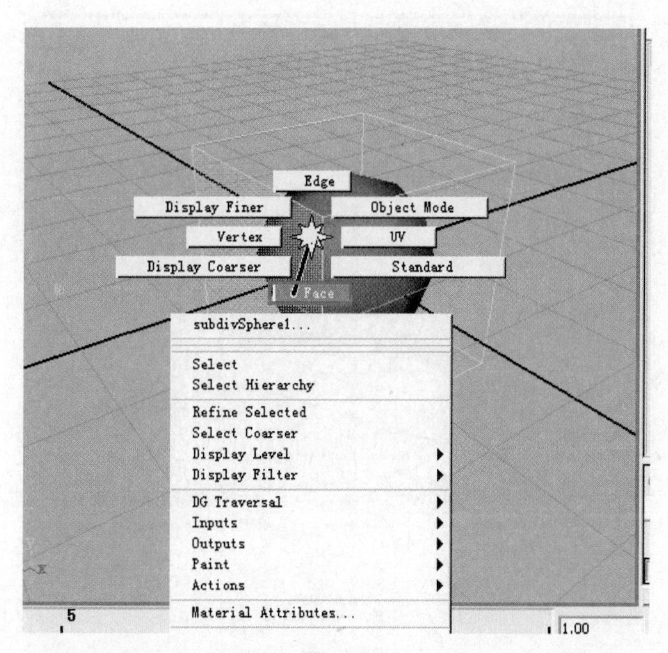

图4-5

使用挤压命令，挤出如图 4-6 所示的形状。再使用挤压工具挤出基本形状，如图 4-7 所示。

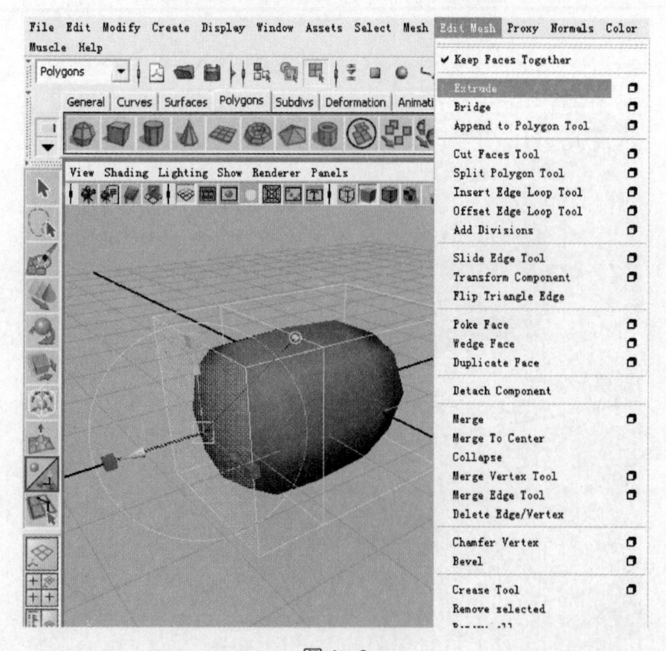

图4-6

创建细分物体的原始几何体非常简单，执行 Create→Subdiv Primitives 子菜单中的命令可以快速地创建细分物体的 6 个原始几何体。刚创建细分原始物体时，物体的显示效果较粗糙，可以通过按键盘上的〈1〉、〈2〉和〈3〉键在细分物体的不同显示级别间切换。选择创建的细分物体，按键盘上的〈3〉键，物体以最平滑的方式显示。

1. Sphere 球体

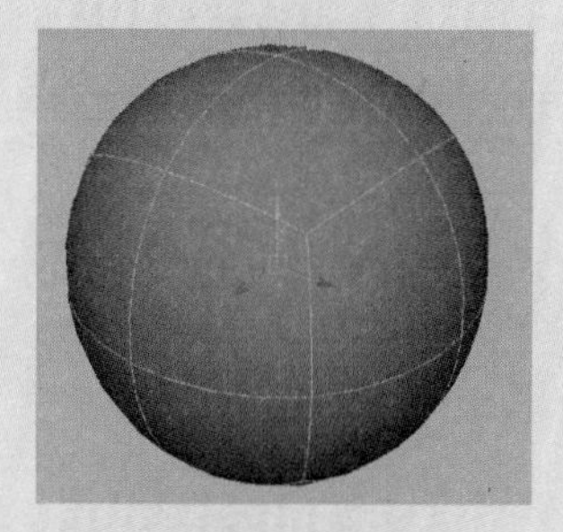

2. Cube 立方体

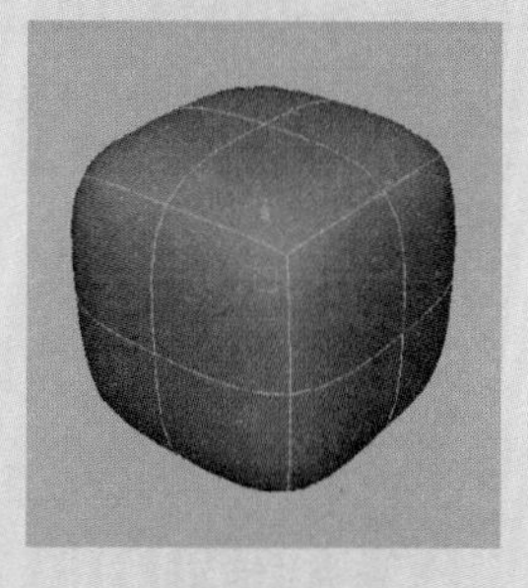

3. Cylinder 圆柱体

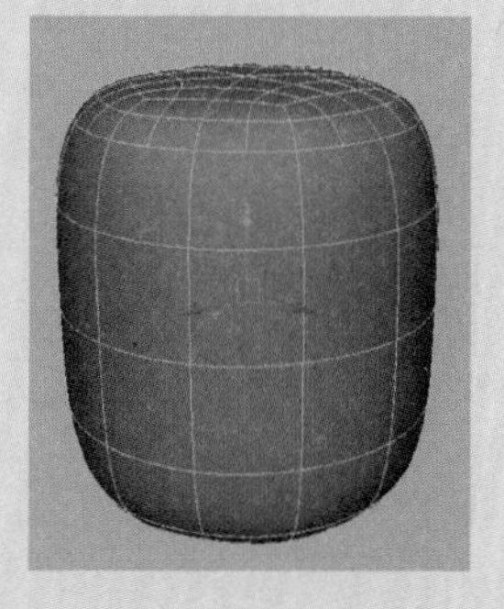

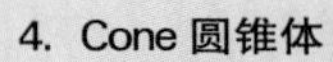
4. Cone 圆锥体

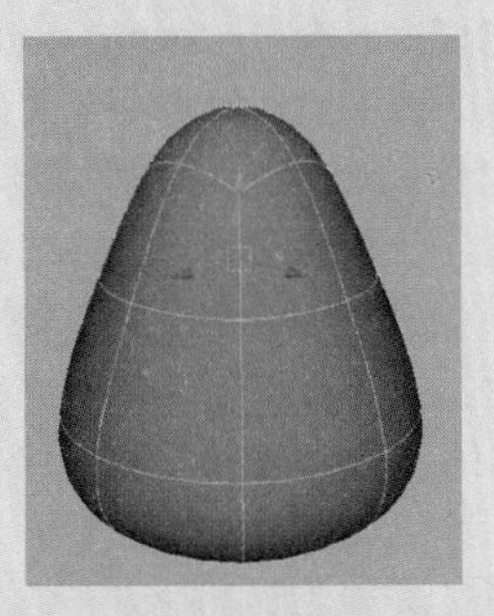

5. Plane 平面

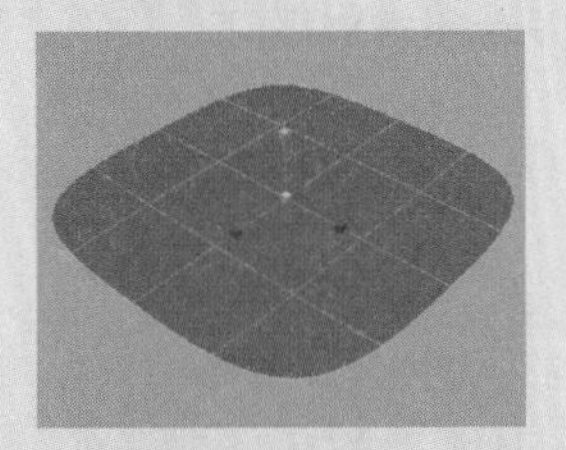

6. Tours 圆环

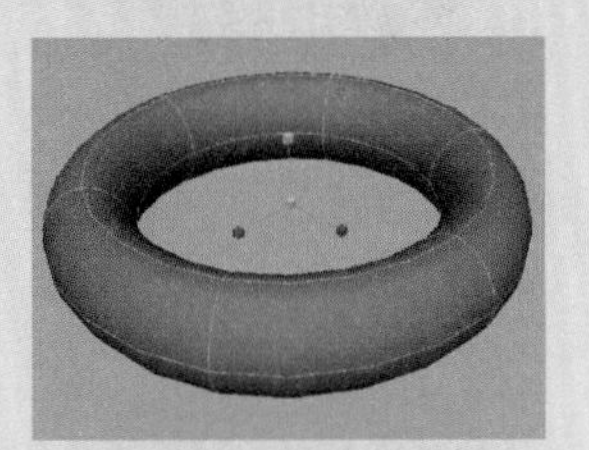

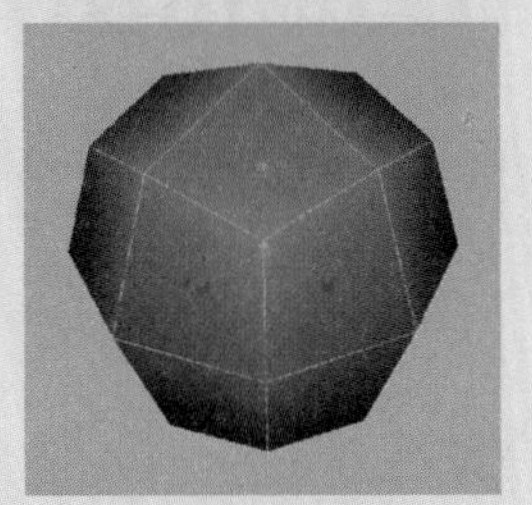

按〈1〉键球体显示效果

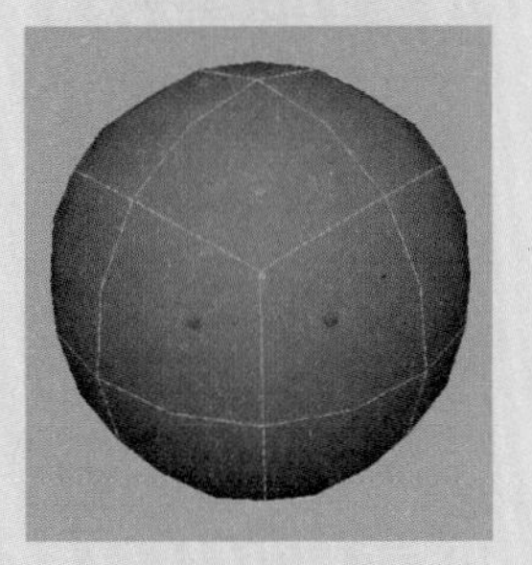

按〈2〉键球体显示效果

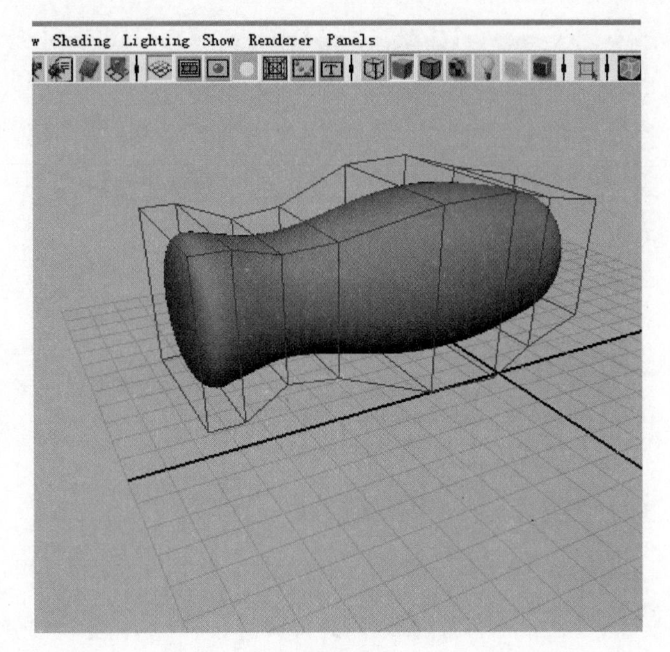

图4-7

03. 挤出把柄

使用挤压工具挤出手柄的基本形状，如图 4-8 所示。

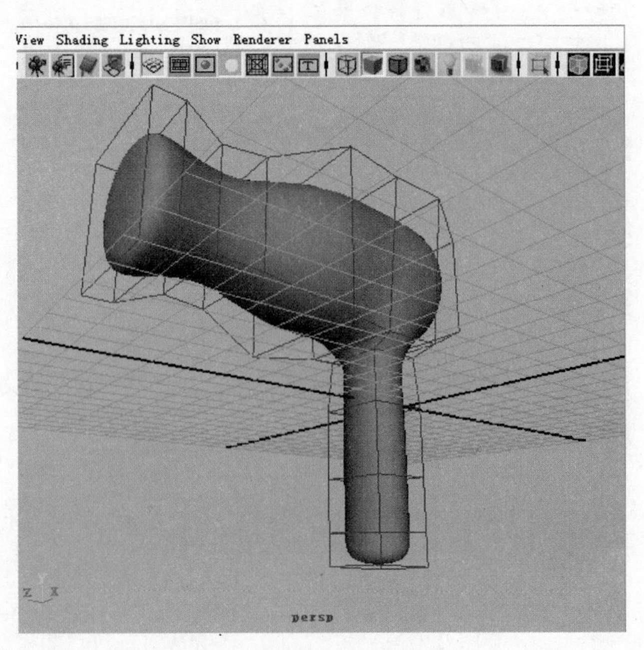

图4-8

04.

通过挤压工具和移动缩放调整制作出吹风机头部，由于需要制作出凹进去的效果，在挤压的过程中在吹风口的边缘需要多做几次挤压操作，如图 4－9 所示。

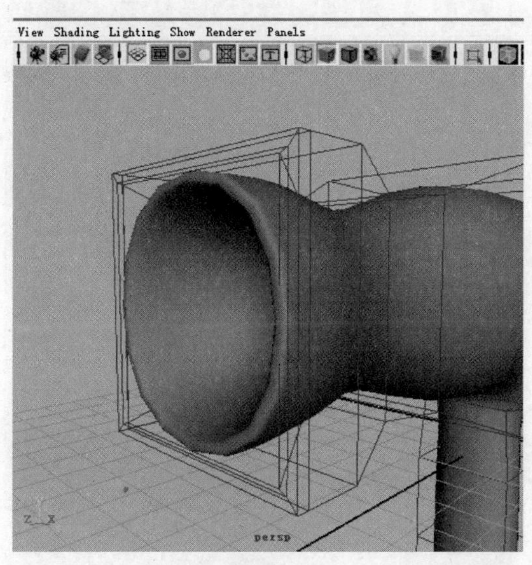

图 4－9

05.

通过挤压工具和移动缩放调整制作出吹风机尾部，如图 4－10 所示。

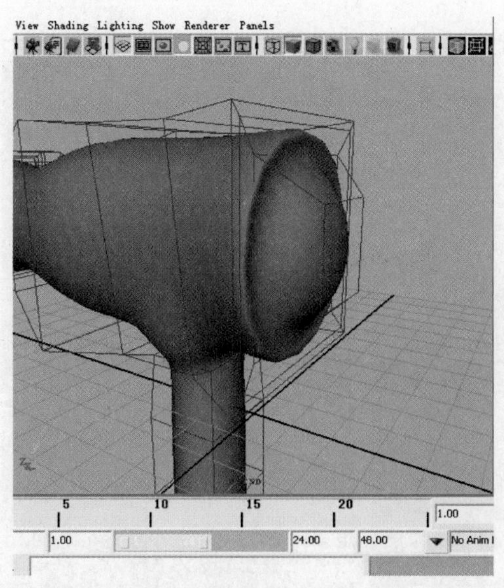

图 4－10

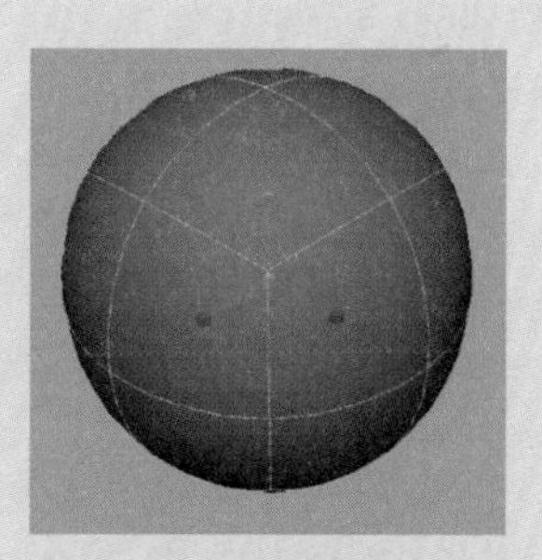

按〈3〉键球体显示效果

模型转换为细分物体

如果用多边形或者 NURBS 建模方法创建了基本物体模型，并要将物体转化成细分物体，可以执行 Modify → Convert → Polygons to Subdiv 或者 NURBS to Subdiv 命令来转化。

Modify修改 Create创建 Display显示 Window窗口 Assets

Transformation Tools 变换工具

Reset Transformations 重设变换

Freeze Transformations 冻结变换

Convert 转换

NURBS to Polygons转换 NURBS 为多边形

NURBS to Subdiv转换 NURBS 为细分 Alt+

Polygons to Subdiv转换多边形为细分 Alt+

Smooth Mesh Preview to Polygons

Polygon Edges to Curve

在转化模型时，可以在转化命令选项面板中进一步设置控制参数。

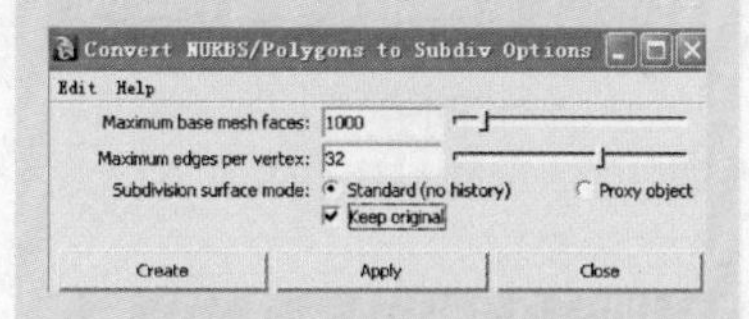

Maximum base mesh faces（转化物体的最大面数）：如果被转化的物体的面数大于该选项的参数值，则不能转化成细分物体。

Maximum edges per vertex（通过每个点的最大边数）：如果物体上通过某点的边数超过该选项的参数值，则不能转化为细分物体。

Keep original：设定转化时，是否保留原始物体。

Standard（no history）/Proxy object：当选中保留原始物体时才可以选择这两项。

Standard：即标准状态，就是直接保留原始物体。

Proxy object：为代理物体模式，即原始物体将变成代理物体，对原始物体上的点进行操作会影响生成的细分物体。

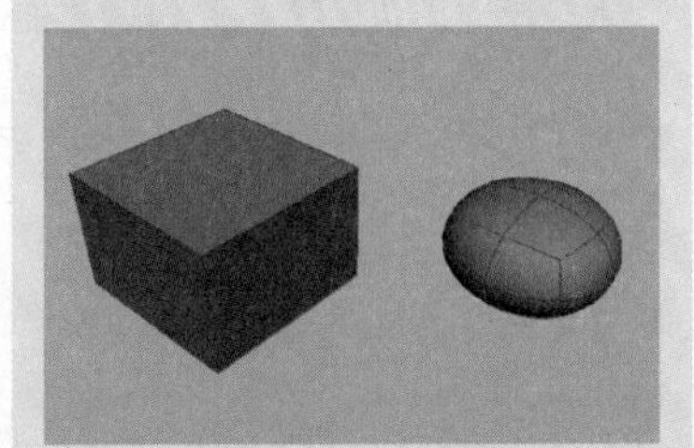

将多边形转成细分多边形
（Polygons to Subdiv）

将 NURBS 转成细分多边形
（NURBS to Subdiv）

由于 NURBS 立方体是由 6 个 NURBS 矩形面构成的，所以转化到细分多边形时模型将变成 6 个细分的平面。

注意：由于多边形物体的拓扑结构很灵活，所以如果多边形物体具有"非常规"的拓扑结构时，可能无法将多边形物体转化为细分物体。也就是说，一些非常复杂的、接近完成的高精度多边形模型往往无法被顺利转化。

06.

以上制作基本上和多变形制作差不多。基本形状制作完成后，对形状进行整体的调整，如图 4－11 所示。

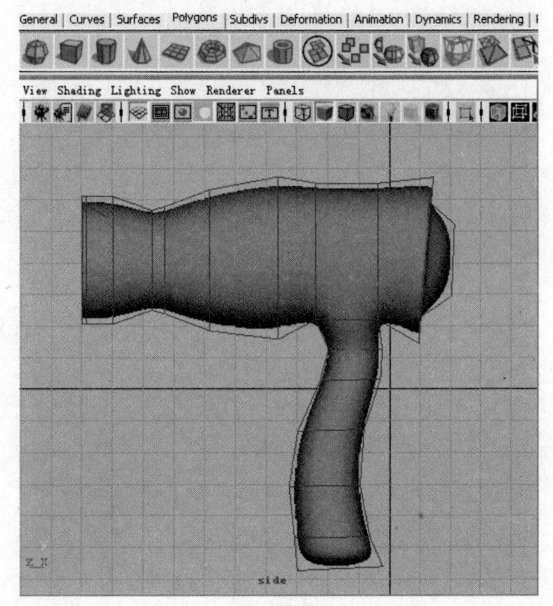

图 4－11

07.

选中物体，单击鼠标右键，选择 Standard 按钮，进入到细分模式，如图 4－12 所示。

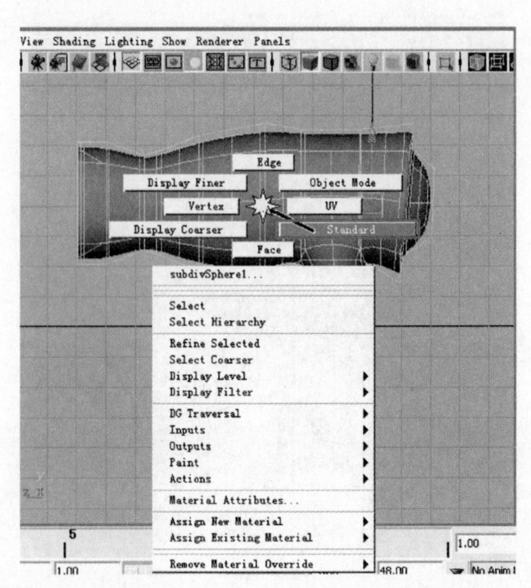

图 4－12

08. 在细分的状态下调整

单击鼠标右键，选择顶点模式，选中最前面的一排点，如图 4－13 所示。

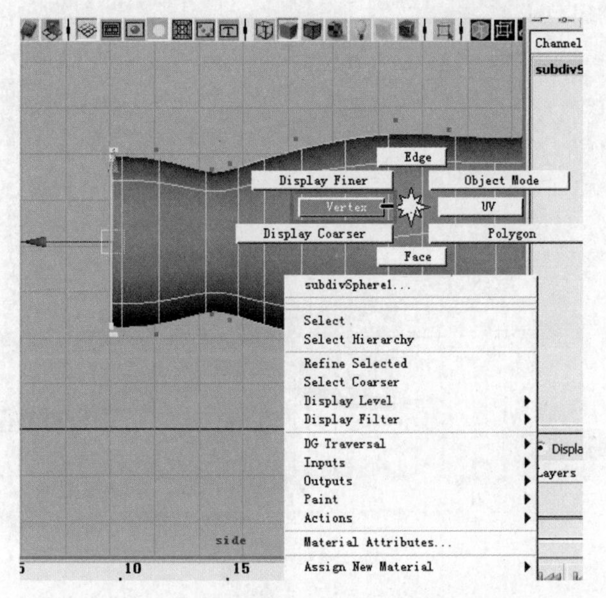

图 4－13

在选中的点上单击鼠标右键，选择 Refine Selected 命令细分选择的点，如图 4－14 所示。

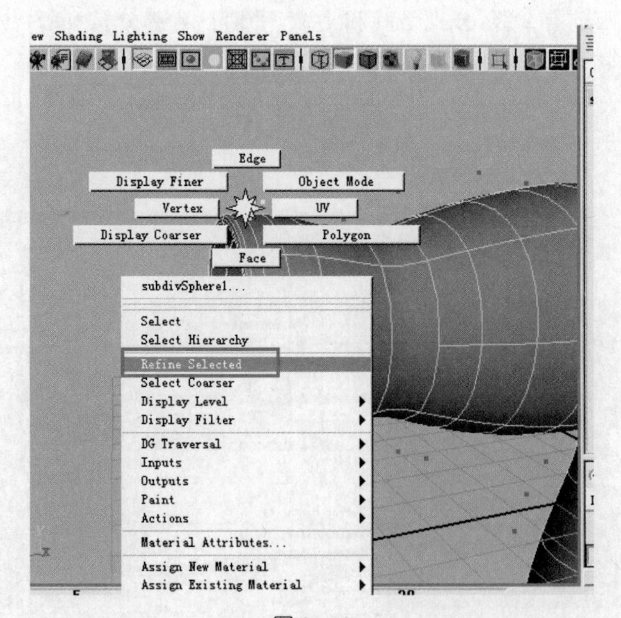

图 4－14

细分物体的编辑方法

由于细分建模的方法同多边形建模的方法非常相似，所以对细分模型的塑造同样是通过移动、旋转或缩放物体表面的点、线或面元素来进行。在细分物体上单击鼠标右键，会弹出细分表面元素的浮动按钮，从中可以选择需要编辑的元素项进行编辑。

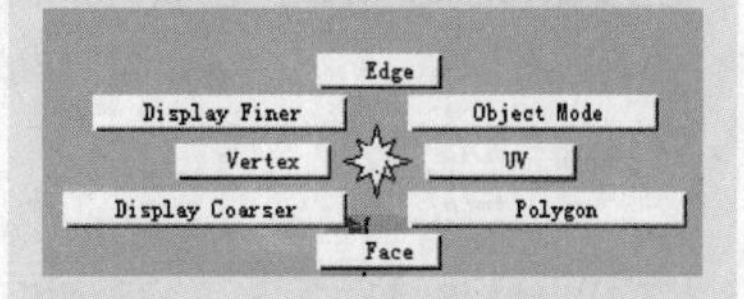

细分物体表面的元素根据表面的元素根据描述细节的程度，可以分为若干个细分等级。等级越高的元素，能够更细致地影响物体的形体。在细分物体表面这些不同细分等级的元素之间进行转换，需要通过 Finer 和 Coarser 命令来完成。

通过 Finer 命令，可以在细分物体上增加更多的可编辑元素，以便于进一步高速模型的形态。可以通过在细分物体上选择相应的元素并执行此命令来细化。

细分物体的编辑状态有 2 种，通常是在细分物体的标准模式下对其进行编辑。在标准模式下，按照描述模型细节的程度，物体上的点、边和面都有细分等级划分。等级越高的点、边和面能够更细致地影响物体的表面。

在细分物体上单击鼠标右键，分别在点、边、面的编辑状态下进行观察，可以选择 Finer 命令进入更细一级的模式观察。要回到粗糙的级别，可以选择 Coarse 命令。

创建细分模型时，先通过在低等级的点、边和面元素下高速模型的大致形体关系，然后在需要增加细节的地方选择粗糙状态的点、边和面元素，通过选择右键菜单中的 Refine Selected 命令将选择区域进行更细一级的划分，这样，此区域就会产生新一级的点、边和面元素。通过选择 Finer 命令进入到新一级的点、边和面元素进行编辑。

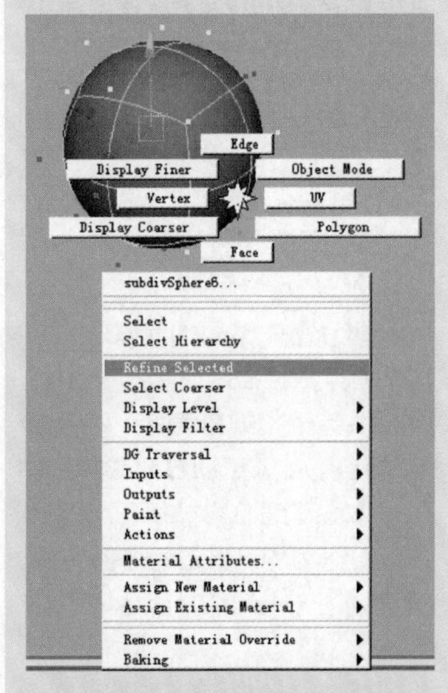

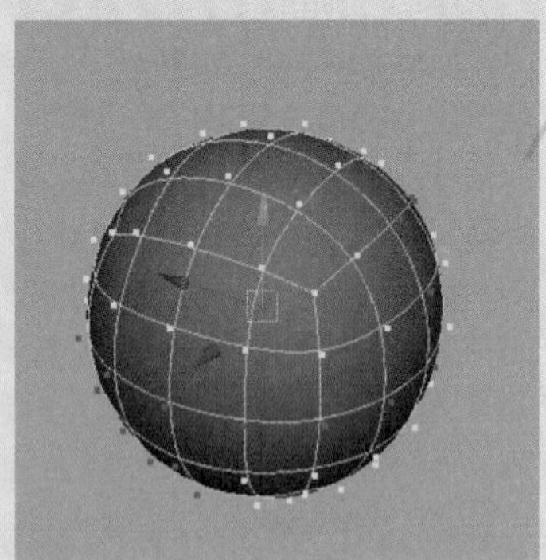

这种逐渐细分模型的创建方式就是在标准状态下细分建模的主要特点。

细分建模的另一种编辑模式就是在多边形代理模式下进行编辑。在多边形代理模式下，可以调用多边形的各种编辑工具对多边形代理物体进行个性的结果会直接传递到细分物体上，这样就大大增加了细分物体的建模功能。

在头部选择点，使用移动工具按图 4－15 所示的形状移动点。

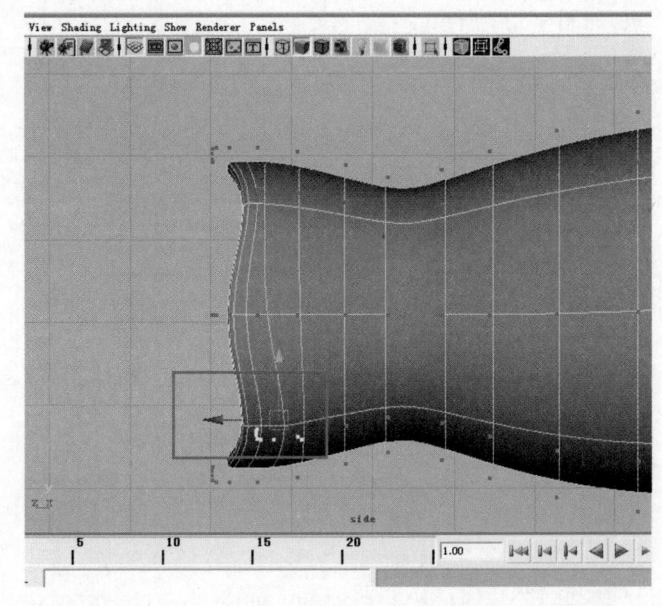

图 4－15

09.

进行手柄调整。在细分上的点都是按级别显示的，目前有 2 级，分别是 0 和 1 级，手柄上有部分是 0 级，也就是 Polygon 建模级别的。选中物体单击鼠标右键，选择 Display Level 命令来选择为 0 级别的点，如图 4－16 所示。

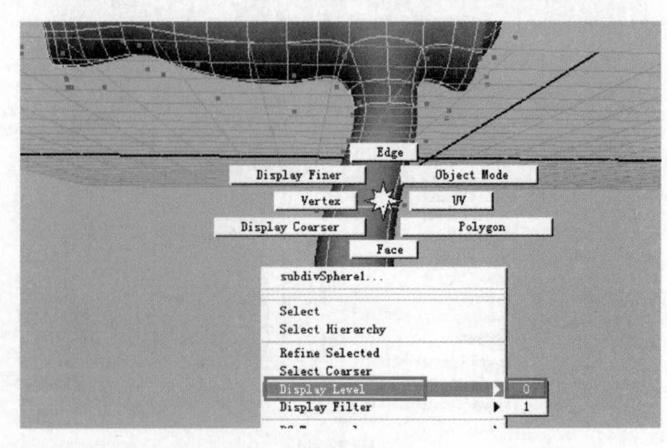

图 4－16

选择柄上的几个点，单击鼠标右键，选择 Refine Selected 命令细分选择的点，如图 4-17 所示。

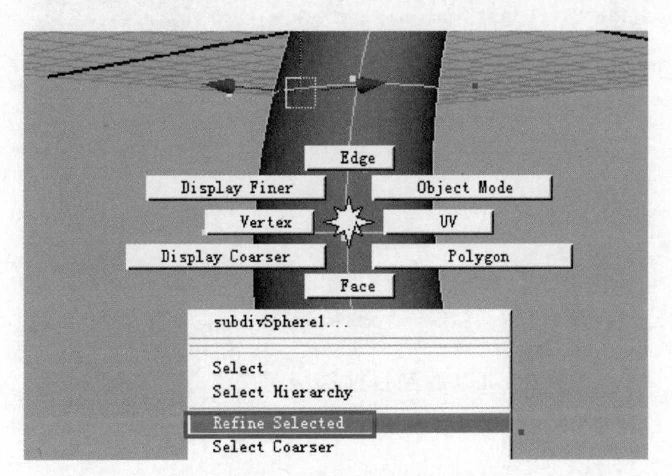

图 4-17

再选择 Refine Selected 命令细分选择的点，如图 4-18 所示。

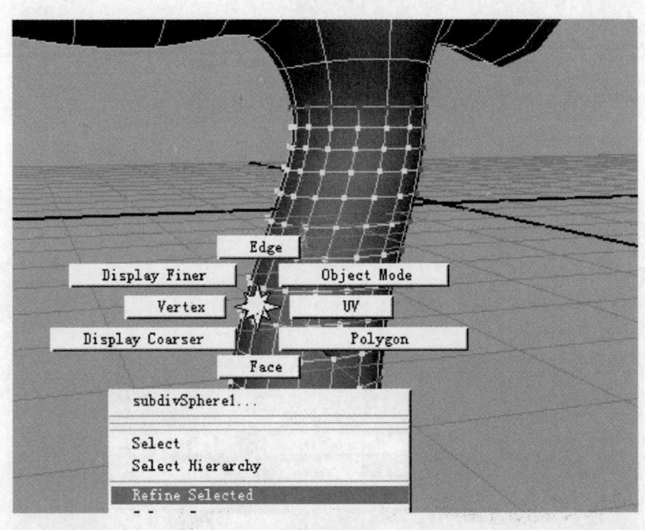

图 4-18

选中一些点，使用移动工具进行位置移动操作，制作出手柄上的细节，如图 4-19 所示。

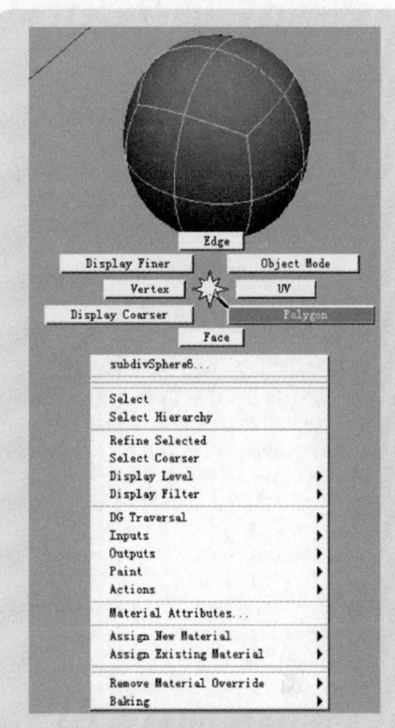

转换到多边形代理模式

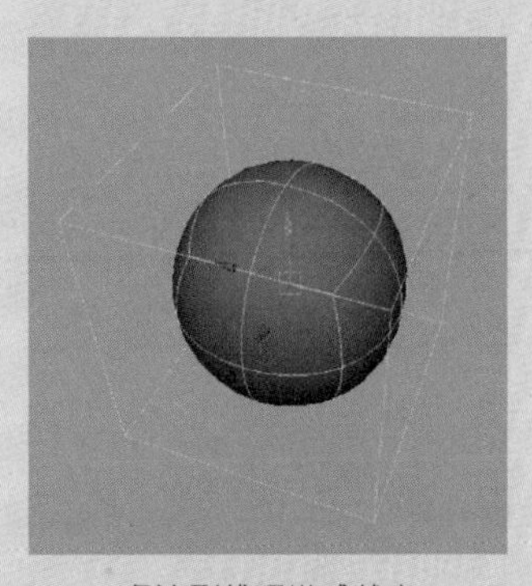

多边形代理模式状态

在转换好后可以通过选择多边形代理物体上的面，如下图所示。

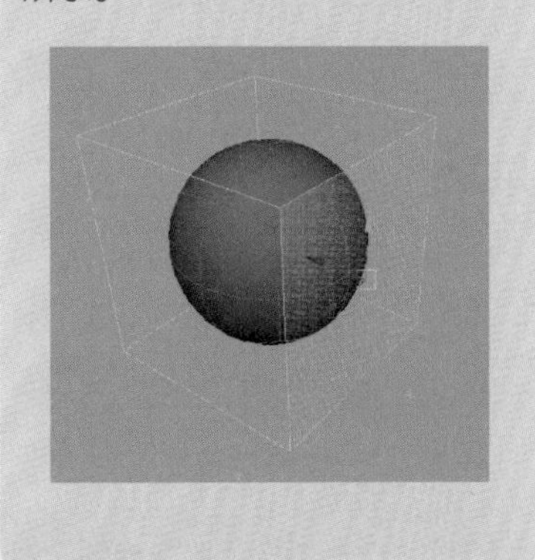

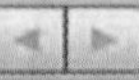

然后使用多边形的挤压面工具产生新的细分表面。

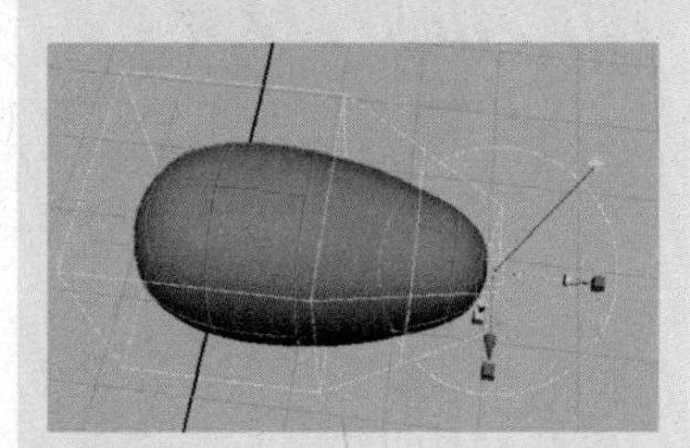

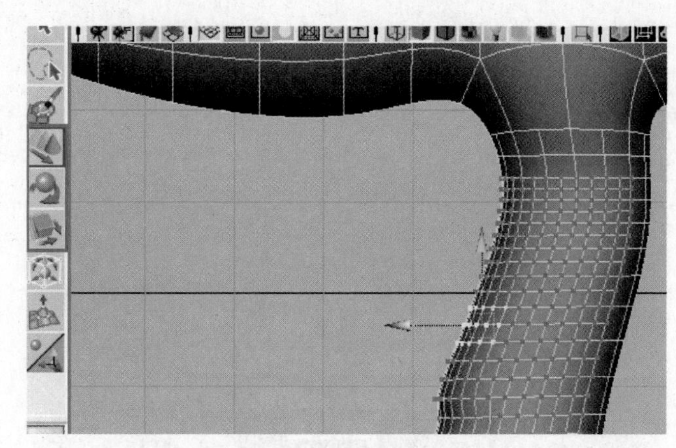

图4-19

选择边，可以看到目前层级是第3层。只显示第3层级的边，如图4-20所示。

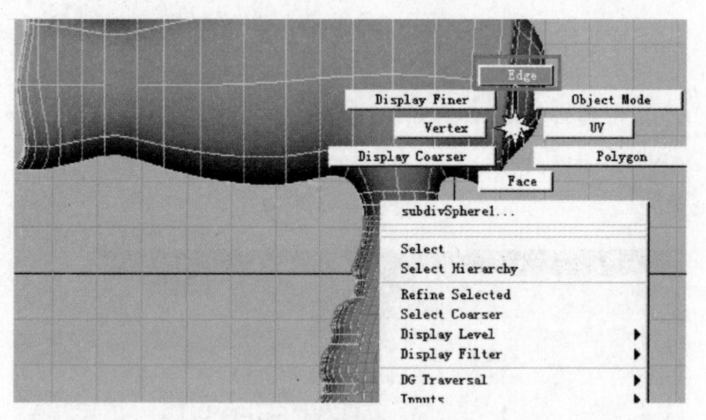

图4-20

选中物体，单击鼠标右键，选择Display Level命令来选择级别1的点，如图4-21所示。

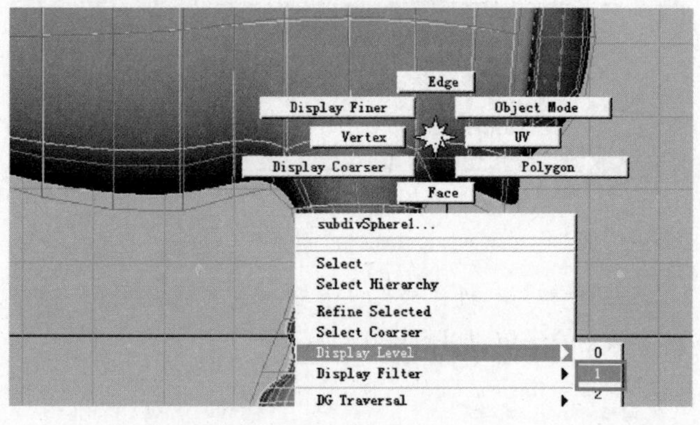

图4-21

在 Surface 模块下，选中一圈边，然后执行 Subdiv Surfaces→Full Crease Edge/Vertex(硬边)命令，将边缘变成尖锐的效果，如图 4-22 所示。最终效果如图 4-23 所示。

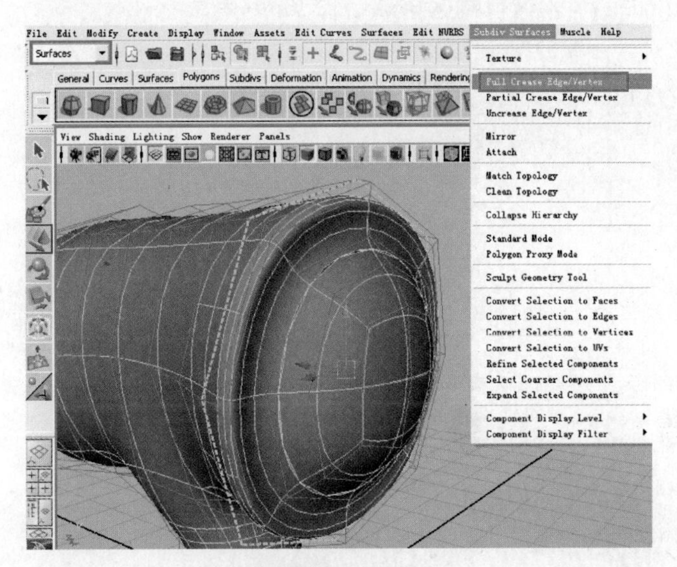

图 4-22

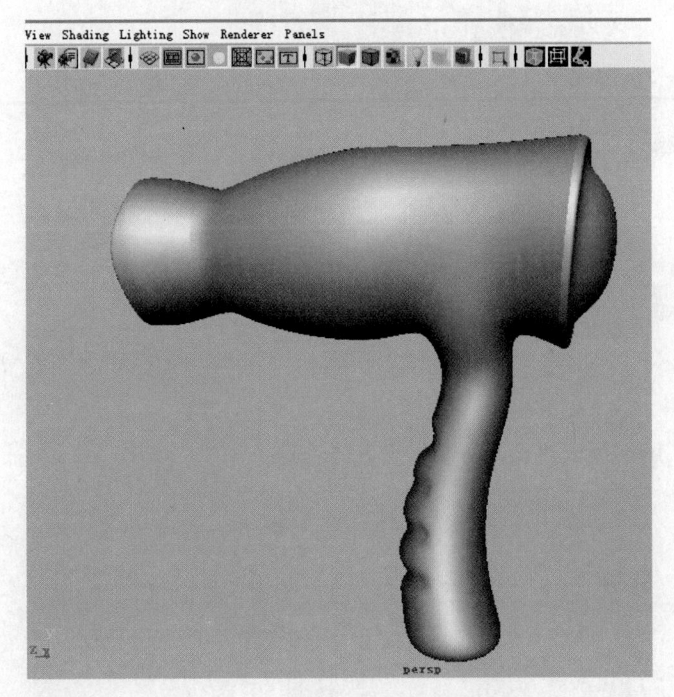

图 4-23

4.2 卡通玩具的制作

知识点:多边形细分方法结合制作角色,Subdiv Surfaces(细分表面)菜单

图4-24

本例通过一个卡通角色的制作,了解用细分建模方法制作角色的过程。

知识点提示

Subdiv Surfaces细分表面菜单

该菜单在Surfaces曲面模块中,如下图所示。

Surfaces曲面

01.

打开Maya软件,执行Create→Polygon Primitives→Sphere命令,创建一个球状的细分基本体,如图4-25所示。

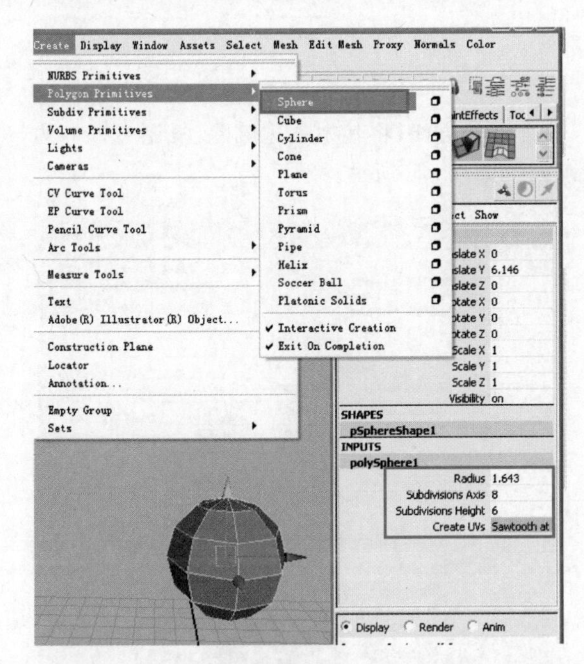

图 4-25

02.

通过使用挤压、加线、调整点等多边形的操作制作出模型的大体形状，如图 4-26 所示。

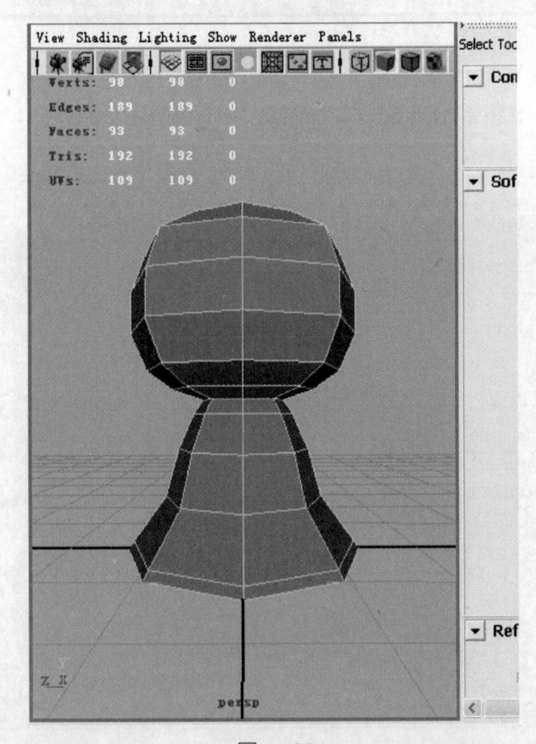

图 4-26

Subdiv Surfaces细分曲面 Muscle Help帮助
Texture纹理
Full Crease Edge/Vertex完整褶皱 边线/顶点
Partial Crease Edge/Vertex部分褶皱 边线/顶点
Uncrease Edge/Vertex解除褶皱 边线/顶点
Mirror镜像
Attach附加
Match Topology匹配拓扑
Clean Topology清除拓扑
Collapse Hierarchy塌陷层级
Standard Mode标准模式
Polygon Proxy Mode多边形代理模式
Sculpt Geometry Tool雕刻几何体工具
Convert Selection to Faces转换选定物体为面
Convert Selection to Edges转换选定物体为边线
Convert Selection to Vertices转换选定物体为顶点
Convert Selection to UVs转换选定物体为 UV
Refine Selected Components精制选定部件
Select Coarser Components选择粗糙部件
Expand Selected Components扩展选定部件
Component Display Level部件显示级别
Component Display Filter部件显示过滤器

由于细分物体具有多边形代理的编辑模式，可以使用大多数多边形编辑工具对细分模型进行编辑，但是细分物体毕竟不等同于多边形物体，需要使用 Subdiv Surfaces(细分曲面)菜单中的命令对细分物体进行表面贴图坐标的编辑，以及镜像、合并等操作。

1. Texture(纹理)细分物体的贴图坐标编辑命令组

细分物体的建模方式虽然类似于多边形建模，但是由于表面的描述方式不同，细分物体的贴图坐标的编辑必须使用特定的编辑工具。细分物体的贴图坐标跟细分表面的等级划分一样，也可以分成不同的细分等级进行编辑。

2. Full Crease Edge/Vertex(完整褶皱 边线/顶点)

边或点的完全锐化操作命令。

如果需要在细分物体表面创建尖锐的棱角，需要使用边或点的完全锐化操作命令。选择细分物体的边或点，直接执行该命令即可。

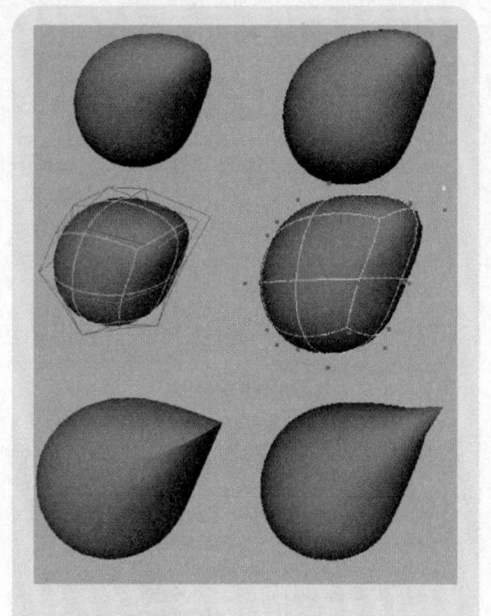

选择边　　　　选择点

3. Partial Crease Edge/Vertex(部分褶皱　边线/顶点)(边或点的半锐化操作)命令

如果在细分模型表面不需要过于锐利的棱角,可以用半锐化操作对边或点进行小程度的锐化。

选择细分物体表面的边或点,运行该命令即可完成。

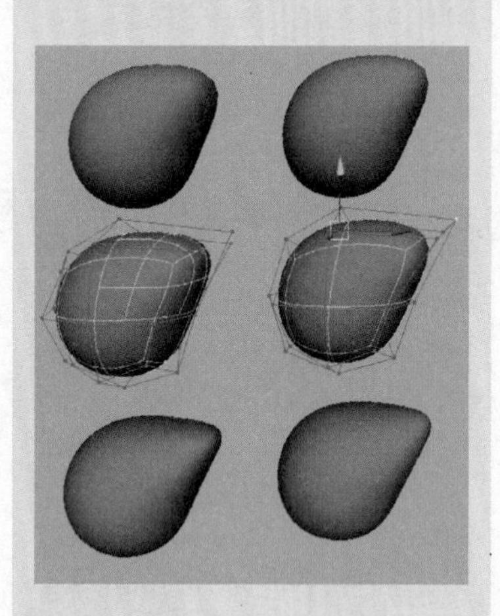

选择边　　　　选择点

03.

为了制作方便,将其中一边删除,复制另外一边,进行制作,如图 4－27 所示。

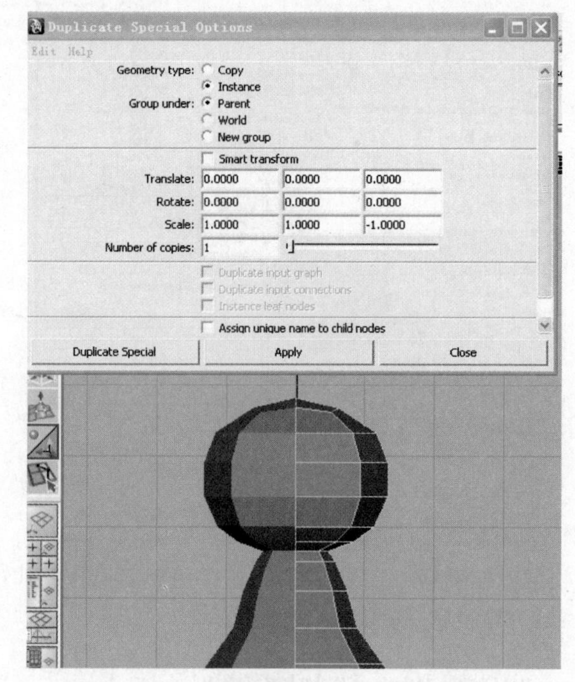

图 4－27

使用多边形制作工具制作出腿部效果,如图 4－28 所示。

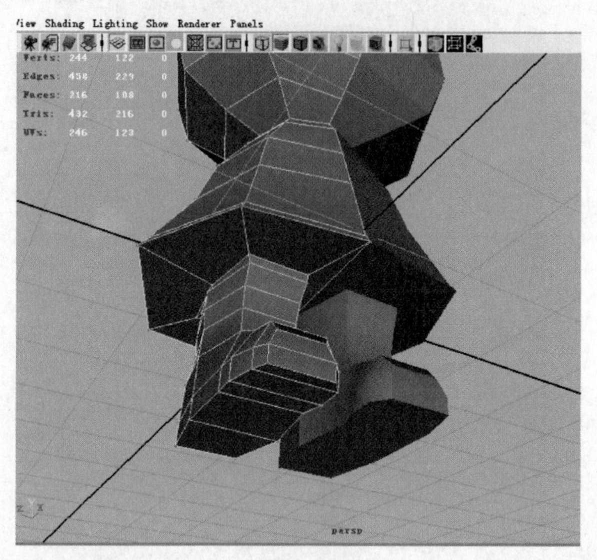

图 4－28

04.

将手部制作平面的一些线条删除，使用挤压工具挤出手臂，如图4-29所示。调整手部布线结构，如图4-30所示。

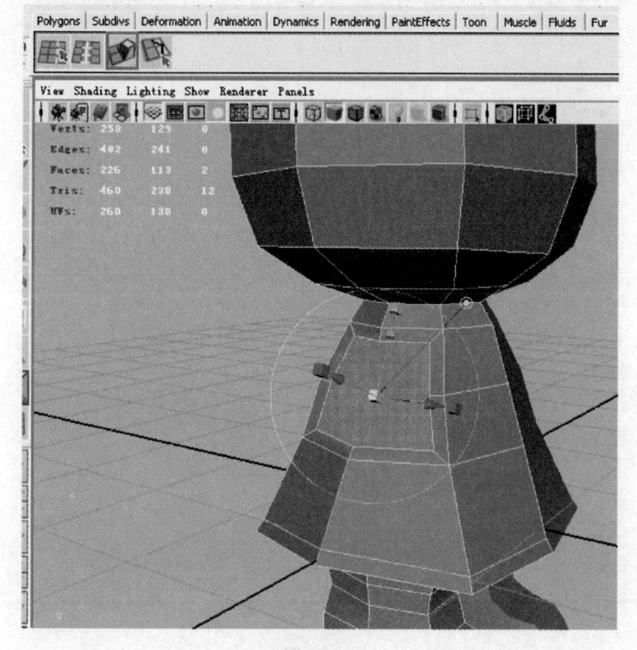

图4-29

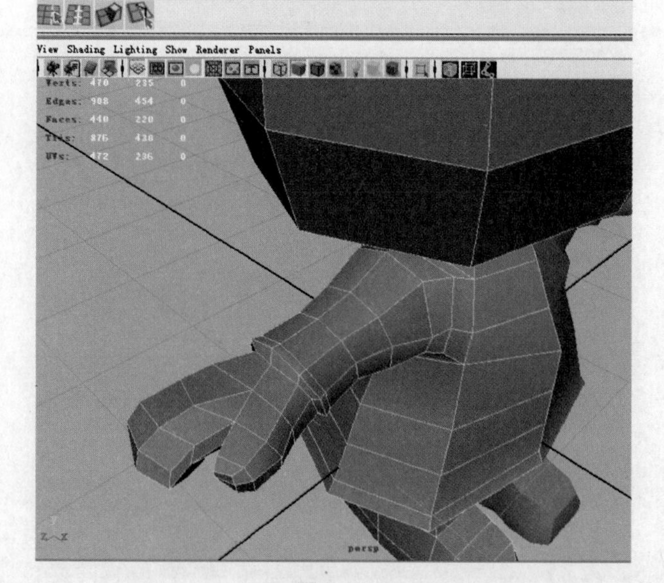

图4-30

4. Uncrease Edge/Vertex（解除褶皱 边线/顶点）去除边或点的锐化操作命令

细分物体表面被锐化的边或点可以通过执行去除边或点的锐化操作命令将其还原到以前状态。选择需要还原的边或点，执行该命令即可。

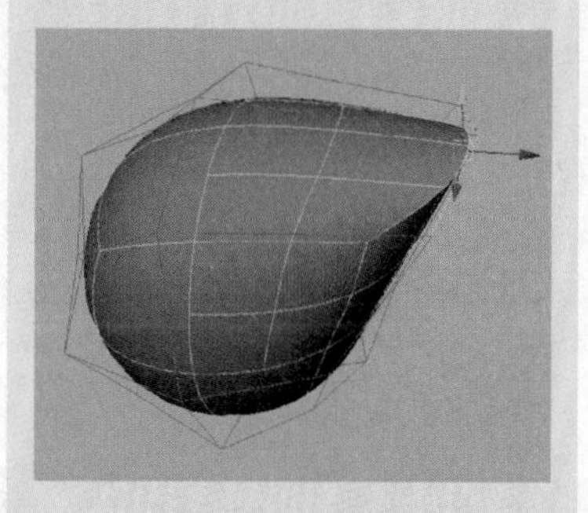

Full Crease Edge/Vertex

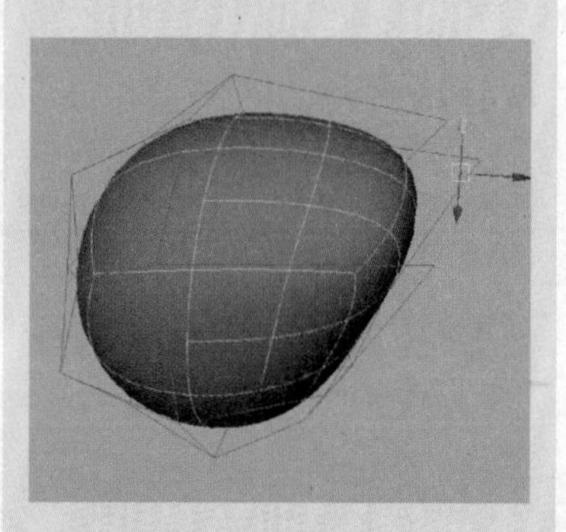

Uncrease Edge/Vertex

创建了锐化或者半锐化的边会变成虚线显示，当需要还原时，选择虚线显示的边，执行去除锐化命令即可。

5. Mirror（镜像）

对细分物体必须使用镜像工具复制出另一半，然后用细分物体的合并工具进行合并。

选择需要镜像复制的细分物体,在Mirror命令的选项面板中设定正确的轴向,然后执行该命令即可。

注意:在细分物体的Mirror命令选项面板中可以同时选中多个轴向进行镜像,但是在参考多个轴镜像的状态下,物体是无法正常合并的。

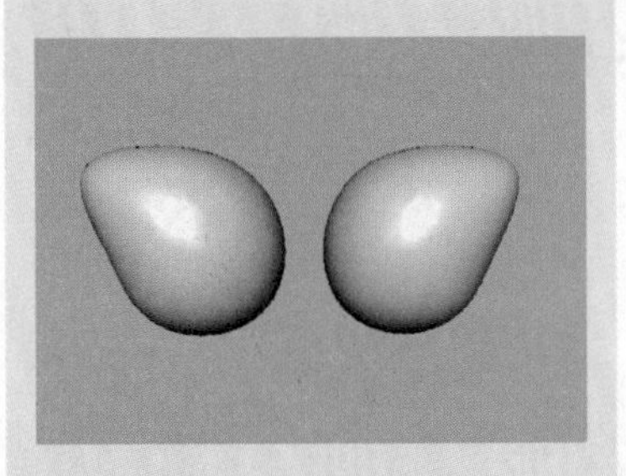

6. Attach(结合)

具有对称结构的模型,可以使用该命令将2部分合并成一个整体。选择镜像后的2个细分物体,执行该命令即可,可以在命令选项面板中对合并情况进行设置。

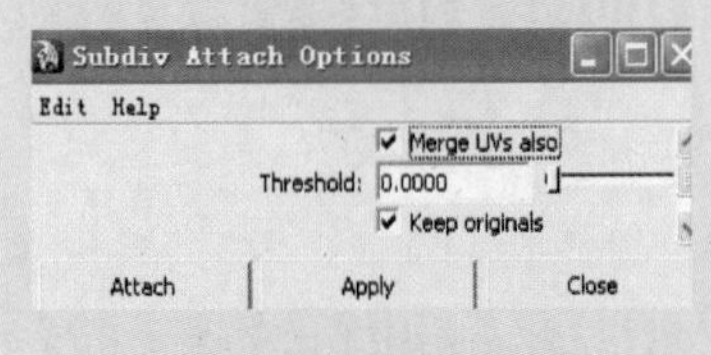

Merge UVs also:选中该选项时,UV也会合并。

Threshold:在此距离内的细分面可以合并。

Keep originals:合并时保留原始物体。

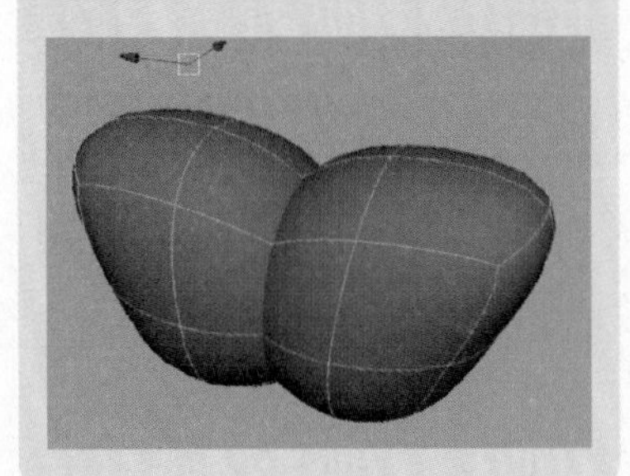

05.

使用多边形建模工具制作耳朵,如图4-31所示进行布线。

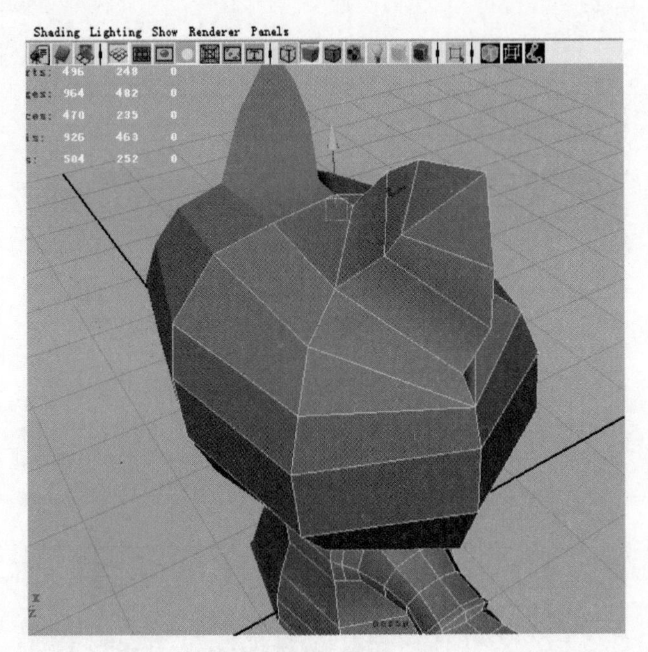

图4-31

在耳朵前面相应增加一些线条,如图4-32所示。

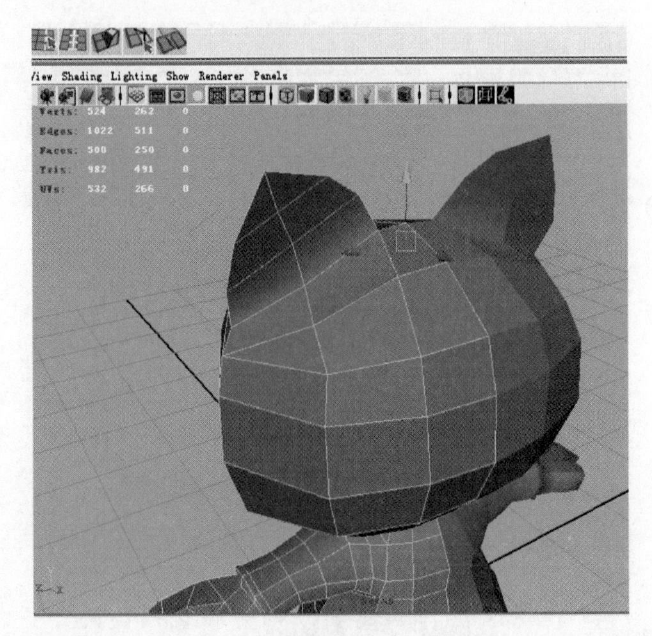

图4-32

06.

选中两边的模型，执行 Mesh→Combine 命令合并模型，如图 4－33 所示。

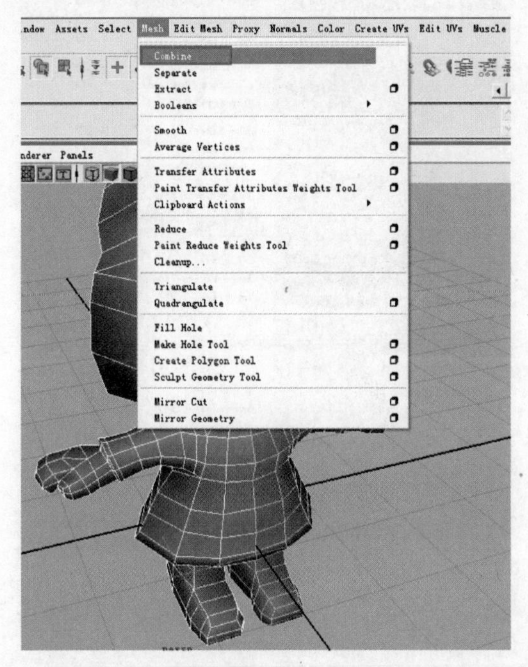

图 4－33

在顶点模式下选中中间一排点，如图 4－34 所示。执行 Edit Mesh→Merge 进行点的合并，如图 4－35 所示。

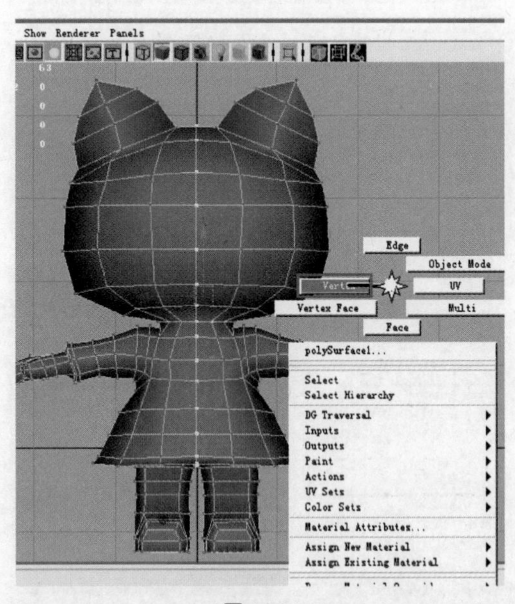

图 4－34

7. Match Topology（匹配拓扑）

在两个细分物体间创建融合变形时，两个细分物体的拓扑结构必须相同才可以顺利完成转变。如果细分物体在某些细分层级上的拓扑结构不同，那么在创建融合变形时，细分物体之间会自动将拓扑结构匹配成相同的。也可以手动完成此功能：选择两个需要制作融合变形的物体，通常是将一个物体进行复制以得到另一个物体，然后在目标物体上进行编辑，最后选择两个物体并执行 Match Topology 命令。

8. Clean Topology（清除拓扑）

如果细分物体表面有某些区域已经过细化，但没有作形体上的调整，那么这些区域的细化操作就没有意义。这种情况下，可以通过清除拓扑结构命令将没有变化的层级删除，从而起到精简、优化模型的作用。

9. Collapse Hierarchy（塌陷层级）

如果物体表面经过多次细化出现了很多细分层级，则可以通过塌陷层级命令将细分层级进行合并，这样在编辑时就不必反复在多个层级间跳跃。命令面板中的 number of levers 选项用于设定塌陷的层级数。

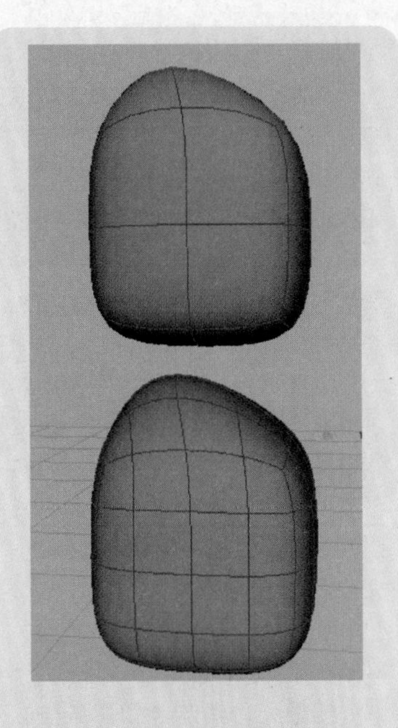

10. Standard Mode(标准模式)

11. Polygon Proxy Mode(多边形代理模式)命令

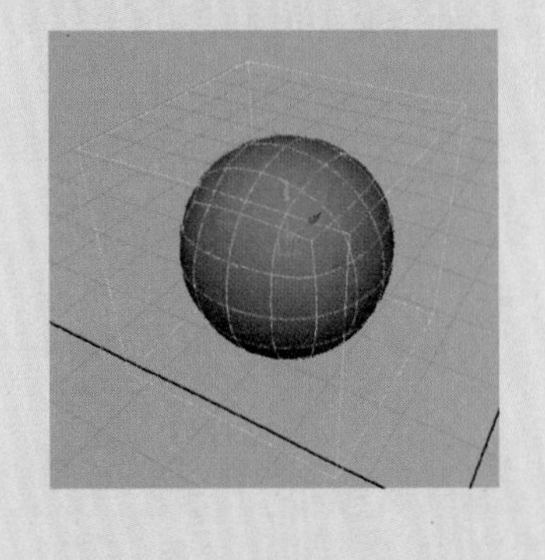

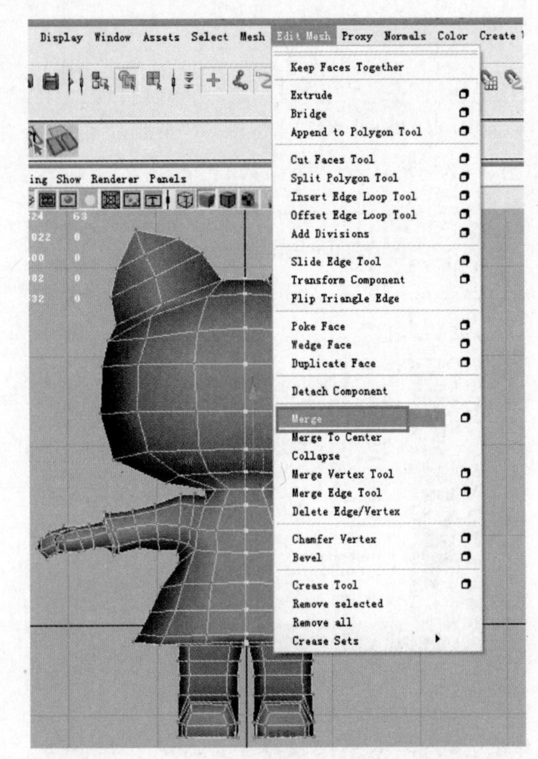

图4-35

07.

选中模型,执行 Modify→Convert→Polygons to Subdiv 命令,将模型转化为细分模型,如图4-36所示。

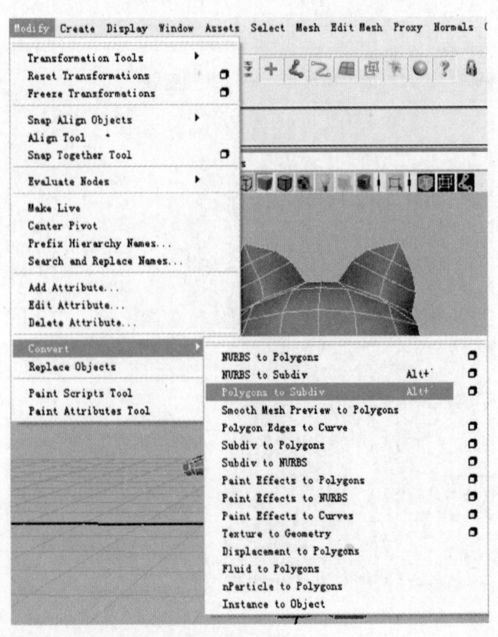

图4-36

08.

选中耳朵部分的点，单击鼠标右键，选择 Refine Selected 命令细分选择的点，如图 4 - 37 所示。使用移动工具调整耳朵，如图 4 - 38 所示。

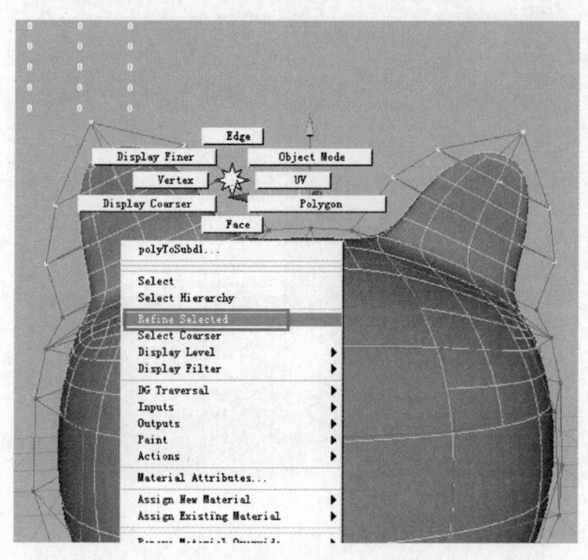

图 4 - 37

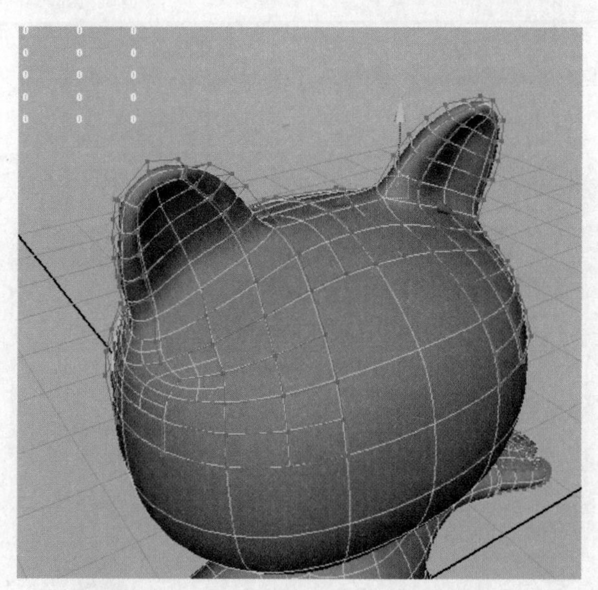

图 4 - 38

选中衣袖上的两圈边，执行 Subdiv Surfaces→Full Crease Edge/Vertex(硬边)命令，制作出边缘尖锐的效果，如图 4 - 39 所示。

这 2 个命令与鼠标右键单击细分物体时弹出 Standard(标准)模式和多边形代理模式的切换按钮的功能是一样的。

12. Sculpt Geometry Tool(雕刻几何工具)

可以使用 Maya 的雕刻工具对物体的形状进行塑造。

13. Convert Selection to Faces(转换选定物体为面)

14. Convert Selection to Edges(转换选定物体为线)

15. Convert Selection to Vertices(转换选定物体为顶点)

16. Convert Selection to UVs(转换选定物体为 UV)

转化选择元素命令包括将选择的元素转化为面元素、边元素、点元素和 UV 元素。通过转化选择元素命令，可以快速地将选择的编辑对象在不同的元素模式下转换，以方便编辑物体。

17. Refine Selected Components(细化选择的元素)

在细分物体上选择特定的元素，通过执行该命令可以将选择的区域细化一级，从而增加更多的可编辑的点、边和面。

18. Select Coarser Components(选择前层元素)

在细分物体上，选择前一层的元素进行编辑。

19. Expand Selected Components

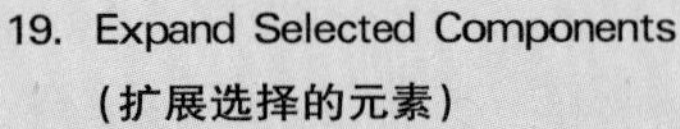

(扩展选择的元素)

在细分物体上选择特定的元素,执行该命令后,只有部分区域产生细化的元素,如果编辑的范围超出了这个区域,则可以通过扩展选择的元素命令将细化的区域变大。选择细化区域边界上的元素,执行该命令即可。

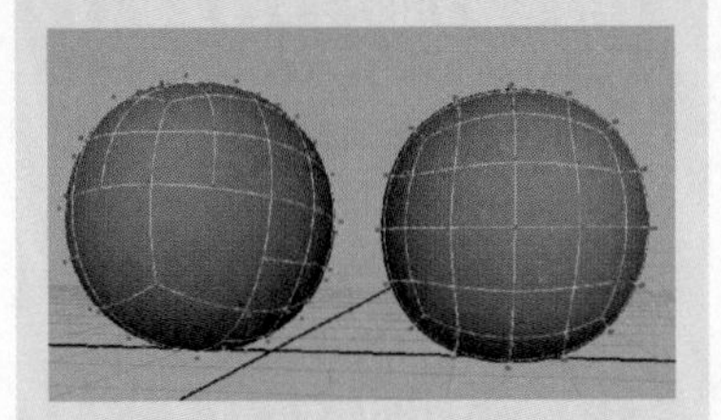

20. Component Display Level(元素显示层级)

可以通过元素显示层级子菜单中的命令快速地在细分物体的各个细分层级间切换。

Finer:显示更精细的一级

Coarser:显示更粗糙的一级

Base:回到最基础的显示级。

21. Component Display Filter(元素显示过滤)

All
Edits

可以显示所有编辑元素,也可以显示当前编辑的元素。All 用来显示所有的元素;Edits 只显示编辑的元素。

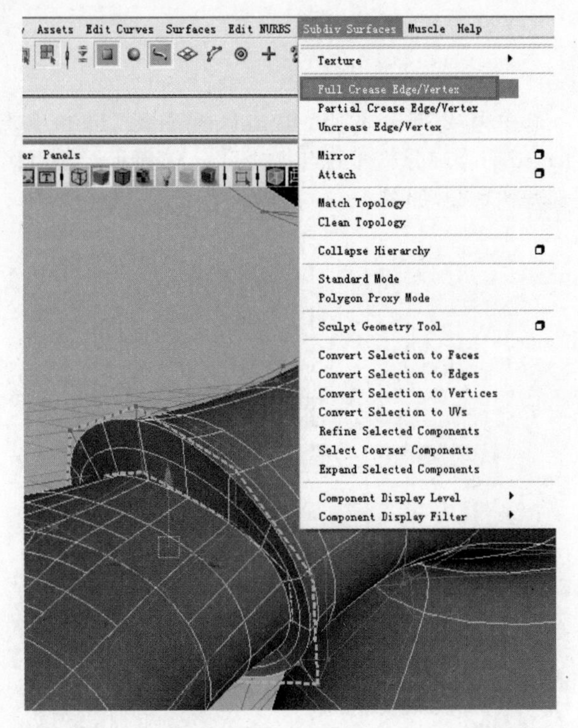

图4-39

09. 增加一些细节

执行 Create→Polygon Primitives→Sphere 命令,创建一个球状的细分基本体来制作眼睛、嘴巴和胡须,如图 4-40 所示。

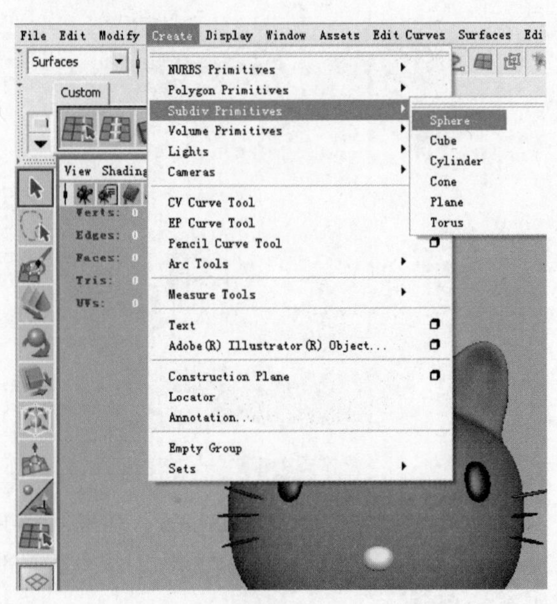

图4-40

再为模型加上蝴蝶结，调整蝴蝶结的材质，最终效果如图 4-41 所示。

图4-41

本章小结

细分建模在Maya里属于比较基础和重要的建模方式。本章学习了细分建模的使用方法和操作技巧，讲解了通过细分建模制作角色的一般步骤。通过这些基础的方法，能够制作大部分的角色模型。Maya还提供了几种模型之间互相转换的方法。细分物体也能直接变成多边形和曲面物体，大大地方便用户进行创作。

课后练习

1. (　　)不是Maya细分建模的标准物体的物体。

   A. Cube立方体　　B. Cylinder圆柱体　C. Plane平面　　D. Pipe软管

2. 以下对命令的解释，(　　)是错误的。

   A. Uncrease Edge/Vertex(解除褶皱　边线/顶点)：细分物体表面被锐化的边或点可以通过该命令将其还原到以前状态。

   B. Collapse Hierarchy(塌陷层级)：如果物体表面经过多次细化出现了很多细分层级，则可以通过“塌陷层级”命令将细分层级进行合并。

   C. Refine Selected Components(细化选择的元素)：在细分物体上选择特定的元素，执行该命令后，只有部分区域产生细化的元素，如果编辑的范围超出了这个区域，则可以将细化的区域变大。

   D. Convert Selection to Faces(转换选定物体为面)

3. 创建细分模型时，先通过在低等级的点、边和面元素下调整高速模型的大致形体关系，然后在需要增加细节的地方，选择粗糙状态的点、边和面元素，通过选择快捷菜单上的(　　)命令将选择区域进行更细一级的划分，这样此区域就会产生新一级的点、边和面元素。

   A. Refine Selected

   B. Select

   C. Display Level

   D. Face

图4-42

4. 参照图4-42的效果，使用Maya的细分建模工具制作角色模型。

Maya 材质

本课学习时间：20 课时

学习目标：掌握玻璃、不锈钢、半透明、车漆、水墨画等几种重要的材质球的设置，掌握纹理节点和程序节点的设置方法

教学重点：几种重要的材质球的设置技巧，Maya 材质节点

教学难点：程序节点、材质节点、贴图坐标的设置

讲授内容：Maya 材质简介，玻璃杯材质制作，金属材质制作，蜡烛材质制作，摩托车材质制作

课程示范文件：chapter5\final\材质. pro

案例一　玻璃材质制作

案例二　金属材质制作

案例三　蜡烛材质制作

案例四　摩托车材质制作

本章课程总览

在 Maya 中，材质就好比是模型的衣服。在制作好模型之后加入材质效果，整个模型才会显得更加完美。本章中首先了解 Maya 材质球的一般设置方式，掌握常用的几类材质的设置方法，通过实例详细讲解材质球属性和程序节点，使读者全面掌握各种材质球的属性特点、材质节点、贴图坐标及程序节点的控制方法及技巧。

5.1 玻璃材质制作

知识点：材质球的基本属性，超级着色器面板，Blinn材质参数设置，基础材质设置

图5－1

本节通过一个玻璃材质设置案例，来了解 Maya 材质的基础用法。还介绍 Maya 超级着色器，以及使用材质球设置玻璃材质的过程。

知识点提示

材质指的是由物体自身材料所决定的一种质感表现。例如，我们很容易根据质感来区分黑色的棉布和皮革，或者白色的羊毛和纸张，因为它们的质感截然不同。

纹理是物体在基本质感上表现出来的更加丰富的表面特性，是依附在“质感”这个基本性质上的表层属性。例如，树木的木纹、染上各种图案的布料等。

纹理可以简单地概括为：附着在材质表面上的物体的外在特性。

01.

打开一个场景文件，里面有几个简单的静物：1 个酒瓶、3 个玻璃杯、背景，还有石板，如图 5－2 所示。

图5－2

02.

执行 Window→Rendering Editors→Hypershade 命令,打开 Maya 的材质编辑器 Hypershade(超级着色器),如图 5-3 所示。

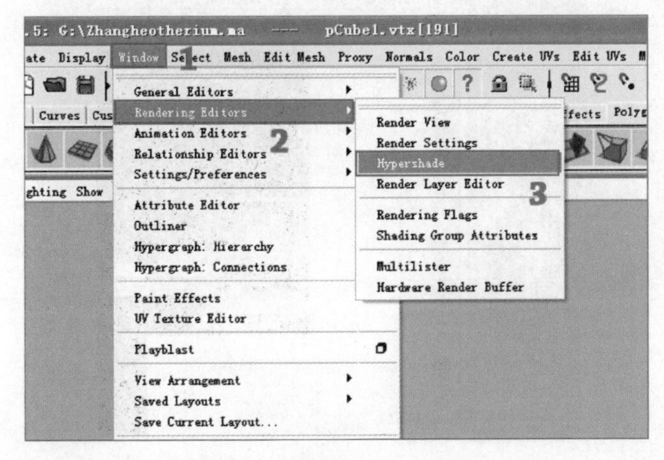

图5-3

03.

在 Hypershade 左侧的 Surface(表面)标签栏里,单击 Blinn 材质球,可以看见在右边窗口上部的样本显示区和下部的 Work Area(工作区)出现 Blinn 材质球,如图 5-4 所示。

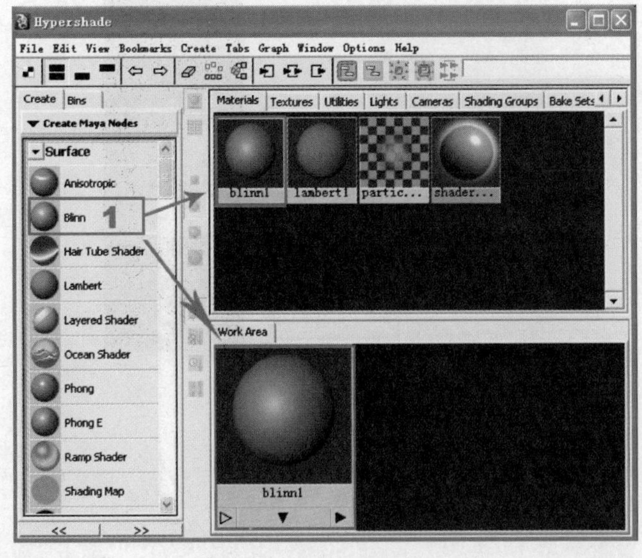

图5-4

Hypershade(超级着色器)

Maya 中最主要的材质编辑器是 Hypershade 超级着色器。

执行 Window→Rendering Editors→Hypershade 命令,即可打开 Hypershade 窗口。

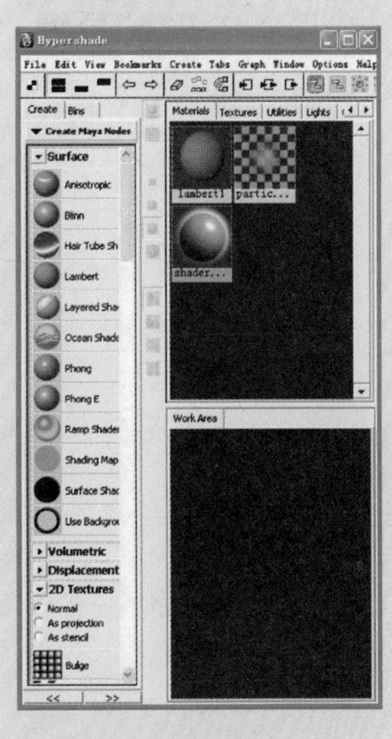

1. 工作区

主要用来显示和编辑材质的节点网络。在Maya中是通过编辑材质的节点网络将材质渲染节点相互连接,从而构建出复杂精美的材质效果。

如果安装了Shader Library(材质库),会出现相应的标签页。

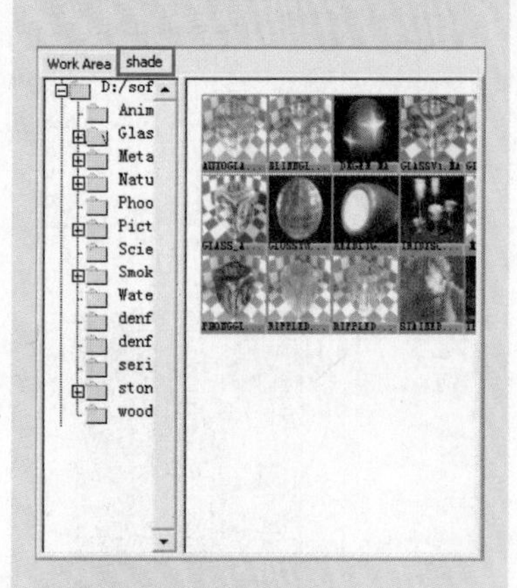

2. 样本显示区

用来显示当前Maya文件中所有的各个相关类别的节点。在样本显示区不仅可以对材质进行操作,而且通过分类显示页,还可以有选择地显示材质、纹理、工具、灯光、摄像机等。

在视窗中选中玻璃杯物体,用鼠标右键单击Blinn材质球,在弹出的快捷菜单中选择Assign Material To Selection(指定材质到指定项目)命令,赋予玻璃杯材质,如图5-5所示。

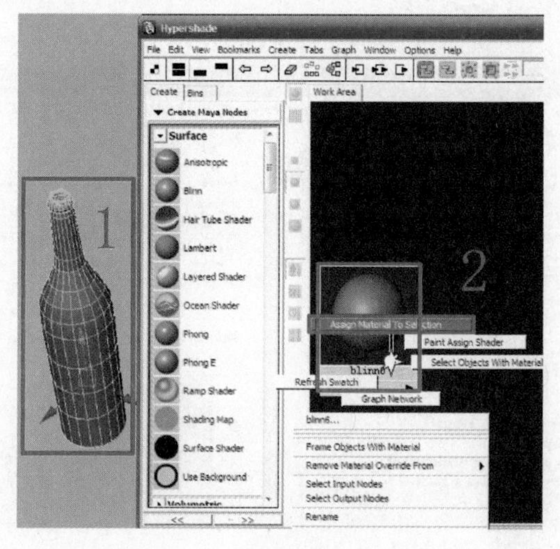

图5-5

另一种方法是将鼠标放在材质球上并按住中键,会出现一个加号,此时将材质拖曳到瓶子上,如图5-6所示。

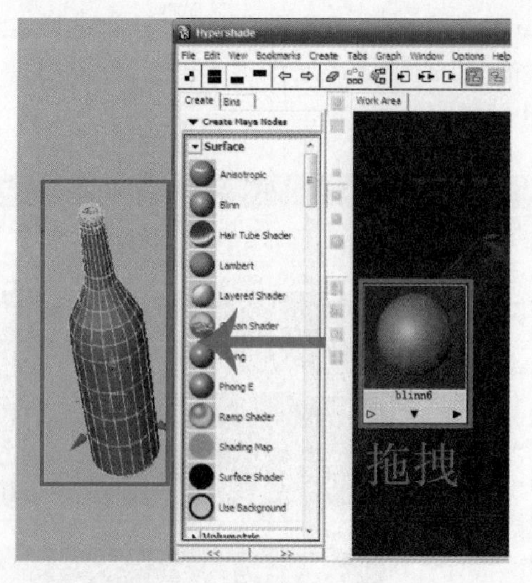

图5-6

04.

下面将设置渲染器。单击Maya操作界面右上方的渲染设置按钮,如图5-7所示。在弹出的Render Settings(渲染器设置)面板中,如图5-8所示设置渲染参数。

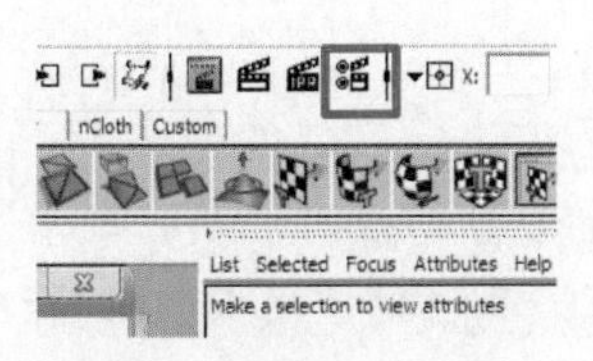

图5－7

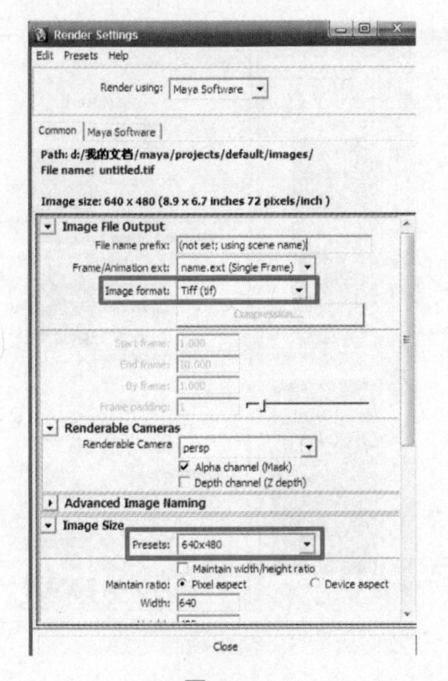

图5－8

单击右上方的渲染按钮，将默认材质的效果渲染出来，如图5－9所示。默认材质效果如图5－10所示。

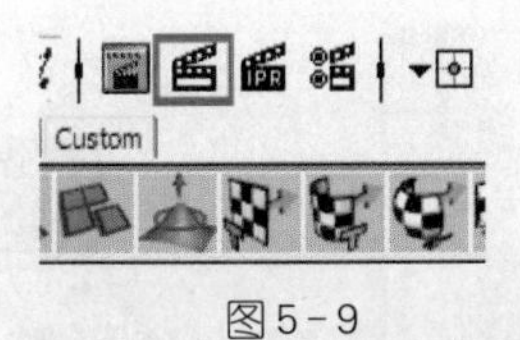

图5－9

图5－10

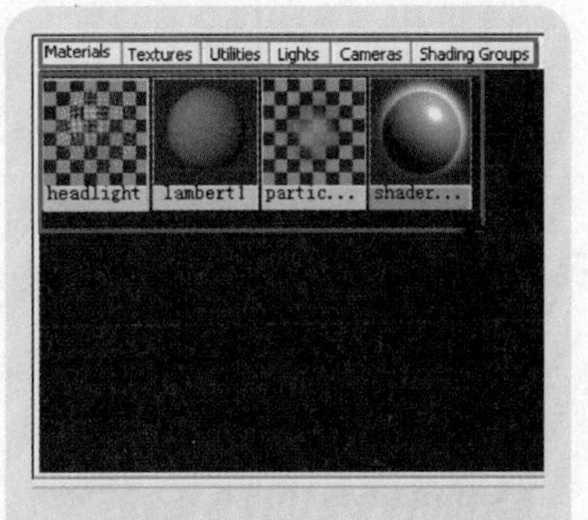

3. 显示控制工具条

主要用来调整 Hypershade 的窗口布局和材质节点网络的显示。

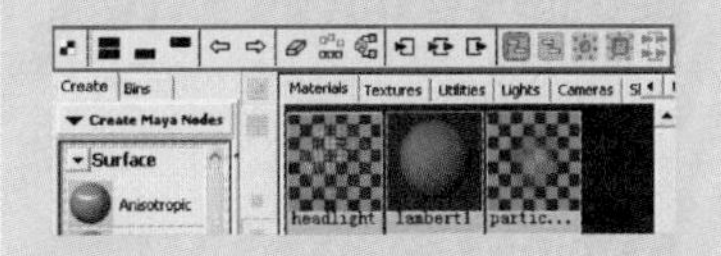

4. 节点创建工具条

用于快速创建各种 Maya 材质渲染相关节点，包括材质、纹理、工具等。

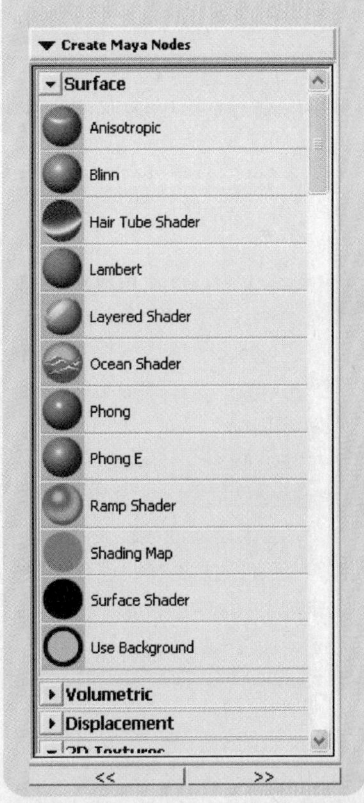

全部节点如下图所示。

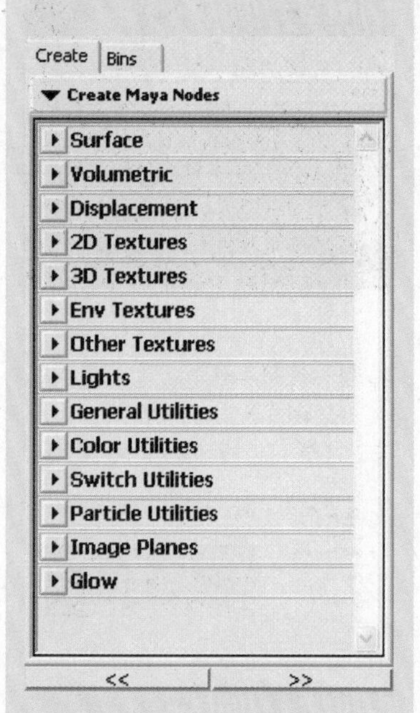

Hypershade 超级着色器菜单

1. File(文件)

导入导出材质网络和节点的命令

(1) Import(导入):主要用于导入材质节点,其他节点也会一起跟着导入。

(2) Expor Selected Network(导出材质节点网络):通常材质不止一个节点,并且节点之间是相互联系、相互控制的。所以在导出时若未选中网络中的节点,其上游节点是不会导出的。

05.

接下来设置材质球属性参数。双击 Blinn 材质球节点,弹出"材质球节点属性"面板,在面板中更改属性,如图 5-11 所示。

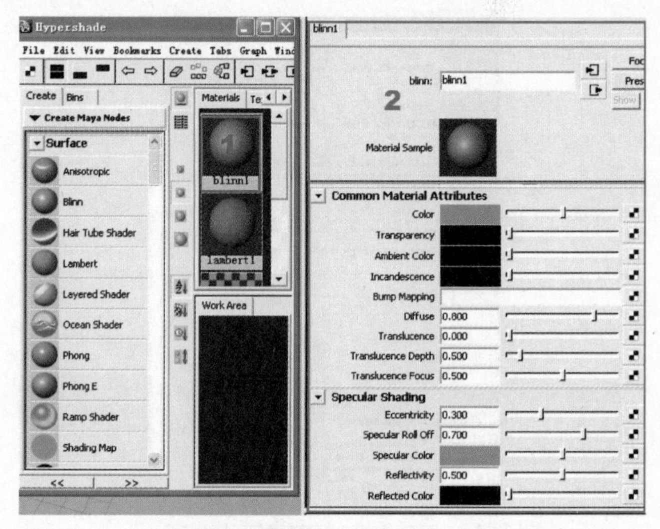

图 5-11

单击 Color(颜色)旁边的颜色块,在弹出的 Color Chooser 面板中将 H、S、V 的值均设为 0(颜色为黑色),如图 5-12 所示。

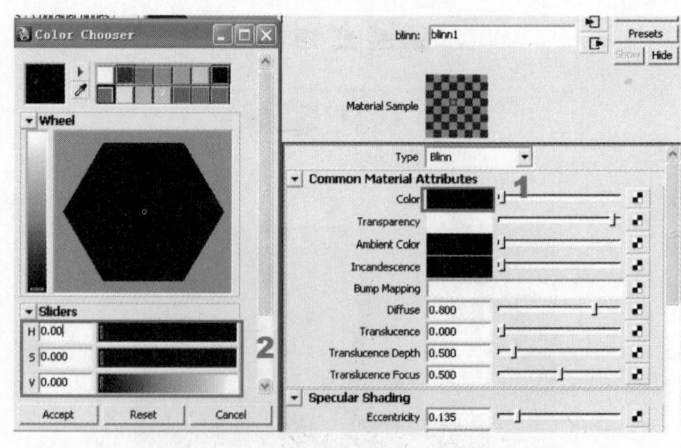

图 5-12

选择 Transparency(透明度),单击 Color(颜色)旁边的颜色块,在弹出的 Color Chooser 面板中将 H、S、V 的值分别设为 0,0,1,颜色为白色,如图 5-13 所示。

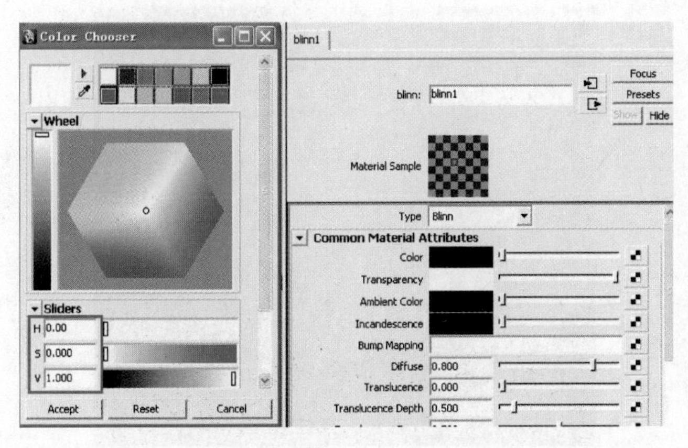

图 5 - 13

如图 5 - 14 所示，材质节点属性其他参数设置如下：Eccentricity(高光范围)设置为 0.135，Specular Roll Off(高光强度)设为 1，Specular Color(高光颜色)设为白色。

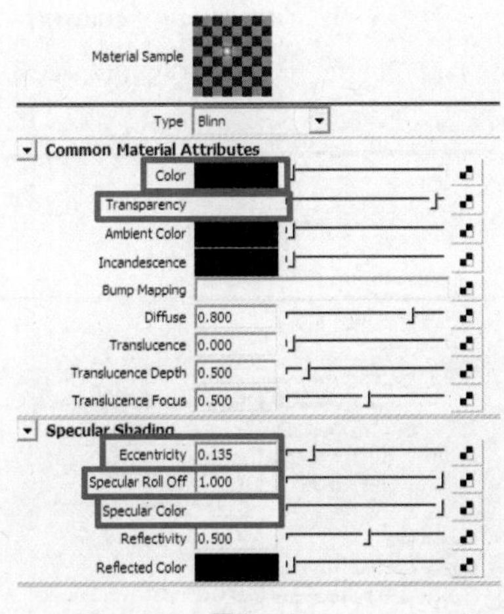

图 5 - 14

06.

单击 Maya 操作界面上方渲染按钮 ，对瓶子进行渲染测试。渲染后的效果如图 5 - 15 所示。可以看到渲染出来的效果一般，没有玻璃质感，只是高光和透明度稍能体现玻璃的样子，很多地方有待调整。

2. Edit(编辑)

对材质节点和网络进行复制、删除、清理以及转换操作。

Edit View Bookmarks Create Tabs Graph Window

Delete
Delete Unused Nodes
Delete Duplicate Shading Networks
Delete All by Type
Revert Selected Swatches
Select All by Type
Select Objects with Materials
Select Materials from Objects
Duplicate
Convert to File Texture (Maya Software)
Convert PSD to Layered Texture
Convert PSD to File Texture
Create PSD Network...
Edit PSD Network...
Update PSD Networks
Create Container
Transfer Container Values
Publish Connections
Set Current Container
Remove Container
Collapse Container
Expand Container
Edit Texture
Test Texture
Render Texture Range

3. View(视图)

用于控制节点网络在样本显示区和工作区中的显示状态

View Bookmarks Create Tabs

Frame All
Frame Selected

(1) Frame All (所有节点)：在工作区或样本区中显示所有相关节点。快捷键为〈A〉。

(2) Frame Selected(选择节点)：在工作区或样本区中显示选中的节点，快捷键为〈F〉。

4. Greate(创建)

创建材质和渲染各种节点(包括材质、纹理、灯光、摄像机以及一些辅助节点)的菜单命令，是 Hypershade 的核心部分。其中大部分命令的功能与 Hypershade 中 Create Bar(创建栏)的工具相同。

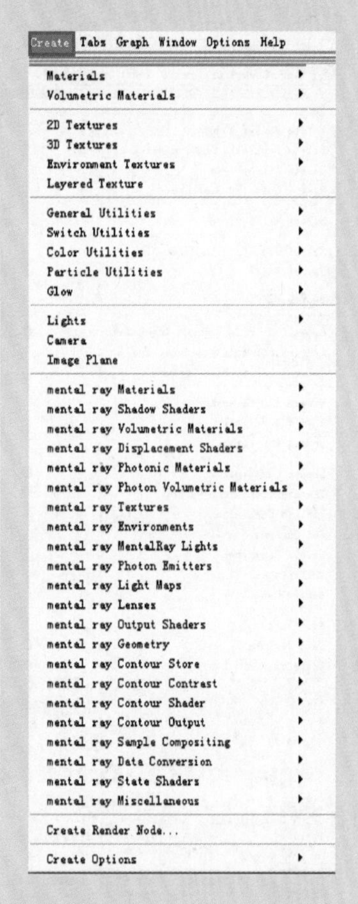

(1) Materials(材质):创建材质。

(2) Volumetric Materials(大气材质)。

5. Tabs(标签)

主要用于对 Hypershade 中的 Tabs(标签)进行布局调整,以及增加、删除标签等操作。

图 5-15

07.

接下来开启渲染器中的光线跟踪设置。单击 Maya 操作界面右上方的 按钮,打开“渲染器设置”面板。在 Software 选项组下的 Raytracing Quality(光线跟踪质量)项中进行设置,选中 Raytracing(光线跟踪),将 Reflections 设为 11,如图 5-16 所示。

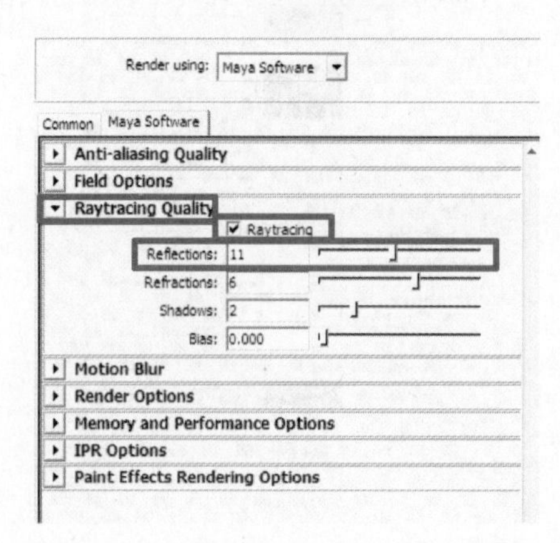

图 5-16

08.

单击 Maya 操作界面视窗左上方的渲染按钮,看到效果如图 5-17 所示。玻璃的质感得到进一步加强。由于 Blinn 材质默认是开启了发射效果的,因此玻璃互相之间有反射效果。

图5-17

09.

设置材质球的折射。双击 Blinn 材质球，打开 Blinn 材质球节点属性面板，在 Raytracing Options（光线跟踪选项）标签下选中 Refractions（折射），并在 Refracitve Index（折射率）项中设置玻璃的折射率为 1.333，如图 5-18 所示。

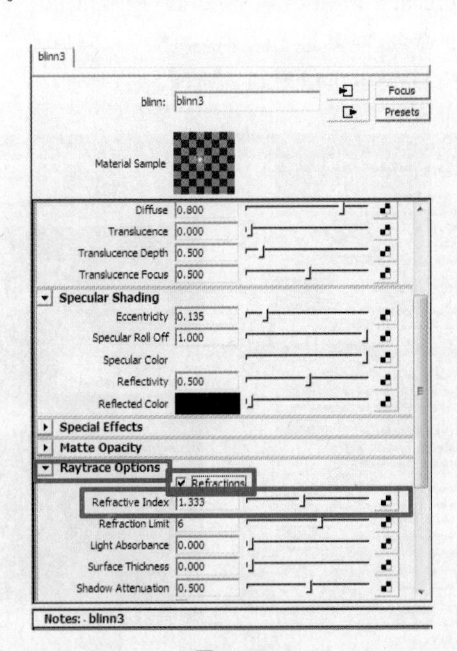

图5-18

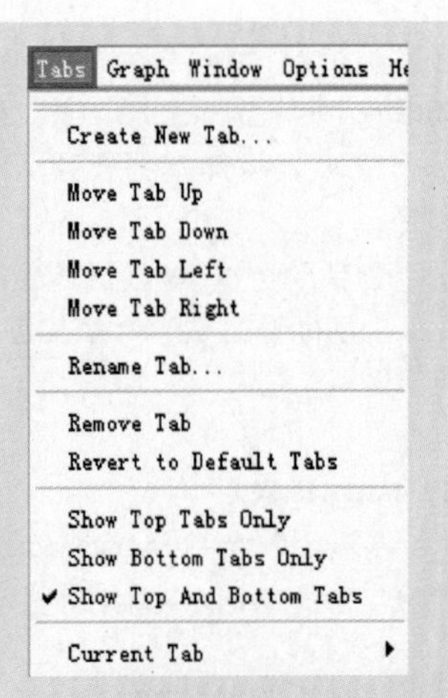

（1）Create New Tab...（创建新标签）：在 Hypershade 的工作区或样本显示区创建一个新标签。

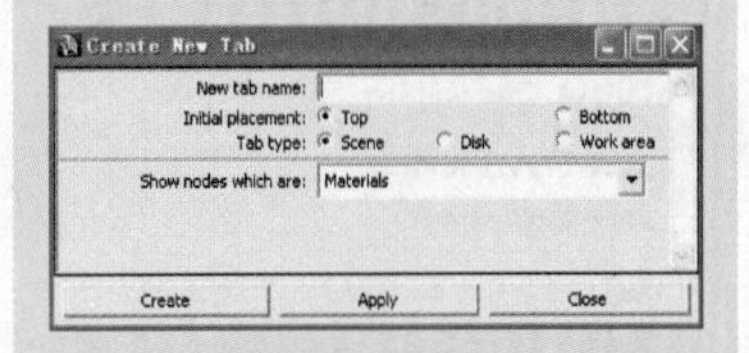

（2）Move Tab Up（向上移动标签）：将标签向上移动。

（3）Move Tab Down（向下移动标签）：将标签向下移动。

（4）Move Tab Left（向左移动标签）：将标签向左移动。

（5）Move Tab Right（向右移动标签）：将标签向右移动。

（6）Rename Tab（重命名标签）：将标签重新命名。

（7）Remove Tab（移除标签）：将标签移除。

（8）Revert to Default Tabs（重置默认的标签）：将改变的标签还原为默认标签。

（9）Show Top Tabs Only：（只显示上部分标签）只显示样本显示区。

（10）Show Bottom Tabs Only（只显示下部分标签）：只显示样本显示工作区。

（11）Show Top Tabs And Bottom Tabs(显示上部分和下部分标签)：显示样本显示区和工作区。

（12）Current Tab(调整标签)：如果当前标签是 Project 或磁盘时用来调整布局。

6. Graph(图表)

主要用于控制 Hypershade 工作区中材质渲染节点网络的显示。

Graph Window Options Help

Graph Materials on Selected Objects
Clear Graph
Input and Output Connections
Input Connections
Output Connections
Show Previous Graph [
Show Next Graph]
Add Selected to Graph
Remove Selected from Graph
Rearrange Graph

7. Window(窗口)

用来打开和材质编辑有关的其他编辑器窗口。

Window Options Help

Attribute Editor ...
Attribute Spread Sheet
Connection Editor...
Connect Selected...

8. Option(选项)

控制材质编辑时 Hypershade 界面的显示状态。

10.

再次单击 Maya 操作界面视窗左上方的渲染按钮，发现玻璃效果进一步加强，如图 5－19 所示。

图5－19

11.

接下来制作一个绿色的玻璃瓶。在 Hypershade 右侧工作区中，单击刚才调试好的 Blinn 材质球节点，然后在 Hypershade 窗口中执行 Edit→Duplicate→Shading Network 命令，对其进行复制，如图5－20 所示。或者按〈Ctrl〉+〈D〉键也可以复制材质球。

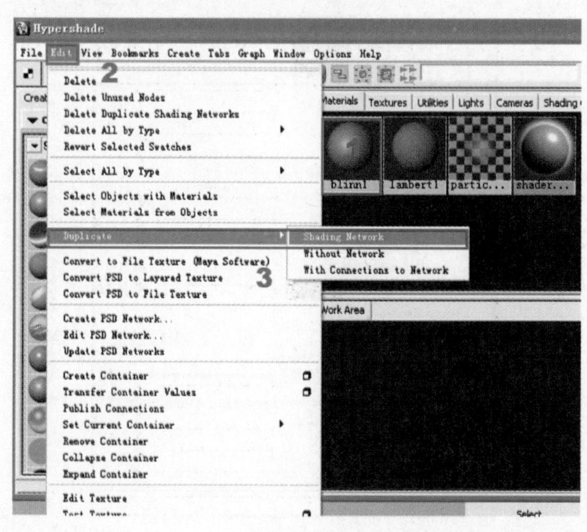

图5－20

将复制出来的 Blinn2 材质赋予给玻璃瓶物体。双击复制 Blinn2 材质球节点，进入材质属性面板，更改 Blinn2 材质的属性设置，如图 5－21 所示。

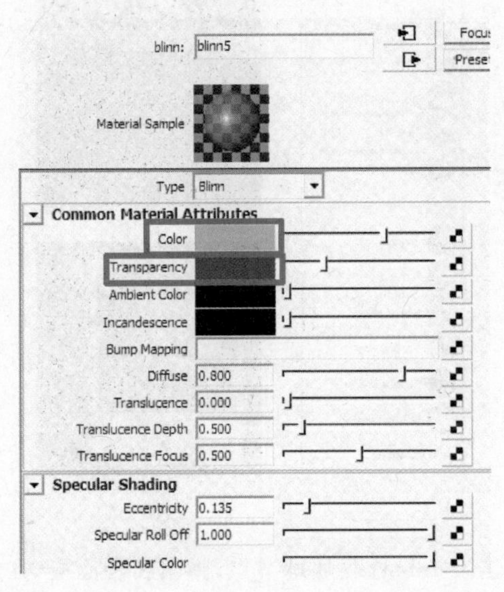

图 5－21

12.

目前的背景太简单了，不利于玻璃效果的表现，需要设置一下背景。在模型背景后面增加一块面的模型，方便给予背景贴图（注意位置要合适），如图 5－22 所示。

图 5－22

在 Hypershade 左侧的 Surface 标签栏里单击 Lambert 材质球节点，如图 5－23 所示。

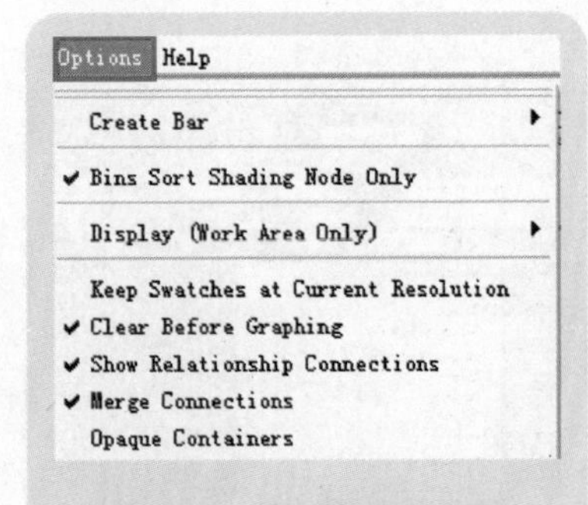

Maya 创建材质的方法

在 Maya 的 Hypershade 窗口中创建材质有 3 种方法。将材质制作好后，还需要将其赋予指定的模型。

方法 1：先选择模型，然后在相应材质上单击鼠标右键并将鼠标指针指向弹出的 Assign Material to Selection 图标按钮，即可将选择的材质赋予模型。

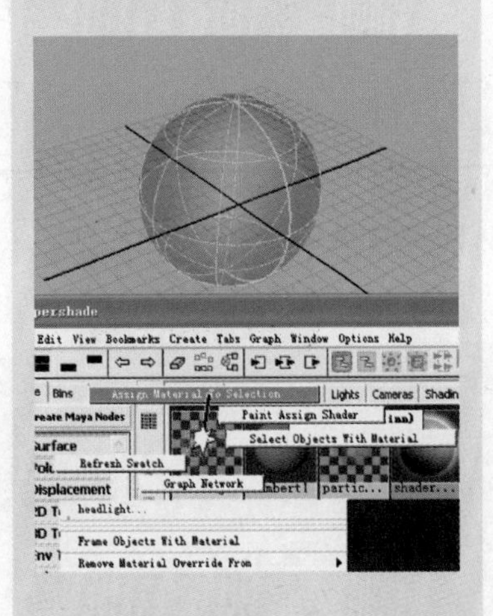

这种指定材质方法的常用工作流程是：完成模型→创建材质→指定材质→调节材质。

方法 2：在 Maya 视图中选择模型，然后使用鼠标右键菜单中的 Assign Existing Material 命令。

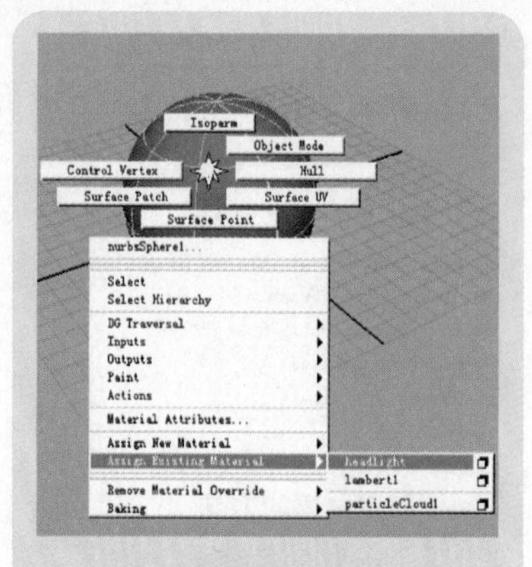

这种方法适用于在视图中将已有材质指定给模型。

方法 3：直接用鼠标中键（或滚轮）将材质拖到相应的模型上。

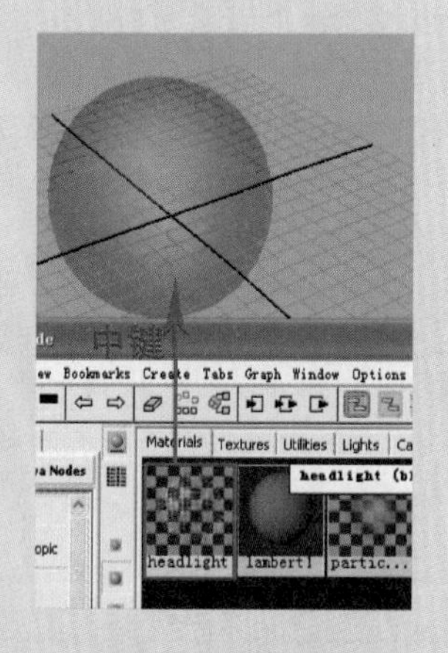

当场景中的模型较多时，使用这种方法很容易出错。也可用鼠标中键（或滚轮）将材质拖到渲染窗口中的模型上。

除了在 Maya 的 Hypershade 窗口中创建材质外，还可以在视图中创建材质，如下图所示。

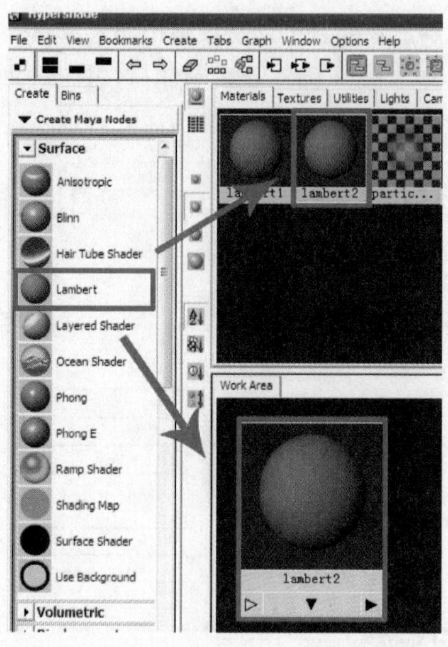

图 5 - 23

双击 Lambert 材质球节点，弹出属性面板，在属性面板中设置其背景图。单击 Color 颜色最右边的棋盘格状的小方块，在弹出的对话框中选择 File（文件）节点，如图 5 - 24 所示。

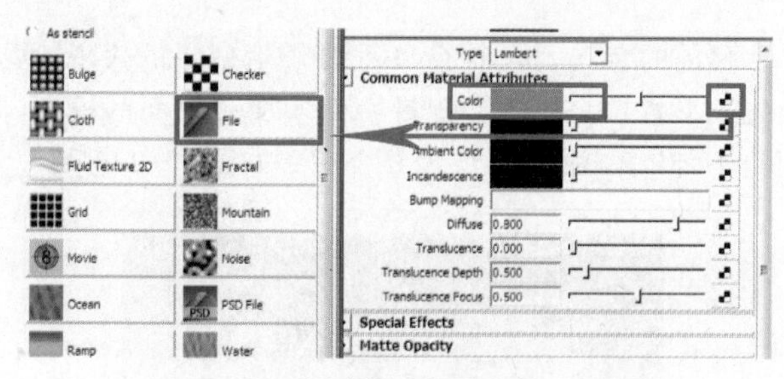

图 5 - 24

单击 File 节点属性面板中 Image Name 项右边的文件夹图标，在弹出的对话框中选择背景图片，如图 5 - 25 所示。

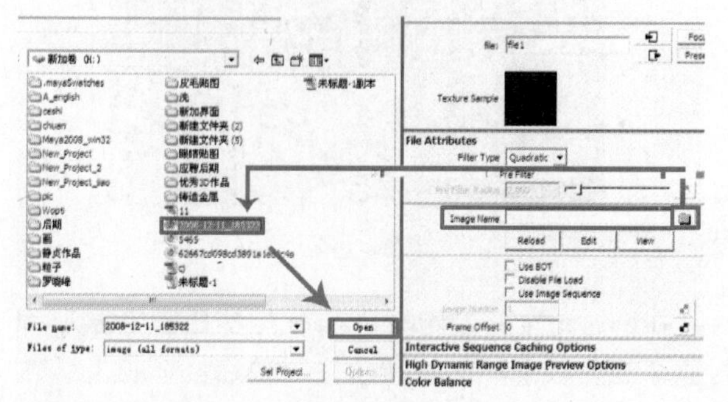

图 5 - 25

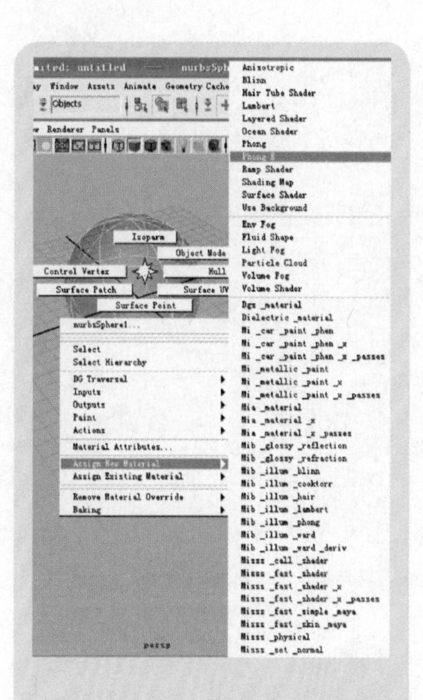

13. 预览效果

单击 Maya 操作界面视窗左上方的渲染按钮，发现整个场景效果丰富了许多，如图 5－26 所示。

图 5－26

14.

再为桌面设置材质。单击 Hypershade 左边 Blinn 材质球节点，如图 5－27 所示进行材质设置。

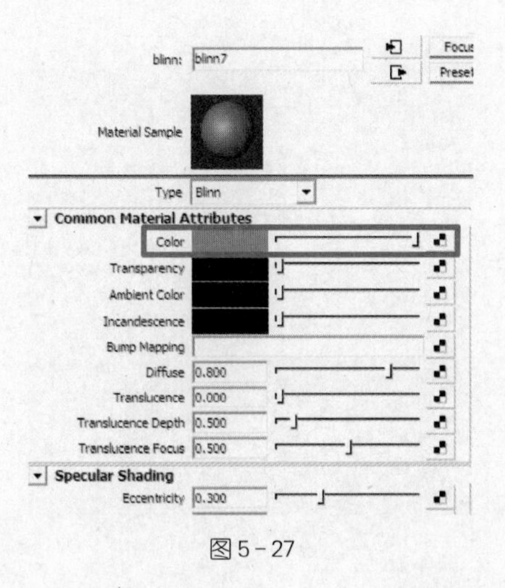

图 5－27

15.

最后单击 Maya 操作界面视窗左上方的渲染按钮，得到最终效果如图 5-28 所示。

图 5-28

5.2 金属材质制作

知识点:不锈钢材质、金属材质设置

图5-29

01.

打开已创建好的模型文件,如图 5-30 所示。在这套餐具中要设置 2 种金属材质:刀和叉为不锈钢材质,汤勺为黄金材质。

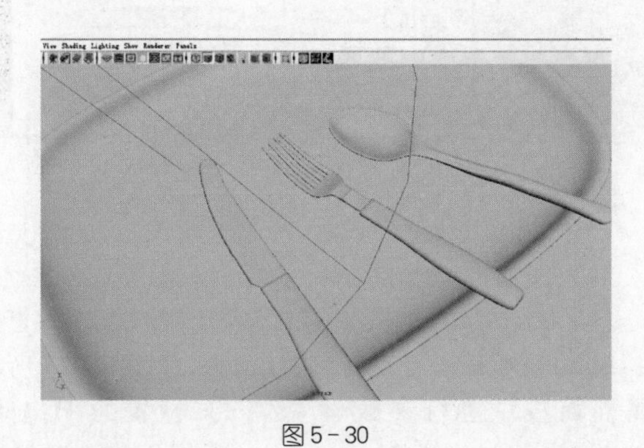

图5-30

02.

在 Hypershade 左侧的 Surface 标签栏里单击 Blinn 材质球,可以看见在右边上部的样本显示区和下部的工作区出现 Blinn 材质球,如图 5-31 所示。

知 识 点 提 示

Maya 中创建的 12 种材质类型

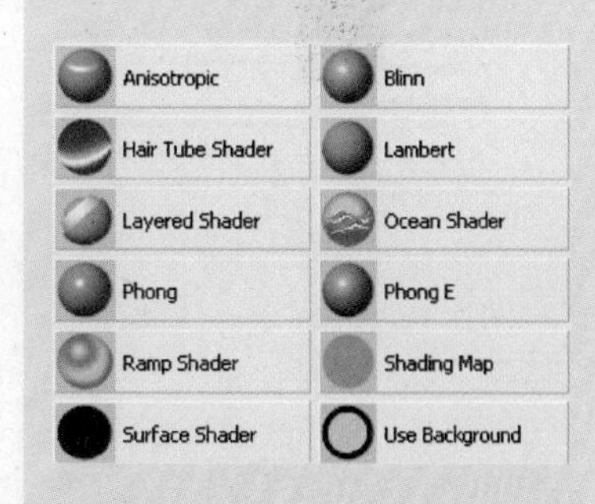

(1) Anisotropic:各向异性材质。

(2) Blinn:布林材质。

(3) Hair Tube Shader:头发圆管材质。

(4) Lambert:兰伯特材质。

(5) Layer shade:层材质。

(6) Ocean shade:海洋材质。

(7) Phong:冯氏材质。

（8）Phong E：冯氏E材质。

（9）Ramp shader：渐变材质。

（10）Shading map：材质贴图。

（11）Surface Shader：表面材质。

（12）Use Background：使用背景。

Blinn材质的属性

Blinn材质具有较好的软高光效果，是许多设计师经常使用的材质，有高质量的镜面高光效果，所使用的参数是Eccentricity和Specular Roll Off等对高光的柔化程度和高光的亮度。这适用于一些有机表面，也可应用于一些表面光洁的无机物，如石材、塑料、瓷器、家具、工业制品等，还可用来模拟金属表面，如铜、铅、钢等，适用范围非常广泛。

1. Blinn材质的基本属性编辑面板——通过材质属性

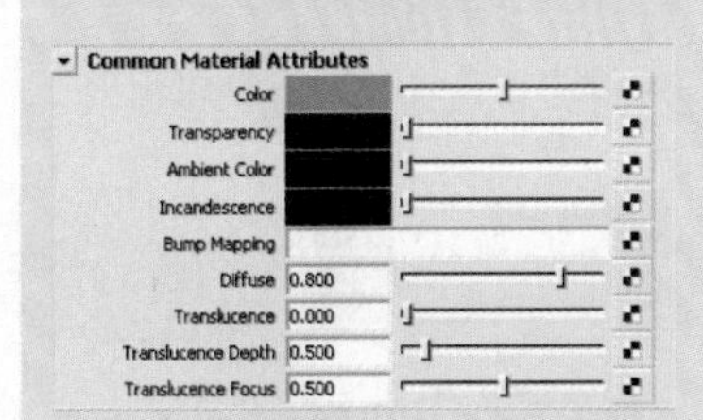

通用材质属性是指大部分材质都具有的常用属性，主要描述材质最基本的外部特性，可以直观地在软件视图中表现出来，如图所示。

Color（颜色）：控制材质的颜色，即物体的固有色。

Transparency（透明度）：默认值为0。若Transparency的值为0（黑色），则材质表面完全不透明；若值为1（白色），则材质表面完全透明。通常该参数不设为1，而是

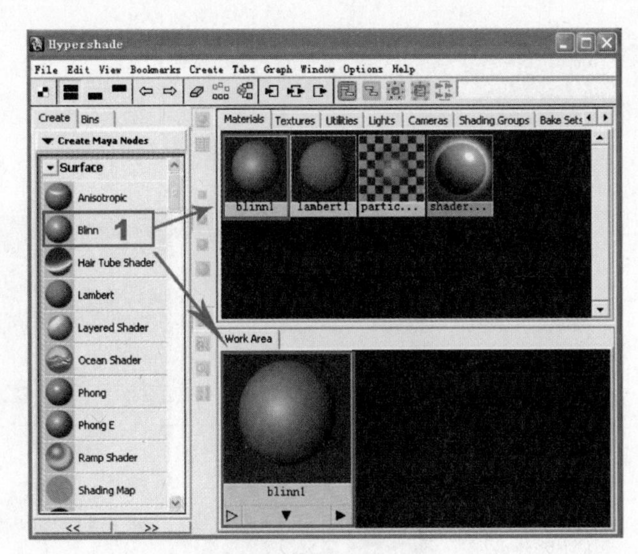

图5-31

在视窗中选中餐刀和刀叉物体，用鼠标右键单击Blinn材质球，在弹出的快捷菜单中选择Assign Material To Selection（指定材质到指定项目）命令，将新建的Blinn1材质赋予给物体，如图5-32所示。

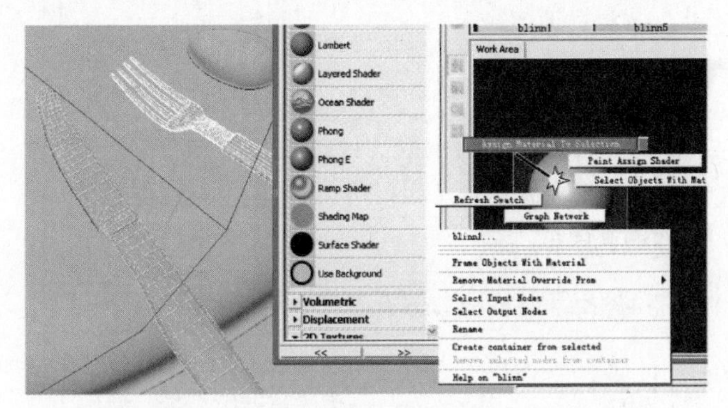

图5-32

03.

选择Blinn材质球节点，按〈Ctrl〉+〈A〉键（或者直接双击Blinn材质球节点）打开属性面板，如图5-33所示在属性面板中进行参数设置：Color设置为H：188，S：0.1，V：0.3；Ambient Color（环境颜色）设置为H：188，S：0，V：0.04；Diffuse（漫反射）设置为0；Eccentricity（高光范围）设置为0.066；Specular Roll Off（高光强度）设为1；Specular Color（高光颜色）设为白色；Reflectivity（发射强度）为0.769。

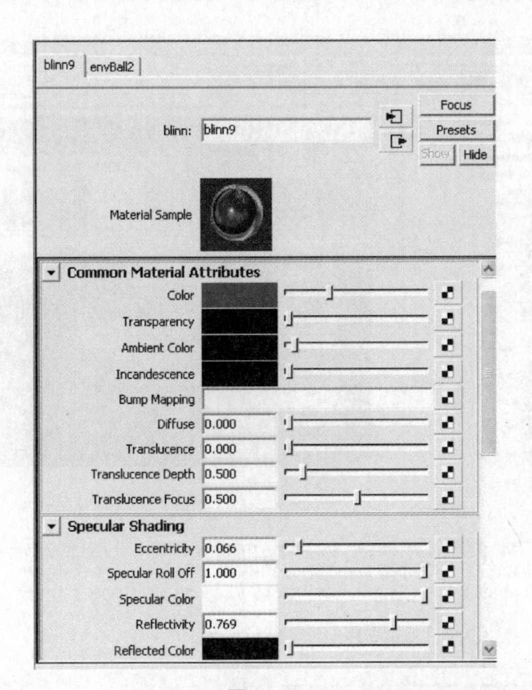

图 5-33

04.

接下来要为这个材质创建一个虚拟环境反射效果。使用环境球节点来模拟环境反射效果比较理想，在这一步骤中将学习如何创建环境球贴图。

单击 Env Texture(环境贴图)中的 Env Ball(环境球)节点，在工作区出现环境球及其贴图坐标图标，如图 5-34 所示。

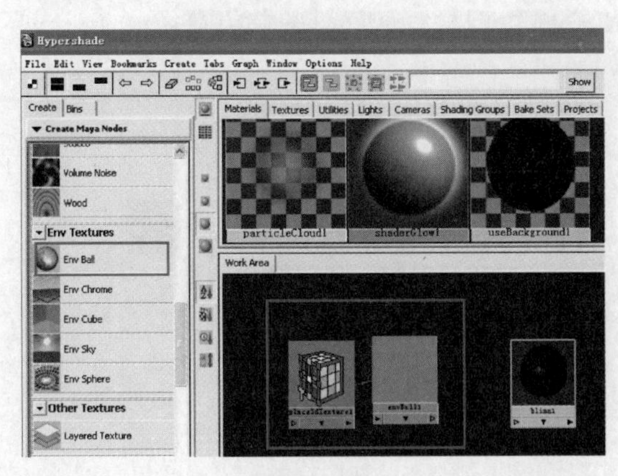

图 5-34

接下来在 2D Textures(二维贴图)组中选择 File 节点，如图 5-35 所示。

设成经验值 0.95。要使物体透明，还可将 Transparency 的颜色设置为灰色，或者设置成与材质同色。

Ambient Color(环境色)：默认为黑色。默认情况下不影响材质的颜色。环境色主要是影响材质的阴影和中间调部分，当环境色变亮时，将改变模型中被照亮部分的颜色，并混合这两种颜色，以表示环境对材质的影响，或模拟材质对环境的被动反映。增加环境光会降低物体的体积感。

Incandescence(白炽)：即自发光效果。默认参数值为 0(黑色)，即不发光。

该参数用来模仿白炽状态下物体发射的光，是物体自身的明亮表现，在 Maya 中不能照亮其他物体。例如，模拟红彤彤的熔岩时可将 Incandescence 设置成亮红色；设计师常常为树叶添加 Incandescence 色，使叶子看起来更生动。

该参数同样影响物体的阴影和中间调部分，但它与环境色的区别是：可以模拟不同的“光线”效果。环境色是被动受光，Incandescence 是自发光，如金属高温发热的状态。

Bump mapping(凹凸贴图)：通过为凹凸映射纹理的像素颜色设置强度值，并在渲染时改变模型表面的法线，以使模型表面产生凹凸感。该参数是处理物体表面质感时经常用到的一个参数，仅次于物体表面的固有色。

使用参数时，凹凸贴图的模型表面并没有改变，只是模拟凹凸感。如果渲染一个有凹凸贴图的球体，无论表面凹凸程度多么强烈，但它的边缘仍是圆的。

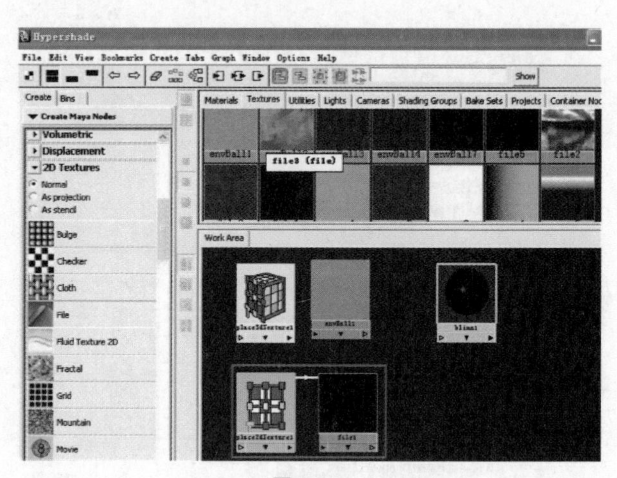

图 5－35

单击 File1 图标，选择属性面板 Image Name 项右边的文件夹图标，如图 5－36 所示。在弹出的对话框中选择一张发射贴图，如图 5－37 所示。

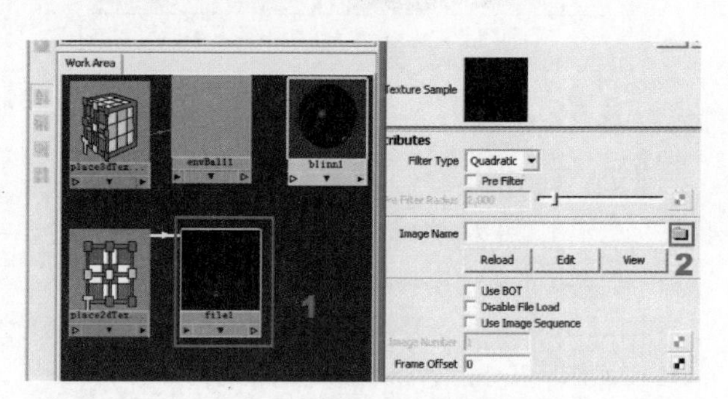

图 5－36

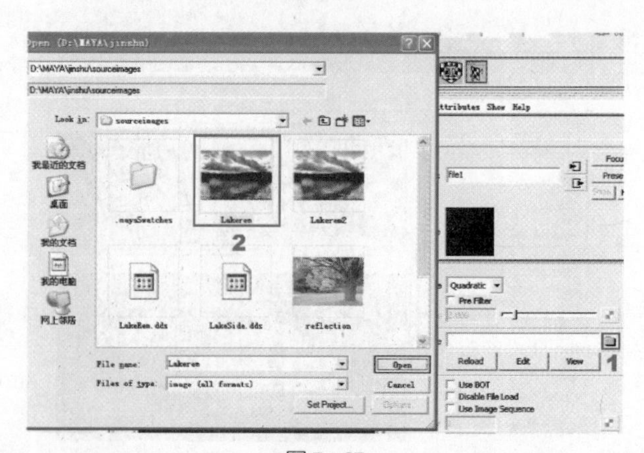

图 5－37

用鼠标中键将 File 节点拖到 EnvBall(环境球)节点上，在弹出的菜单中选择 Default(漫反射)，发现有一根绿线将这两个节点连接起来，如图 5－38 所示。

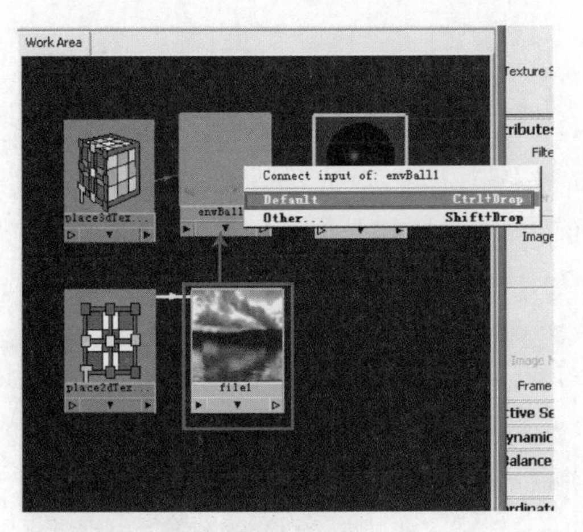

图 5-38

同样用鼠标中键(或滚轮)将 EnvBall 节点拖到 Blinn1 材质球上,在弹出的菜单中选择 reflectedColor(反射颜色),如图 5-39 所示。这样不锈钢金属材质设置完成。单击 Maya 操作界面视窗左上方的渲染按钮,看到效果如图 5-40 所示。

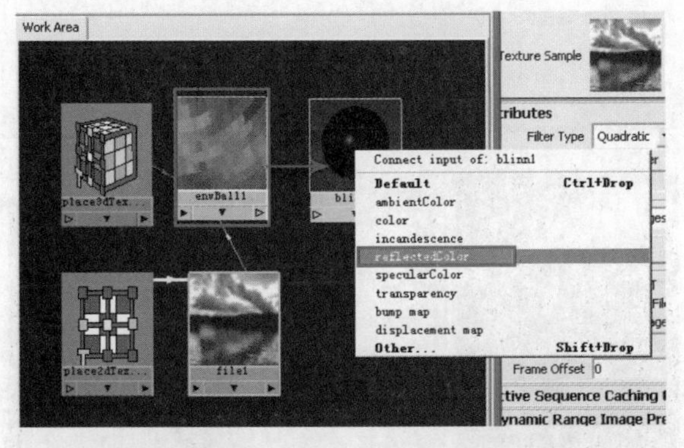

图 5-39

图 5-40

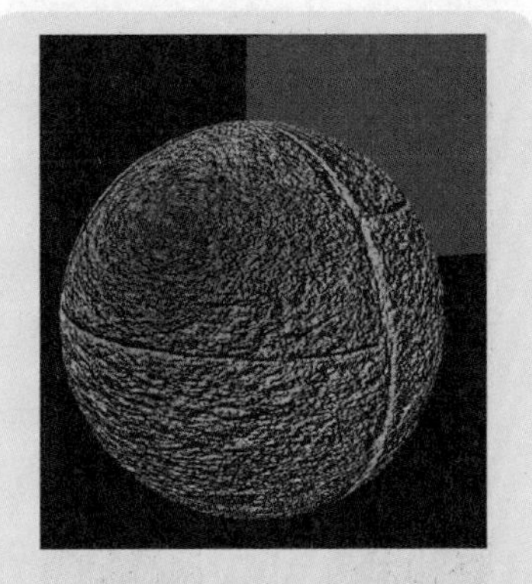

Diffuse(漫射):描述物体在各个方向上反射光线的能力,作用相当于一个比例因子,默认值为0.8,取值范围为 0~无穷。Diffuse 值越高,漫反射区域的颜色越接近设置的表面颜色。但值太高,会使漫反射区域的颜色缺乏层次感。Diffuse 参数值主要影响中间调的饱和度。

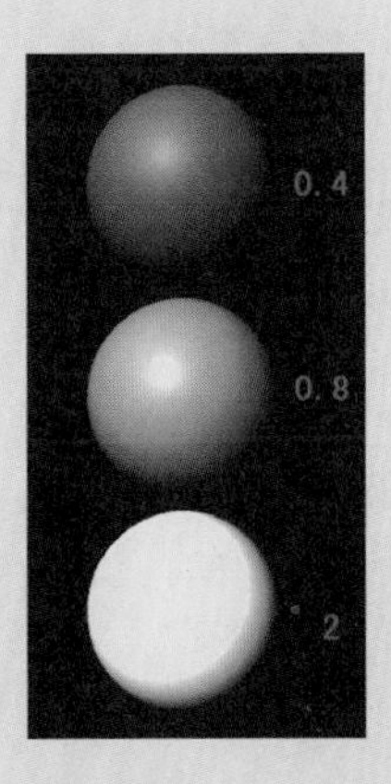

Translucence(半透明):是指一种材质允许光线通过但并不完全透明的状态。这样的材质可以接受来自外部的光线,使得物体很有通透感,如玉器、蜡烛、花瓣、纸张、人的皮肤等。

当无阴影投射的灯光照亮模型表面时，模型表面材质的Translucence(半透明)值为0或者无穷大。

当场景中有凌晨透明物体和投射阴影的灯光照射时，若模型的暗部边缘出现锯齿状，则应提高灯光的Dmap Filter Size值或降低灯光的Dmap Resolution值。

若为模型表面材质设置了较高的Translucence值，这时应降低Diffuse值以避免曝光过度。

物体表面的实际半透明效果基于从光源处获得的照明，和物体自身的透明性无关，若物体自身的透明性愈大，则其半透明性和漫反射效果会受到影响。环境光对物体的半透明性和漫反射效果没有影响。

Translucence Depth(半透明深度)：是灯光穿透半透明物体的深度。当数值为0时物体将变为不透明。

Translucence Focus(半透明的焦距)：是灯光通过半透明物体所形成焦距范围的大小。值越大，焦距范围越小，最终会形成一个焦点。

05.

接下来设置勺子的黄金材质。在Hypershade左侧的Surface标签栏里，单击Blinn材质球，可以看见在右边上部的样本显示区和下面的工作区出现Blinn2材质球，如图5-41所示。

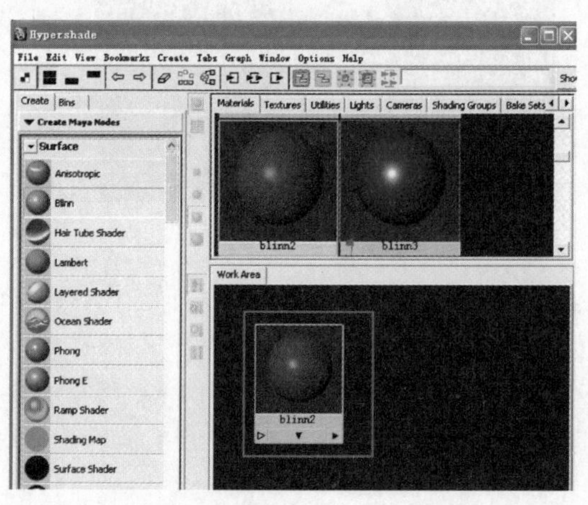

图5-41

在视窗中选中勺子物体，用鼠标中键将新建的Bilnn2材质拖到物体上，如图5-42所示。

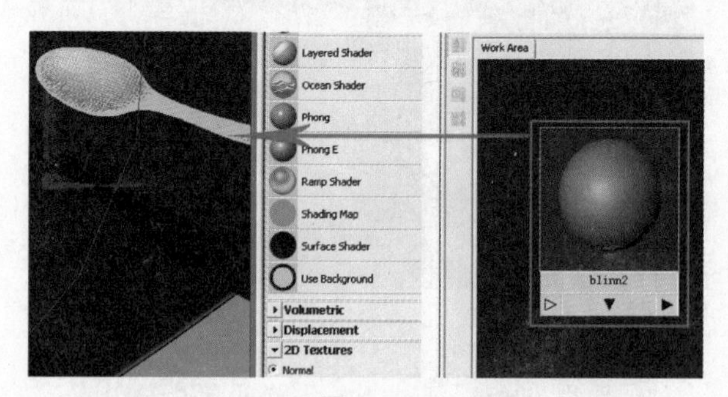

图5-42

06.

选择Blinn2材质球节点，按〈Ctrl〉+〈A〉键(或直接双击Blinn材质球节点)打开属性面板，如图5-43所示在属性面板中进行参数设置：Color设置为H:33，S:0.9，V:0.9；Ambient color设置为H:4.5，S:0.75，V:0.06；Diffuse设置为0.25；Eccentricity设置为0.13；Specular Roll Off设为1；Specular Color设为H:60，S:0.9，V:1；Reflectivity为0.8。

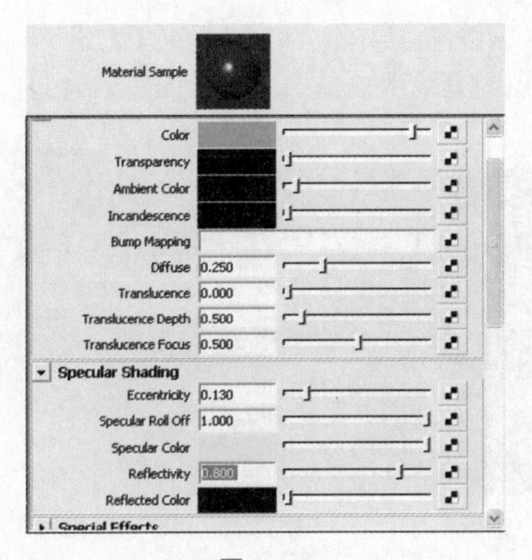

图 5-43

07.

接下来为这个材质创建一个虚拟环境反射效果，参照前面的设置步骤，分别建立 EnvBall（环境球）节点和 File 节点，如图 5-44 所示。

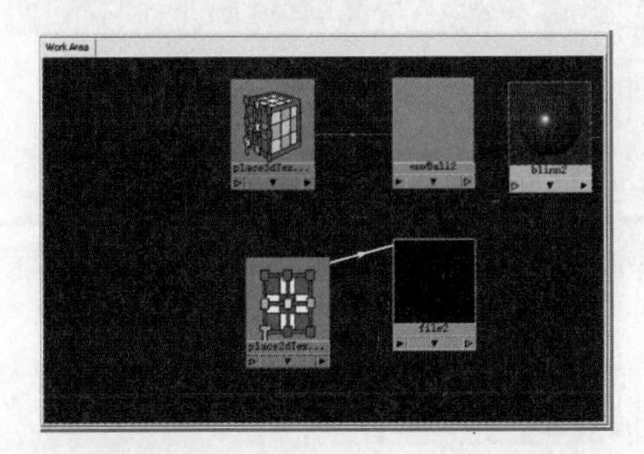

图 5-44

在 File 节点的设置属性上单击文件夹按钮，在弹出的对话框中选择一张发射贴图，如图 5-45 所示。

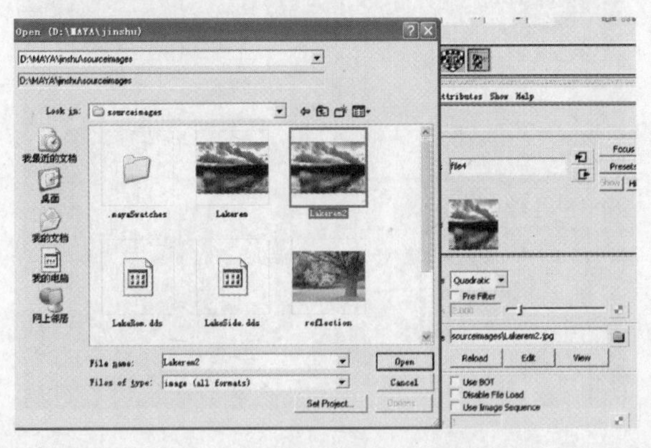

图 5-45

2. Blinn 材质高光属性

控制模型表面反射灯光或者表面炽热所产生的辉光外观，如下图所示。高光属性对 Blinn、Phong、PhongE、Anisotropic 材质的表现效果有极大的作用。

注意：Lambert 材质没有高光属性

Eccentricity：控制高光范围。

Specular Roll Off（高光强度）：用于控制模型表面反射环境光的能力，在输入框中可直接输入数值。

Specular Color（高光颜色）：控制表面高光的颜色，黑色表示表面无高光。

Reflectivity（反射强度）：值为 1，表示完全反射周围环境光。建议对透明物体不要用太高的参数值。

Reflectivity Color（反射颜色）：如果完全由 Raytracing（光线跟踪）来计算反射效果，则渲染速度很慢，而且往往达不到预期的效果，这时可以通过在反射颜色中使用模拟环境的贴图来获得预期的效果，如拍摄周围环境的照片。

用鼠标中键(或滚轮)将 File 节点拖到 EnvBall 节点上,在弹出的菜单中选择 Default,如图 5-46 所示。

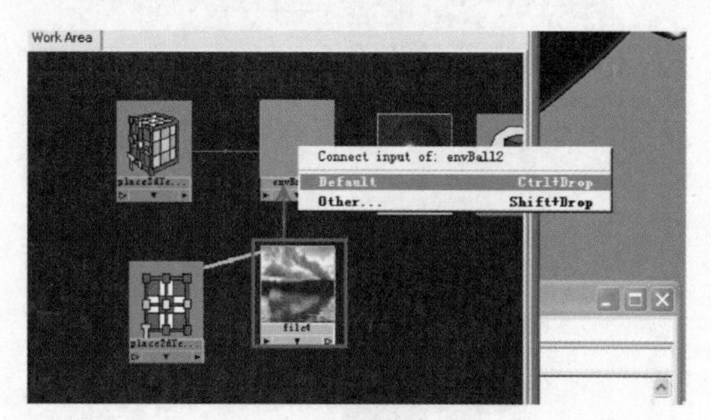

图5-46

用鼠标中键(或滚轮)将 Env Ball 节点拖到 Blinn1 材质球上,在弹出的菜单中选择 reflectedColor,如图 5-47 所示。

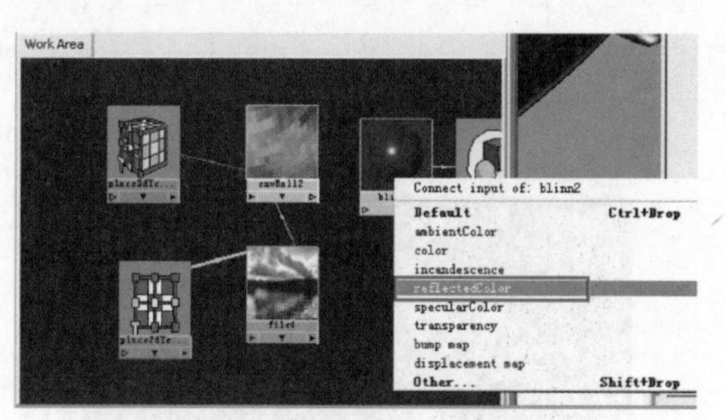

图5-47

这样就将勺子的黄金材质设置完成。单击 Maya 操作界面视窗左上方的渲染按钮,看到最终效果如图 5-48 所示。

图5-48

5.3 蜡烛材质制作

知识点:3s 半透明材质,Ramp(渐变)节点,Blend Colors(融合颜色)材质节点,Sampler Info(取样信息)节点

图 5 - 49

本实例通过蜡烛的材质设置,具体讲解一种重要的材质——3s 半透明材质的设置方法。

01.

首先设置场景。启动 Maya 程序,在 Maya 中打开已创建好的模型场景,如图 5 - 50 所示。

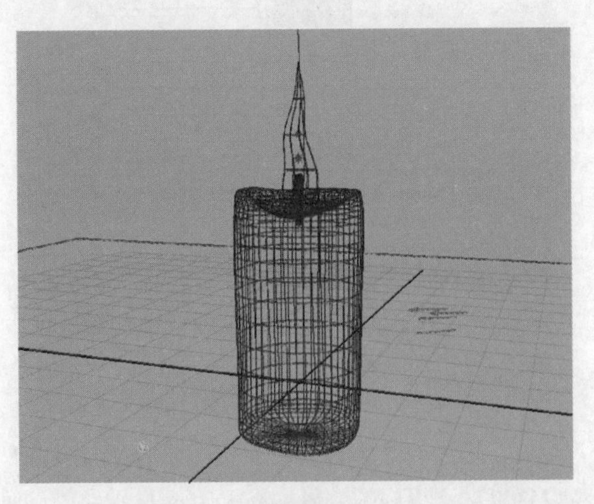

图 5 - 50

知 识 点 提 示

3. Blinn 材质光线跟踪属性

使用光线跟踪属性必须打开 Render Globals(全局渲染)面板中的 Raytracing(光线跟踪)选项。

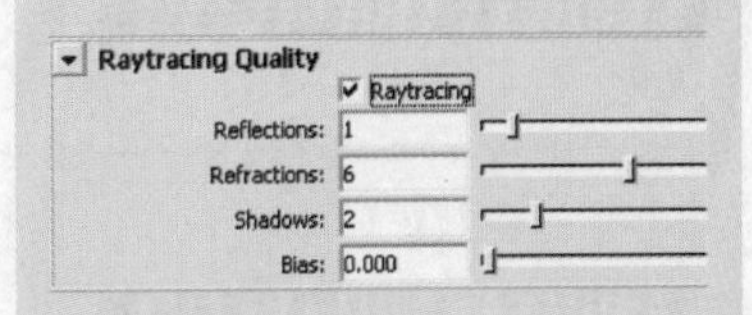

Refractions(折射):用于计算光影跟踪的折射效果,速度较慢。

Refractive Index(折射率):指的是光线穿过透明物体时被弯曲的程度(是光线从一种介质进入另一种介质时发生的,如从空气进入

玻璃、从水进入空气，折射率和2种介质有关)。当折射率为1时，光线呈直线传播。

常见物体的折射率如下：

真空　1.0000

空气　1.0003

液态二氧化碳　1.2000

冰　1.3090

水　1.3333

丙酮　1.3600

乙醇　1.3600

30%糖溶液　1.3800

酒精　1.3900

萤石　1.4340

融化的石英　1.4600

80%糖溶液　1.4900

玻璃　1.5000

氯化钠　1.5300

聚苯乙烯　1.5500

绿宝石　1.5700

轻火石玻璃　1.5750

青金石、杂青金石　1.6100

黄玉　1.629～1.637

二硫化碳　1.6300

石英　1.6440

重火石玻璃　1.6500

红宝石　1.7700

蓝宝石　1.76～1.768

水晶　1.544～1.553

钻石　2.4～2.8

Refraction limit：光线被折射的最大次数，默认值为6，取值范围为0～无穷，滑块的值为0～10。如果需要大于10的值，可在数值框中直接输入。

Raytrace Options 面板中的 Refraction Limit 参数设置与 Render Global（全局渲染）面板中的 Refraction 参数设置相似，只不过前者只针对赋有此材质的模型，后者则是针对整个场景的，参数值应该等于或大于前者，实际创作中要综合考虑这2项。

02.

设置蜡烛的白色半透明烛体材质。在 Hypershade 窗口的 Surface 标签下单击 Phong 材质球，如图 5－51 所示。

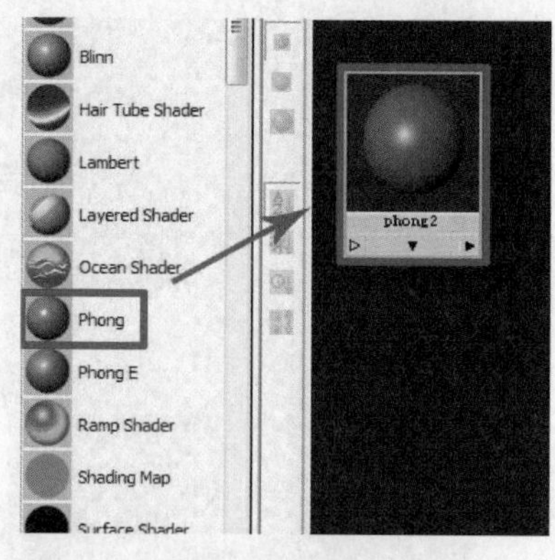

图5－51

双击 Phong 材质球，弹出 Phong 材质球属性面板，如图 5－52 所示在属性面板中进行参数设置：Color 设置为 H:56，S:0.2，V:0.9；Translucence 设置为 1；Cosine Power（高光范围）设置为 12；Specular Roll Off 设为 1；Specular Color 设为 H:56，S:0，V:4；Reflectivity 为 0.7。

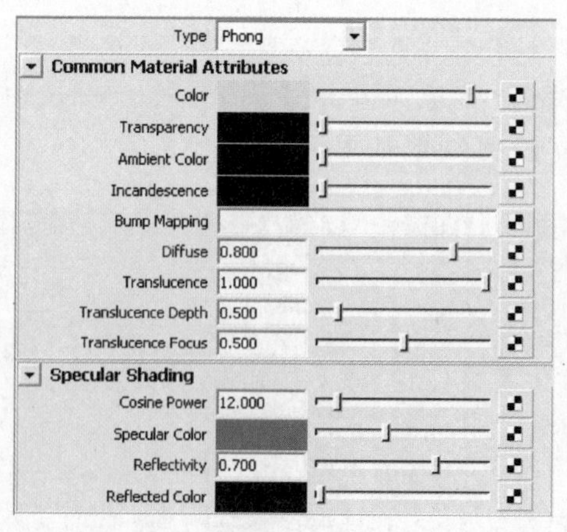

图5－52

03.

在上一步只是简单设置了一些基本属性，还需要进一步设置以达到更好的效果。在 Phong 材质球节点属性面板中单击 Translucence Focus(半透明焦点)右侧的按钮,在弹出的节点菜单中选择 Ramp(渐变)节点,如图 5－53 所示。

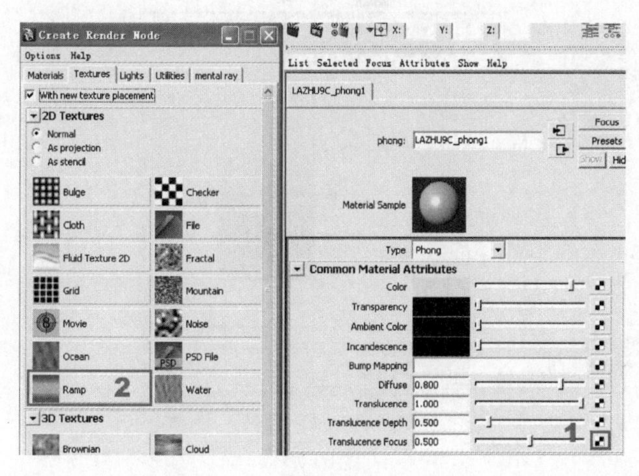

图 5－53

双击 Ramp(渐变)节点,Maya 操作界面右侧弹出 Ramp(渐变)属性面板。拖动长方形渐变色左边的小圆可以调整渐变点的位置,单击长方形渐变色右边的 ⊠ 图标可以将渐变点删除,在长方形渐变色中间单击可以增加节点,如图 5－54 所示。

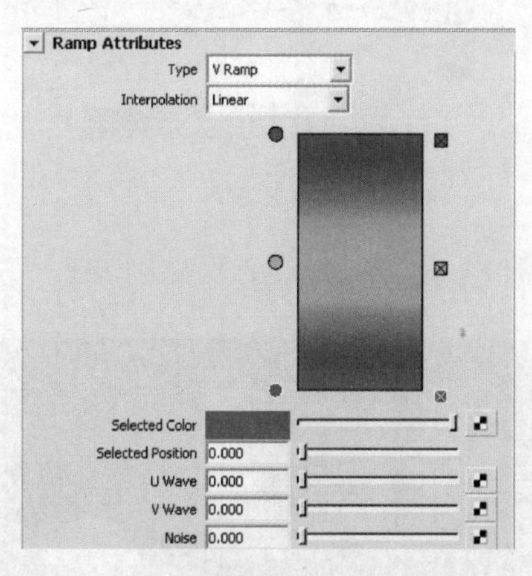

图 5－54

设置 Type 类型为 U Ramp, Interpretation 为 Smooth。单击右边的 ⊠ 按钮,删除一个渐变颜色点。将上面一个颜色点设置为 H:56, S:0, V: 0.9,将下面一个颜色点设置为 H:56, S:0, V:0.05,移动到如图 5－55 所示的位置。

Light Absorbance:材质吸收光线的能力。值越大,对光线的吸收就越强,导致物体的反射和折射下降。

Surface Thickness:表面厚度。实际上是指介质的厚度,通过此项的调节,可以影响折射的范围。一般来说,可以将一个面片渲染成一个有厚度的物体。

Shadow Attenuation:在透明物体的阴影中模拟灯光的聚焦效果。

Chromatic Aberration:不同波长的光线在通过透明物体时将以不同的角度折射,可以出现类似彩虹的效果。

Reflection limit:光线被反射的最大次数,与 Refraction limit 的作用类似。取值范围为 0～10,默认值为 1。

Anisotroipc(各向异性)材质

Anisotroipc(各向异性)材质具有较好的软高光效果,是许多设计师经常使用的材质,有高质量的镜面高光效果,所使用的参数是 Eccentricity 和 Specular Roll Off 等高光的柔化程度和高光的亮度。这适用于一些有机表面,也可应用于一些表面光洁的无机物,如石材、塑料、瓷器、家具、工业制品等,还可用来模拟金属表面,如铜、铅、钢等,适用范围非常广泛。这种材质类型可以进行精确的高光形态调节和控制,常用于模拟具有微细凹槽的表面,其镜面高光与凹槽的方向接近于垂直,可以制作如头发、斑点、CD 盘片等效果,这些材质都具有各向异性的高光。

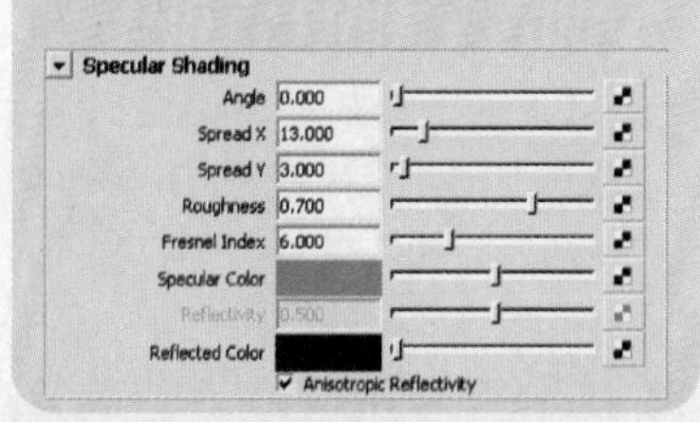

Angle(高光角度):通过各向异性的高光来描述表面凹槽的角度。

Spread X:高光在 X 方向的延伸程度。

Spread Y:高光在 Y 方向的延伸程度。

Roughness:表面整体的粗糙程度,越粗糙,高光越模糊。

Fresnel Index:菲涅耳系数。

Specular Color:高光颜色。

Reflectivty:反射率。

Reflected Color:反射率。

Anisotroipc Reflectivity:各向异性反射,将 Reflectivity 作为 Roughness 的一部分计算。

Lambert 材质

Lambert 材质不包括任何镜面属性。对粗糙物体来说,这项属性是非常有用的,它不会反射出周围的环境。Lambert 材质可以是透明的,在光线跟踪渲染中发生折射,但是如果没有镜面属性,该类型就不会发生折射。平坦的磨光效果可以用于砖或混凝土表面。它多用于不光滑的表面,如木头、岩石、布料等。Lambert 材质是默认的材质组。

Layered Shader(层)材质

Layered Shader 材质可以将不同的材质节点合成。每种材质都是独立的,然后通过层的功能相互连接,就像 Photoshop 中的"层"功能一样,通过调整上层的材质透明度或者建立贴图,可以显示下层材质的某些部分。在层材质中,白色区域是完全透明的,黑色区域是完全不透明的,这与 3ds Max 或其他一些三维软件是相反的。Layered Shader 可以用来模拟多种材质的组合效果,如复杂的工业制品,但它的渲染速度比较慢。

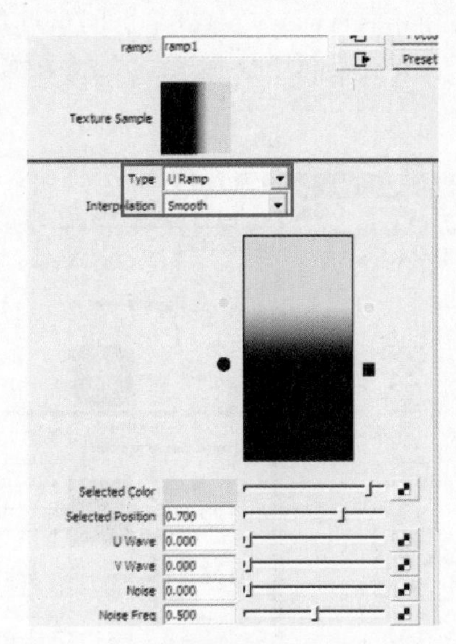

图 5-55

单击 Reflected Color(反射颜色)右侧的按钮,在弹出的节点菜单中选择 Env Ball(环境球)节点,如图 5-56 所示。

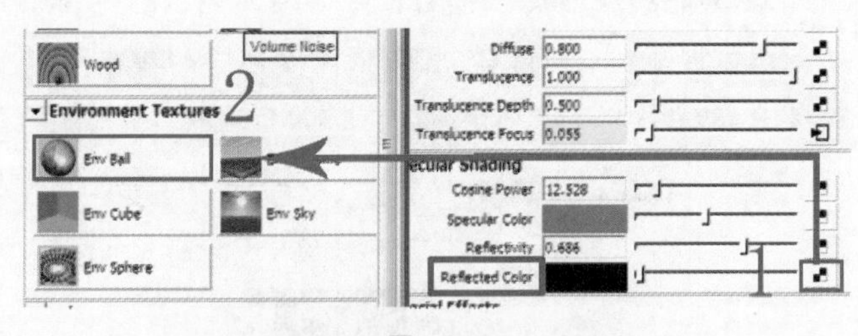

图 5-56

与 Env Ball 连接完成后的节点网如图 5-57 所示。

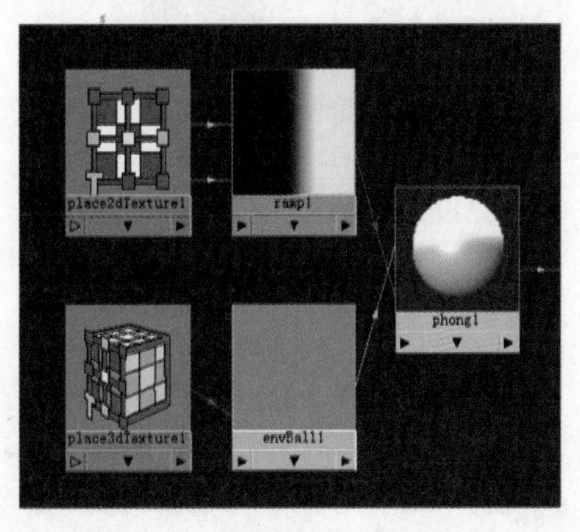

图 5-57

在工作区单击 Env Ball 节点，在 Maya 操作窗口右侧弹出 Env Ball 节点属性面板，如图 5－58 所示进行参数设置。

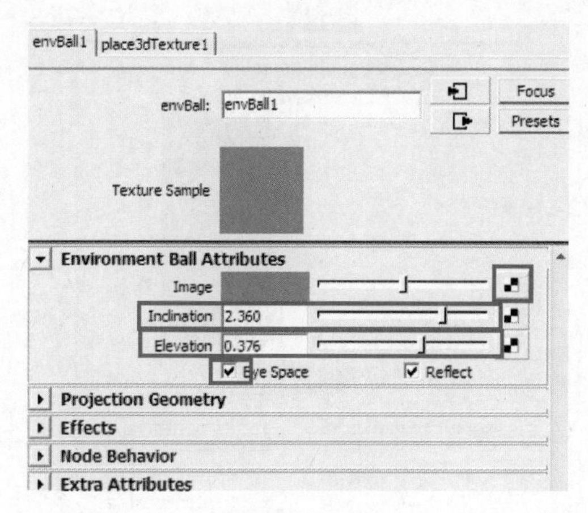

图 5－58

接下来为 Env Ball Image 属性增加一个 Ramp（渐变）节点。单击 Environment Ball Attrilbutes（环境球属性）标签下 Image（图像）右侧的 按钮，在弹出的连接节点菜单中选择 Ramp（渐变）材质节点，如图 5－59 所示。

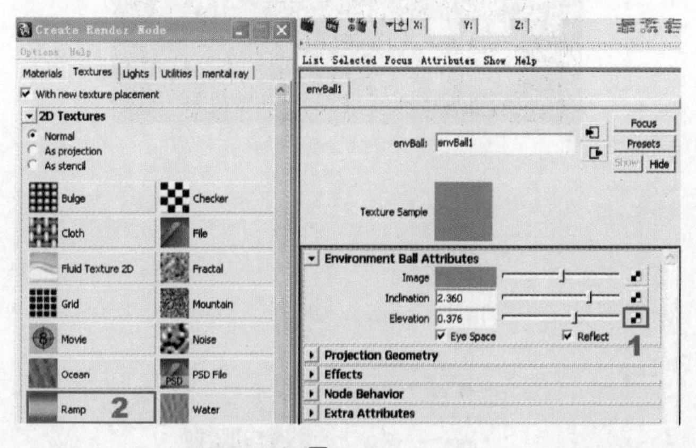

图 5－59

进入 Ramp 节点属性面板，如图 5－60 所示进行参数设置，设置 Type 类型为 U Ramp，Interpretation 为 Linear。用鼠标单击长方形渐变中间，增加一个渐变颜色点。四个颜色点从上到下设置 H、S、V 值分别为：40，0.5，0.4；29，0.8，0.6；37，0.7，0.6；14，0.65，0.74。

烛身材质设置完成，其节点连接图如图 5－61 所示。

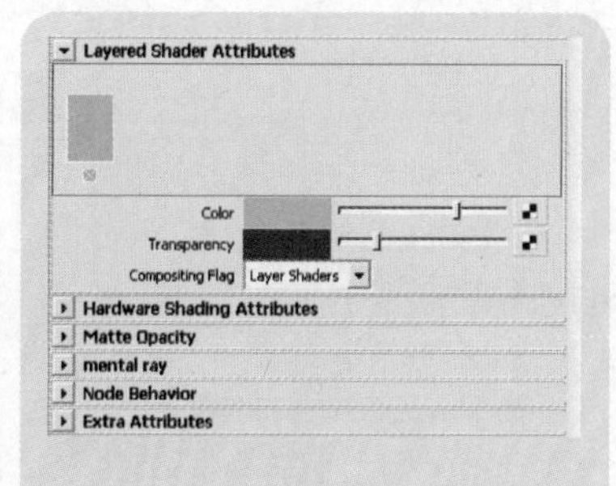

Ocean Shader 材质

主要应用于流体，可以适用于海洋、水、油等液体。

Phong 材质

Phong 材质有明显的高光区，适用于湿滑的、表面具有光泽的物体，如玻璃、塑胶等。利用 Cosine Power 对 Blinn 材质的高光区域进行调节也可以实现 Phong 材质的效果，所以通常情况下用 Blinn 材质可以代替 Phong 材质。

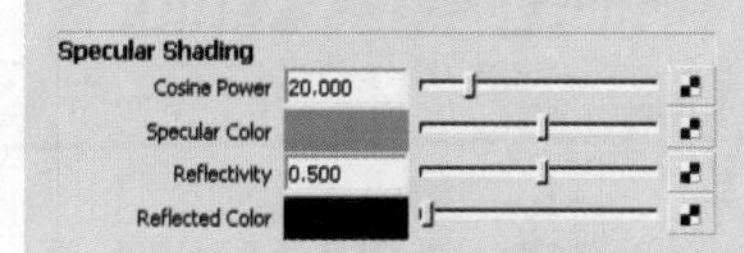

Cosine Power（余弦率）：用来控制 Phong 材质高光区的大小。值越小，高光的范围就越大，作用与 Blinn 材质中的 Eccentricity 功能类似。

Phong E 材质

能很好地根据材质的透明度来控制高光区的效果。高光效果比 Phong 材质柔和，渲染速度也比 Phong 材质快。

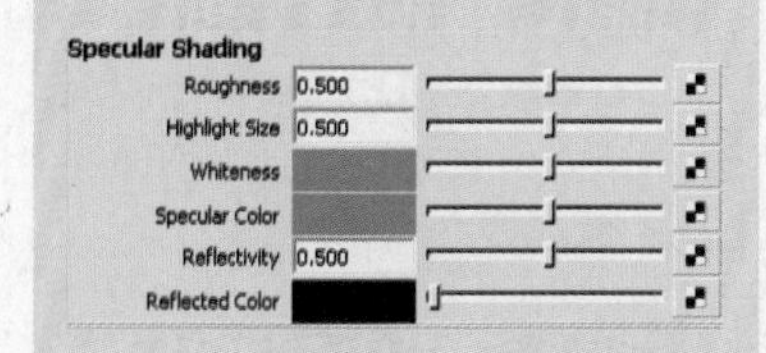

Roughness：控制高光的柔和性。

Whiteness：控制高光的颜色。

Highlight Size：控制高光的强度。

Ramp Shader（渐变）材质

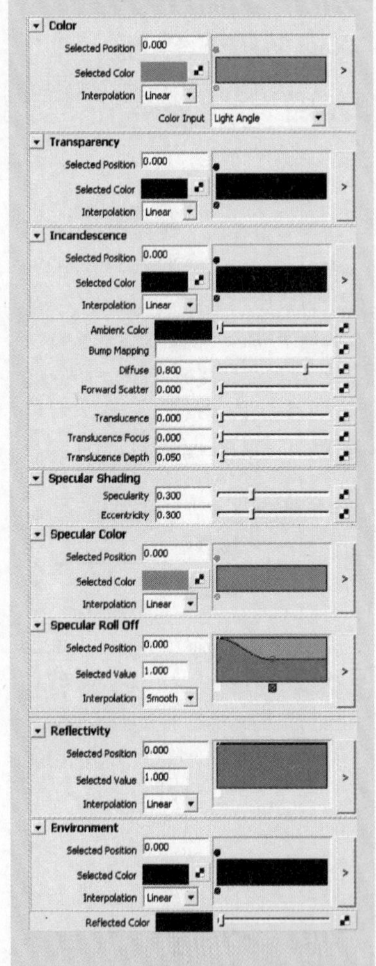

渐变材质中与颜色有关的属性都采用渐变方式来控制，可以创建类似二维卡通画的效果。

很多参数右边都有一个灰色或黑色的矩形色块，该色块是用于调节渐变的区域。

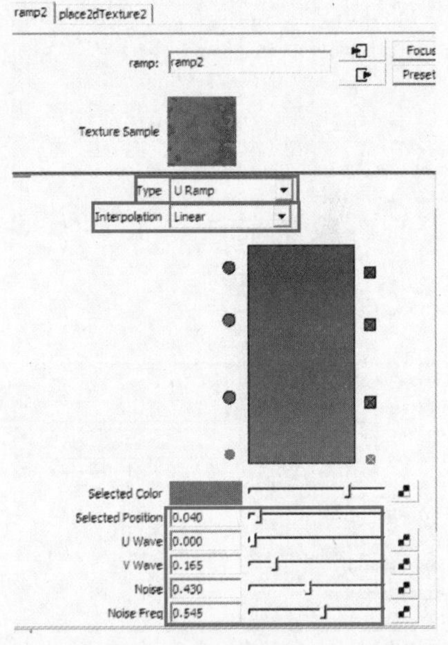

图 5－60

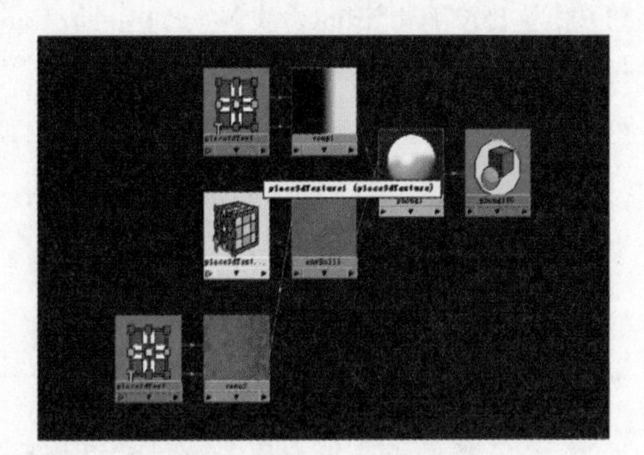

图 5－61

04.

下一步制作蜡烛火苗。在 Hypershade 窗口 Surface 标签下单击 Lambert 材质球，如图 5－62 所示。

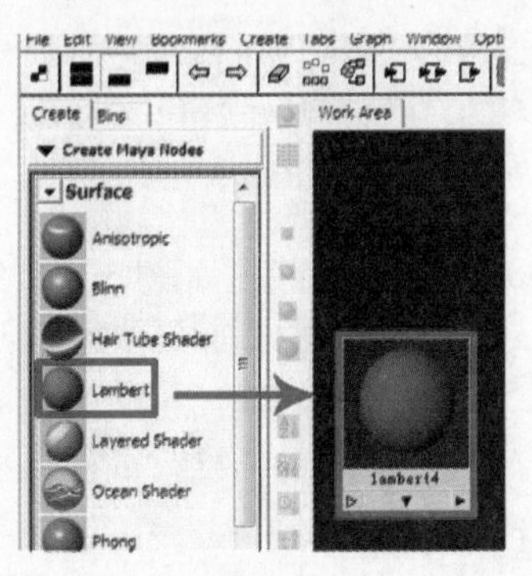

图 5－62

05. 设置材质球

双击 Lamber 材质球节点，进入属性面板，如图 5 - 63 所示设置材质球参数：Color 为 H：24，S：1，V：1；Ambient Color 为 H：24，S：0，V：1；Incandescence 为 H：24，S：0.9，V：0.75；Diffuse 为 1。

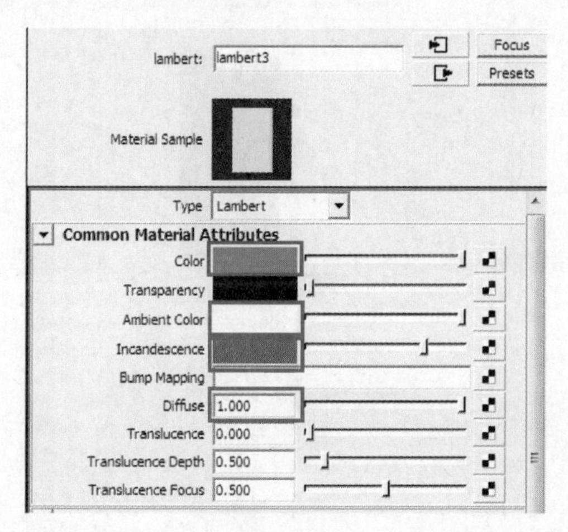

图 5 - 63

06.

接下来设置烛光的一些透明度变化效果，需要用到一些程序节点知识。首先在 Hypershade 窗口中单击 Ramp 材质节点，如图 5 - 64 所示。

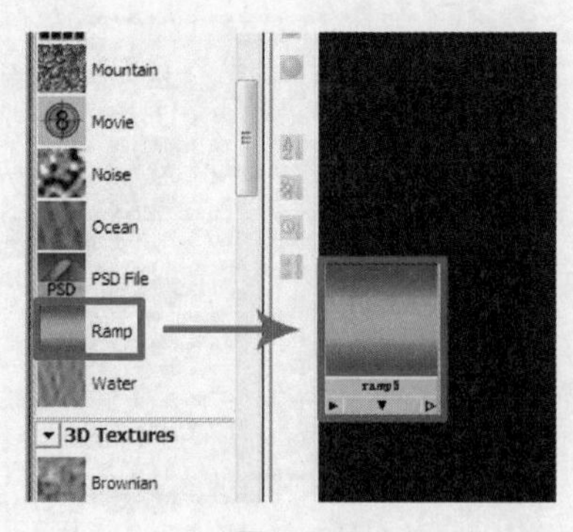

图 5 - 64

进入 Ramp 节点属性面板，如图 5 - 65 所示进行参数设置：Type 设置为 U Ramp，Interpretation 设置为 Linear。用鼠标单击长方形渐变中间，增加两个渐变颜

Color Input：用于选择渐变方式。

Light Angle：渐变颜色排列位置取决于灯光与曲面法线之间的角度。渐变色右侧是法线直接指向灯光并平行于照射方向、同灯光照射方向完全一致的曲面的颜色。概括地说，这种方式就是按灯光照射方向来排列渐变色。

注意：场景中有多少个灯光，就有多少种这样排列的渐变色。

Facing Angle：渐变颜色排列位置取决于摄像机与曲面法线之间的角度，即观察的方向。渐变色右侧是法线对着摄像机：渐变色左侧是法线方向同摄像机垂直的曲面的颜色。

Brightness：渐变颜色排列位置取决于场景中灯光的亮度。这种方式下同样要注意灯光数量的影响。

渐变调节方式交互性好且直观性强，因此渐变材质和渐变贴图得到广泛的应用。

Specularity、Eccentricity：分别控制 Shader 的强弱和大小。

Specular Color：控制高光的颜色，但颜色不是单色，而是一个可以直接控制的 Ramp。它可以控制颜色的位置、颜色及渐变的类型。

Specular Roll Off：控制高光的强弱。新添加了用曲线来控制，如选择曲线上的点所在的位置、值的大小，还有曲线的形式。

Shading Map 材质

用于给表面添加一种颜色，通常应用于非现实效果或卡通、阴影效果。

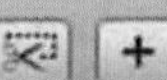

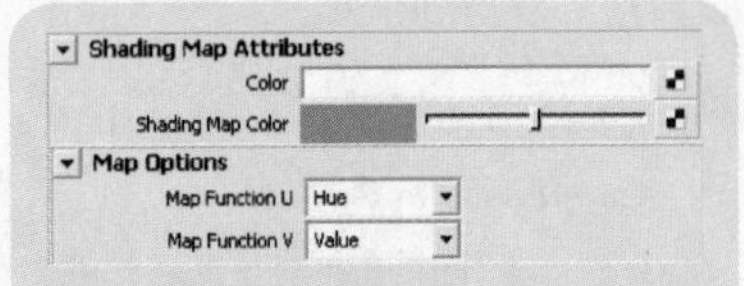

属性面板中的 Color 和 Shading Map Color 参数用于控制材质的三维效果和颜色。

Surface Shader 材质

Surface Shader 用于给材质节点赋予颜色，效果与 Shading Map 相似，但是它除了颜色以外，还有透明度、辉光度、光洁度控制参数。所以，在目前的卡通材质的节点里，大多数选择 Surface Shader。

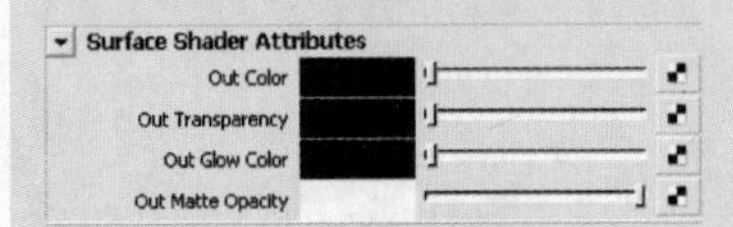

Out Color（输出颜色）：指 Surface Shader 的颜色控制，默认为黑色。

Out Transparency（输出透明）：控制 Surface Shader 的透明属性。

Out Glow Color（输出荧光颜色）：可以出现二维的发光效果。

Out Matte Opacity（输出透明通道）：可以控制图像的 Alpha 通道的灰度值。

Use Background（使用背景）材质

有 Specular 和 Reflectivity 两个变量，可作为光影跟踪使用，常用于单色背景的合成渲染，以及后期工作中的抠像处理。

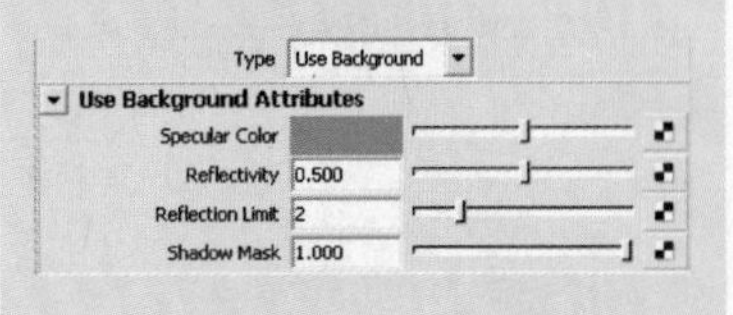

色点。四个颜色点从上到下设置 H、S、V 值分别为：0，0，0.2；0，0，0.13；0，0，0.1；0，0，0.12；0，0，0.17。Noise（噪波）设置为 0.041。

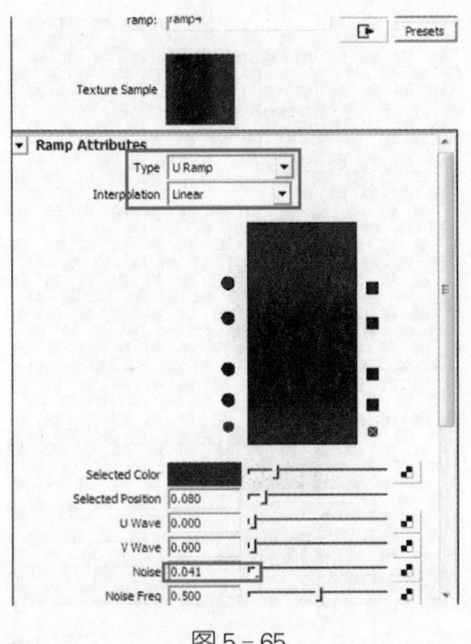

图 5-65

单击 Ramp 材质节点属性面板中的 Color Balance（色彩平衡）标签的小倒三角形，展开后可以看到 Color Offset（颜色偏移），单击其右边的小四方格，在弹出的连接节点菜单中选择 Utilities→Color Utilities（颜色工具）→Blend Colors（融合色彩）节点。Blend Colors 是将两种颜色混在一起的节点，主要是用来区分颜色，如图 5-66 所示。

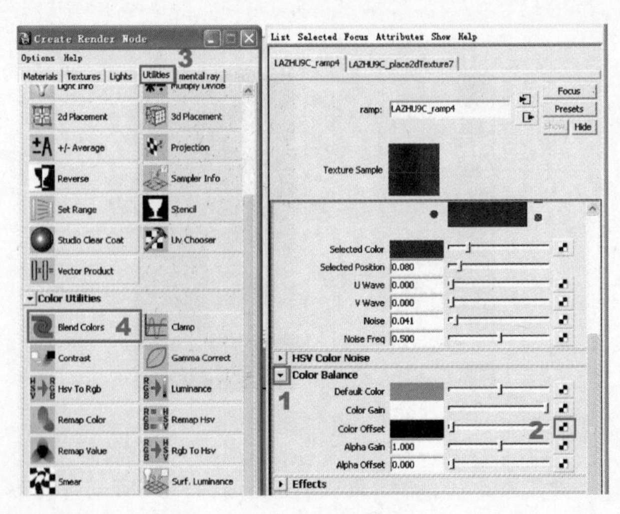

图 5-66

双击 Blend Colors 材质节点，弹出属性面板，设置 Color 1 颜色为：H：240，S：0，V：0.6；Color 2 颜色为：H：240，S：0，V：0.3，如图 5－67 所示。

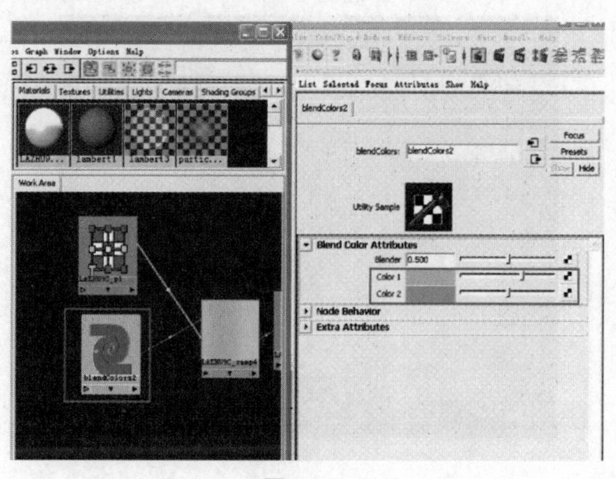

图 5－67

单击 Blend Colors 材质节点属性面板中 Blender（融合器）右侧的小四方格，弹出连接节点菜单，选择 Sampler Info（取样信息）节点，如图 5－68 所示。

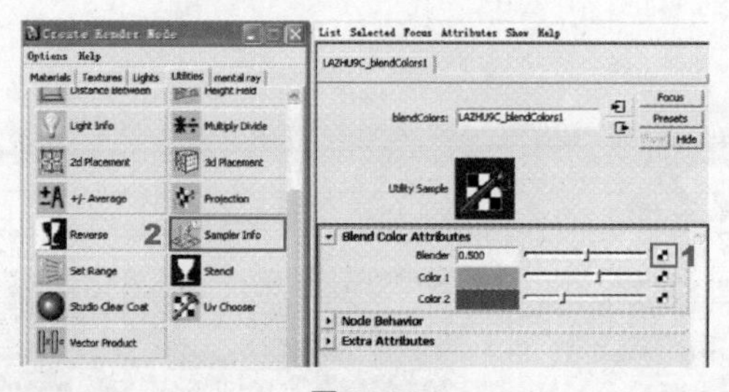

图 5－68

在弹出的连接框中，左侧选择 facingRatio 节点，右侧选择 blender 节点，如图 5－69 所示。

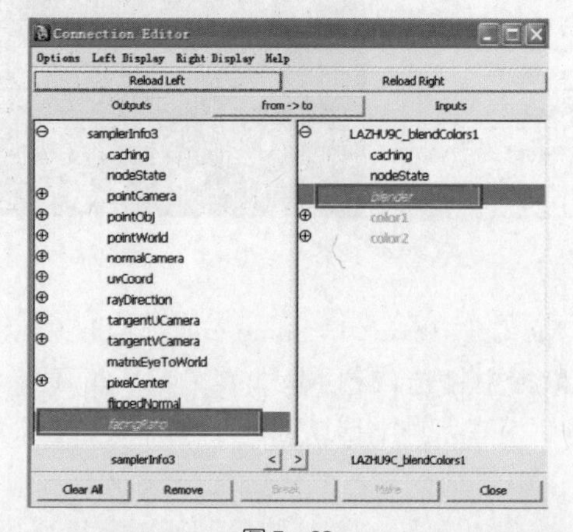

图 5－69

Specular Color：高光的颜色。可以根据要模拟的背景选择一张纹理作为图案。

Reflectivity：反射强度。要根据背景情况来决定。此值越大，反射出的图像就越清晰，图中 Use Background 材质的反射强度为 0。

Reflection Limit：反射限制。其实指的就是反射次数，值越大，反射的次数就越多。

Shadow Mask：控制阴影的强弱。值为 0 时不能透射出阴影，为 1 时可透射出纯黑色的阴影，0～1 之间可以形成有灰度的阴影。

Sampler Info 材质节点连接完成，节点网如图 5－70 所示。

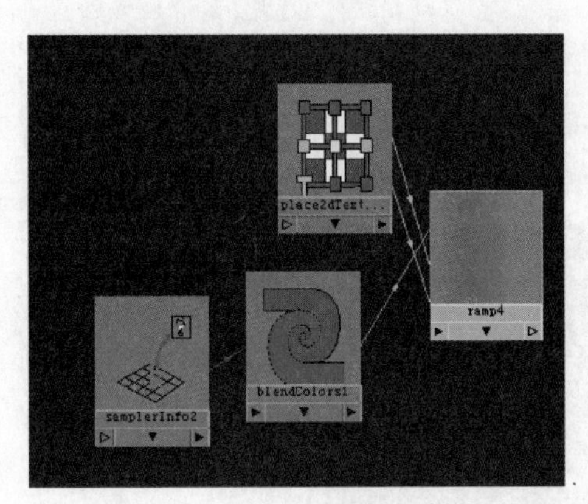

图5－70

在 Hypershade 窗口的 General Utilities（常规工具）标签下单击 Multiply Divide（乘除）材质节点，如图 5－71 所示。或者按鼠标中键（或滚轮）将其拖动到 Hypershade 窗口右侧的工作区中。

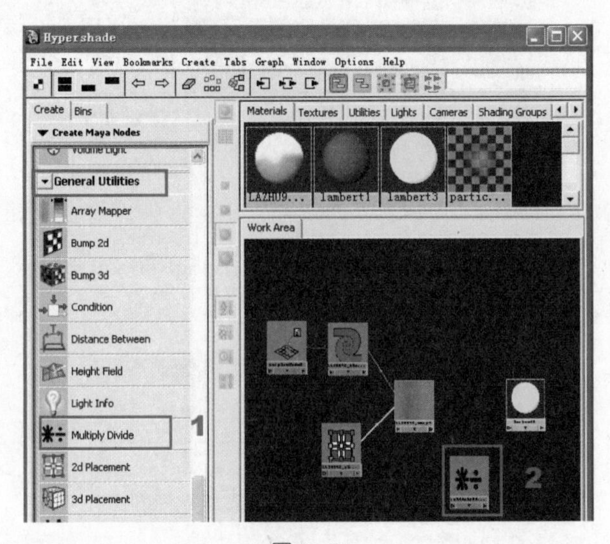

图5－71

把 Multiply Divide 与 Ramp 节点连接起来，将 Ramp 节点用鼠标中键拖拽到 Multiply Divide 材质节点上松开，在弹出节点菜单中选择 Input1，如图 5－72 所示。

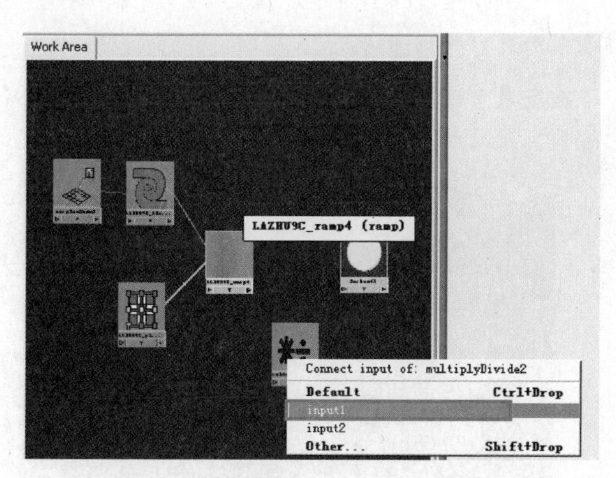

图 5-72

再把 Multiply Divide 材质节点与 Lamber 节点连接起来。将 Multiply Divide 节点用鼠标中键拖拽到 Lamber 材质球节点上松开，在弹出节点菜单中选择 Transparency（透明度），如图 5-73 所示。

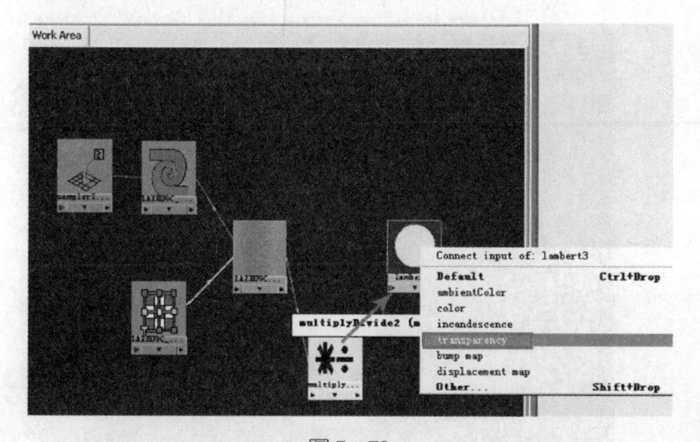

图 5-73

节点连接完成。火焰的节点网如图 5-74 所示。

图 5-74

07.

在场景中放置 1 盏平行光和 2 盏点光。默认场景中已经将灯光设置好了，如图 5 - 75 所示。

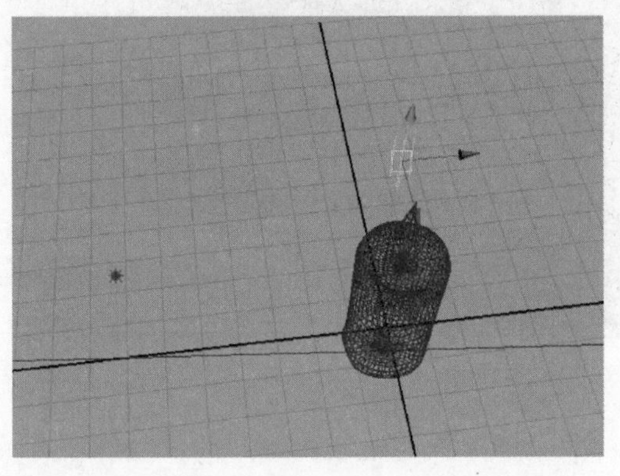

图 5 - 75

单击渲染按钮，观看最终的蜡烛效果，如图 5 - 76 所示。

图 5 - 76

5.4 摩托车材质制作

知识点：金属烤漆材质，Ramp(渐变)节点设置，插件管理器

图5－77

使用 Maya 制作摩托车材质，其中包含车漆材质、金属材质和轮胎材质，有些材质我们已经在前面学过。制作这个综合性实例对提高我们的材质设置水平很有帮助。

01.

打开已建好的模型，如图 5－78 所示。

图5－78

知识点提示

体积材质

体积材质在 Maya 中主要是各种灯光雾的效果，本节将介绍简单的环境雾效果的创建方法。

环境雾的创建

创建环境雾最直接的方法是在 Render Global(全局渲染)面板中进行设置。

02.

首先设置摩托车金属烤漆效果。在 Hypershade 窗口 Surface(表面)标签下单击 Anisotropic(各向异性)材质球节点,创建一个 Anisotropic 材质球节点,如图 5-79 所示。

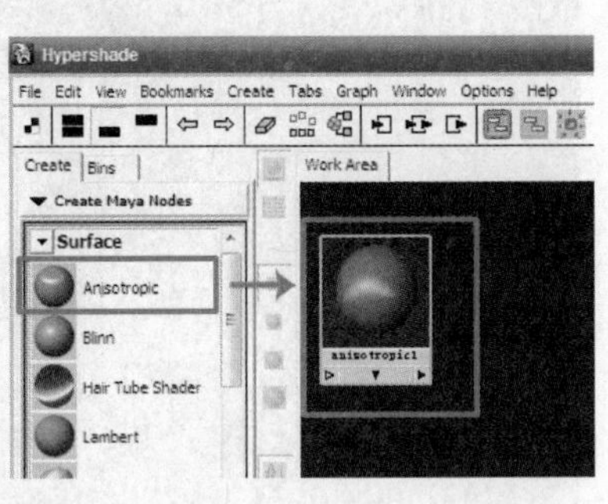

图 5-79

双击 Anisotropic 材质球节点进入属性面板,对其属性进行更改。Color 设为 H:360, S:0.6, V:0.98; Specular Color 设为: H:36 0, S:0.1, V:1; 取消 Anisotropic Reflectivity(各向异性反射)选项。其他参数设置如图 5-80 所示。

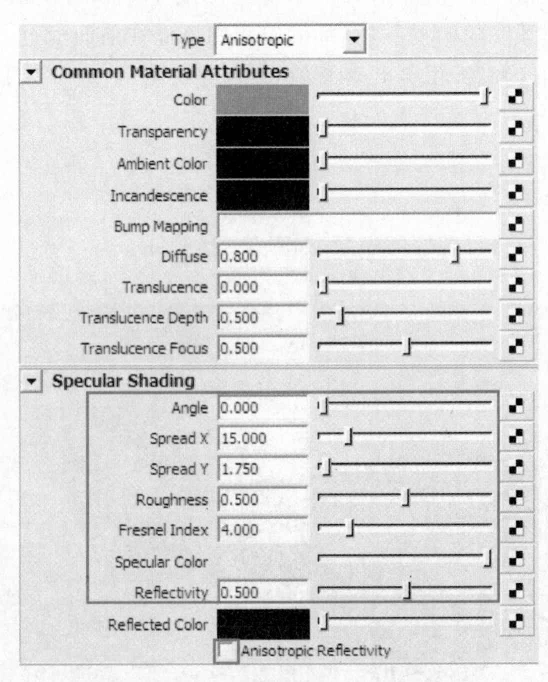

图 5-80

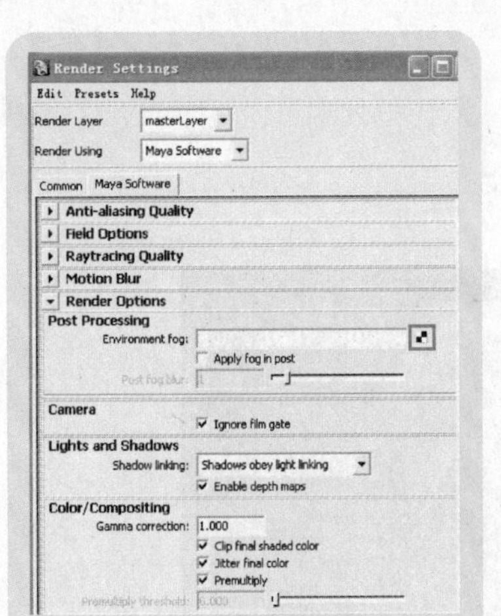

环境雾包括环境雾材质和相应的 Shading Group(阴影组),以及环境雾连接的环境光。

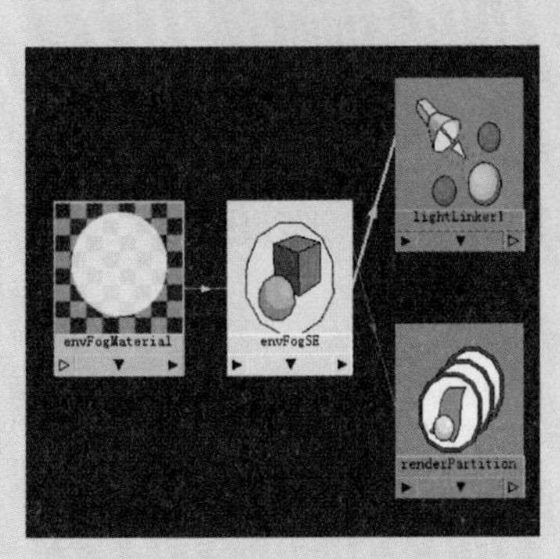

环境雾主要有两种状态:一种是默认的 Simple Fog(简单雾)状态;一种是较复杂、属性较多的 Physical Fog(物理雾)状态。有多种模式供选择,可以模拟物体在水中的状态。

03.

观察一下初步设置后的效果。在渲染窗口中将渲染设为 Mental ray 模式，选中 Raytracing（反射）选项，如图 5－81 所示。渲染效果如图 5－82 所示。

图 5－81

图 5－82

04.

因为材质还不够丰富和通透，需要继续设置：在 Anisotropic 材质球节点属性面板中的 Specular Shading 标签下单击 Reflected Color 旁的小四方格 ▪，连接 Env Ball，如图 5－83 所示。

相对于简单雾，物理雾的属性较多，包括雾、空气、水、阳光等。不同介质只有在不同的物理雾方式下才可以发挥作用。

环境雾的设置

环境雾属性面板中的参数是根据介质来分类的，通常需要设计师调节的参数并不多。在 Maya 中，环境雾和相应的环境光一起创建。除环境光外，场景中还应有一盏为场景照明的灯光。

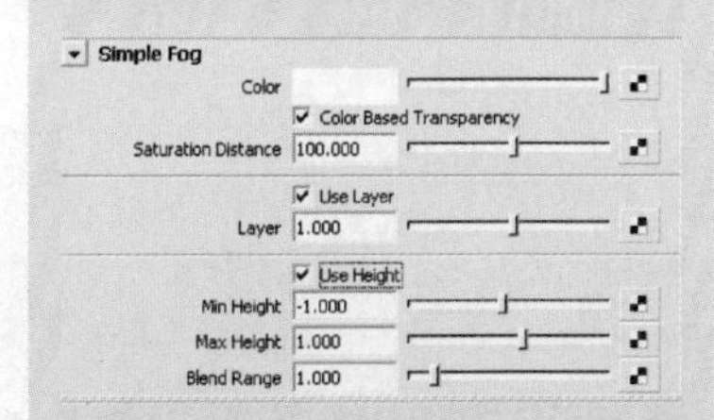

Color（雾的颜色）

Color Based Transparency：控制环境雾是否基于颜色的透明。默认为选中状态，即环境雾基于颜色透明，雾的颜色越接近白色，则越不透明。所以当想要创建深色雾时，请关闭此选项。此选项对浅颜色雾的影响不大。

Saturation Distance：环境雾从摄像机到达其饱和状态的距离。数值越小，远处的物体就越模糊。

Use Layer 和 Layer：开启 Layer 功能，可以为其指定纹理。建议使用三维纹理。

Use Height：控制雾的浓度是否受高度影响，用来调节雾的上下浓度变化。默认为关闭，即不受高度影响，雾的视图中的高低浓度是一致的。

Min Height、Max Height、Blend Range：调节环境雾高低、浓度及过渡范围。

物理雾的属性

针对不同介质，物理雾的主要属性如下：

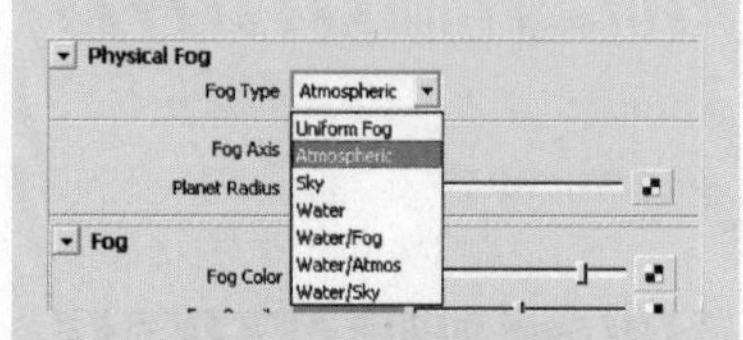

1. Fog Type(雾的类型)

Uniform Fog：雾的密度一致。

Atmospheric：雾越往上越稀薄。

Sky：模拟天空效果。

Water：模拟在水中的效果。

Water/Fog：模拟在水中的 uniform Fog(均匀雾)类型。

Water/Atmos：模拟在水中的 Atmospheric Fog(大气雾)类型。

Water/Sky：模拟在水中的 Sky Fog(天空雾)类型。

2. Fog Axis(雾的轴向)

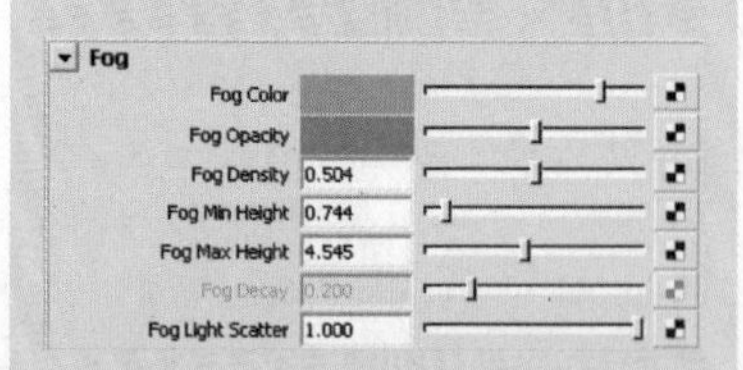

3. Fog Color(雾的颜色)

当使用多种介质时，各介质的颜色将会叠加。

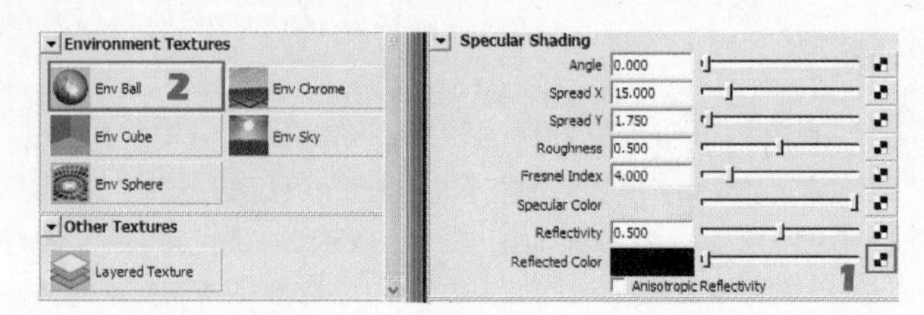

图 5-83

在 Env Ball 节点属性面板中，单击 Image 旁边的小方格按钮，在弹出的窗口中选择 File 节点，如图 5-84 所示。

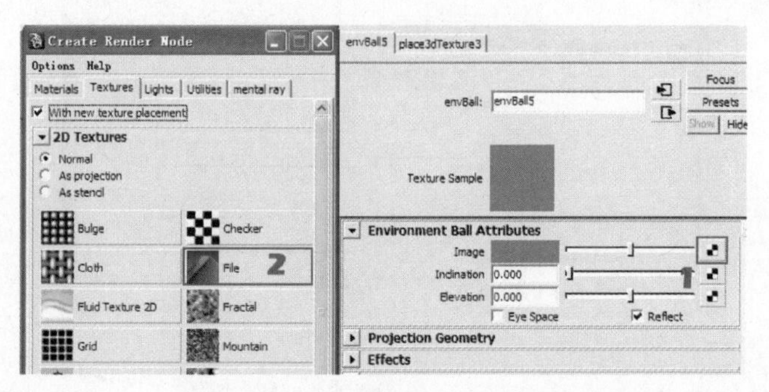

图 5-84

单击 Image Name 右边的文件夹图标，在弹出的文件夹中选择一张反射图片，如图 5-85 所示。

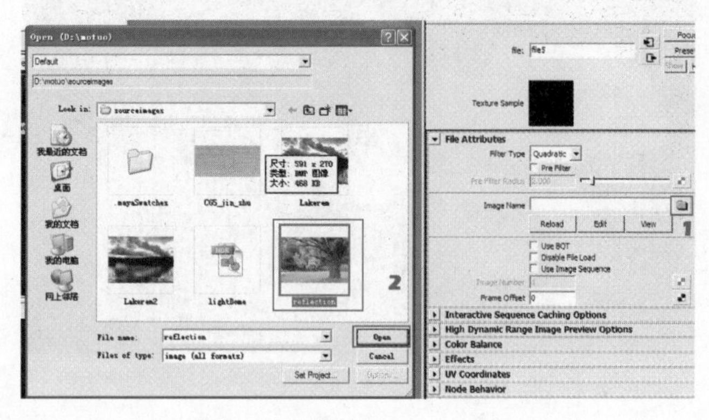

图 5-85

05.

在 Anisotropic 材质球节点属性面板中找到 Color 节点，单击其右侧的小方按钮 ，在弹出的窗口中选择 Ramp 节点，如图 5-86 所示。

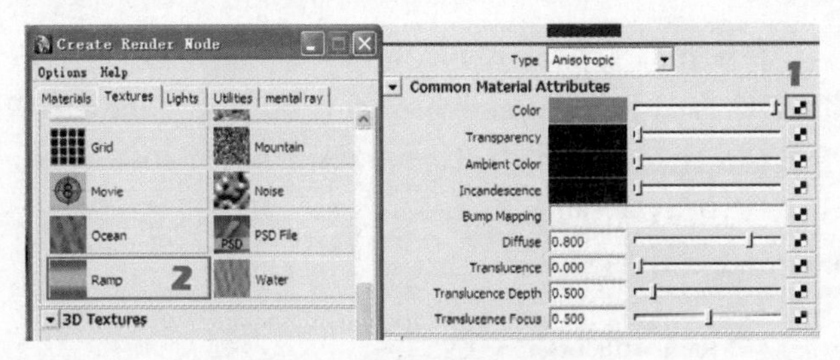

图 5-86

弹出 Ramp 节点属性面板，在编辑器中单击 Ramp 节点，对其属性进行设置：Type（类型）设为 U Ramp（U 型渐变）；Interpolation（插值）设为 Linear。渐变颜色从上到下分别为：H：0.35，S：1，V：1；H：360，S：0.8，V：1；H：340，S：0.95，V：1。具体设置如图 5-87 所示。

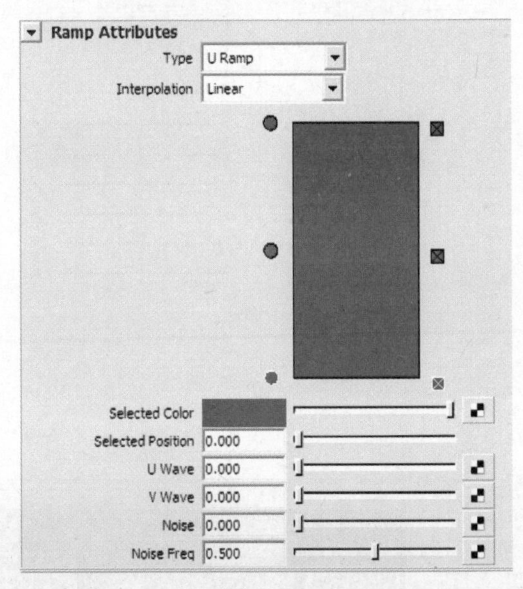

图 5-87

在 Anisotropic 材质球节点属性面板中找到 Reflectivity 节点，单击其右侧的小方按钮 ，在弹出的对话框中选择 Ramp 节点，如图 5-88 所示。

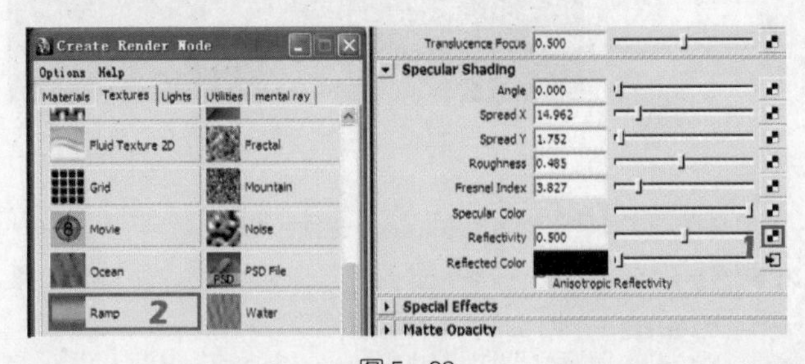

图 5-88

4. Fog Opacity（雾的透明度）

反映对远处物体的染色效果。颜色越深，雾越透明，对物体的染色能力也越差。

5. Fog Density（雾的密度）
6. Fog Min Height（雾底部的高度）
7. Fog Max Height（雾顶部的高度）
8. Fog Decay

雾的衰减，高度越高，雾越稀薄。

9. Fog Light Scatter

光线在雾中传播的均匀程度，默认为 1，表示均匀传播。

其他物理雾介质的属性和雾的属性基本一致，这些介质在不同类型的雾中发挥各自的作用。

Displacement（位移）材质

位移材质是一种比较特殊的材质，这种材质可以改变模型的外形。

从图中可以看出，位移材质真实地改变了模型结构，而凹凸效果的模拟，位移材质的效果主要是由纹理来实现的，它的属性非常简单，只有 1 个参数。

注意：位移材质需要和其他普通材质一起连接到相应的 Shading Group（材质组）上才可以使用。

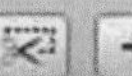
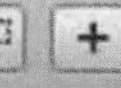

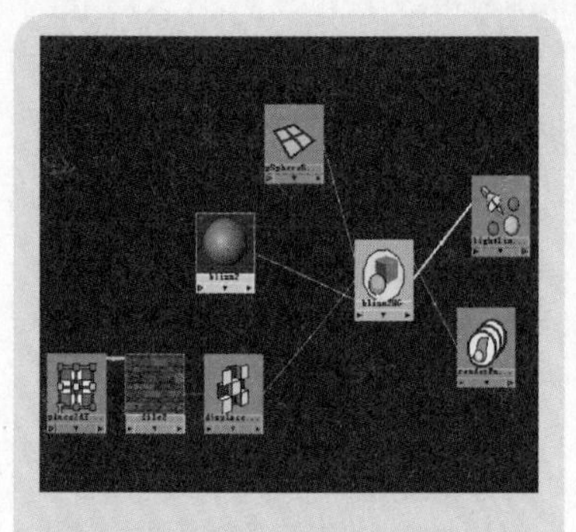

2D Texture(2D纹理)

1. Ramp(渐变)节点

指一系列的颜色梯度变化,可以设置颜色之间的过渡方式。默认颜色是蓝、绿、红。Ramp纹理的使用率非常高,可以用它来创建条纹、几何图形、二维背景等,可以帮助其他纹理作颜色过渡。

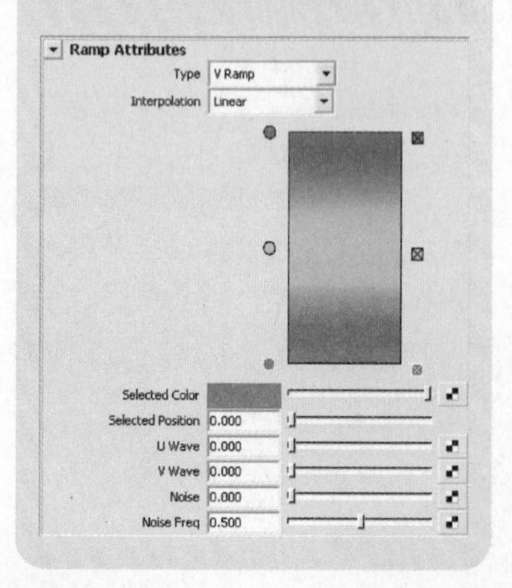

在编辑器中单击Ramp节点,对其属性进行设置:Type设为U Ramp,Interpolation(插值)设为Linear。渐变颜色从上到下分别为:H:340, S:0.95, V:0;H:340, S:0, V:0.4;H:340, S:0, V:0.96。具体设置如图5-89所示。

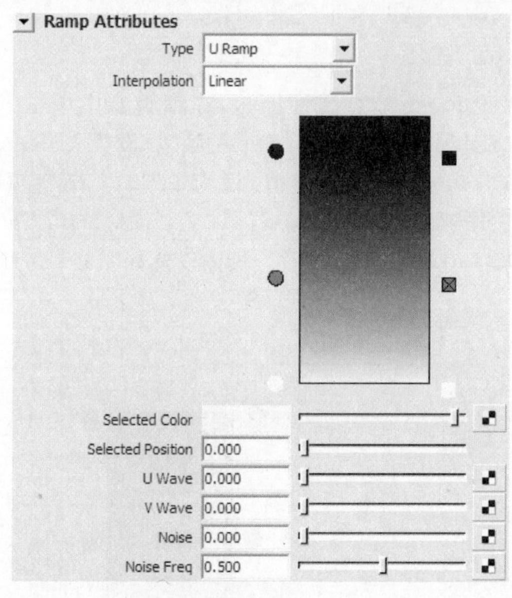

图5-89

在编辑器中单击Sampler Info(取样信息)节点,如图5-90所示。

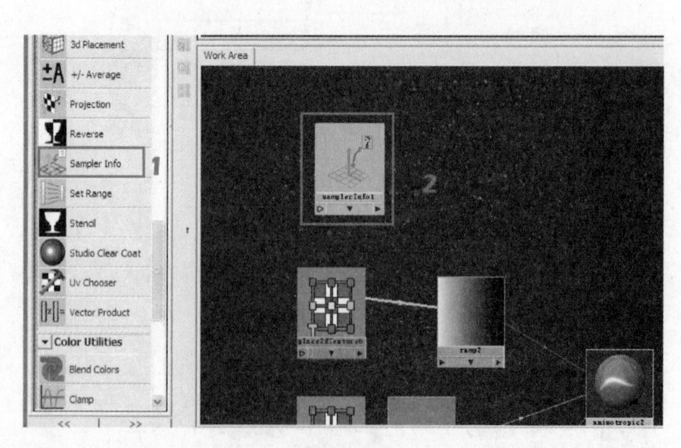

图5-90

用鼠标中键将Sampler Info拖到Ramp节点上,在弹出的对话框中的左侧选择FacingRatio,右侧选择uCoord,如图5-91所示。

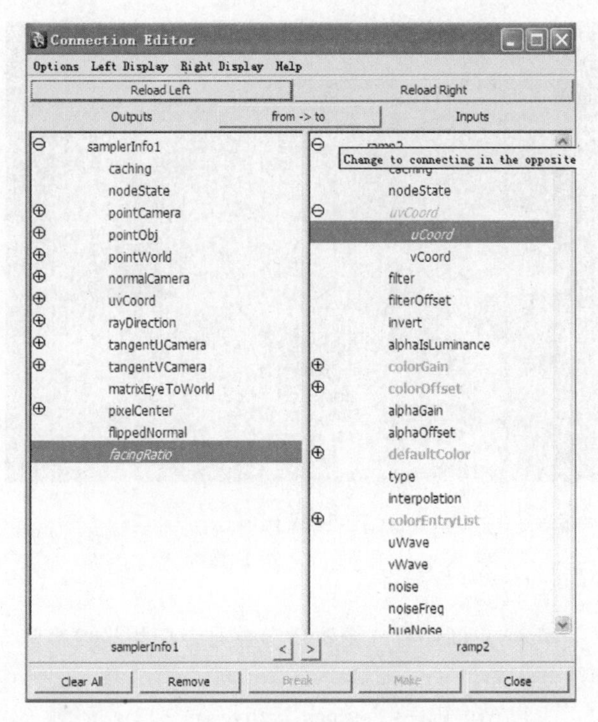

图 5-91

摩托车金属烤漆材质节点图已经连接完成，如图 5-92 所示。

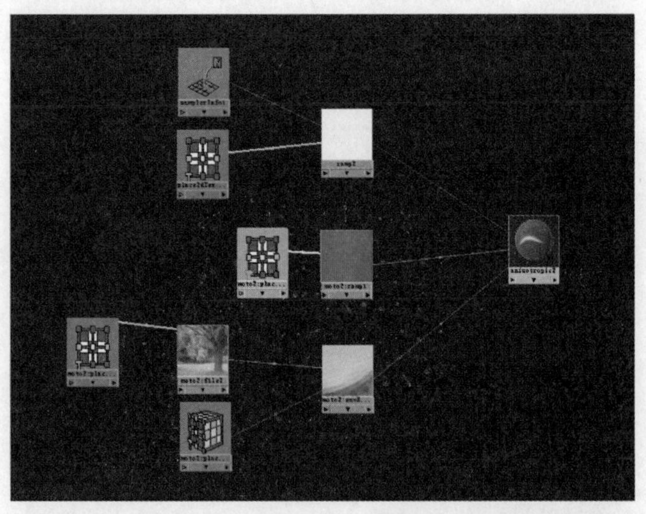

图 5-92

06. 预览效果

在 Maya 操作窗口上方点单击渲染按钮，可以看到烤漆效果，如图 5-93 所示。

Type(渐变方式)：颜色渐变的方向，默认值是 V Ramp。

Ramp(渐变)：渐变中的每种颜色元素左边都有一个圆形图标，用来选择移动；右边都有一个方形图标，用来删除当前颜色元素。

Selected Color(所选颜色)：激活的颜色元素，可打开调色器来改变颜色。

Selected Position(所选位置)：激活颜色元素在渐变中的位置，该属性的范围为 0～1。

U wave、V wave(U、V 波浪)：控制纹理在 U 方向或者 V 方向上偏移的正弦波波幅。U wave 或者 V wave 可以增加纹理的波纹效果，其范围是 0～1。

Noise(噪波)：2D 噪波在 U 方向或 V 方向上偏移的程度。如果纹理的 2D Placement 中 Repeat UV 值大于 1，则噪波不会重复。其范围是 0～1。

Noise Freq(噪波频率)：控制噪波的颗粒度，其范围是 0～1。此值必须当 Noise 的值非 0 时才起作用。

HSV Color Noise(HSV 颜色噪波)：使用 3 个独立的分别影响颜色的 HSV，Saturation 和 Value 的 2D 噪波来将 ramp 纹理的颜色随机化。

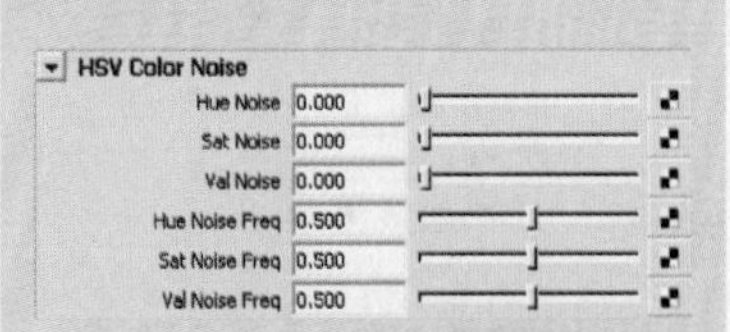

Hue Noise(色调偏移)：使用不同颜色的滤色镜来标记颜色，其范围是 0～1。

Sat Noise(偏移颜色的饱和度、白度)：用来创建风化的外观，其范围是 0～1。

Val Noise(偏移颜色值、黑度):其范围是0～1。

Hue Noise Freq、Sat Noise Fraq、Val Noise Freq:控制色调、饱和度和颜色值的噪波颗粒度,其范围是0～1。

2. Noise(噪波)节点

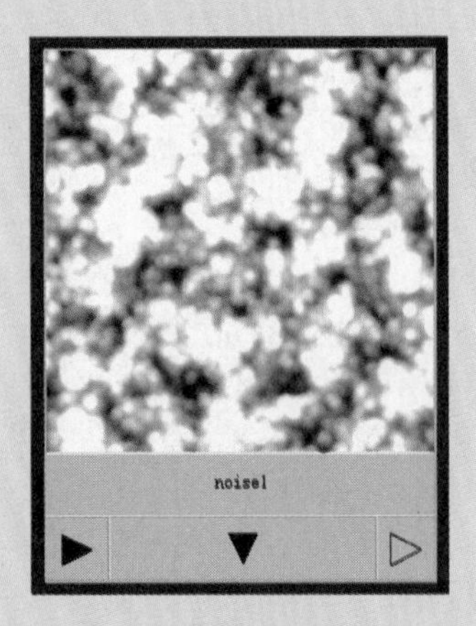

噪波节点是设置杂点和一些不规则形状的重要节点。

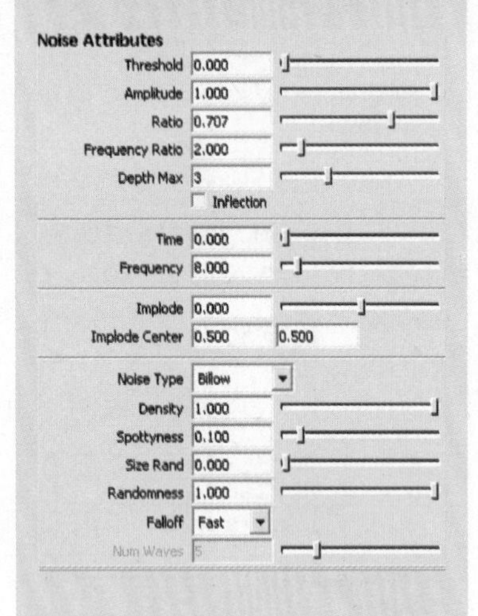

图5-93

07.

Maya里面还有一个材质节点是专门用来模拟汽车车漆效果的。

执行Window→Settings/Perference→Plug-in Manager(插件管理器)命令,打开Plug-in Manager窗口,在窗口中加载clearcoat. mll,如图5-94所示。

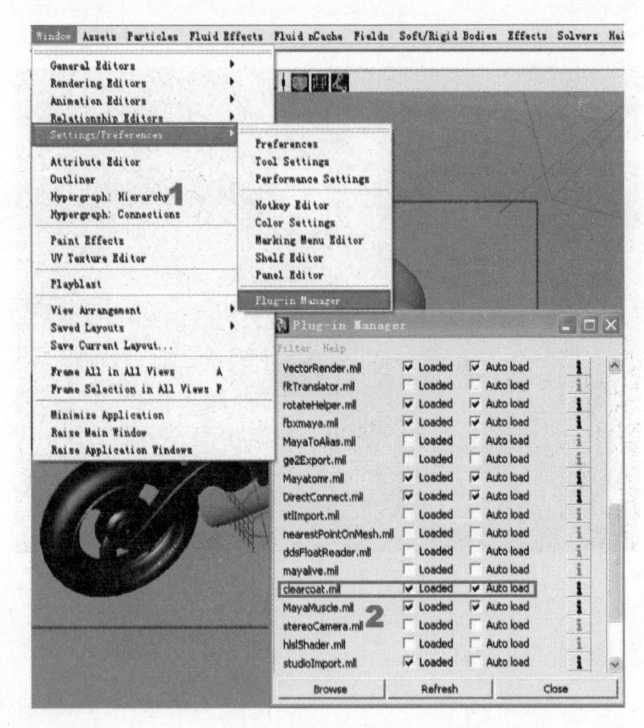

图5-94

创建 Clear Coat 节点，用鼠标中键（或滚轮）将 Clear Coat 拖到材质的 Reflectivity（反射率）属性上，如图 5-95所示。

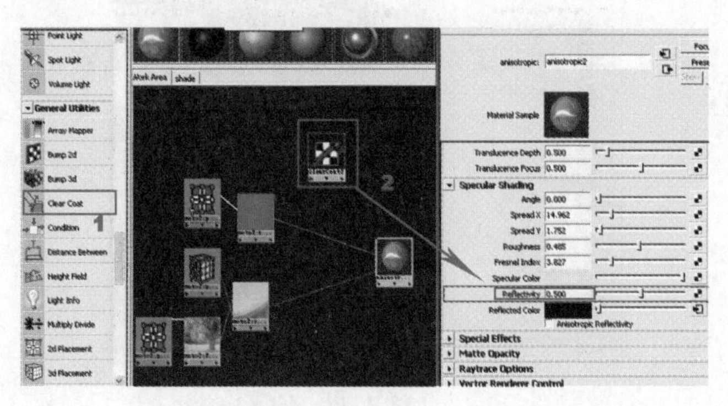

图 5-95

渲染后发现反射集中在车身上部边缘的部位，而中部很少，如图 5-96 所示。读者可以根据自己的喜好选择这 2 种金属烤漆的做法。

图 5-96

金属烤漆设置完毕，下一步对摩托车的其他零件进行材质设置。

08.

接下来设置摩托车的后座材质。首先在编辑器中创建 Phong E 材质，如图 5-97 所示。

Threshold(阈值)：整体不规则效果的增加值，使纹理统一变亮。如果一些不规则的部分被提高超过范围(即大于 1)，它们会被强制降低到 1。如果是三维纹理中的 Volume Noise（体积噪波）被用于 Bump Map（凹凸贴图），阈值为 1 时，则平坦显示。

Amplitude(振幅)：纹理效果的整体强度。值越小，纹理越灰暗。

Frequency Ratio（频率比）：确定噪波频率的相对空间比。比率不是整数，则不规则碎片不会在 UV 分界线的整数上重复，如一个缺省放置的圆柱将会显示接缝。

Depth Max（最大深度）：控制噪波纹理被计算的数量。因为复杂的噪波会减慢渲染的速度，因此设置合适的深度来控制纹理计算的最大数量，降低渲染成本。

Inflection（变调）：选中启用。这对于制作膨胀的或崎岖不平的效果很有用。

Time(时间)：用于制作噪波纹理动画。设置时间关键帧可控制比率和纹理改变的数量。

Frequency(频率)：噪波的基本频率。值越大，噪波细节越多。具有在尺度参数的反转效果(在属性面板的 Effect 下)。

Implode(内爆)：将噪波函数向内破中心点扭曲。值为 0 表示无效果；值为 1，形成噪波的球状投射，可创建一个星球爆炸的效果。负数表示从中心点向外扭曲扩散。

Implode Center（内破中心）：设定内破效果的中心 UV 点。

Noise Type(噪波类型)：确定用于不规则重复的噪波类型。

Perlin Noise（花边噪波）：SolidFractal（固体碎片）中的标准三维噪波。

Billow(翻滚):具有膨胀类似云烟的效果。

Wave(波浪):三维波浪的总数。

Wispy(束状):常做油污贴图的噪波类型,空间中的噪波看起来很飘渺。作为动画纹理时,常模拟薄云被风吹散的效果。

SpaceTime(时空):花边噪波的四维空间表现。时间是第四维。

Density(密度):控制Billow(翻滚)类型的噪波的单元数。数值为1,表示媒介完全被单元包裹。减小数值将使单元变少。如果纹理作为Bump Map(凹凸贴图),低数值将产生随机的平滑的凹凸表面。

Spottyness(斑点):翻滚类型噪波的单元随机密度。值为0,表示单元的密度相同,增加斑点数值,部分斑点将会聚集或分散。

Size Rand(随机尺寸):控制斑点的随机尺寸。值为0,表示单元的尺寸都相同。增大数值,部分斑点尺寸会小于其他部分。

Randomness(随机):控制噪波单元彼此之间的布局。数值为1,将使得单元的分布更自然随机;数值为0,所有的斑点将构成一个规则的图案,当作为Bump Map(凹凸贴图)会产生有趣的效果。例如,昆虫的眼睛,或者粗糙表面的机床。

Falloff(衰减):控制斑点单元的衰减程度的类型。

Linear(线性)。

Smooth(光滑)。

Bubble(泡沫)。

Num Waves(波浪数量):使用Wave(波浪)类型噪波时,控制波浪的数量。数值越大,外观随机值越大。

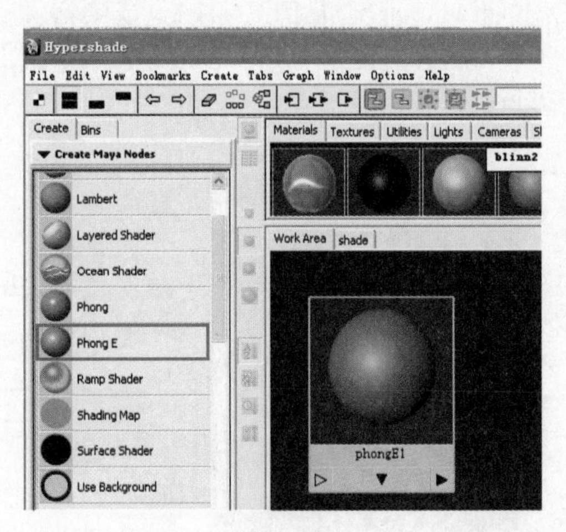

图5-97

设置Color(颜色)为H:0, S:0, V:0.03,其他设置保持默认状态,如图5-98所示。

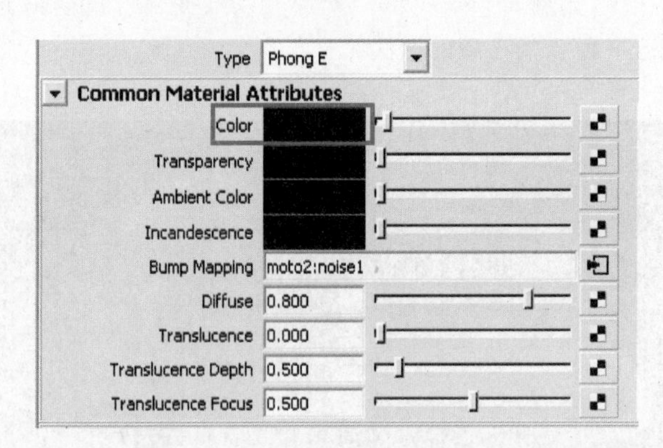

图5-98

单击Bump 2d节点,用鼠标中键(或滚轮)将Bump 2d1节点拖到Phong E1材质上,在弹出的选项中选择bump map,如图5-99所示。

图5-99

单击 Bump 2d1 节点，再单击 Bump Value 旁的小按钮，在弹出的对话框中选择 Noise(噪波)，如图 5－100 所示。

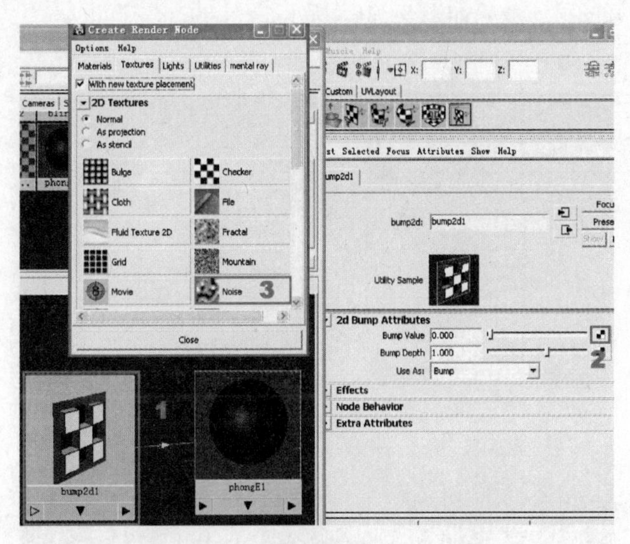

图 5－100

在 Noise 属性设置面板中将 Threshold 设为 0；Amplitude 设为 0.7；Ratio 设置为 0.95；Frequency Ratio 设置为 3；Depth Max 设置为 7，如图 5－101 所示。

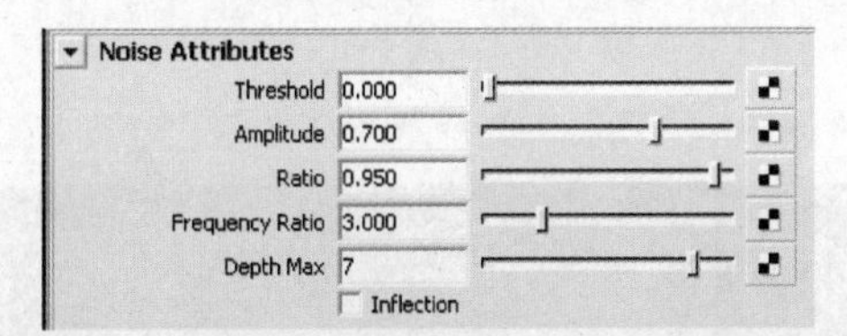

图 5－101

参考前面金属烤漆材质设置方法，再为后座材质的反射颜色设置一张环境球贴图，如图 5－102 所示。具体操作参考步骤 04。再把这个材质赋予轮胎。

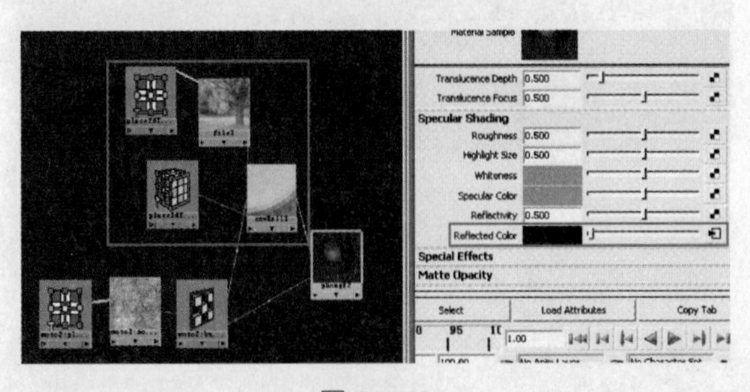

图 5－102

09.

在 Maya 操作窗口上方单击渲染按钮，可以看设置好的材质效果如图 5－103 所示。

图 5－103

10.

参考 5.2 节讲解的金属材质设置方法，其节点图如图 5－104 所示。

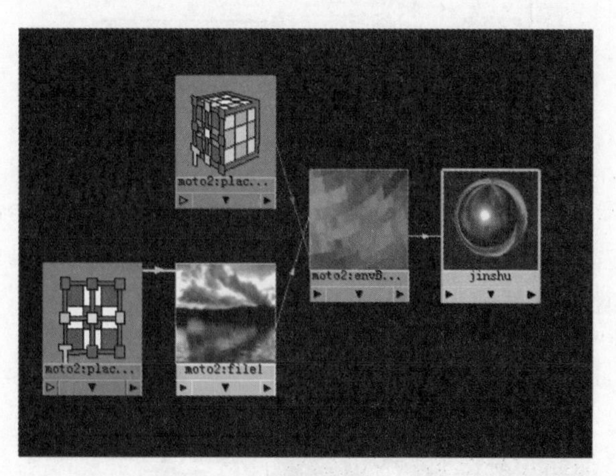

图 5－104

将材质赋予所选择的物体，如图 5－105 所示。

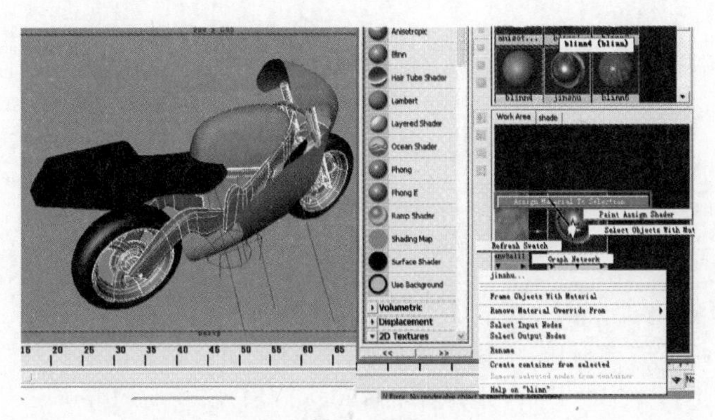

图 5 - 105

11.

所有的材质都设置好后，在 Maya 操作窗口上方单击渲染按钮，观察设置好的材质效果。最终效果如图 5 - 106 所示。

图 5 - 106

本章小结

材质是3D制作非常重要的组成部分，也是判断一个优秀3D作品非常重要的方面。本章通过日常生活中几个典型的材质样例，介绍了玻璃材质、不锈钢材质、蜡烛材质和金属材质的具体制作过程，并对这几种材质的节点结构进行详细的分析，让读者了解和熟悉Maya材质的特点。

课后练习

1. 可以将几个材质球结合在一起的材质球类型是（　　）。
   A. Anisotropic　　B. Layered Shader
   C. Ramp Shader　　D. Surface Shader
2. 以下（　　）类型的材质是Maya默认材质。
   A. Lamber　　B. Blinn　　C. Phong　　D. Phong E
3. 在Maya中，（　　）可以导入单帧的图片。
   A. File(文件)节点　　B. Contrast(对比度)节点
   C. Noise(噪波)节点　　D. Bump 2d(2D凹凸)节点
4. （　　）大多属性产生的是“摄像机坐标空间”的值，是摄像机的物体局部空间。
   A. Contrast(对比度)节点　　B. File(文件)节点
   C. Sampler info(信息采样)　　D. Noise(噪波)节点
5. 使用本章学习到的材质设置技巧为如图5-107所示的模型设置材质。

图5-107

6 灯光和纹理效果

本课学习时间：16 课时

学习目标：了解 Maya 灯光的知识，掌握 Maya 灯光和摄像机的调整技巧，掌握多边形 UV 纹理贴图的设置

教学重点：灯光设置技巧，Maya UV 纹理设置方法

教学难点：Maya 多边形 UV 纹理设置技巧

讲授内容：海底世界的制作，小女孩纹理贴图制作

课程范例文件：chapter6\final\海底世界.pro，chapter6\final\小女孩贴图.pro

本章课程总览

在本章中将详细介绍 Maya 灯光的知识、使用方法和技巧；讲解摄像机基础知识、Maya 渲染基础设置和 Maya 动画渲染方法。其中着重讲解 Maya 贴图设置中比较重要的 UV 纹理设置，我们会通过一个角色的制作全面了解 Maya 拆分 UV 的技巧。灯光和渲染是 CG 制作中非常重要的技术，就好像传统动画中的上色和拍摄过程。可以说作品最终的视觉效果主要包括材质、纹理、灯光和渲染 4 个环节。

案例一　海底世界

案例二　小女孩纹理贴图制作

6.1 海底世界

知识点:灯光基础设置,海底光斑设置,灯光雾效设置,摄像机设置,Paint Effects 笔刷效果

图6-1

在这个实例中,将通过一个海底场景讲解 Maya 的灯光知识和渲染设置技巧。

知识点提示

材质和渲染在 CG 制作中非常重要,就好像传统动画中的上色和拍摄过程。模型创建完成后就可以开始着手制作材质和纹理,然后根据场景的要求或者故事板的安排设置相应的灯光,最后再渲染成成品。

灯光概述

就像现实世界中一样,如果没有了光,一切都将被黑暗笼罩。物质的大部分属性可以认为是光赋予的,如颜色、质感等。天空之所以是蓝色的,是因为它反射了蓝光

01.

制作一个海底场景。执行 Create→NURBS Primitives→Plane 命令创建一个 NURBS 平面,如图 6-2 所示。

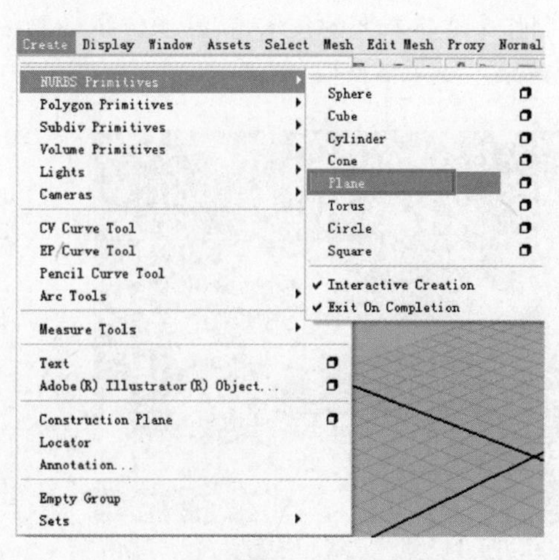

图6-2

将 patches U、patches V 都分别设为 100，如图 6－3 所示。

图6－3

选中平面，在 Surfaces 模块下执行 Edit NURBS→Sculpt Geometry Tool 命令，使用画笔雕刻工具绘制模型，如图 6－4 所示。制作好的地面效果如图 6－5 所示。

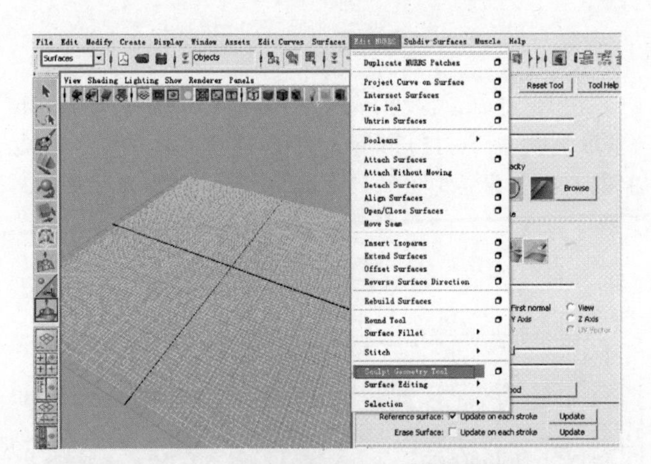

图6－4

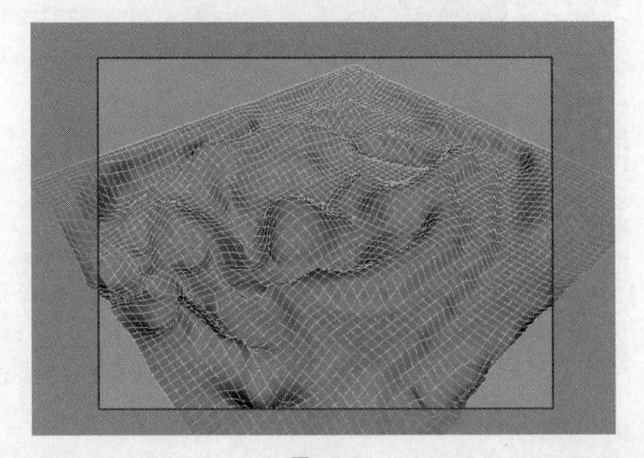

图6－5

并吸收了太阳光中其他颜色的光。在光线照射条件很好的情况下区别玻璃杯、塑料杯和瓷杯是件很容易的事，因为它们的反光、不透明度等属性明显不同，但如果光线照射条件不好甚至没有光线照射，那么区分它们就不容易了。在三维数字艺术创作中要逼真地创建物体，就要模拟现实世界中的光源照射效果。

在 Maya 中熟练地运用"布光"技术，不仅需要不断积累经验，更要借鉴传统艺术，如摄影、舞台剧以及电影中灯光技术的运用。

创建灯光

Maya 场景本身自带了一套灯光效果，以帮助用户在没有创建灯光的前提下也能观察场景。这套灯光非常简单，无参数调节，也不能投射阴影，当用户创建其他灯光后，该默认灯光将会自动关闭。

创建灯光的方法

Maya 软件中创建灯光的方法有两种：一种是通过 Create（创建）→Lights（灯光）中的菜单命令；另一种是通过 Hypershader 窗口创建灯光。

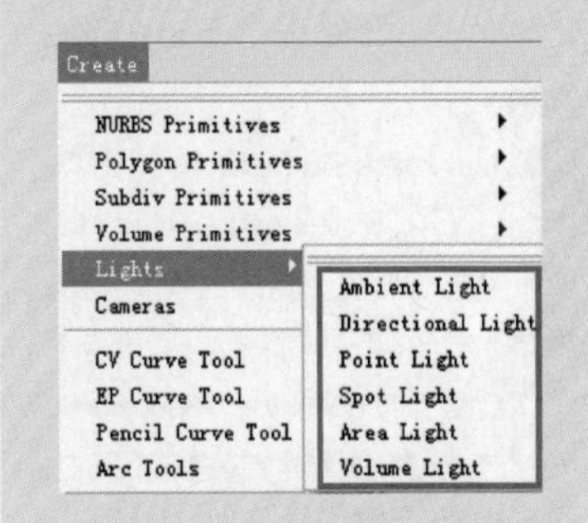

灯光的通用属性

灯光的通用属性设置面板如下：

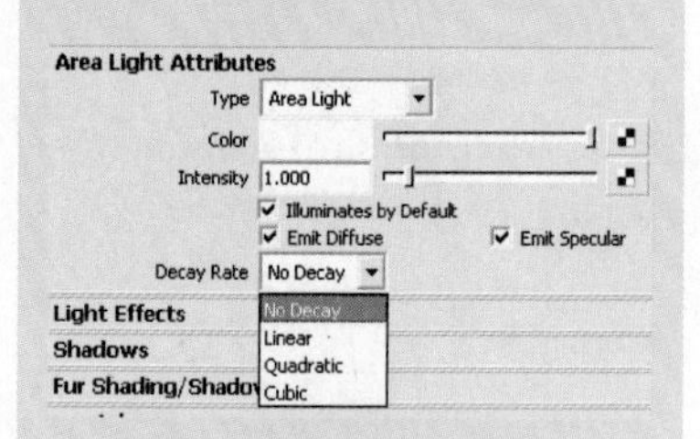

Type(灯光类型)：一共有6种类型的灯光可以选择。

Color(颜色)：设置灯光的颜色。

Intensity(强度)：设置灯光的强弱。

Illuminate By Default：若选中，则灯光将照亮defaultLightSet中的所有对象；否则只照亮与它连接的物体。

Emit Diffuse和Emit Specular：控制灯光是否影响物体的漫反射区域和镜面反射区域(即高光区域)。

选中物体，在Rendering模块下执行Paint Effects→Make Paintable命令，将物体变为可绘制状态，如图6-6所示。

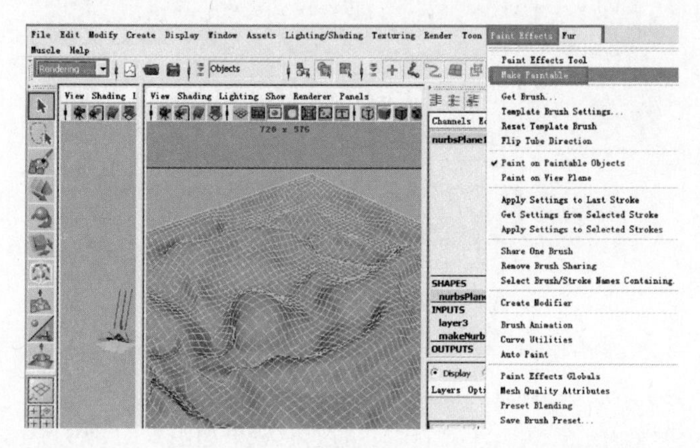

图6-6

在Rendering模块下，执行Paint Effects→Get Brush(获取笔刷)命令，打开Visor面板，选择需要在场景中绘制的笔刷效果，如图6-7所示。制作好效果如图6-8所示。

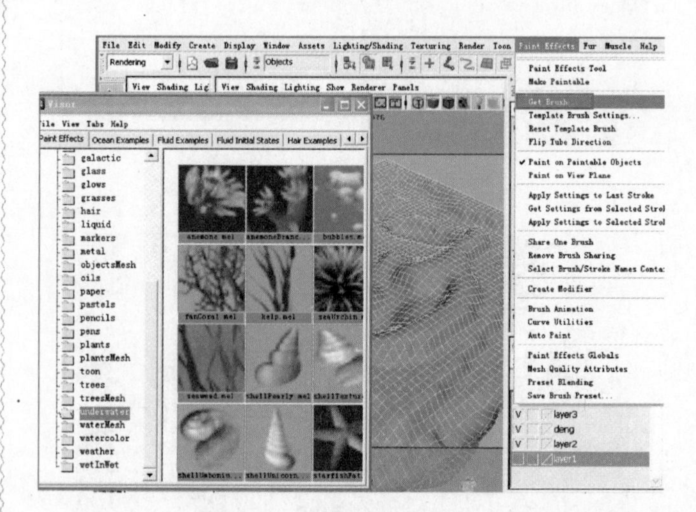

图6-7

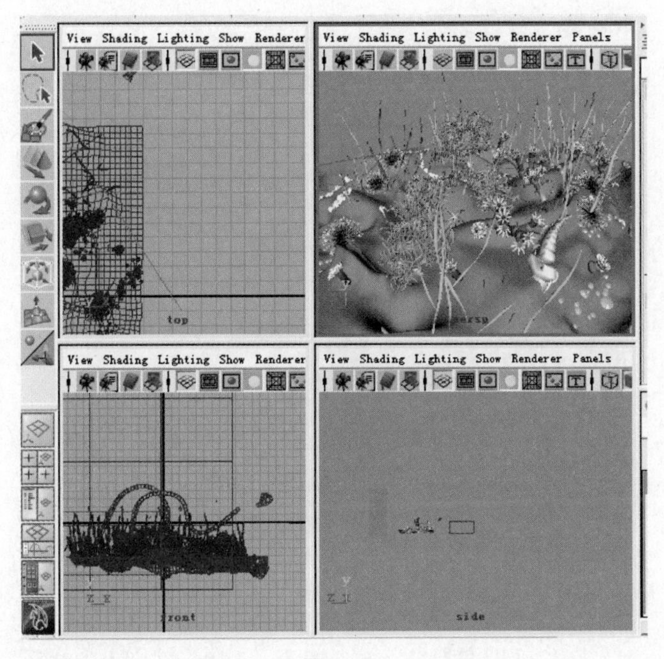

图6-8

02.

执行 Create→Cameras→Camera 命令，创建一个摄像机，如图 6-9 所示。

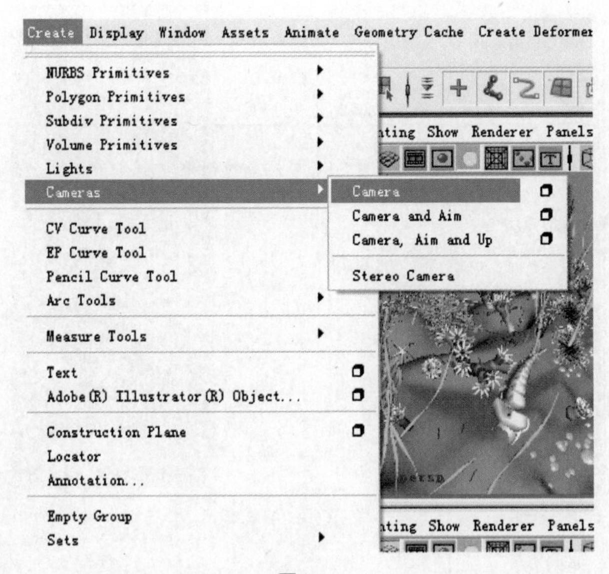

图6-9

Decay Rate（灯光的衰减）：指光线从光源发出后在传播过程中光照强度逐渐衰减。因为光线在传播过程中与光源存在一个夹角，角度越大，光线照射的范围也越大，则单位面积的光照强度也降低，即照明效果变弱了。

Linear（线性衰减）：指光照强度随照射距离按“等比”关系进行衰减。比真实情况下的衰减速度要慢一些。

Quadratic（平方衰减）：指光照强度以照射距离的平方值成倍衰减，即照射距离每增加一倍，光照强度就衰减为原来的四分之一。与真实情况下的衰减速度是一样的。

cubic（立方衰减）：指光照强度以照射距离的立方值成倍衰减，即照射距离每增加一倍，光照强度就衰减为原来的九分之一。比真实情况下的衰减速度要快。使用立方衰减的情况比较少。通常，选择衰减方式需要将灯光强度调得大一些。

Maya 的 6 种灯光类型

Ambient Light	环境光
Directional Light	平行光
Point Light	点光源
Spot Light	聚光灯
Area Light	区域光
Volume Light	体积光

1. Ambient Light（环境光）

顾名思义，环境光是模拟自然界中无处不在的环境漫反射光线，从各个方向均匀照射场景中的所有物体。

Ambient Light Attributes

Type Ambient Light
Color
Intensity 1.000
Illuminates by Default
Ambient Shade 0.450

环境光有两种照射方式：一种是向各个方向照亮物体，就像一个无穷大的球的内表面发出的光；另一种是从光源的位置发出的，就像一个点光源。设置环境光的 Ambient Shade 参数值，可以调节这两种照射方式的强弱。如果 Ambient Shade 的值为 1 时，环境光就完全变成一个点光源。

环境光可以投射阴影，但只能用 Raytracing Shadow（光线跟踪）算法来计算，使用时选中“渲染”设置面板中的 Raytracing 选项即可。

2. Area Light（区域光）

区域光是 Maya 中非常具有特色的常用灯光，也是 Maya 与其他软件相比具有的一种优势。它定义了一个漫反射区域，即从一个区域向一个方向投射光线。

区域光的亮度不仅和强度有关，还与光照面积的大小直接相关。使用变换工具可以改变区域光的大小(包括强度)和方向。区域光是根据其物理特性来计算的，没有衰减属性。区域光的照明效果及其属性设置面板，从图中可以看出，在没有衰减的状态下，不同照明效果仍能反映物体与光源的距离。

03.

在透视图中执行 Panels→Perspective→Camera1 命令，将透视图切换成摄像机视图，如图 6－10 所示。

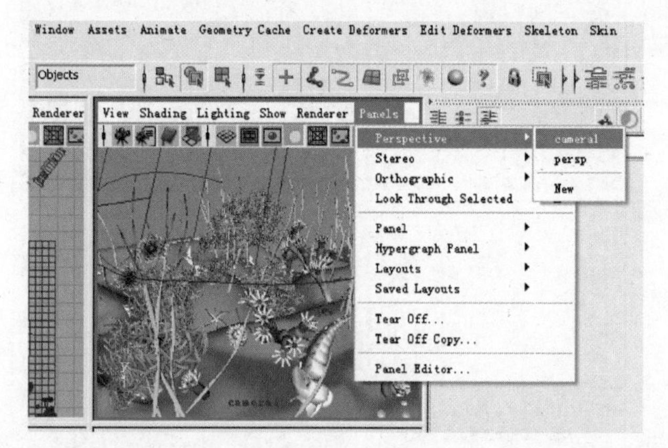

图 6－10

单击摄像机设置按钮，如图 6－11 所示在弹出的渲染设置对话框中将 Renderable Camera（渲染摄像机）切换为 Camera1；Image Size（图像尺寸）改为 PAL 制的电视格式，尺寸为 720×576。这是国内制作电视动画的通用尺寸。

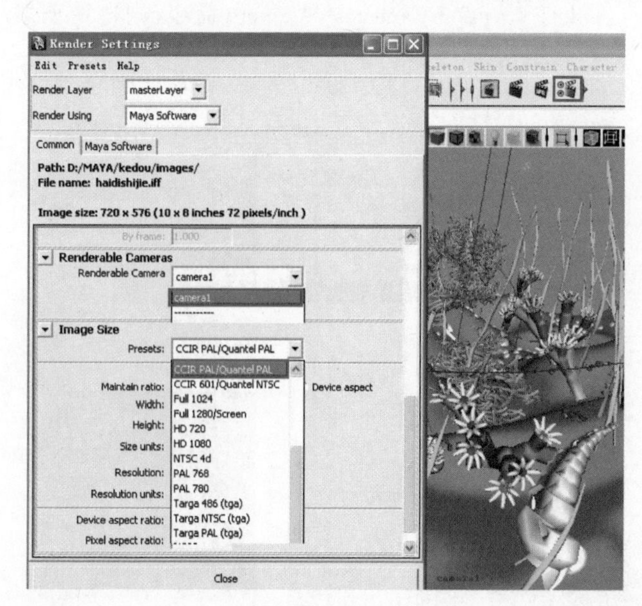

图 6－11

执行摄像机视图下的 View→Camera Setting→Resolution Gate 命令，打开渲染对话框，如图 6－12 所示。

图 6 - 12

04.

设置好摄像机后再来设置灯光。Maya 的灯光共有 6 种，先设置一个主光。海底属于室外效果，主灯使用平行光比较适合。执行 Create→Lights→Directional Light 命令，创建一平行灯来作为主光，如图 6 - 13 所示。

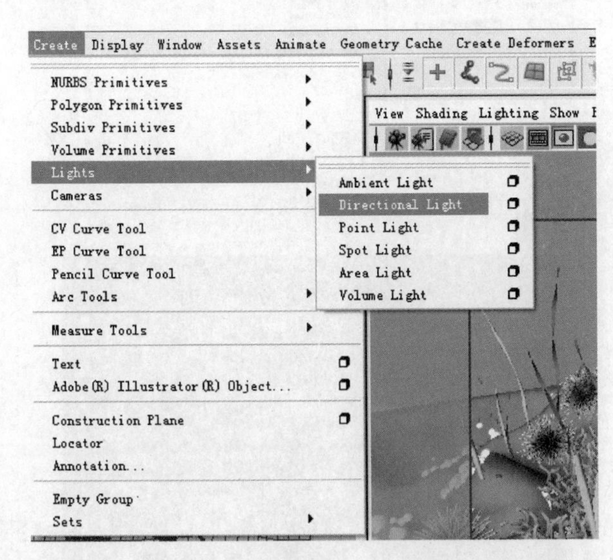

图 6 - 13

可以通过控制器调整灯光的位置和方向，放置在场景的右上角，如图 6 - 14 所示。

区域光还有一个显著的特性，就是可以直接通过缩放区域光的大小来影响光线的光照强弱，这是其他类型的灯光无法做到的。区域光可以通过 Depth Map Shadow（深度贴图）或 Raytracing Shadow（光线跟踪）算法来投射阴影。但使用光线跟踪算法投射的阴影效果更出色，并且可以产生由近及远的衰减效果。

3. Directional Light（平行光）

平行光即所设置的光线就像探照灯发出的光线一样是平行传播的。平行光可以用来模拟一个非常大、非常遥远的光源，就像太阳——因为它与地球的距离非常遥远，而且巨大，所以照射在地球上的光线可看成平行光。

Maya 中的平行光没有衰减属性，也可以计算投射阴影。

平行光是一种较常用的灯光类型，与区域光相比较而言，照明效果较差，但渲染速度较快。平行光的主要特性有两点：一是它投射的阴影是平行的；二是平行光照射物体时，只和它的照射角度有关，即与它所处的位置有关。

4. Point Light（点光源）

点光源，即光线从一个很微小的光源向四面八方发射。与灯光的发光原理类似，点光源发出的光线不是平行光，而是向各个角度发射的。

5. Spot Light（聚光灯）

聚光灯，即光线从一个点出发，沿着一个被限定的夹角向外扩散。可通过调节属性面板中的Cone Angle（锥角）滑块来设置夹角的大小。聚光灯的照射范围相当于一个锥体，类似于一个带有灯罩的台灯的照射效果。聚光灯能很好地营造场景氛围，其属性设置是所有灯光类型中最复杂的，通过调节参数可以产生各种类型的照明效果。

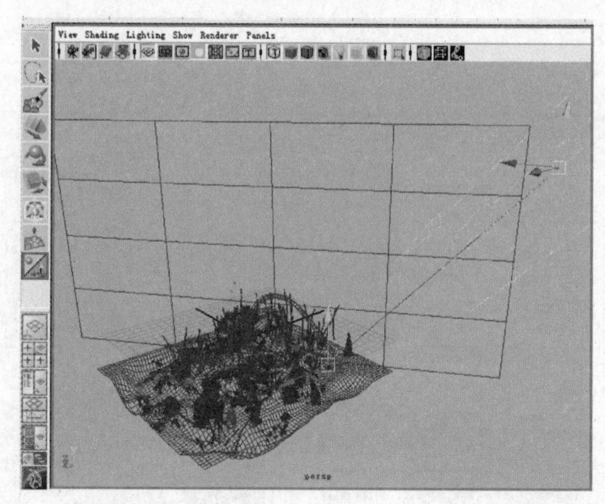

图6-14

如图6-15所示，灯光的参数设置为：Color的H、S、V为198，0.1，1.0，Intensity为0.8。

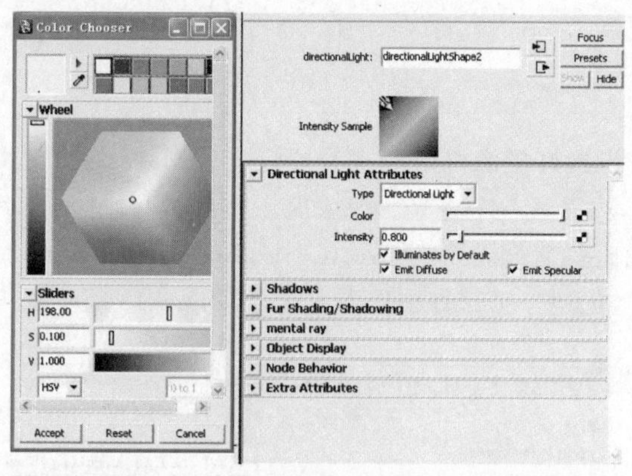

图6-15

单击渲染按钮，渲染效果如图6-16所示。

图6-16

05.

在灯光属性面板中，单击打开 Shadows 标签栏，选中 Use Depth Map Shadows 选项，打开阴影贴图类型阴影，如图 6-17 所示。

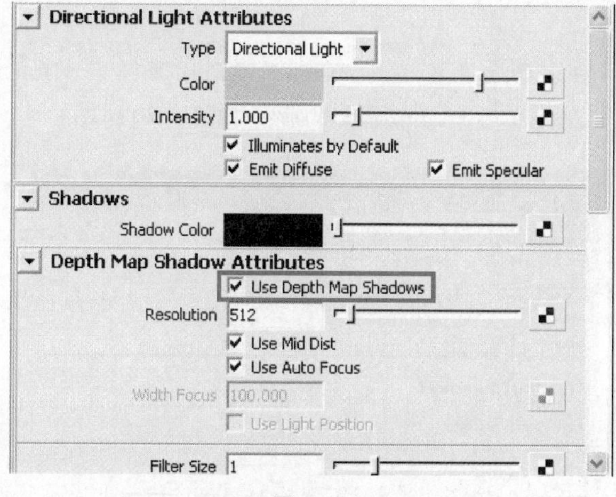

图 6-17

单击渲染按钮，渲染效果如图 6-18 所示。

图 6-18

这时发现阴影比较黑，没有把物体的透明感表现出来。更换一种阴影类型，选中 Use Ray Trace Shadows（光线跟踪类型阴影），如图 6-19 所示。

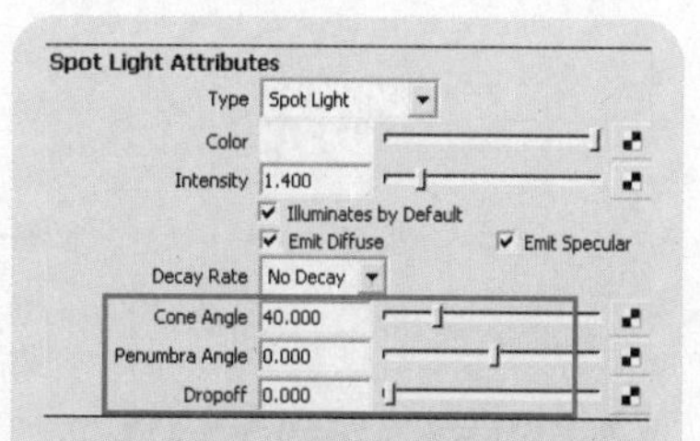

Cone Angle（光锥角度）：单位为度，有效范围是 0.006～179.994。也就是说，当聚光灯照射范围扩展到最大时，接近一个半球形空间。如果 2 个这样的聚光灯并列放置，则可以模拟一个点光源的照明效果。

Penumbra Angle（半阴影范围）：单位也是度，正值向外过渡，负值向内过渡。

Drop Off（衰减率）：控制灯光强度从中心到光锥边缘的衰减。

聚光灯的操纵手柄也比其他灯光类型复杂得多。

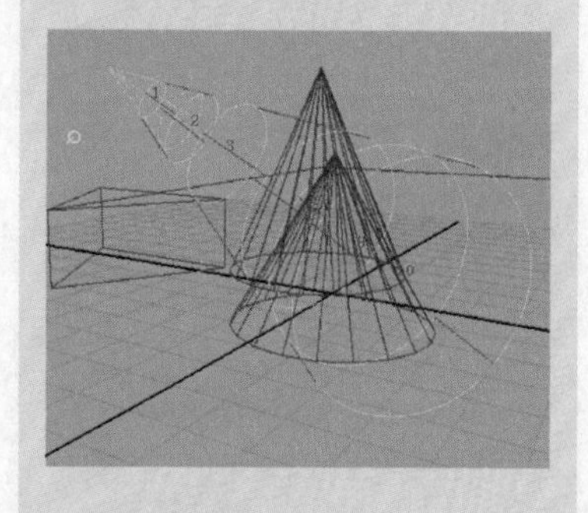

6. Volume Light（体积光）

体积光其默认状态下有一个可视的衰减范围。

体积光的灯光方向有 3 种方式供选择。

Volume Light Attributes
Type Volume Light
Color
Intensity 1.983
Illuminates by Default
Emit Diffuse Emit Specular
Light Shape Sphere
Box
Sphere
Cylinder
Cone
Color Range
Selected Position
Selected Color
Interpolation Linear
Volume Light Dir Outward
Outward
Inward
Down Axis
Arc
Cone End Radius

Outward:类似于一个点光源。

Downward:类似于平行光。

Inward:反转灯光方向,即向里照明。使用 Inward 方式照明时,阴影的效果比较难控制。

Light shape(体积光形状):体积光的外观形状,包括 Box(箱形)、Sphere(球形)、Cylinder(圆柱形)、Cone(圆锥形)。

Color range(颜色范围):指从体积光的中心到边缘的光线颜色。

Volume light dir(灯光方向):操纵手柄范围内(容积内)的灯光方向。

Penumbra(半阴影):仅对圆柱形的体积光有作用。

Light Effect(灯光特效)

灯光特效有两种:一种是灯光雾,只有点光源、聚光灯和体积光可以使用;另一种是灯光的光学特效,只有区域光、点光源、聚光灯和体积光可以使用。

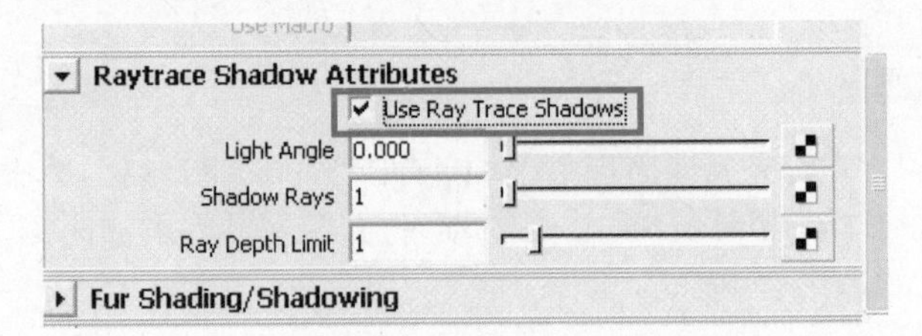

图 6-19

在渲染设置里,选中 Maya Software 下的 Raytracing 选项,否则看不到光线跟踪阴影,如图 6-20 所示。

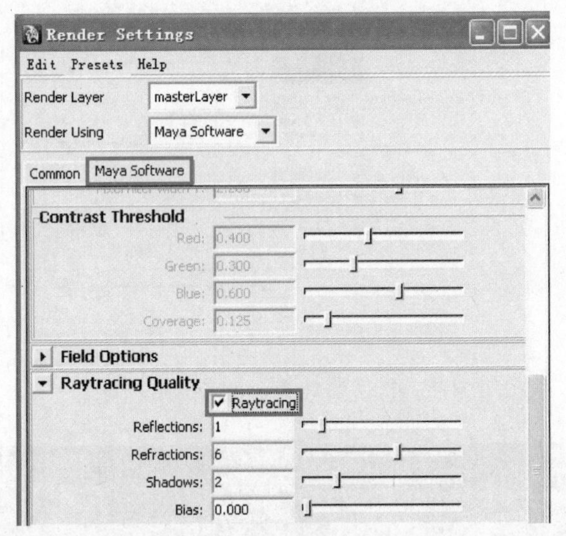

图 6-20

单击渲染按钮,渲染效果如图 6-21 所示。

图 6-21

此时阴影边缘显得太硬，可以更改参数：Light Angle设为6，Shadow Ray设为10，如图6-22所示。

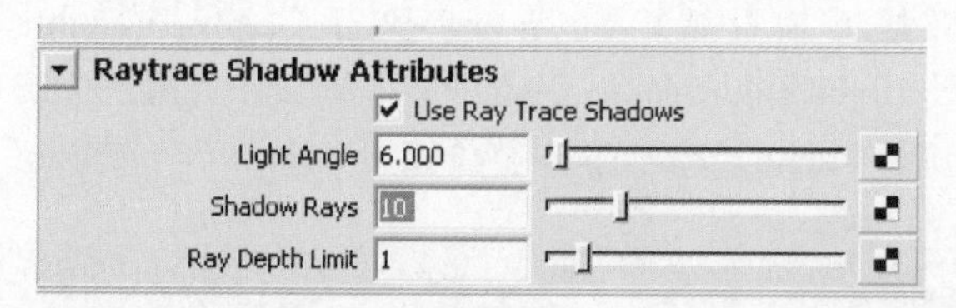

图6-22

单击渲染按钮，渲染效果如图6-23所示。

图6-23

06.

现在物体的背光部分有些暗，再在反方向添加一盏平行光，使暗部颜色柔和一些。灯光的参数设置为：Color的H、S、V值为30，0.2，0.8；Intensity为0.3，如图6-24所示。

图6-24

1. 灯光雾

灯光雾的作用是产生一个雾的范围。

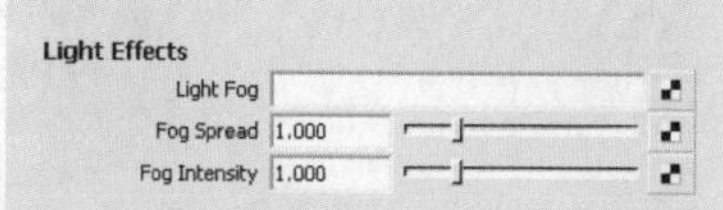

Light Fog：单击其最右边的小按钮可以创建灯光雾。

Fog Spread：灯光雾的分布，值越大越均匀。

Fog Intensity：灯光雾的亮度。比如聚光灯的灯光雾常被用来模仿舞台灯、车头灯或者手电筒等发出的光柱效果。

2. 光学特效

光学特效包括辉光、光晕、镜头耀斑。

辉光

光晕

镜头耀斑

两种灯光阴影的计算方式

要再现真实的照明效果,关键是要生成逼真的阴影。Maya 中灯光投射阴影的方式有 2 种:深度贴图方式(Depth Map)和光线跟踪方式(Raytracing)。这两种方式各有优缺点:深度贴图方式的计算速度较快,而光线跟踪方式的计算结果比较准确、效果逼真。如何选择投射阴影的方式,要视具体情况而定。

1. 深度贴图阴影

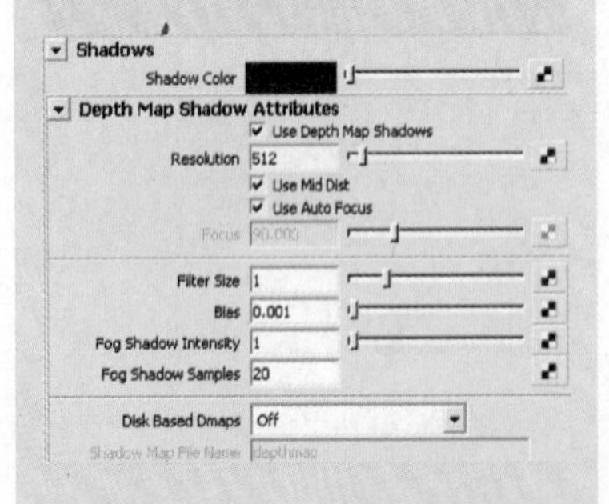

Shadow Color:阴影的颜色

Use Depth Map Shadows:深度贴图阴影开关。

07.

接下来设置海底光斑。执行 Create→Lights→Directional Light 命令,创建一个平行灯作为海底光斑的光源。如图 6-25 所示调整位置。

图 6-25

单击动画设置按钮,将总帧数设为 150 帧,如图 6-26 所示。

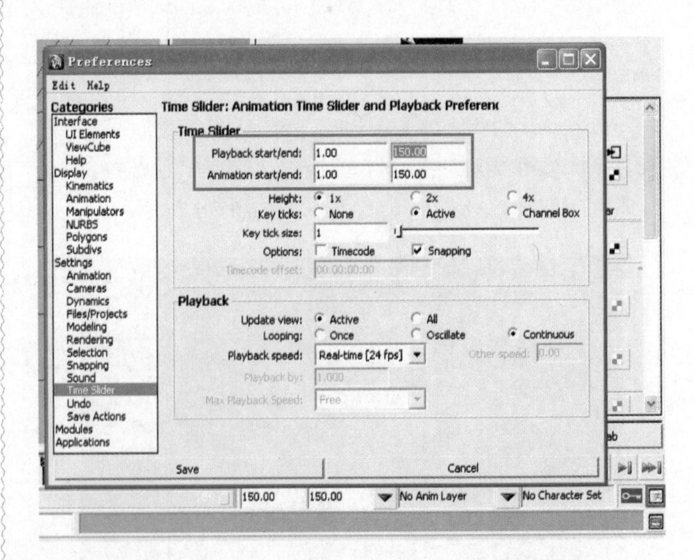

图 6-26

选中灯光,单击灯光属性面板中 Color 旁边的小方按钮,在弹出的对话框中选择 File,如图 6-27 所示。

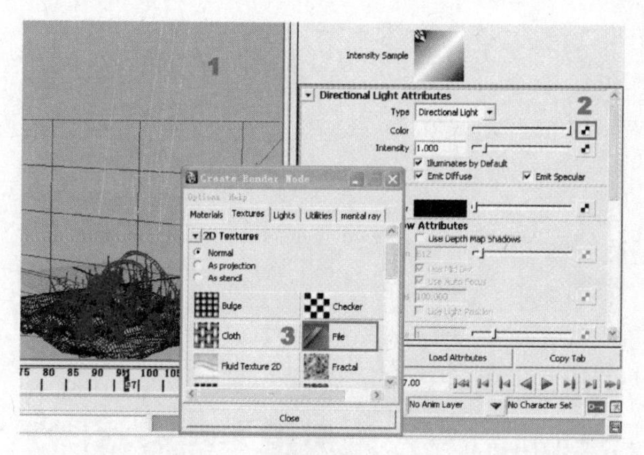

图6-27

单击 File 属性的文件夹按钮，在弹出的对话框中选择第一张图片，单击 Open（打开）按钮，如图 6-28 所示。

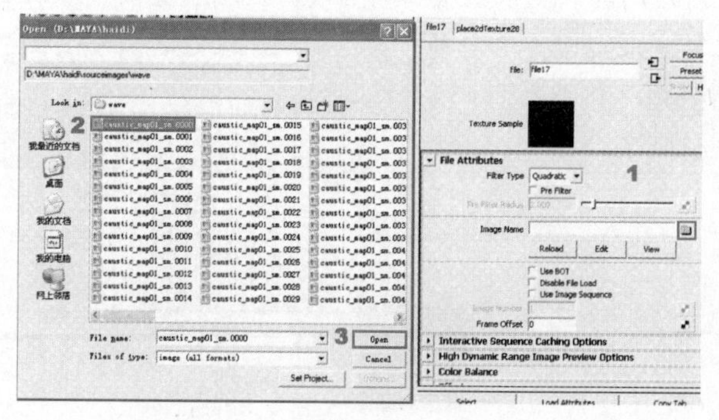

图6-28

选中文件属性面板中的 Use Image Sequence 选项，如图 6-29 所示进行设置。

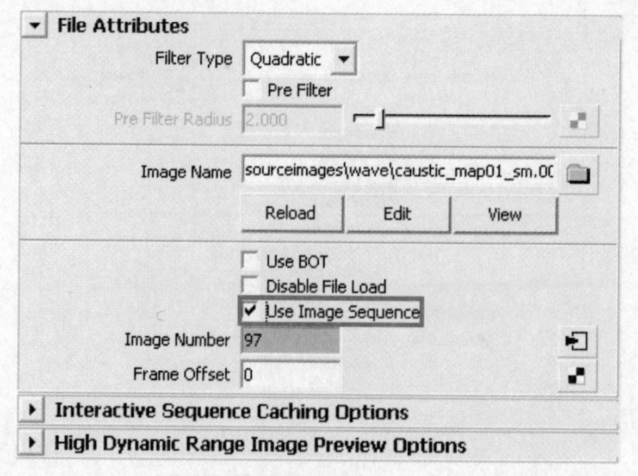

图6-29

单击渲染按钮，渲染效果如图 6-30 所示。

Resolution：深度贴图大小。此设置影响阴影的精度，特别是边缘部分。

Filter Size：深度贴图滤镜，数值越大边缘越柔和。

Bias：深度贴图偏移值。

Fog Shadow Intensity：灯光雾上的阴影强度。

Fog Shadow Sample：灯光雾上的阴影取样值。

2. 光线跟踪阴影

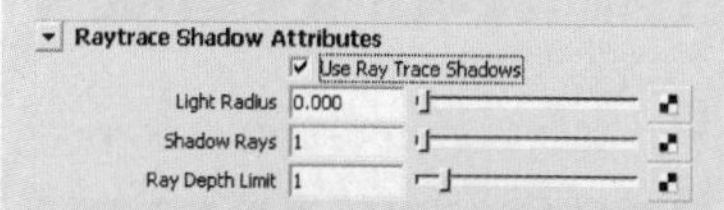

Use Ray Trace Shadows：光影跟踪阴影开关。

Light Radius：灯光的半径。数值越大，阴影边缘的过渡就越明显。

Shadow Rays：阴影的颗粒度。数值越大，阴影边缘的过渡就越细腻。

Ray Depth Limit：光线深度限制。其他类型灯光的光线跟踪阴影的参数及其效果与此基本相同。

Light Radius＝0，Shadow Rays＝1

Light Radius＝6，Shadow Rays＝20

灯光的连接

和现实世界中的灯光不同，Maya 在默认情况下是不打开衰减属性的，因为打开衰减属性后渲染速度会变慢。通常，对灯光前面主要照射的物体来说，不需要设置灯光的衰减属性，但不衰减的灯光会造成“位于上海的一盏灯可以以同样的亮度照亮位于北京的物体”这一现象，以及光影效果混乱、曝光过度等现象。

在打开灯光衰减属性的情况下设置灯光的连接是提高渲染速度的一个好方法，即把角色或场景不需要的灯光排除，让某个灯光只照亮指定的物体。其实灯光的连接就是手动地将灯光与场景中的物体进行“关系的设置”，即决定它们之间是否产生照明效果。灯光的连接在复杂场景的布光中非常重要。

使用灯光连接命令的方法

图 6－30

这时海底的波纹感觉小了些，可以通过调整纹理的重复度来实现。单击 按钮，切换到纹理贴图坐标栏，如图 6－31 所示。

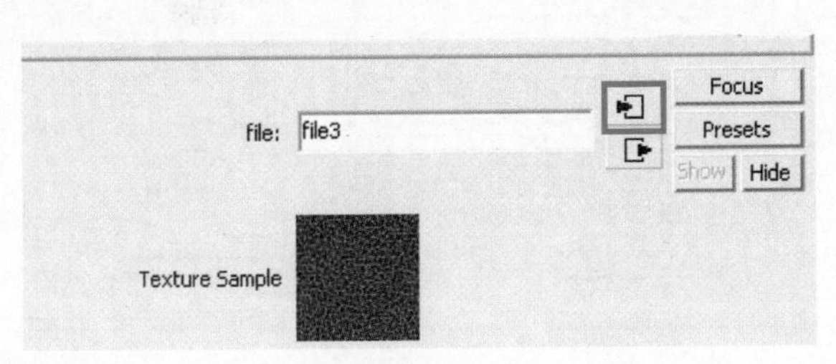

图 6－31

在 2D 纹理坐标栏中将 Repeat UV（UV 重复）值分别设为 0.6，如图 6－32 所示。

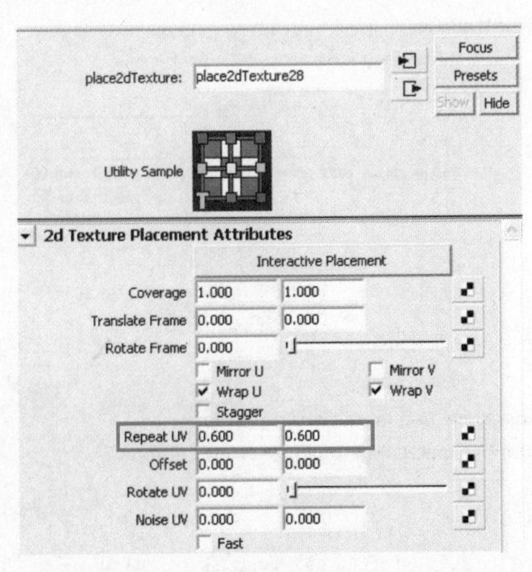

图 6－32

单击渲染按钮，渲染效果如图 6-33 所示。

图 6-33

如果需要调整光斑的亮度，可以调整灯光的 Intensity 值，如图 6-34 所示。

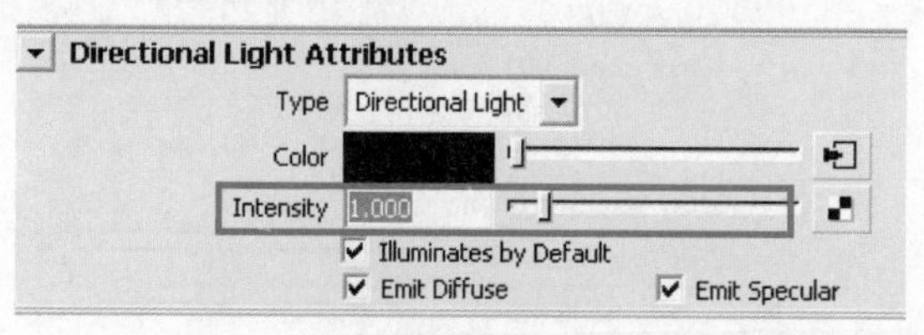

图 6-34

08.

接下来设置海底灯光雾效。执行 Create→Lights→Spot Light 命令，创建一个平行灯作为海底光斑的光源，如图 6-35 所示。如图 6-36 所示调整位置。

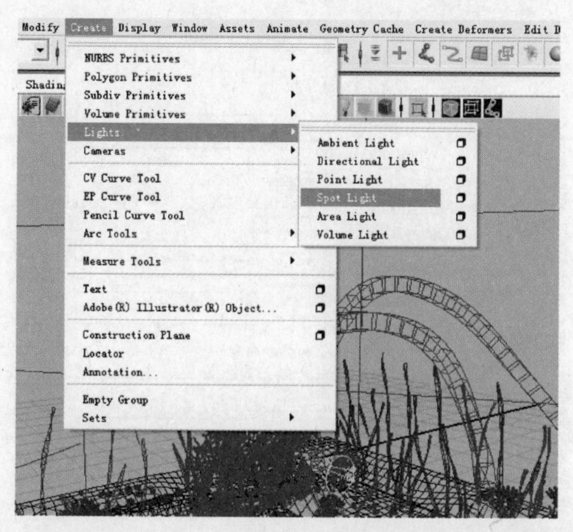

图 6-35

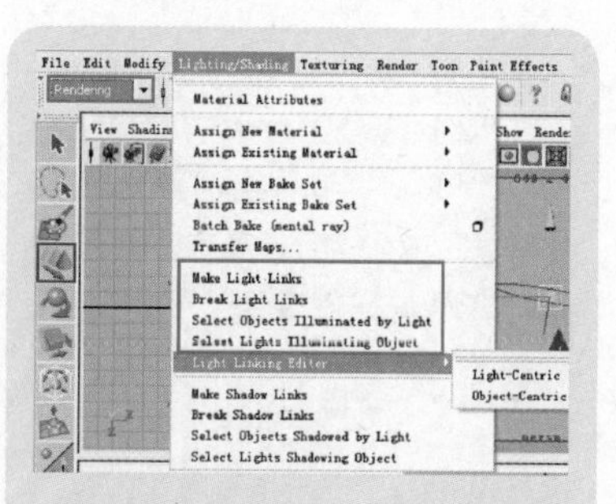

在复杂场景中，可根据实际情况选择使用灯光为中心的连接方式，或使用物体为中心的连接方式。

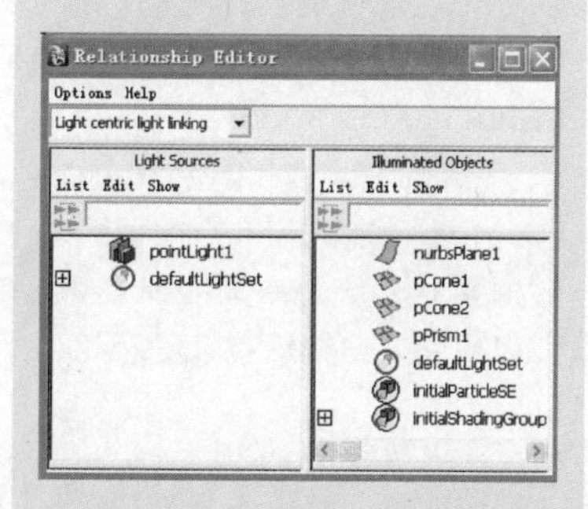

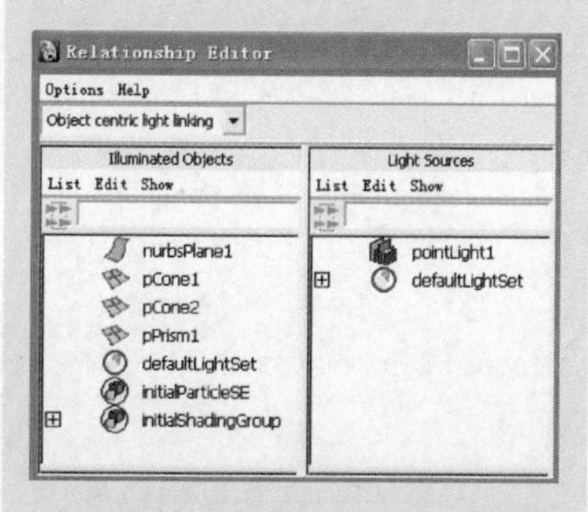

渲染

在三维影视动画制作的整个工作流程中，最后一道工序是“渲染”。无论是单帧图像还是动画序列，大多需要通过渲染来获得最终的结果。

Maya 中的渲染主要分为软件渲染和硬件渲染，在最新版本中还添加了 Mental Ray 渲染器。

软件渲染

软件渲染是 Maya 中最常用的渲染方式。它有一组特殊的渲染命令，即 Maya 批量渲染。批量渲染方式是以软件渲染方式来渲染动画序列的。

硬件渲染

硬件渲染主要用来实现一些特殊效果，如粒子效果。可以简单地理解为依靠计算机的显示卡芯片的计算能力来进行渲染，是一种粗糙的、临时性的渲染效果。

Mental Ray

Mental Ray 是 Maya4.5 版本引进的渲染方式。该方式早期一直内置在 Softimage 3D\XSI 中，现已经被各种三维软件广泛使用。

打开渲染命令

方法 1：单击工具栏上的按钮打开渲染命令。

方法 2：执行 Windows → Rendering Editors 命令打开渲染命令。

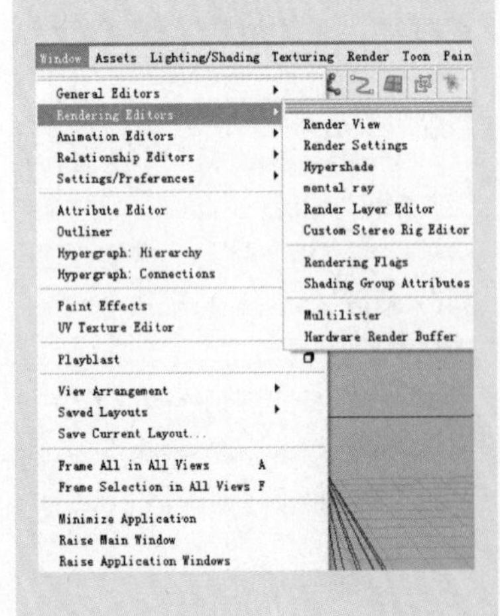

Render View：打开渲染窗口。

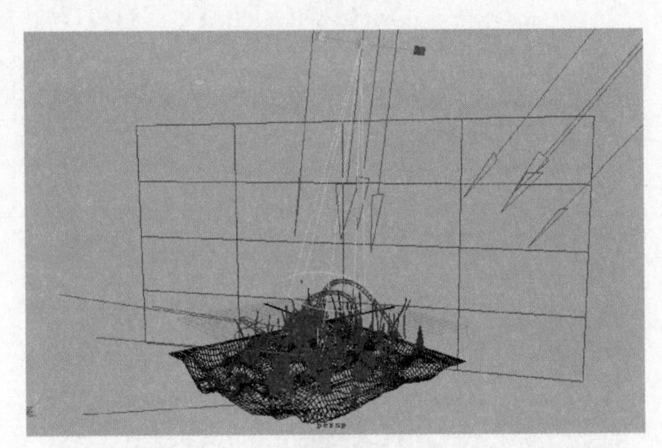

图 6－36

在灯光属性中将 Intensity 设为 3，Cone Angle 设为 22，如图 6－37 所示。

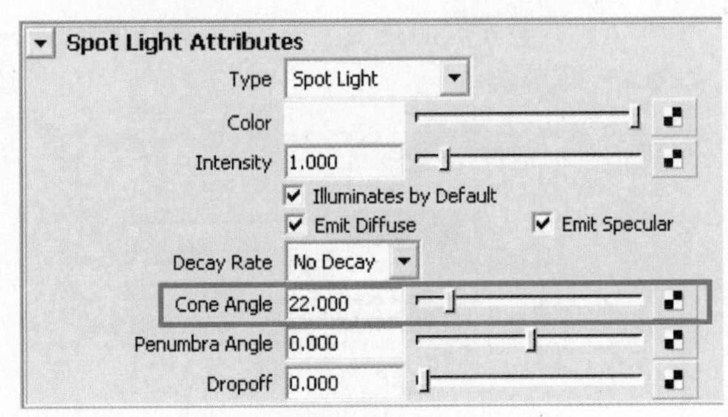

图 6－37

单击灯光属性面板中 Light Fog 旁的按钮创建灯光雾，如图 6－38 所示。进入灯光雾属性面板，如图 6－39 所示。单击渲染按钮，将雾渲染出来，效果如图 6－40 所示。

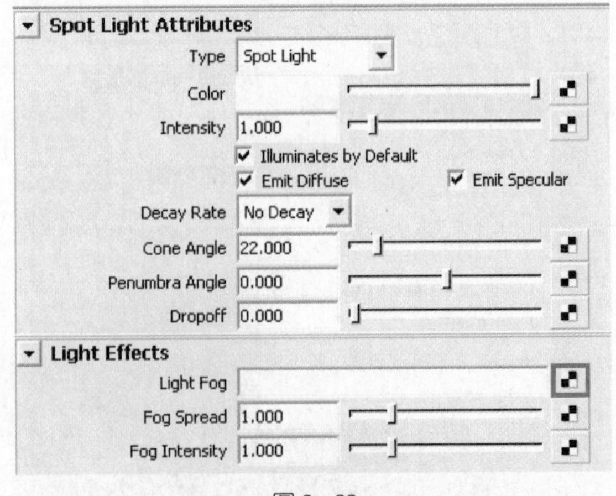

图 6－38

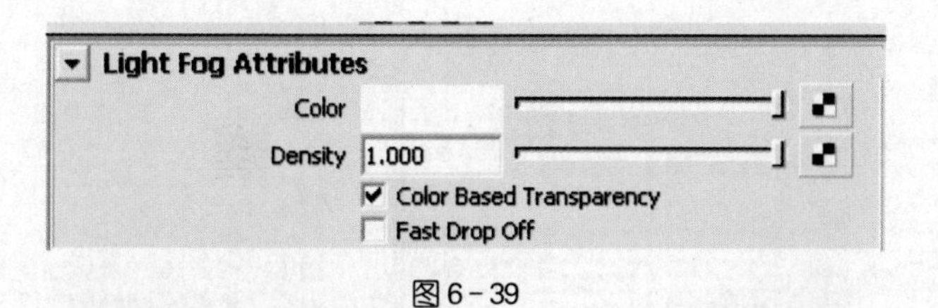

图 6 - 39

图 6 - 40

但现在雾效太浓，不是本例想要实现的海底阳光一缕缕的感觉。在场景中单击选中 Spot Light（点光源），单击灯光属性面板中 Color 旁的小按钮，在弹出的对话框中选择 File，如图 6 - 41 所示。

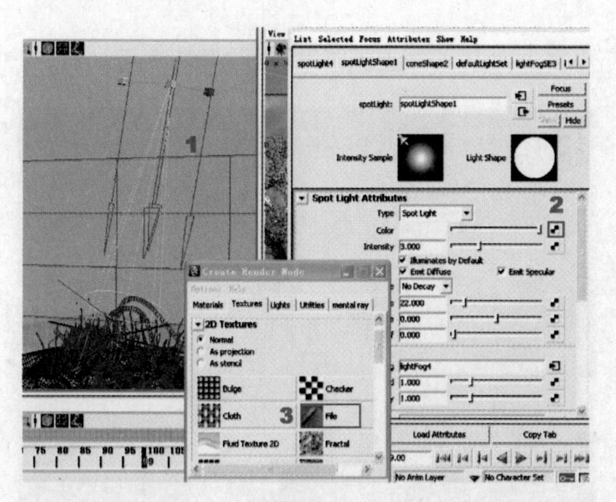

图 6 - 41

单击 File 属性的文件夹按钮，在弹出的对话框中选择第一张图片，单击 Open（打开）按钮，如图 6 - 42 所示。

Render Globals：打开渲染全局设置菜单。

Rendering Flags：打开渲染标记设置窗口

方法 3：在渲染模块的菜单中打开。

渲染设置面板：

在帧/动画扩展名下拉列表中，前两种文件名格式为“静帧”方式，其他为动画方式，带＃号的格式为帧系列方式(即渲染多张连续的静帧图像)。

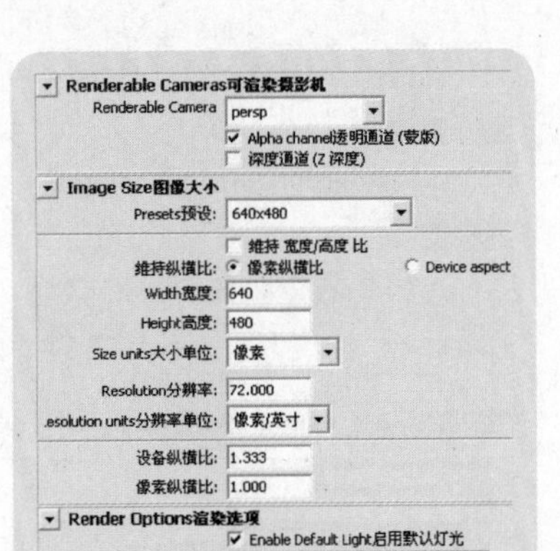

Maya Software（Maya 软件渲染设置）:

Anti-Aliasing Quality（抗锯齿质量）:对图像的最终输出影响很大。最终渲染一般选择 Production Quality（产品级质量）。

Retracing Quality（光线跟踪）:主要用来限制光线反弹和穿透,以提高渲染效率。

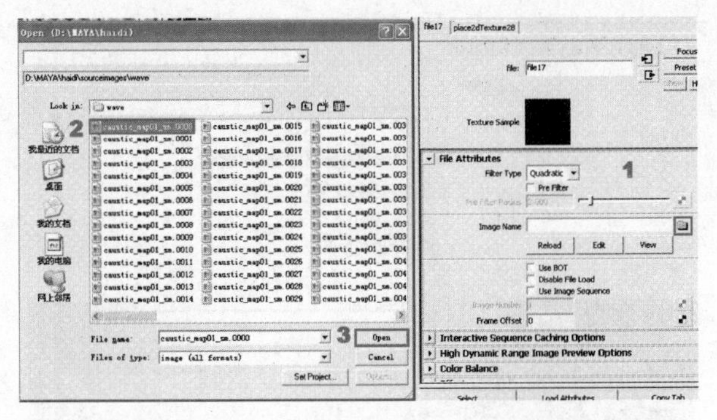

图 6－42

选中文件属性面板中的 Use Image Sequence 选项，如图 6－43 所示进行设置。

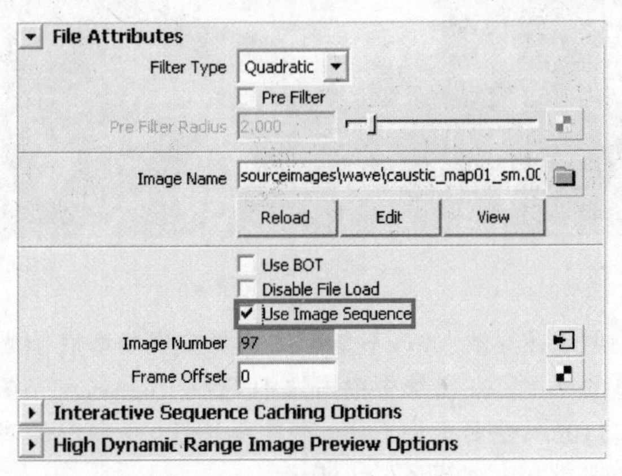

图 6－43

单击渲染按钮,渲染效果如图 6－44 所示。

图 6－44

再调整一下灯光的范围，如图 6－45 所示设置参数。调整一下光线的密度，如图 6－46 所示设置参数。

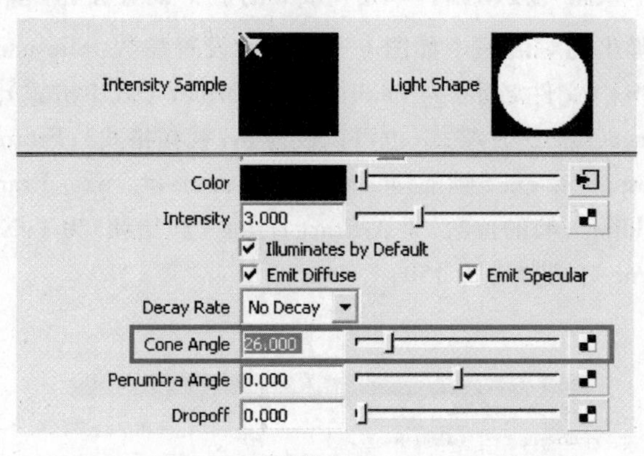

图 6－45

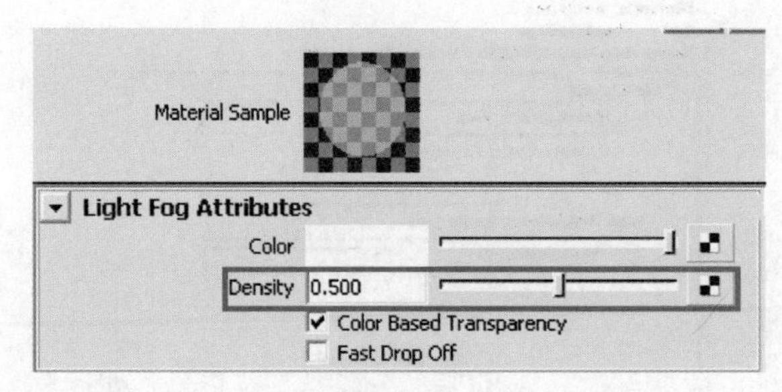

图 6－46

单击渲染按钮，渲染效果如图 6－47 所示。

图 6－47

09.

渲染一段动画。单击 Maya 的渲染设置按钮，在弹出的对话框中如图 6－48 所示设置参数：File name prefix（文件名字）为 haidi；Image format（图片格式）为 Targe(tga)图片格式（也可以设为 avi 视频格式）；Frame/Animation ext（帧命名规则）为 name #. ext；Frame Padding（帧的位数）为 3；Start frame（起始帧）为 1；End frame（结束帧）为 150。

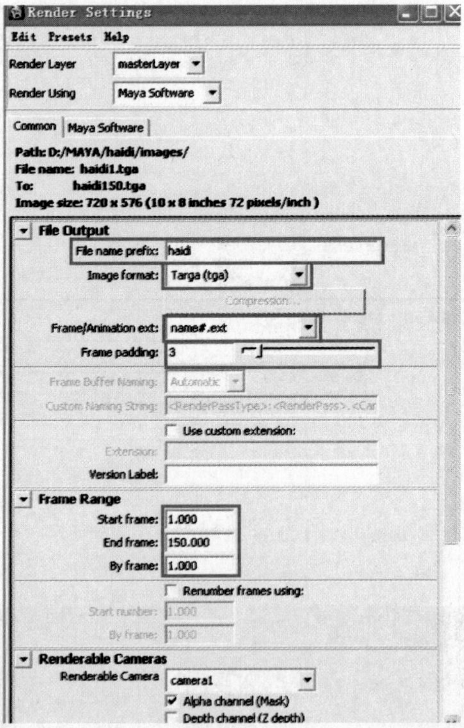

Render Settings
Edit Presets Help
Render Layer masterLayer
Render Using Maya Software
Common Maya Software
Path: D:/MAYA/haidi/images/
File name: haidi1.tga
To: haidi150.tga
Image size: 720 x 576 (10 x 8 inches 72 pixels/inch)
File Output
File name prefix: haidi
Image format: Targa (tga)
Compression...
Frame/Animation ext: name#.ext
Frame padding: 3
Frame Buffer Naming: Automatic
Custom Naming String: <RenderPassType>:<RenderPass>.<Car
Use custom extension:
Extension:
Version Label:
Frame Range
Start frame: 1.000
End frame: 150.000
By frame: 1.000
Renumber frames using:
Start number: 1.000
By frame: 1.000
Renderable Cameras
Renderable Camera camera1
Alpha channel (Mask)
Depth channel (Z depth)

图 6－48

在渲染设置面板中，把 Maya Software 下的 Quality 改为 Production quality（产品质量）；选中 Raytracing 选项，如图 6－49 所示。

设置好后执行 File→Save 命令保存文件。转到 Rendering 模块，执行 Render→Batch Render 命令，渲染动画，如图 6－50 所示。

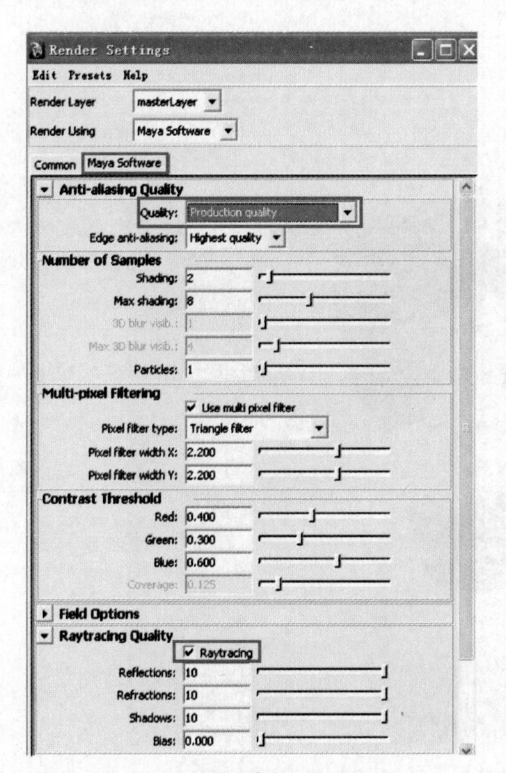
Render Settings
Edit Presets Help
Render Layer masterLayer
Render Using Maya Software
Common Maya Software
Anti-aliasing Quality
Quality: Production quality
Edge anti-aliasing: Highest quality
Number of Samples
Shading: 2
Max shading: 8
3D blur visib.: 1
Max 3D blur visib.: 4
Particles: 1
Multi-pixel Filtering
Use multi pixel filter
Pixel filter type: Triangle filter
Pixel filter width X: 2.200
Pixel filter width Y: 2.200
Contrast Threshold
Red: 0.400
Green: 0.300
Blue: 0.600
Coverage: 0.125
Field Options
Raytracing Quality
Raytracing
Reflections: 10
Refractions: 10
Shadows: 10
Bias: 0.000

图 6 - 49

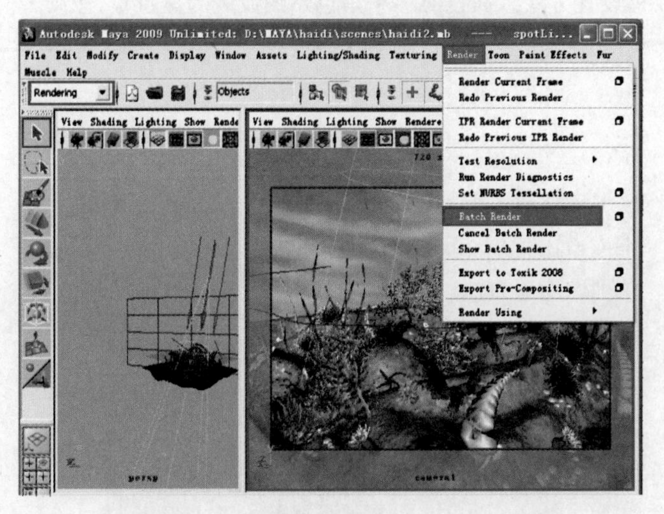
File Edit Modify Create Display Window Assets Lighting/Shading Texturing Render Toon Paint Effects Fur
Muscle Help
Rendering
Objects
Render Current Frame
Redo Previous Render
IPR Render Current Frame
Redo Previous IPR Render
Test Resolution
Run Render Diagnostics
Set NURBS Tessellation
Batch Render
Cancel Batch Render
Show Batch Render
Export to Toxik 2008
Export Pre-Compositing
Render Using

图 6 - 50

6.2 小女孩纹理贴图制作

知识点：多边形UV纹理映射方式，角色UV设置，UV信息导出，贴图绘制

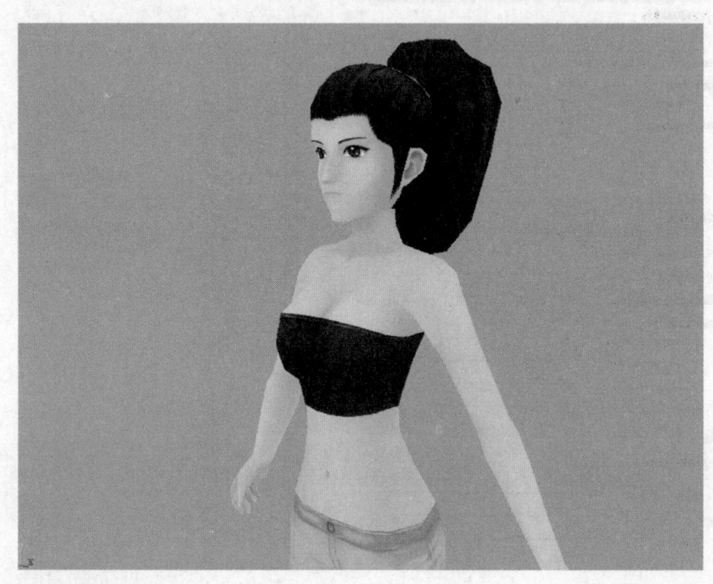

图6-51

在本例中将详细讲解Maya UV纹理设置方法。通过对一个角色贴图设置的全过程，让读者了解Maya角色贴图设置方面的技巧。

知识点提示

纹理和UV的基本概念

UV贴图和纹理是紧密相连的，如果不需要纹理，就不需要UV；反之亦然。但实际情况并非如此简单。

纹理即包裹在物体表面上的一层花纹，如木纹、锈斑、布纹、人体和动物的皮肤等。除了物体表面的花纹外，纹理还可以控制物体表面的特性，如质感。也就是说，材质控制物体的质感，纹理是材质进一步细致和精确的描述。

纹理可以是3D的，也可以是2D的。如果没有特别说明，本书中的“纹理”指的是2D纹理。3D纹理不

01.

在场景中打开一个角色模型，如图6-52所示。这个模型比较简单，可以方便我们在短时间内了解Maya纹理的设置方法。

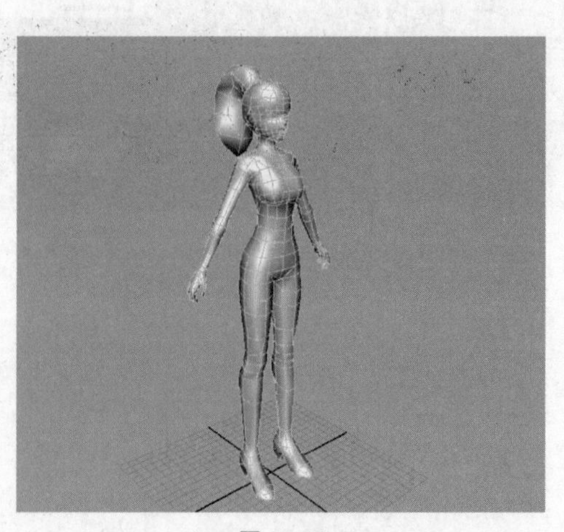

图6-52

02.

由于角色模型一般是左右对称的，为了方便选择和编辑，只需要展开一半的UV，并且把模型主要分为头、身体、手、腿、脚几个部分来分别展开UV。最后可以合并成整体，再把UV合理分配在UV方框内，如图6－53所示。

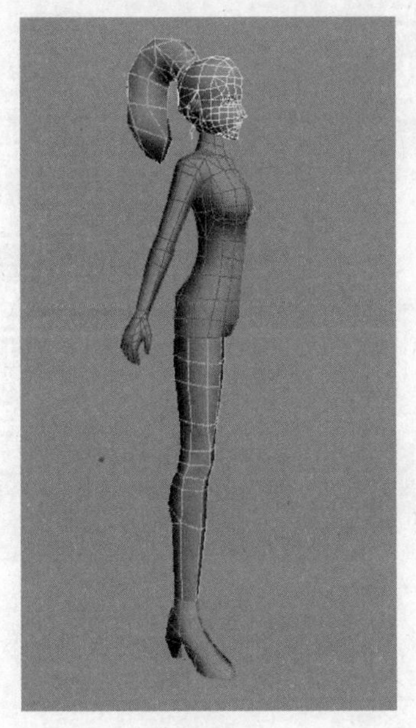

图6－53

03.

先将身体的一半（除去辫子部分）删除，如图6－54所示。

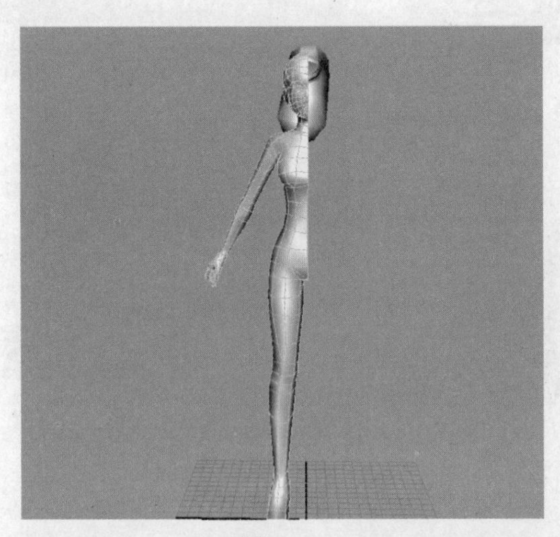

图6－54

需要UV。使用纹理不仅可以节约资源，而且有助于提高工作效率。

为游戏项目中的低多边形角色模型赋予纹理可以获得很好的效果。在电影项目中，通常也为远景人物或者群组动画中的角色赋予类似精度级别的纹理。通过发挥纹理的特点，能够节约宝贵的资源，简化制作过程，又不影响质量，这种计算方法很受欢迎。

UV也称为贴图坐标，主要作用是定位纹理。因为纹理图片是2D的，在Maya中要将它"贴"在一个3D物体上，这样原来纹理所固有的定位系统2D坐标无法和3D空间一一对应，但计算机在执行贴图操作时要求有精确的数据，需要明确的贴图位置和方式。在Maya中可通过UV方式来定位纹理的位置，即通过UV可以把3D物体空间上的点和2D纹理上的点（即像素）一一对应。

UV编辑窗口

执行 Window → UV Texture Editor 命令，打开UV编辑器窗口。

04.

在Polygon(多边形)模板中,选择头部上的面,单击Create UVs→Planar Mapping(平面展开)命令旁的设置按钮,选择映射方式为X axis,如图6-55所示。

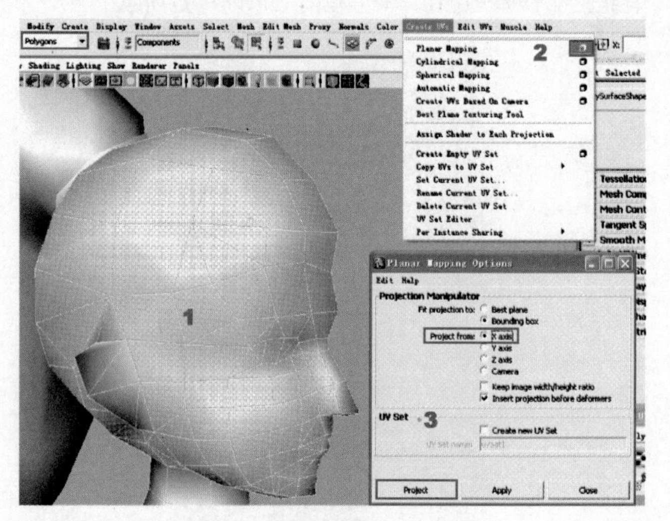

图6-55

05.

执行Windows→UV Texture Editor命令,打开Maya的UV编辑器,如图6-56所示。

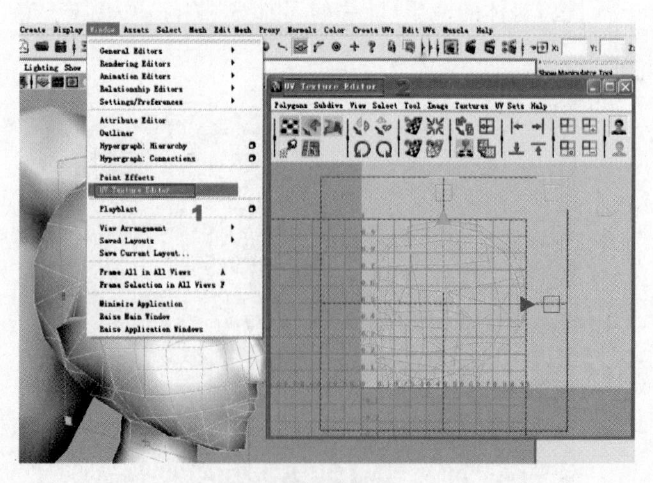

图6-56

单击鼠标右键选择UV,如图6-57所示。

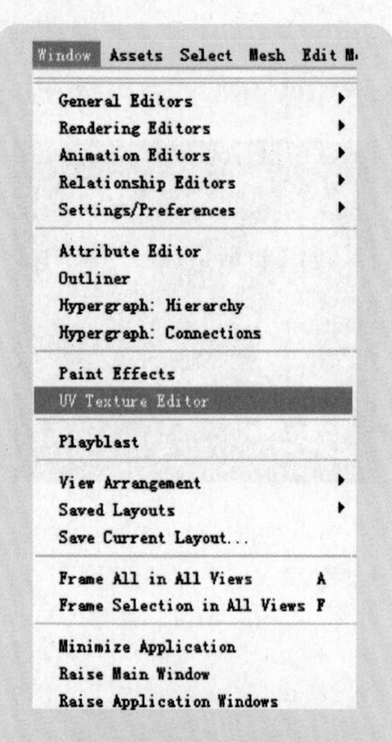

编辑器中淡蓝色的区域为UV的实际有效区域,也称为0~1的区间。之所以说是实际有效区域,是因为走出这个区间的UV都是相对于这个区间的位置重复。

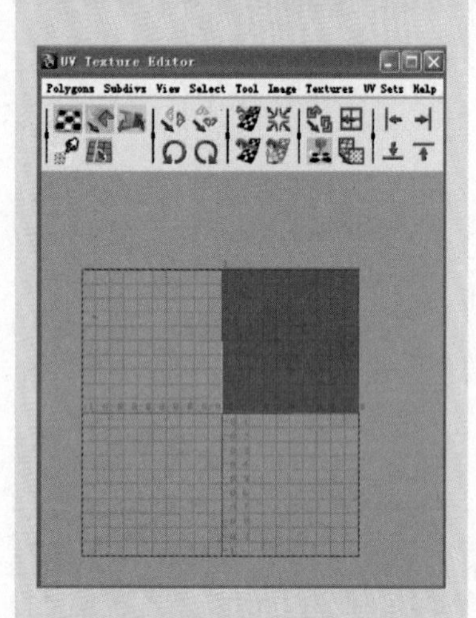

U是水平方向的坐标轴,相当于二维坐标系中的X轴;V是垂直方向的坐标轴,相当于Y轴,以区别于场景中的XYZ三维坐标。

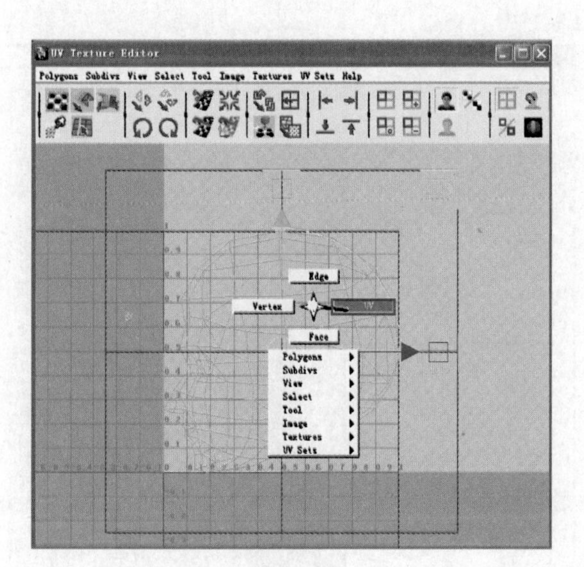

图 6 - 57

选中头部的几个 UV，执行 UV 编辑器中的 Select→Select Shell 命令，如图 6 - 58 所示。

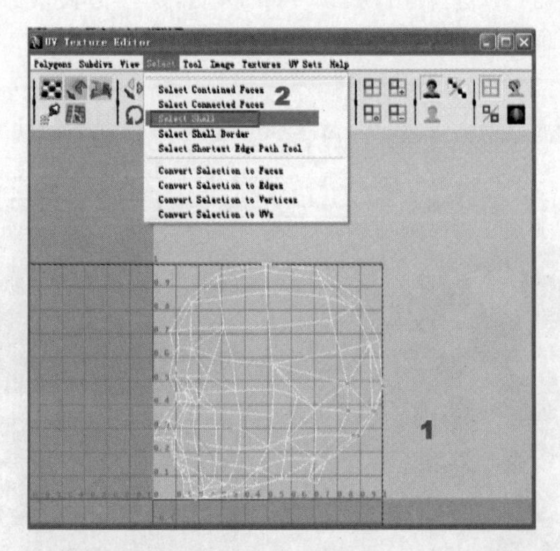

图 6 - 58

06.

选中头部的几个 UV 点，执行 Polygons→Unfold 命令，或者单击 UV 编辑器中的 Unfold 图标，将 UV 展开，如图 6 - 59 所示。

NURBS 模型的 UV 设置

与多边形模型（Polygon）和细分模型（Subdiv）的 UV 设置不同，NURBS 模型的 UV 设置较特殊。组成 NURBS 模型的控制点也称为 UV，这并不是名称上的简单重复，NURBS 模型自身的结构点（控制点）和纹理坐标 UV 是一致的。

NURBS 模型的 UV 设置具有以下几个特点：

（1）NURBS 模型的 UV 是固有的，不需要手动添加。

（2）NURBS 模型中的 UV 是不可编辑的，即 UV 编辑器窗口中的 UV 都是灰色的如果可编辑应该是白色的。

（3）NURBS 模型的 UV 设置是由模型自身的 Isoparms 的分布情况所决定的。

由于 Isoparms 的分布情况决定了 UV，所以贴图也会因为 Isoparms 的不均匀分布而产生疏密变化。这往往不是希望得到的结果，但是 NURBS 模型自身的 UV 是无法编辑的。打开 NURBS 模型的属性编辑器，在 Texture Map 栏中选中 Fix Texture Map 选项，NURBS 模型的纹理便可以在表面上相对均匀地分布了。

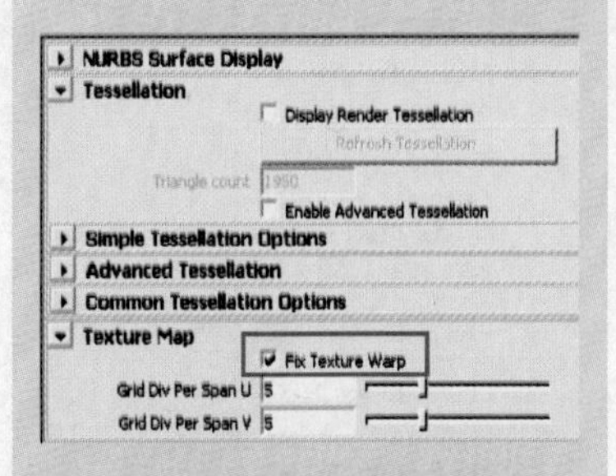

多边形模型的 UV 设置

由于多边形建模方法是 Maya 中最常用的，所以需要经常为多边形模型进行 UV 设置。

多边形模型与 NURBS 模型不同，具有可任意拓展性，模型自身不可能拥有固有的可以用来定位纹理的二维坐标。因此如果想要在复杂多边形模型上进行贴图，就需要在二维坐标系统中重新定位纹理的坐标，也就是 UV 设置。

在实际操作中，如果多边形模型有 UV 设置，那么当为模型赋予纹理时它会变为透明，以提醒用户为它映射 UV，通常是在多边形模型创建后为其映射 UV。

注意：纹理定位只是 UV 坐标贴图的最主要作用。在 Maya 中，还有许多操作也需要 UV 坐标贴图来产，如特效粒子、毛发等，这是因为它们具有贴图的性质。

多边形模型虽然不像 NURBS 模型那样自身固有 UV 控制点，但它可以在创建时设置 UV（不过该 UV 在多边形任意拓展的情况下往往是没有用的）。

1. 多边形 UV 映射的分类

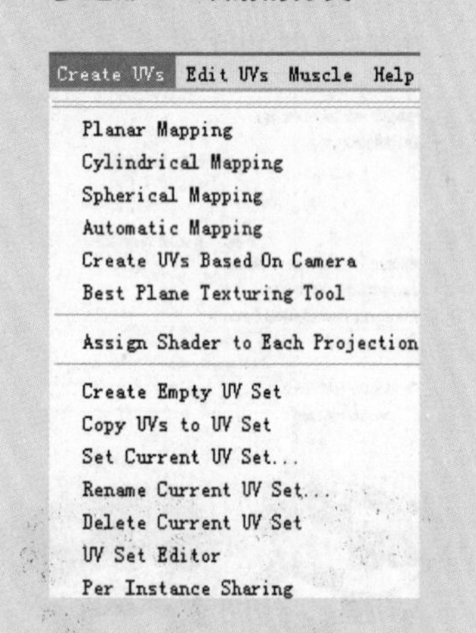

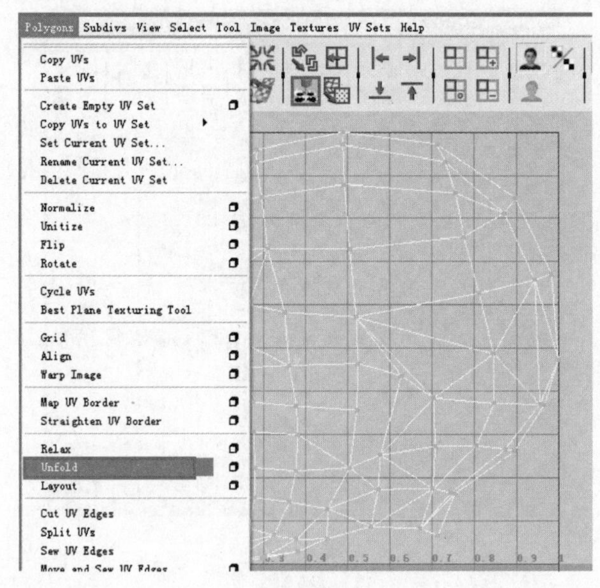

图 6 - 59

为了检查 UV 分得是否合理，可以给模型增加一个带棋盘格纹理贴图的 Checker 材质，这样方便观察 UV 的合理性，如图 6 - 60 所示。

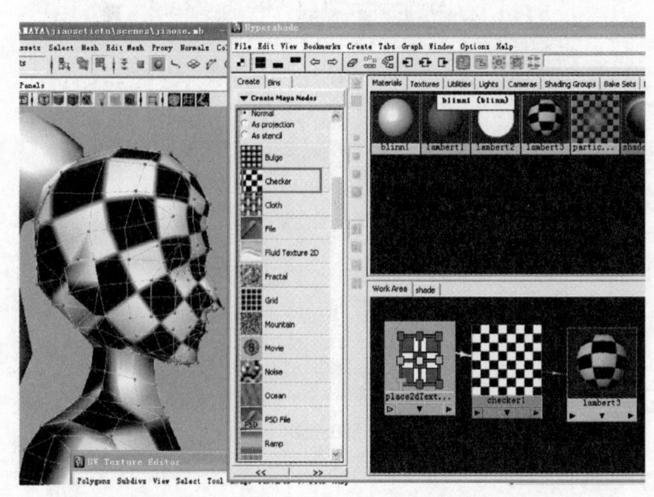

图 6 - 60

有些 UV 没有很好地展开或者出现拉伸，可以在 UV 中做适当的切割，使 UV 更好的展开。头部 UV，把嘴巴部分和耳根部分切割开，是 UV 分布得更规则一些。选择相应的线，执行 Polygons→Cut UV Edges 命令，或者单击UV编辑器上的图标，如图6-61所示。

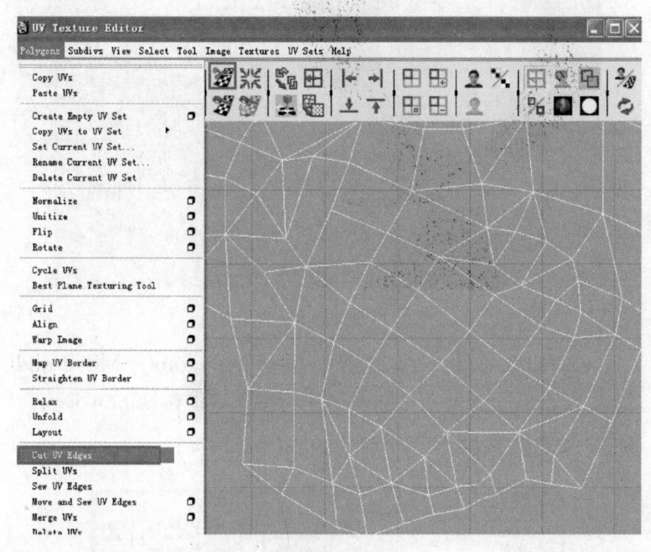

图6-61

再次选中头部UV，执行Polygons→Unfold命令，使UV完全展开，如图6-62所示。

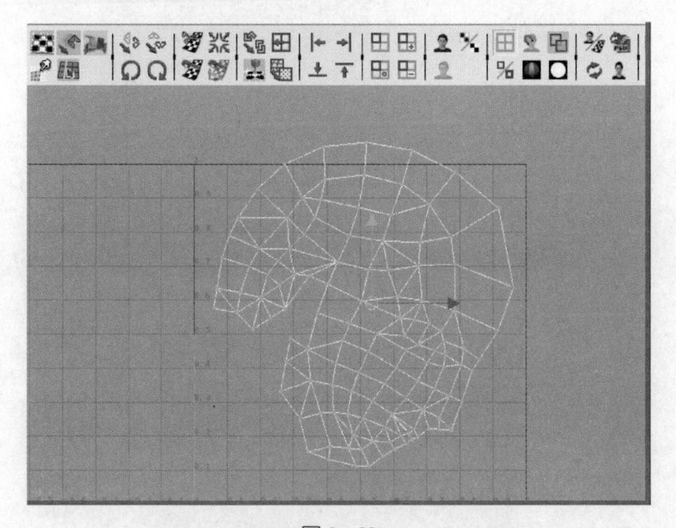

图6-62

选中耳朵部分的面，执行Create UVs→Automatic Mapping命令将耳朵UV展开，如图6-63所示。

（1）Planar Mapping（UV平面映射）：创建UV的第一步——映射，首先是Planar Projection（平面映射）。

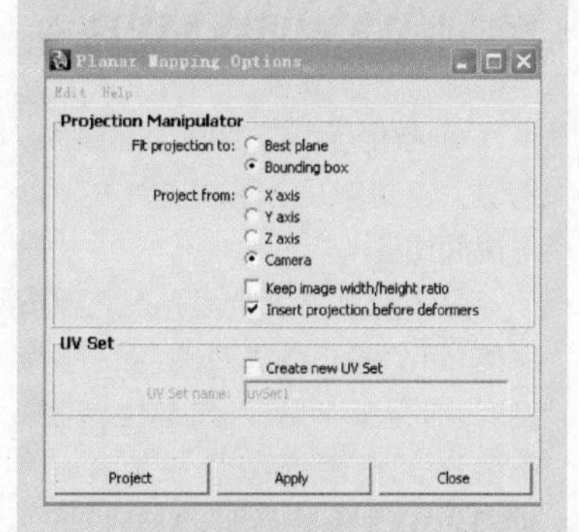

UV映射手柄参数设置面板如下图所示。

Projection Attributes

Projection Center	0.154	0.372	4.170
Rotate	-34.538	31.800	-0.000
Projection Width	1.189		
Projection Height	1.088		

Image Attributes

Image Center	0.500	0.500
Rotation Angle	0.000	
Image Scale	1.000	1.000

中心位置3个文本框代表3个坐标轴参数中。旋转参数同理。UV映射手柄设置针对的是三维空间坐标，设置起来不那么容易。由于调整的是映射手柄大小，而不是UV本身，在UV编辑器窗口中看到的效果与设置是相反的，交互性差，极其不方便，所以有经验的设计师选择在视图中对手柄进行操作。

映射UV模型上会出现一个大的手柄，称为UV映射手柄。映射方式不同，手柄的开关也不同。使用平面映射方式时，看起来像一个平板，平板上有很多彩色的小手柄，可以通过它们来实现UV坐标贴图的快速、基础的编辑。

UV 编辑器窗口中的手柄是UV自身的调节手柄。由于UV自身是二维的，所以手柄始终是方形的。图中的UV映射手柄是被挤压的，而图中UV编辑器窗口中的手柄是原始状态的。

UV映射手柄在视图中的操作方法比较简单、直观，操作中的几点说明如下：

操作模式1：相当于一个二维操作，除了移动纵深方向（即投影方向）的操作手柄个，其他操作都不会离开投影手柄原来所在的平面。

操作模式2：是一个三维操作。

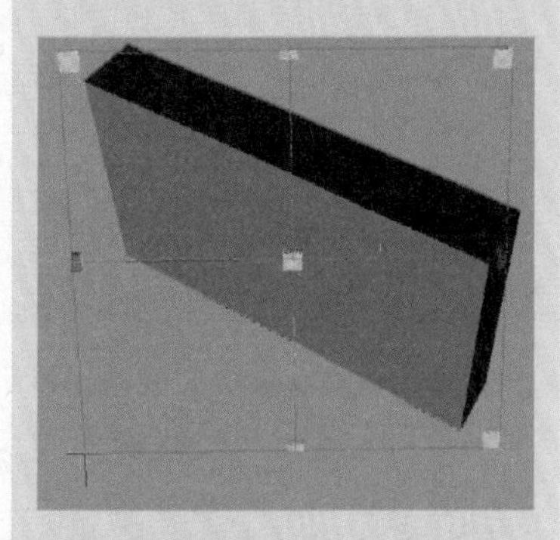

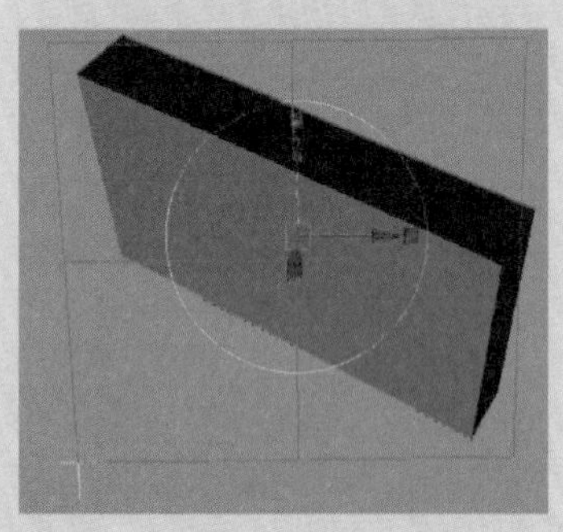

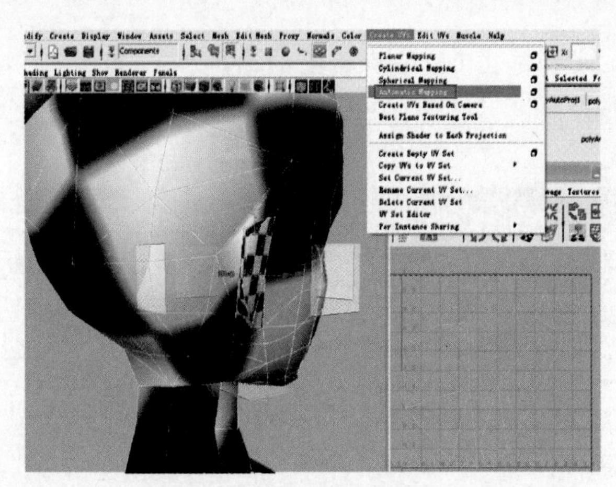

图6-63

选择边，在UV编辑器中执行 Polygons→Move and Sew UV Edges 命令，合并相应的边，如图6-64所示。耳朵UV设置后的效果如图6-65所示。

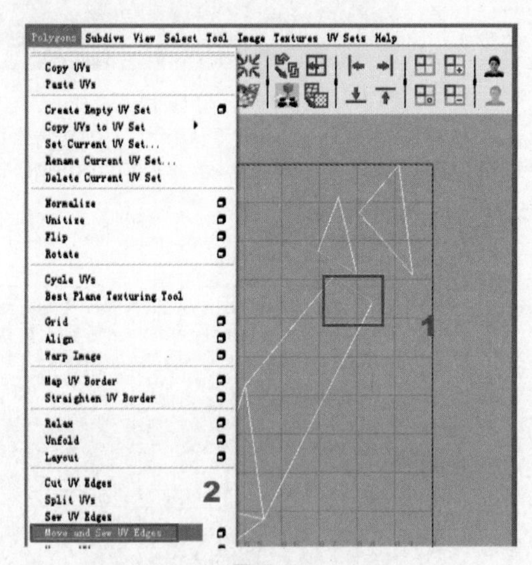

图6-64

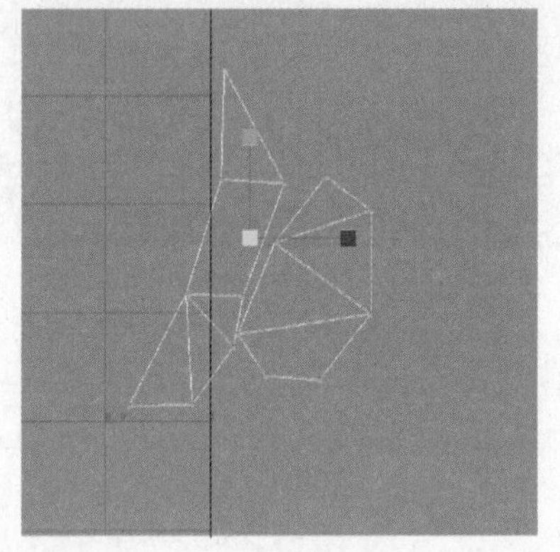

图6-65

07.

展开身体部分的 UV。身体可以分为正面和背面两个部分，只要把中间的线合并，就可以避免贴图出现接缝的情况。首先选中正面的面，单击 Create UVs→Planar Mapping（平面展开）命令旁的设置按钮，选择映射方式为 Z axis，如图 6-66 所示。

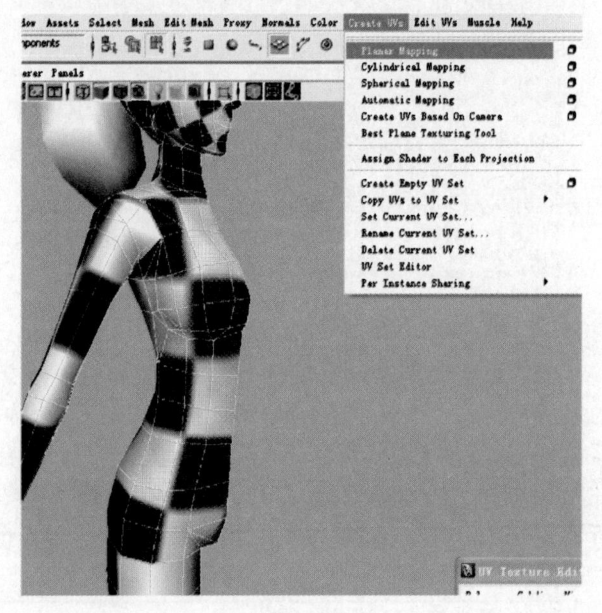

图 6-66

选中身体 UV，执行 Polygons→Unfold 命令，使 UV 完全展开，如图 6-67 所示。

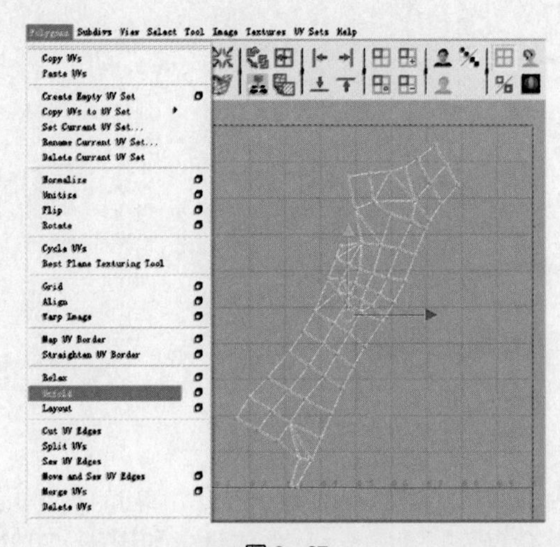

图 6-67

在操作过程中尽量不要使用〈W〉、〈E〉、〈R〉等快捷键，否则操作模式会发生改变。若使用了这些快捷键或者其他命令，可以选择投影相对的历史层级。比如：手柄没有显示，可以按〈T〉键，这样就可以重新操作了。除了在视图中旋转手柄、投影的角度发生变化、球形和圆柱形投影的周长需要调整等这些在三维空间中调节的操作外，其他操作都可以在 UV 编辑器窗口中调整。

当选择相同的模型或者区域投影时，模型的 UV 会自动更新，除非是在不同的 UV Set 中创建投影。若不小心运行了其他命令，并且又删除了历史记录，不能去历史层级中重新选择了，那么可以直接重新再投影一次，这样前面的投影入自动失效了。

操作模式 1 虽然是二维操作，但它和 UV 编辑器窗口中的手柄含义是不同的，其效果也不同，但功能手柄的位置还是相同的。

（2）圆柱形和球形的投影方式：相对于平面映射的操作手柄，圆柱形和球形投影的操作手柄的调整范围有所变化，但 UV 功能还是一样的，只是移动手柄操作的空间改变了。

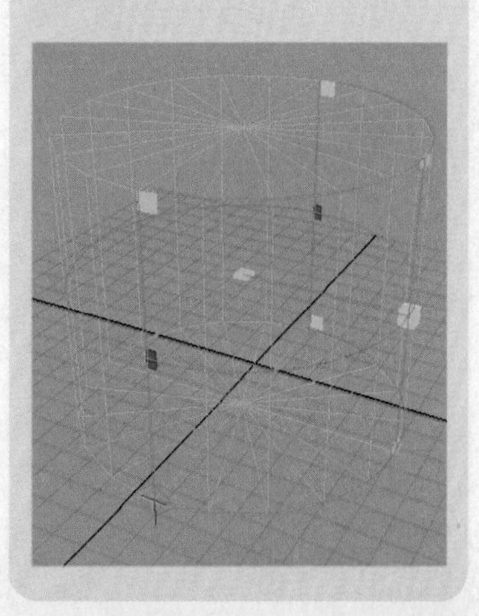

注意：在如下图所示的操作模式2下，平面映射与圆柱形和球形投影的手柄操作相同。

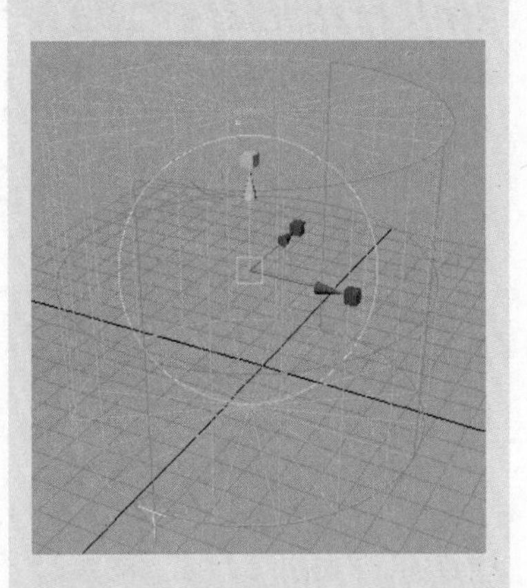

（3）自动映射方式：自动UV映射后模型的每个面基本上都会找到最适合的映射角度。自动映射没有可以操作的手柄。

在这几组参数中主要调节的是Planes（参与映射的平面数量）和Optimize（优化选项），其他参数保持默认状态即可。

2. 多边形UV映射和调整的基本原则

前面已经学习了4种投影方式，下面将通过比较这4种投影方式来得出UV映射和调整的基本原则。首先介绍一下用来检测UV的标准，它是指UV的"最终目的纹理"，也称贴图。

用同样的方法将背部UV展开，如图6-68所示。

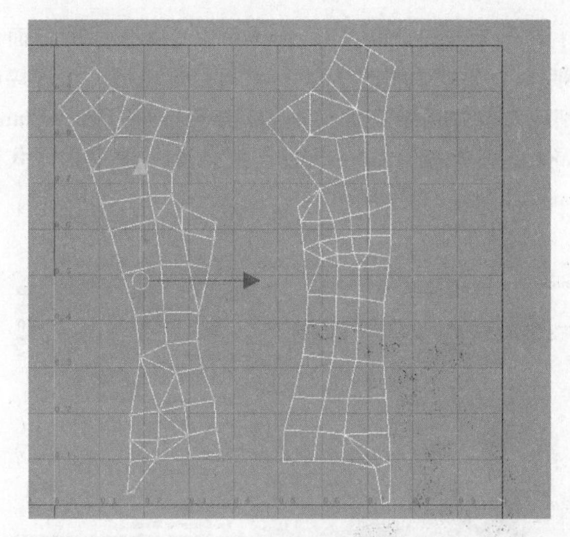

图6-68

接下去这个步骤比较关键，要把正面和背面连接的线尽量拉直、对齐。选择相应的边线后，在UV编辑器中执行Polygons→Move and Sew UV Edges命令，合并相应的边，将两块UV合并成整体，如图6-69所示。

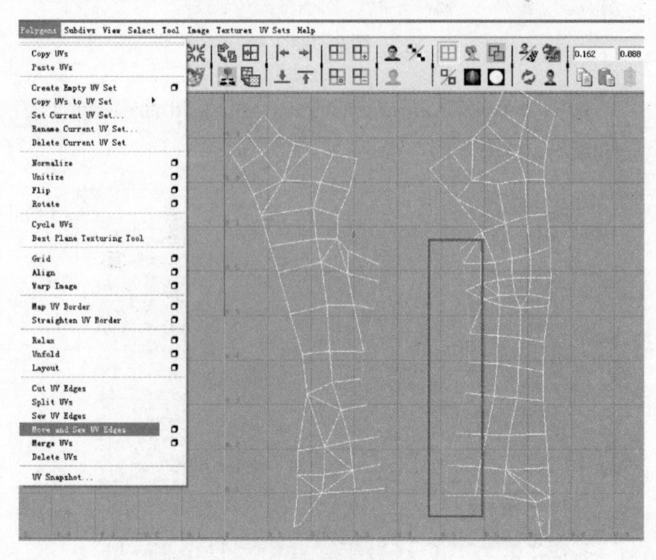

图6-69

合并好后选中身体的UV点，单击Polygons→Unfold命令旁的设置按钮，具体设置如图6-70所示。

再参考模型上棋盘格贴图对 UV 点进行调整，调整后效果如图 6-71 所示。

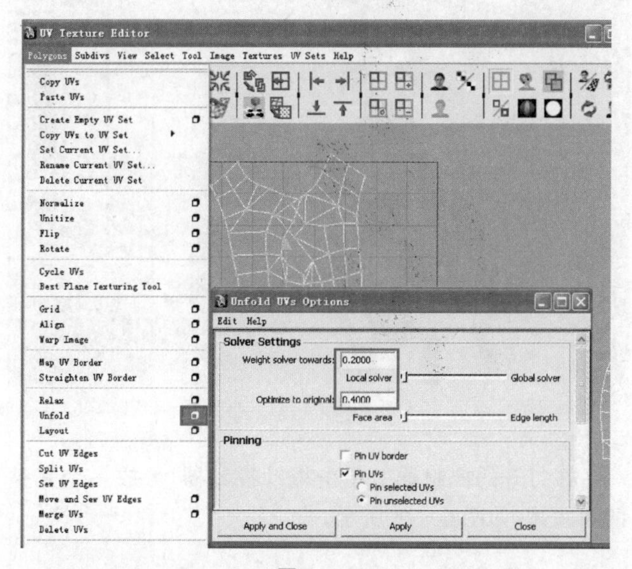

图 6-70

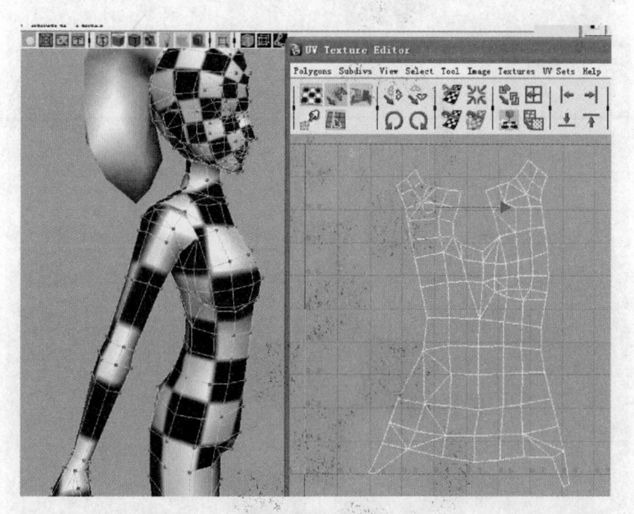

图 6-71

08.

接下来展开手臂与手的 UV。手臂类似于圆柱体，而且接缝会比较明显，展开 UV 的方法和前面稍有不同。先选择手臂的面，执行 Polygons→Cylindrical Mapping（圆柱贴图）命令，如图 6-72 所示。

棋盘格是用来 UV 的纹理，检测的目标是使模型上的所有部位都可以均匀地分布这些黑白相间的正方形格子。

棋盘格是二维纹理构成的最基本元素——像素的基本形式，所以黑白相间、均匀分布的正方形格子有利于观察 UV 的分布。不使用 Maya 自带的棋盘格贴图，是因为它在视图中的显示效果不好。

着手编辑 UV 时，首先要选择一种正确的映射方式为模型映射 UV，下面是 4 种投影方式对同一个多边形头部模型的映射效果。

（1）平面投影方式。从 UV 编辑器窗口中可以很容易看出模型正面的映射效果，这为将来类似的参考图片以及绘制贴图（纹理）提供了方便，而且与映射平面平行的脸部棋盘格排列非常整齐均匀。

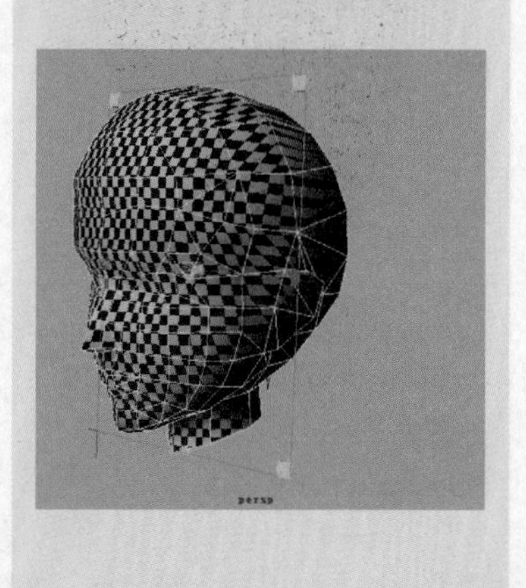

缺点是在与投影方向垂直的面上的拉伸现象非常严重，可以从贴图效果中看出脸和脖子的侧面、头顶、后脑勺都有严重的位伸。

(2) 圆柱形映射方式。圆柱形映射方式很好地解决平面映射侧面拉伸的问题——头顶拉伸较少，后脑勺没有和脸部重叠，只是耳朵和下巴还有重叠。

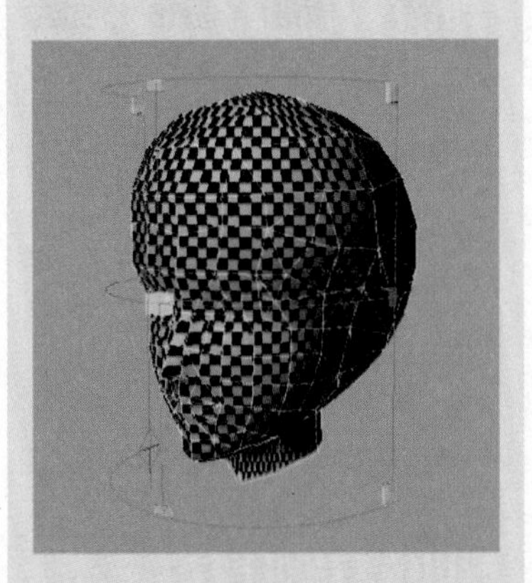

(3) 球形映射方式。采用球形映射方式后，下巴处的 UV 没有重叠，但产生的变形效果太严重，很难控制贴图的效果，还存在棋盘格大小不均匀的现象。

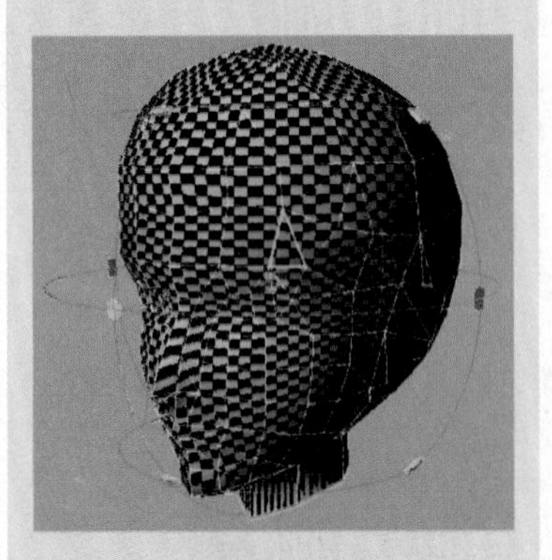

(4) 自动映射方式。自动映射方式能够避免出现拉伸、变形、重叠等现象。缺点是不能采用绘画方式进行 UV 贴图。

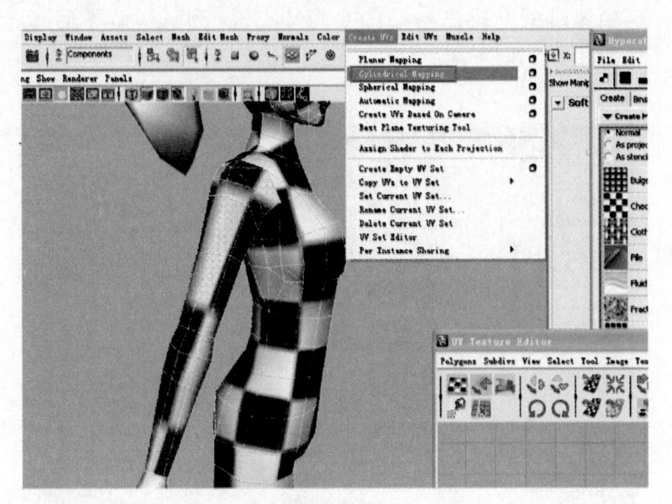

图 6-72

在打开的控制器上单击拖动控制器，形成一个完整的圆柱体，如图 6-73 所示。

图 6-73

再单击红色的 T 形图标切换到位移图标，通过旋转缩放操作进行调整，将接缝处放在手臂的内侧，如图 6-74 所示。

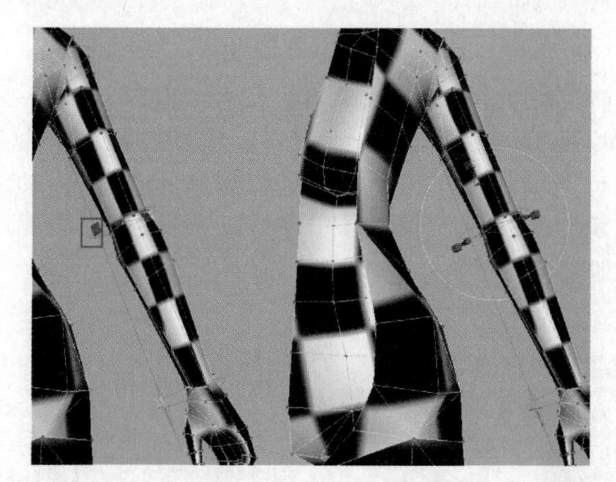

图6-74

选中所有的 UV 点，执行 Polygons→Unfold 命令，展开 UV。如果有些部分通过柱形贴图器 UV 没有放置正确，还需手动进行分割、合并操作，如图 6-75 所示。展开后 UV 如图 6-76 所示。

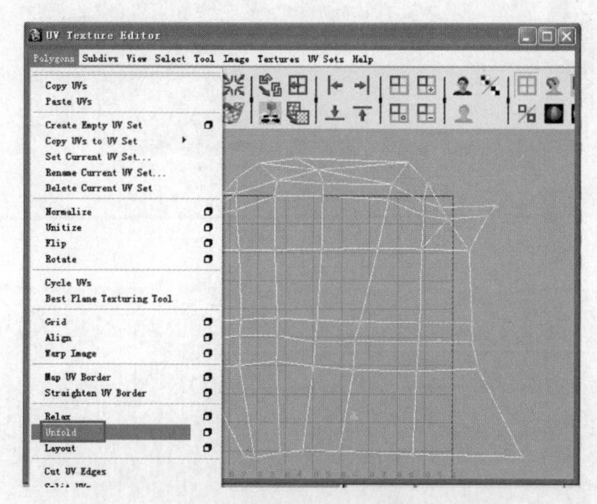

图6-75

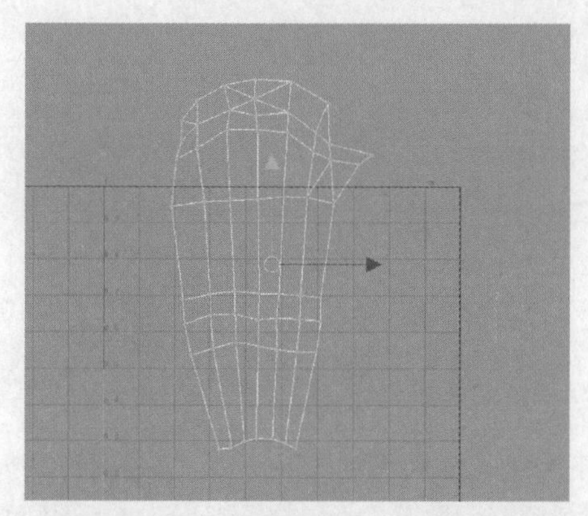

图6-76

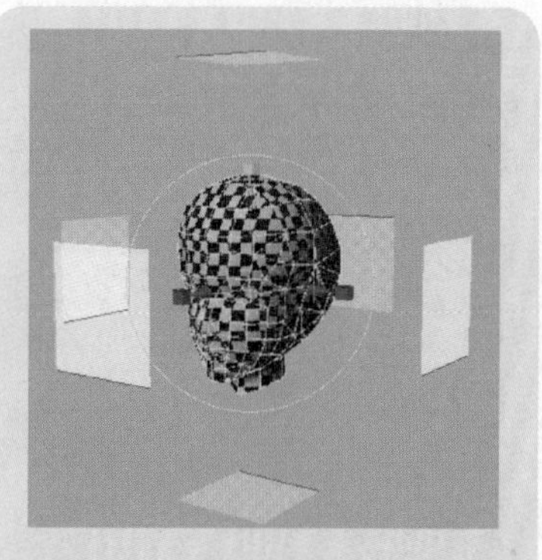

如何选择这 4 种映射方式，通过前面比较，首先将要排除球形映射方式，接着要在圆柱、平面以及自动映射 3 种方式中选择，其实关键是要解决如何平衡减少拉伸、消除重叠和方便绘图三者之间的矛盾，由此，UV 映射和调整的原则可以归结为以下几点：

(1) 选择映射方式时，除非模型自身的形状为球体，否则尽量使用平面或者圆柱形映射方式。自动映射方式既可以对模型的局部使用，也可以结合其他映射方式使用，如果有足够耐心还可直接使用。

(2) 调整时尽量减少 UV 拉伸，保持 UV 分布均匀。除非特殊情况(如左右手)，否则尽量不要有重叠。

(3) 在第(2)点上尽量保持 UV 的完整性，减少分块。

(4) 在满足第(2)、(3)点的前提下，将所有 UV 块按比例撑满 0～1 区间。

根据设计师的实际需要对比例进行修正。例如，头部模型中最重要的是脸部，通常占的比例比较大，但根据动画制作中的实际需要可能要尽量放大脸部所占的比例，以便安排头部的纹理贴图。

UV 编辑器窗口

在 Maya 中，UV 编辑工作都是在 UV 编辑器窗口中完成的，与

Hypershade窗口一样，快捷工具栏中的各工具功能与菜单栏中的各命令一一对应。

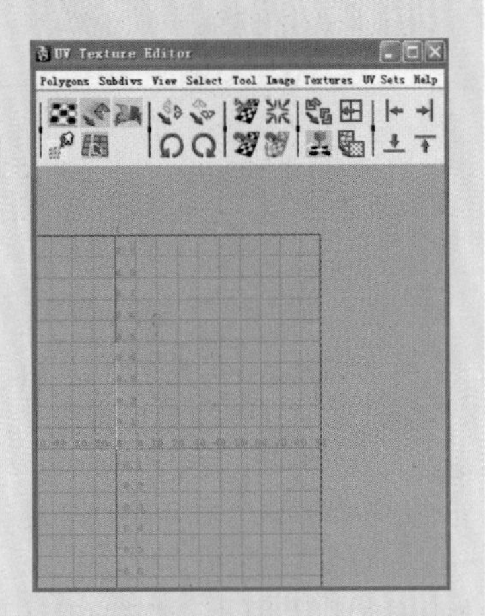

UV编辑窗口中的基本操作与Maya视窗中的操作是一样的，按〈Ctrl〉键+鼠标中键或按〈Ctrl〉键+鼠标左键移动视图，按〈Ctrl〉键+鼠标右键缩放视图。因为UV编辑窗口中的操作是在二维空间中进行的，所以没有旋转视图的功能。

Polygons菜单命令

Polygons多边形

Copy UVs复制 UV
Paste UVs粘贴 UV

Create Empty UV Set创建空的 UV 组
Copy UVs to UV Set复制 UV 到 UV 组
Set Current UV Set.设置当前 UV 组
Rename Current UV Set重命名当前 UV 组
Delete Current UV Set删除当前 UV 组

Normalize规格化
Unitize整合
Flip翻转
Rotate旋转

Cycle UVs循环 UV
Best Plane Texturing Tool最佳平面纹理工具

Grid栅格
Align对齐
Warp Image歪曲图像

Map UV Border贴图 UV 边界
Straighten UV Border拉直 UV 边界

Relax松开
Unfold展开
Layout布局

Cut UV Edges剪切 UV 边线
Split UVs分割 UV
Sew UV Edges缝合 UV 边线
Move and Sew UV Edges移动并缝合 UV 边线
Merge UVs合并 UV
Delete UVs删除 UV

UV SnapshotUV 快照...

手部的展开和身体类似，也是分为手掌正面和手掌背面分别展开。分别选中手掌和手背的面，执行Creat UVs→Planar Mapping命令展开，在设置参数上选择Best Plane（最佳平面）。再分别结合Unfold、UV点的编辑等方法进行UV编辑，如图6-77所示。手部设置好后如图6-78所示。

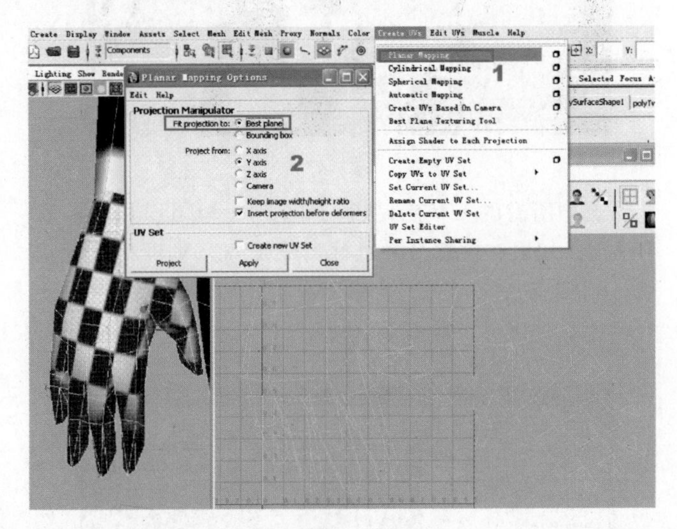

图6-77

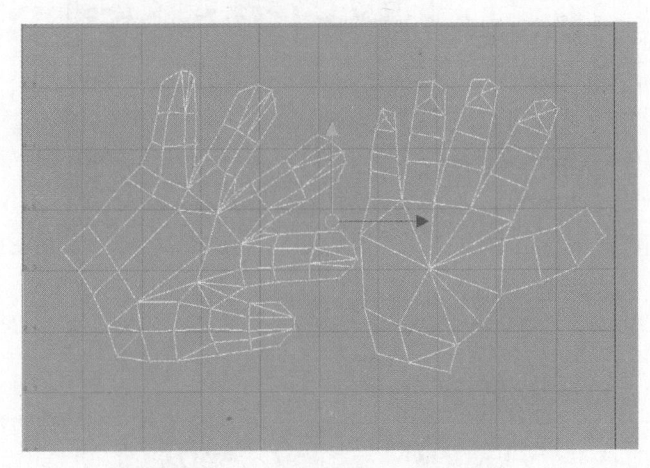

图6-78

09.

接下来进行腿和脚的UV设置。腿的设置分法和手臂一样，先选择腿部的面，执行Polygons→Cylindrical

Mapping(圆柱贴图)命令,如图 6 - 79 所示。

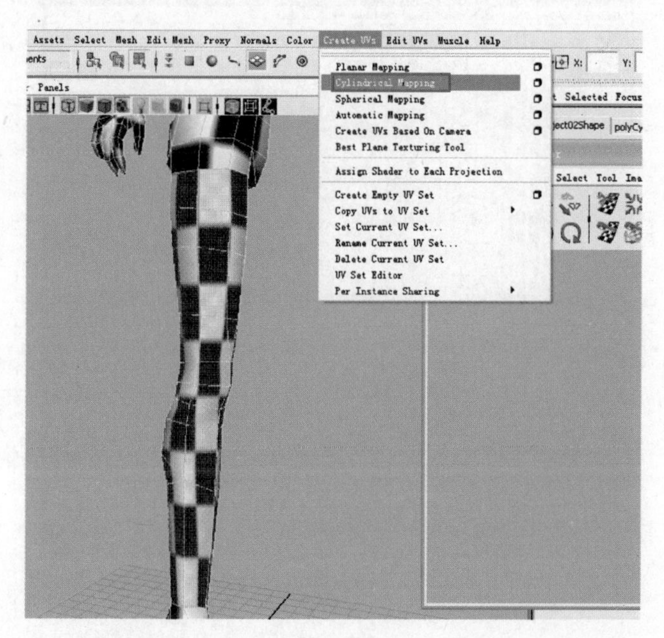

图 6 - 79

再单击红色的 T 形图标,切换到位移图标,通过旋转缩放操作,将接缝处放在大腿内侧,如图 6 - 80 所示。

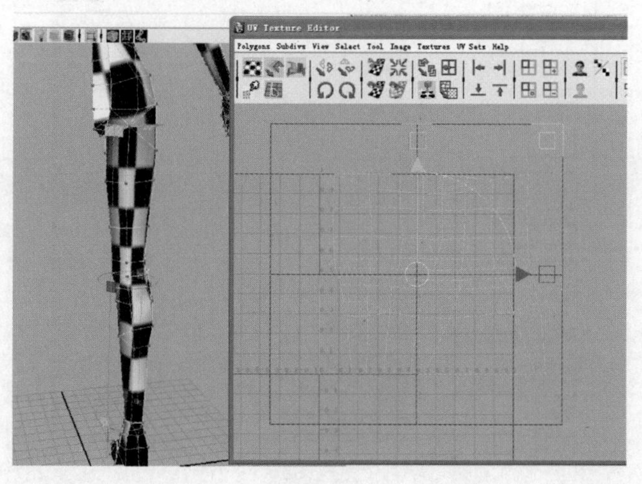

图 6 - 80

如果有的面被分到另一边的边缘,则需要手动调节,把 UV 尽量组合成一个整体,如图 6 - 81 所示。

Polygons 菜单命令主要包含关于多边形 UV 编辑的操作,如旋转 UV。

Polygons 菜单命令有些是针对物体或者面,有些是针对边,还有些是针对 UV 点,在使用时要注意。

Subdivs 菜单命令

Subdivs细分

Cut UV Edges剪切 UV 边线
Layout布局
Move and Sew UV Edges移动并缝合 UV 边线
UV SnapshotUV 快照...

Subdivs 菜单命令是针对细分模型的 UV 命令,各命令功能与 Polygons 菜单中的命令功能相同。

View 菜单命令

View 菜单命令主要用于控制操作区的显示状态。

View视图

View Contained Faces查看包含的面
View Connected Faces查看连接的面
View Faces of Selected Images查看选定图像的面
Isolate Select隔离选择
✔ Grid栅格
✔ Toolbar工具栏
Frame All全部构成
Frame Selection构成选定项目 f

Select 菜单命令

使用 Select 菜单中的命令可以精确地选择操作的范围,如下图所示 Select Contained Faces(选择包含的点)、Select Connected Faces(选择关联的面)菜单命令与 View 菜单中的 View Contained Faces、View Connected Faces 命令类似。

Select选择

Select Contained Faces选择包含的面
Select Connected Faces选择连接的面
Select Shell选择壳
Select Shell Border选择壳边界
Select Shortest Edge Path Tool选择最短边线路径工具

Convert Selection to Faces转换选定物体为面
Convert Selection to Edges转换选定物体为边线
Convert Selection to Vertices转换选定物体为顶点
Convert Selection to UVs转换选定物体为 UV

Select Shell 是 Select 菜单中最常用的命令，它可以在 UV 比较复杂、UV 块形状不规则的情况下只通过一两个 UVs 就可以选中整个 UV 块。

Image 菜单

Image 菜单命令主要用于控制相关纹理的各种元素和状态在 UV 编辑窗口中的显示。

Image图像

✔ Display Image显示图像
Dim Image灰暗图像
Display Unfiltered显示未过滤的
Shade UVs着色 UV

Display RGB Channels显示红绿蓝通道
Display Alpha Channel显示透明通道

Pixel Snap像素捕捉
Image Range图像范围
Use Image Ratio使用图像比率
UV Texture Editor BakingUV 纹理编辑器烘焙

Create PSD Network创建 PSD 网络...
Update PSD Networks更新 PSD 网络

快捷工具栏

UV 编辑窗口中快捷工具栏各工具的功能和菜单命令相对应。

1. Polygons→Flip UVs

水平（U 方向）翻转选择的 UVs。

2.

垂直（V 方向）翻转选择的 UVs。

3. Polygons→Rotate

逆时针 45°，旋转选择的 UVs。

4.

顺时针 45°，旋转选择的 UVs。

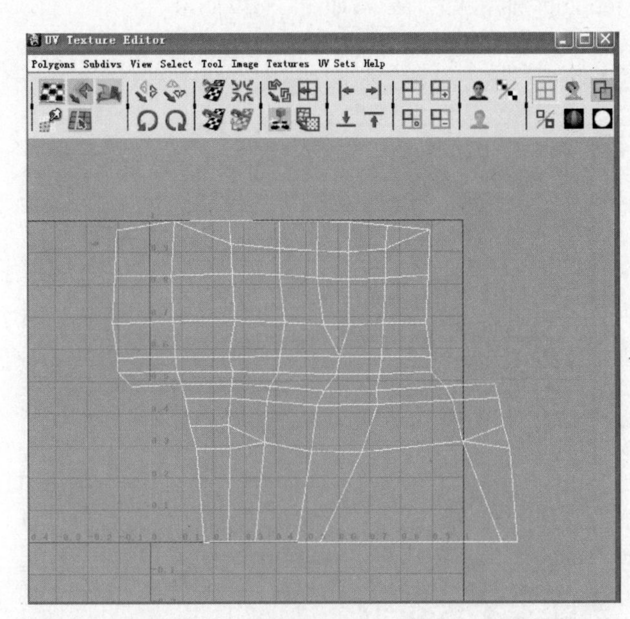

图 6-81

先将所需的面分割下来，选中相应的边线，执行 Polygons→Cut UV Edges 命令，如图 6-82 所示。

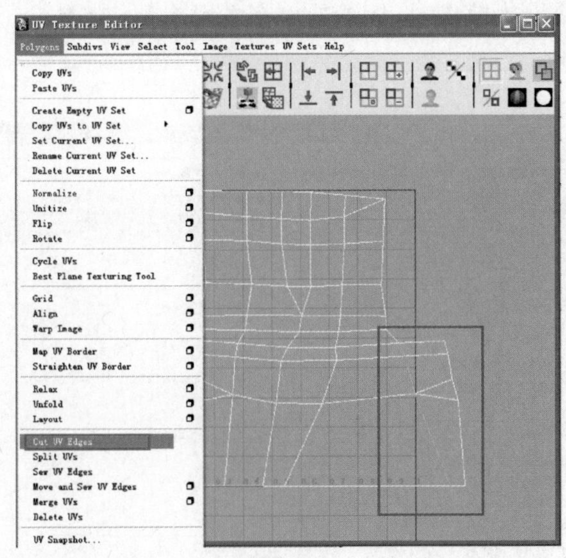

图 6-82

再选中相应的边，在 UV 编辑器中执行 Polygons→Move and Sew UV Edges 命令合并边，如图 6-83 所示。合并好后如图 6-84 所示。

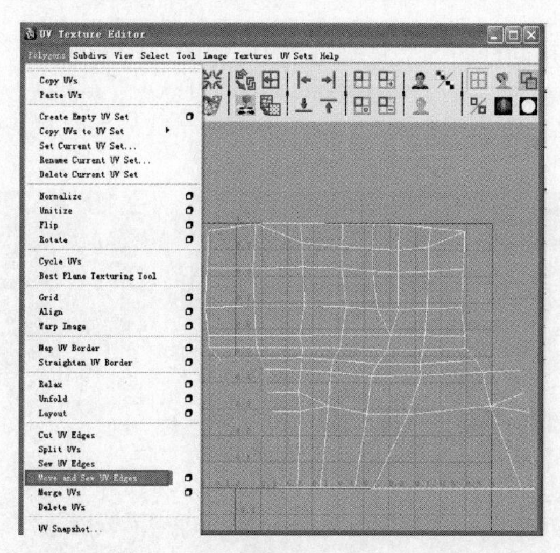

图6-83

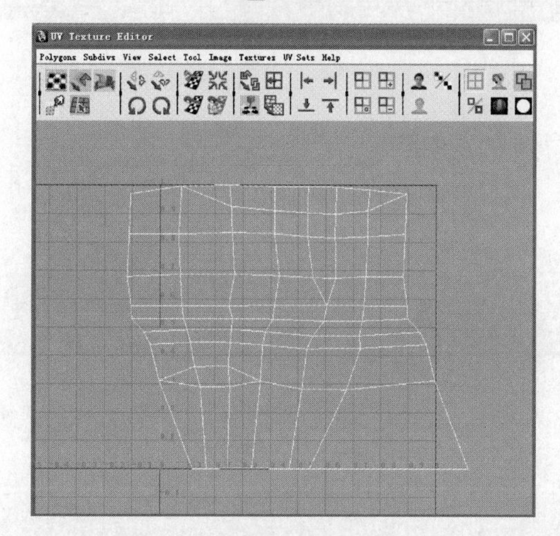

图6-84

选中所有的 UV 点，执行 Polygons→Unfold 命令，展开 UV，如图 6-85 所示。

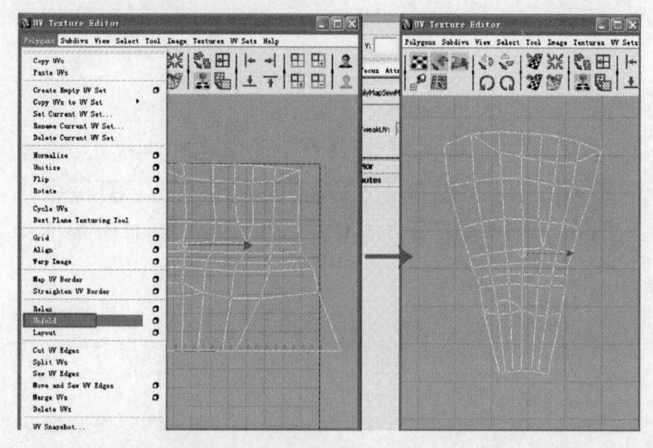

图6-85

5. Polygons→Cut UVs

沿选择的边切开 UVs。

6.

沿选择的边或 UVs 缝合。

7.

移动缝合选择的 UVs。

8.

沿选择的边所连接的 UV 点切开 UVs。

9. Polygons→Grid UVs

移动 UVs 对齐网格。

10. Polygons→Unfold UVs

对选择的 UVs 进行展开操作。

11. Polygons→Relax UVs

对选择的 UVs 进行松弛操作。

12. Polygons→Align UVs

U 向对齐，选择 UVs 最小坐标值。

13.

U 向对齐，选择 UVs 最大坐标值。

14.

V 向对齐，选择 UVs 最小坐标值。

15.

V 向对齐，选择 UVs 最大坐标值。

16. View→Isolate Select→View Set

打开隔离选择元素。

17. View→Isolate Select→Add Selected

添加隔离的选择元素。

18. View→Isolate Select→Remove Selected

去除所有的隔离元素。

19. View → Isolate Select → Remove All

减去隔离选择的元素。

20. Image→Display Image

显示纹理贴图。

21. Image → Use Image Ratio

使用纹理贴图的比例。

22. View→Grid

是否显示网格。

23. Display→Custom Polygon

显示并在属性对话框中选择 Selected 和 Texture borders 复选项。

24.

显示选择物体纹理边界。

25. Image→Pixel Snap

UV 捕捉纹理贴图的像素点。

26. Image → Display Unfiltered

显示的纹理贴图是否模糊过滤。

27. Image→Display RGB Channels

显示纹理贴图的 RGB 彩色通道。

28. Image → Display Alpha Channels

显示纹理贴图的 Alpha 通道。

29. Polygons→Copy UVs

复制 UVs 坐标。

30. Polygons→Paste UVs

粘贴 UVs 坐标。

31.

用同样的方法将脚部展开，如图 6－86 所示。脚底由于看不到可以设置小些。

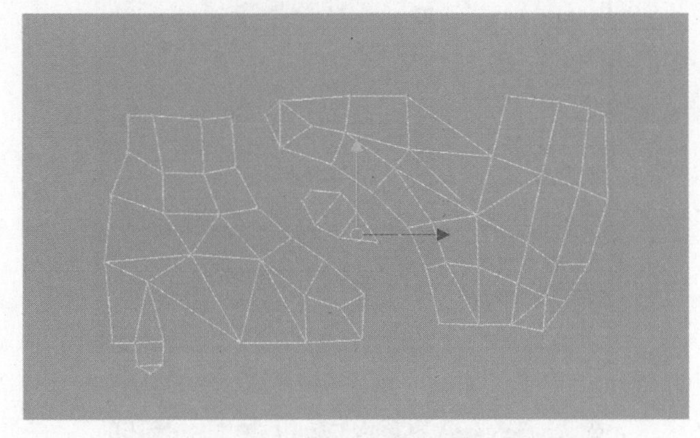

图 6－86

头发展开如图 6－87 所示。

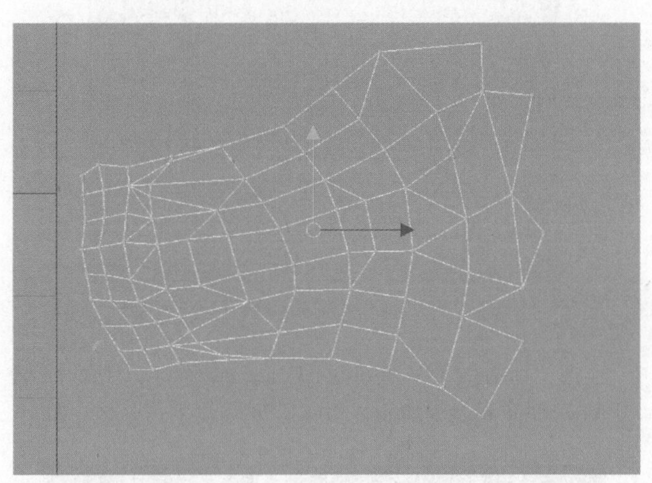

图 6－87

至此 UV 全部都已经展开。选中角色，单击 Mesh→Mirror Geometry 命令旁的设置按钮，在设置面板中选择 + X 方向，选中 Merge With the Original 选项将身体镜像复制，如图 6－88 所示。

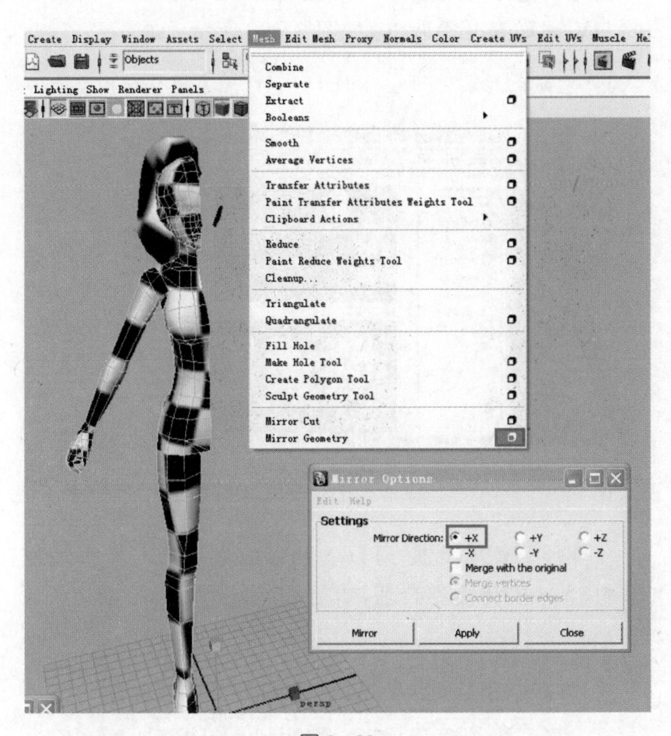

图 6 - 88

将头发和身体一起选择，执行 Mesh→Combine 命令，使之合并在一起，如图 6 - 89 所示。

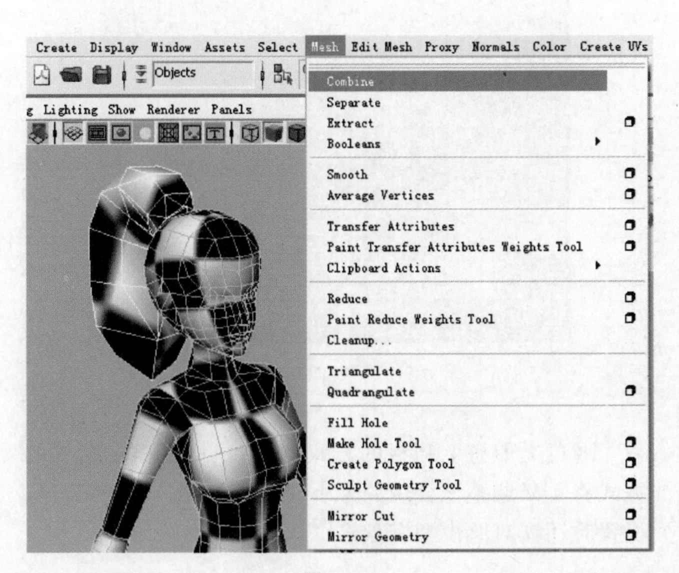

图 6 - 89

粘贴 UV 坐标的 U 值到选择的 UVs。

32.

粘贴 UV 坐标的 V 值到选择的 UVs。

33.

设定复制粘贴是在 UVs 上还是在 UV 面上。

34. 0.000 0.000

显示选择 UVs 的坐标，输入一个值可改变 UV 坐标的值。

35. 0.0

当移动 UVs 点时，在快捷工具栏上的坐标显示并不能及时更新，使用这个按钮可以更新 UVs 的新坐标值。

为了更好的观察 UV 设置效果，将材质棋盘格纹理的 UV 重复值设置为 20，如图 6－90 所示。

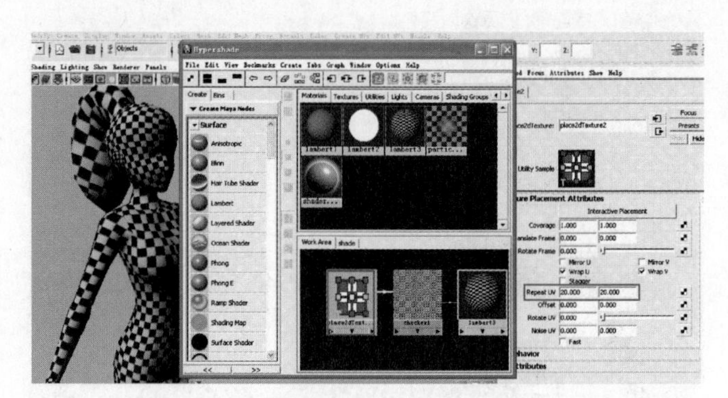

图 6－90

打开 UV 编辑器，可以看到目前大部分 UV 都是重叠的，大小安排也不合理，如图 6－91 所示。

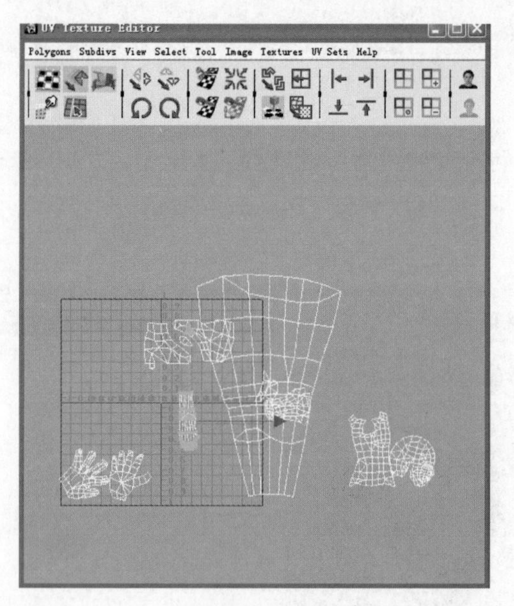

图 6－91

通过类似拼七巧板的方式，采用拖拉、旋转、缩放的方式将 UV 调整至合理的大小和位置，如图 6－92 所示。设置时还需对照模型棋盘格纹理效果。

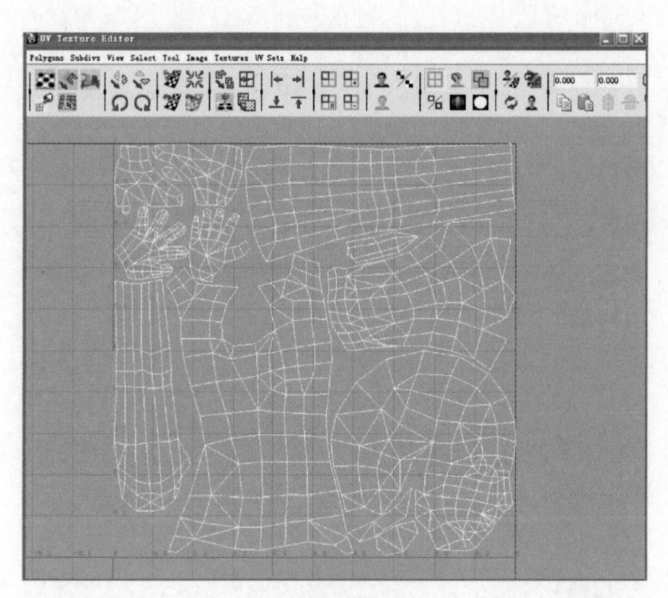

图 6－92

至此整个角色的 UV 已经全部展开，现在需要将 UV 信息导出为图片至 Photoshop 中进行编辑。选中所有 UV，执行 Polygons→UV Snapshot 命令，如图 6－93 所示设置参数：Size X 为 1 024；Size Y 为 1 024；颜色为黑色；Image format（图片格式）为 PNG。

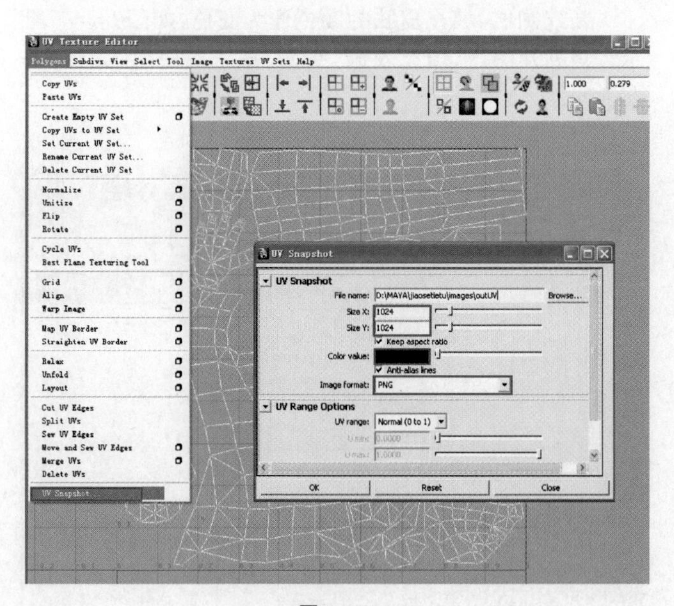

图 6－93

10.

运行 Photoshop 软件，将图片打开，如图 6－94 所示。

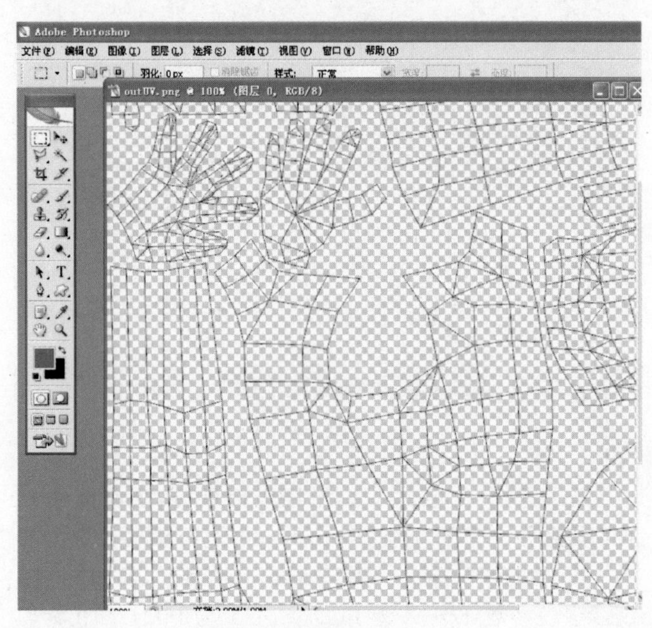

图 6－94

新建图层，填充皮肤的颜色作为底色，如图 6－95 所示。再新建图层，填充衣服、头发、鞋子等底色，如图 6－96 所示。

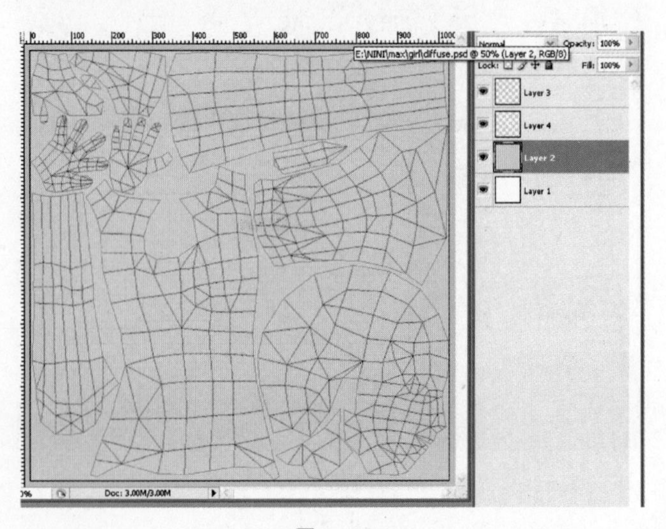

图 6－95

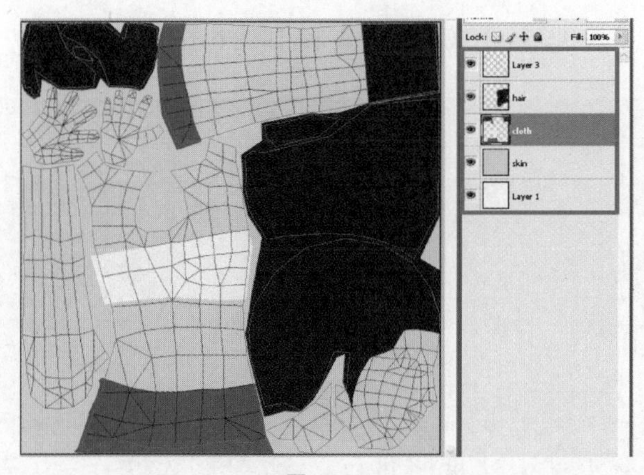

图6-96

将图片存为PSD文件,在Maya中赋予模型一个新的材质球,并贴上该贴图。按键盘上〈6〉键打开贴图,如图6-97所示。

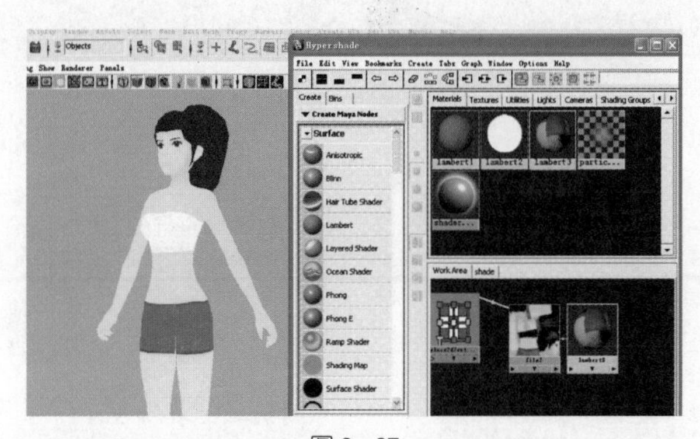

图6-97

使用画笔工具和发挥自己的创意绘制贴图。在绘制过程中应该不停地切换到模型中进行比较。在Photoshop中绘制好的贴图如图6-98所示。

图6-98

在 Maya 中观察最终效果，如图 6－99 所示。

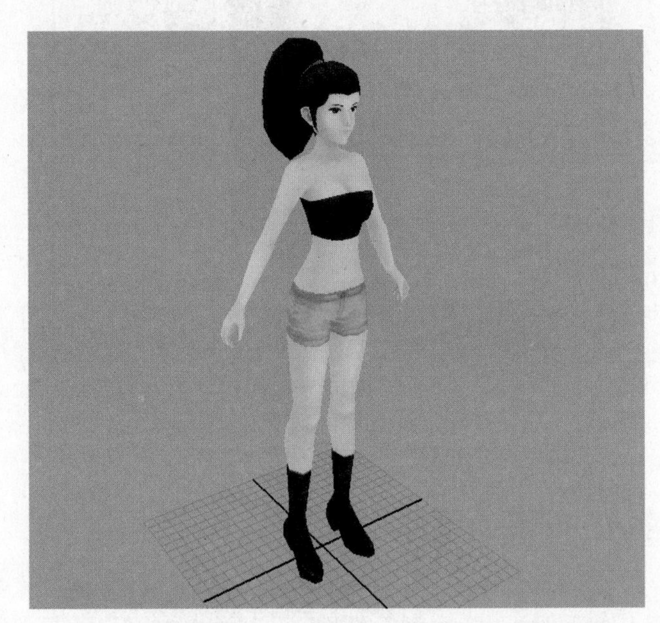

图 6－99

本章小结

灯光技术是 Maya 软件中比较容易掌握的部分。因为灯光的效果很直观，也比较容易理解，而且这部分内容和真实世界有更多的联系。在了解这些灯光后，后续要深入学习通过设置用光的复杂参数来实现对真实照明情况的模拟。灯光设置在整个动画制作流程中是一个承前启后的环节，要依靠灯光技术来展现场景中所有模型、材质效果，同时也要考虑后续的特效、渲染环节的技术需求。本章还详细讲解了 Maya 的 UV 纹理设置技术。UV 设置对一些复杂的材质和一些高要求的材质设置特别重要，特别是掌握 UV 拆分设置技术会对一些复杂场景和角色设置材质纹理效果提供很多方便。

课后练习

1. 以下(　　)灯光不具有“灯光雾”这个特效设置。
   A. Spot Light　B. Point Light　C. Area Light　D. Directional Light
2. 以下(　　)灯光不同时具有阴影贴图和光线跟踪方式阴影 2 种方式阴影设置。
   A. Spot Light　B. Ambient Light　C. Area Light　D. Directional Light
3. 以下(　　)快捷方式是 Unfold 的快捷按钮。
   A. 　B. 　C. 　D. 
4. (　　)多边形 UV 映射方式不是 Maya 默认的。
   A. Planar(平面投影方式)　B. Cylindrical mapping(圆柱形投影方式)
   C. Automatic Mapping(自动投影方式)　D. Face Mapping (面投影方式)
5. 选择 UV 块某一部分的时候通过(　　)命令能够选择整个 UV 块。
   A. Select→Select Shell　B. Select→Shortest Edge Path Tool
   C. Select→Select Edge Loop Tool　D. Select→Select Edge Ring Tool

7 Maya 基础动画

本课学习时间：12 课时

学习目标：了解 Maya 基础动画的制作，掌握 Maya 调整动画工具，掌握路径动画的制作方法

教学重点：了解和掌握基础动画的制作，掌握基础动画的基础知识，熟悉 Maya 动画功能

教学难点：掌握曲线编辑器调整动画的技巧

讲授内容：弹跳的小球，游动的蝌蚪

课程范例文件：chapter7\final\基础动画.pro

本章课程总览

Maya 的动画功能是非常强大的，有了动作之后我们模型才会更富有生命力。首先需要了解动画的制作方法与动画规律，以便在动画制作当中更好地表现动作。本章实例主要对小球的弹跳与蝌蚪的游动进行详细讲解，使读者全面掌握动作的制作流程与动画规律。

案例一　弹跳的小球

案例二　游动的蝌蚪

7.1 弹跳的小球

知识点:关键帧动画,曲线编辑器,Squash 挤压变形器,动画预览

图7-1

Maya 提供了一整套动画技术,包括关键帧动画、路径动画、非线性动画和使用表达式创建的进程动画等。无论使用哪一种方法,Maya 都可以精确地控制画面的预览和声音的播放。

01. 设置场景

打开一个比较简单的场景文件模型,如图 7-2 所示。

图7-2

知 识 点 提 示

关键帧动画

在 Maya 的动画体系里,使用最多的是关键帧动画。所谓关键帧动画,就是在整个运动过程中选取几个具有代表性的关键时刻点,并将角色在这几个时刻点所表现出来的动作用设置关键帧的方式记录下来。每个关键帧都包含 2 个关键信息:一个是指定时刻点的时间信息;另一个是该属性的参数。设置好关键帧之后,Maya 软件会自动插入从一个关键帧到另一个关键帧的中间值,完成关键帧之间的变化。

路径动画

路径动画也是一种成熟的动画技术，它是指为物体设置一条路径曲线(NURBS曲线)，然后使物体沿着这条轨迹行进，还可以用这条线上的点来决定物体在某个时刻所处的位置。

非线性动画

Maya中一个颇具特色且非常强大的动画功能是非线性层叠和混合角色动画序列。通过Trax Editor工具，设计师可以将几段动画使用层的关系混合——即一种非线性的排列方式，从而使动画独立于时间之外。无论是关键帧动画，路径动画还是动作捕捉的动画，都可以在Trax Editor中进行混合，Trax Editor正逐渐发展成制作混合角色动画的理想方法。

表达式动画

设定物体动画属性的另一种方法是使用表达式，也就是通过用一种文字描述逻辑关系来控制物体的运动。表达式包含数学公式、条件声明和MEL等多种命令。

动作捕捉

如果需要创建非常逼真的动画，可以使用动作捕捉系统(Motion Capture)。动作捕捉就是让真实的人来表演动画角色的动作，然后用光学或者机械的设备将人的肢体运动记录下来，人的动作记录可以通过专用软件转化为Maya软件的动画记录，其实就是对每个关键帧都作了记录。当然，也可以使用Maya软件再次修改这些数据。

02.

先在Maya操作界面视图左上角选择Animation动画操作模块界面，如图7-3所示。

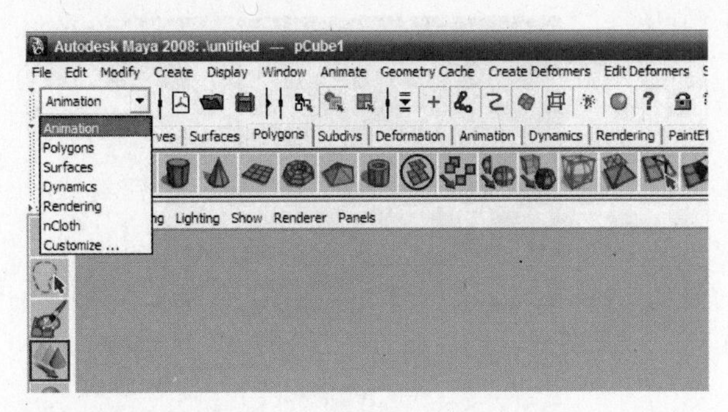

图7-3

03.

Maya操作界面的右下角视图为动画设置播放速率帧率，单击右下角 No Character Set 按钮，弹出Preferences(设置)窗口，单击Settings(设置)项目，弹出属性面板，在Time(时间)右侧选择PAL(25 fps)，如图7-4所示。

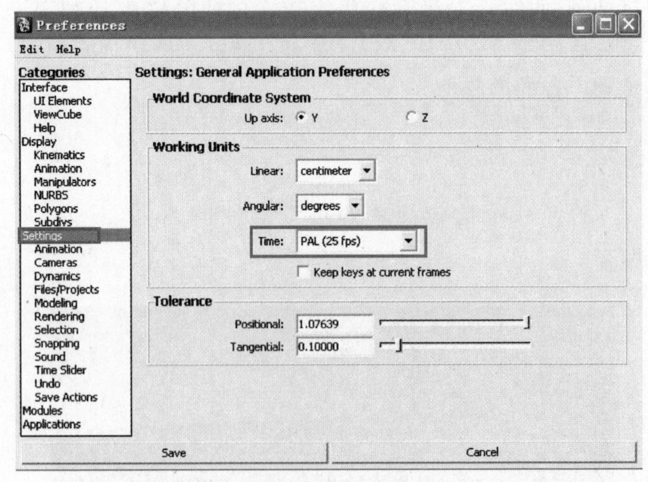

图7-4

单击窗口左侧Timeline(时间线)，在设置面板中将Playback Speed (重放速度)设置为Real-time(25 fps)。然后单击Save (保存)按钮，如图7-5所示。

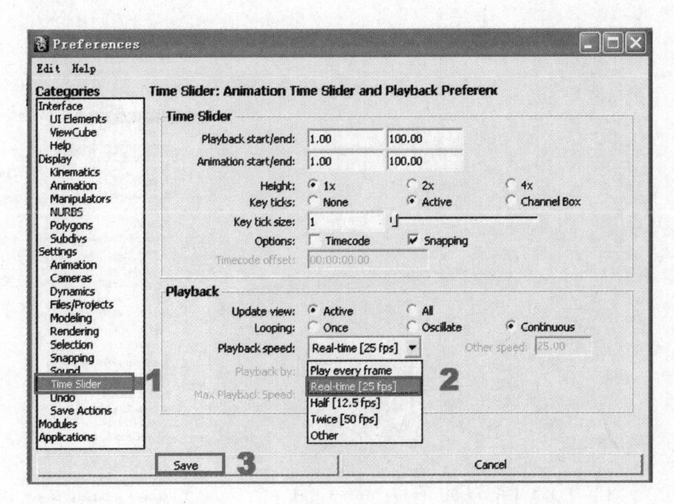

图 7-5

04.

先来做一段小球垂直落下的动画。单击选择小球，将时间滑块拖到第 1 帧上，在右侧属性栏的位移属性中选择 Translate Y，单击鼠标右键选择 Select Key，设置一关键帧，如图 7-6 所示。

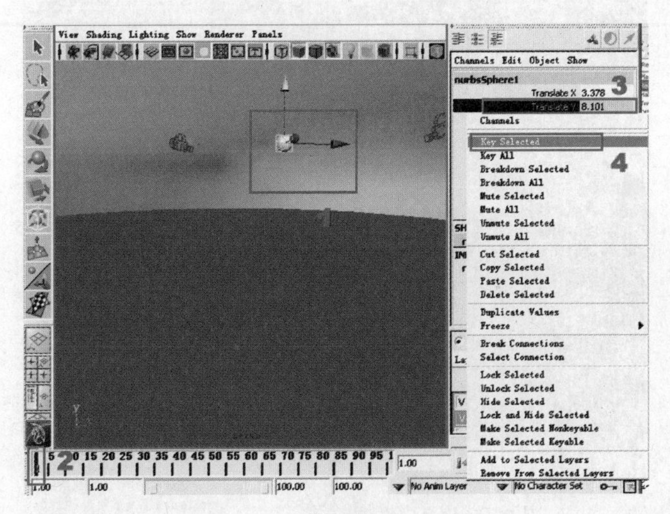

图 7-6

将时间滑块拖到第 50 帧上，使用移动工具将球体沿 Y 轴向下移动到地面上，在右侧属性栏的位移属性中选择 Translate Y，单击鼠标右键选择 Select Key，设置一关键帧，如图 7-7 所示。

Maya 动画操作界面

与传统动画创作一样，设计师在三维软件中创作动画时也要时刻面对各种时间设定和计算问题，Maya 中的动画控制器提供了快速访问时间和关键帧设置的工具，包括时间滑块（Time Slider）、范围滑块（Range Slider）、播放控制器（Playback Controls）。这些工具可以从动画控制区域快速地访问和调整。

控制动画时间的工具

1. Time Slider（时间滑块）

Time Slider 可以控制动画播放范围、关键帧（红色线条显示）和播放范围内的 BreakDowns（受控制帧）。

2. 改变当前时间

在 Time Slider 上的任意位置单击，即可改变当前时间，场景会跳到动画的该时间处。

在 Time Slider 中拖曳鼠标。按住键盘上的〈K〉键，然后在任意视图中按住鼠标左键水平拖曳，场景便会随鼠标的拖曳更新。

3. 移动和缩放动画范围

按住〈Shift〉键，在时间滑块上单击并水平拖曳出一个红色的范围。选择的时间范围以红色显示，开始帧和结束帧在选择区域的两端以白色数字显示。

单击并水平拖曳选择区域两端的黑色箭头，可缩放选择区域。单击并水平拖曳选择区域中间的双黑色箭头，可移动选择区域。

4. Range Slider(范围滑块)

Range Slider 用来控制单击播放按钮时所播放的范围。

拖曳范围滑块,改变播放范围。拖曳范围滑块两端的方框,可缩放播放范围。双击范围滑块,播放范围会设置成播放开始时间栏和播放结束时间栏中数值的范围;再次双击,可回到先前的播放范围。

5. 播放控制器

使动画回到播放范围起始点。

使动画向后移动一帧。快捷键:〈ALT〉键〈+〉。

使动画跳到上一个关键帧处。快捷键:〈,〉。

使动画向后播放。

使动画向前播放。

快捷键:〈ALT〉+〈V〉,按〈ESC〉键停止播放。

使动画跳到下一关键帧处快捷键:〈。〉。

使动画向前移动一帧。

快捷键:〈ALT〉键〈+〉。

使动画跳到末尾。

6. 使用动画控制菜单

如果在时间滑块的任意位置上单击鼠标右键,就会弹出如下图所示的菜单,此菜单中的命令主要用于操作当前选择对象的关键帧。

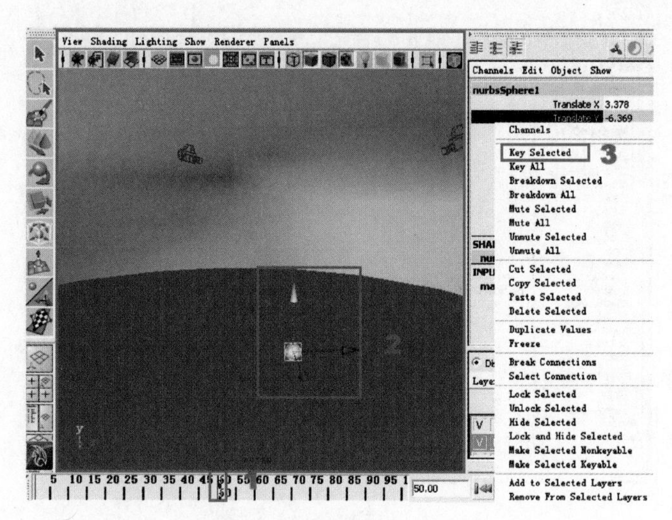

图 7-7

05.

单击动画播放按钮,播放这段动画,如图 7-8 所示。

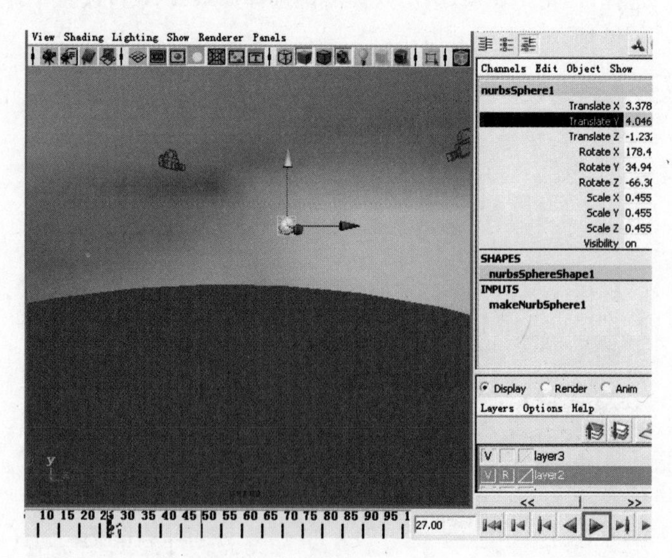

图 7-8

06.

这时小球的动作是匀速向下。如果需要改变球的运动速度可以执行 Window→Animation Editors→Graph Editor 命令,打开曲线编辑器,如图 7-9 所示。

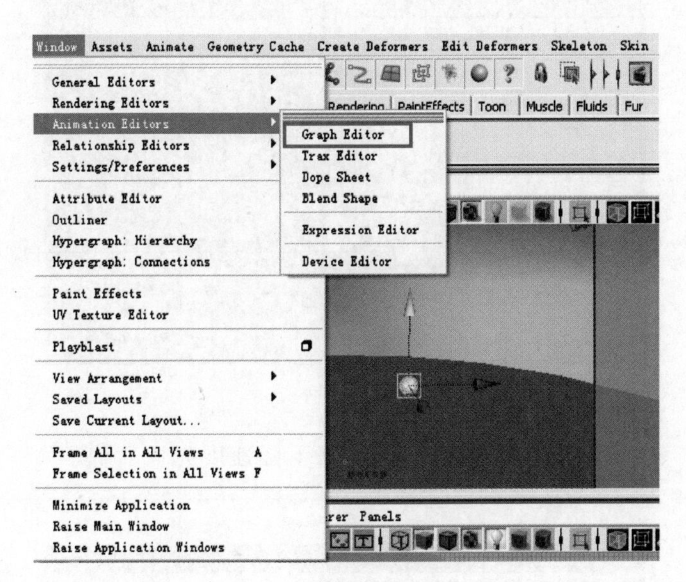

图 7-9

由于刚才做的动作仅仅是将球沿着 Y 轴落下，所以在曲线编辑器中看到球的 Y 轴的运动曲线。按〈F〉键可以让其最大化显示。单击球体的 Y 轴，如图 7-10 所示。

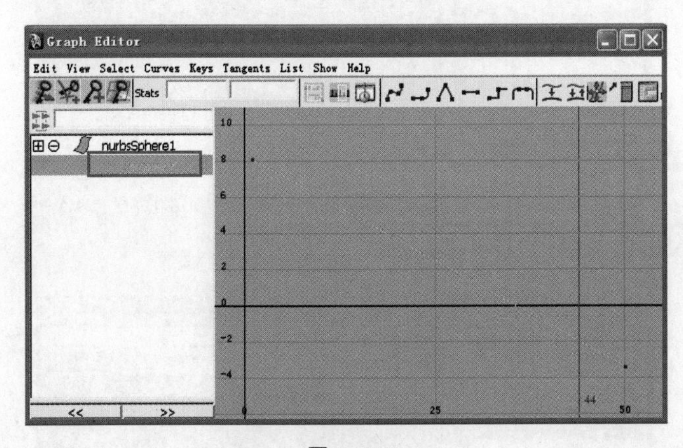

图 7-10

Y 轴的运动曲线是一根直线，所以运动是匀速的。可以通过调整曲线改变运动速度。选中一个点，用鼠标中键(或滚轮)调整曲线的曲度，如图 7-11 所示。

Cut剪切
Copy复制
Paste粘贴
Delete删除
Delete FBIK Keys删除完整躯体 IK 关键帧
Snap捕捉
Keys关键帧
Tangents切线

Playback Speed重放速度
Display Key Ticks显示关键帧刻度
Playback Looping循环重放
Set Range to设置范围为
Sound声音
Playblast...快速动画演示...

7. 其他控制

(1) Character Set(当前角色组)设置：该区域用来选择动画对象的角色组，以便进行动画编辑。

(2) 自动设置关键帧：AUTO KEY 按钮 用于控制 Maya 自动设置关键帧功能。如果激活该按钮，则设计师对角色进行肢体的变化操作或其他任何参数的改变，都会被自动记录为关键帧。

(3) 编辑动画参数：单击 Animation Preferences(动画参数)按钮 将打开动画参数窗口，用于设置与动画有关的参数，如关键帧、声音、播放、时间单位等。

设置简单关键帧

Maya 中为属性设置关键帧有 4 种方式。使用 Animation 菜单命令可设置和控制关键帧。

Animate动画	
Set Key	设置关键帧
Set Breakdown	设置分画帧
Hold Current Keys	保持当前关键帧
Set Driven Key	组受动关键帧
Set Transform Keys	设置变换关键帧
IK/FK KeysIK/FK	关键帧
Set Full Body IK Keys	设置完整躯体 IK 关键帧
SetBlendShapeTargetWeightKeys	设置融合图形目标权重关键帧
Create Clip	创建剪辑
Create Pose	创建姿势
Ghost Selected	重影选定项目
Unghost Selected	选定项目不重影
Unghost All	全部不重影
Create Motion Trail	创建运动轨迹
Create Animation Snapshot	创建动画快照
Update Motion Trail/Snapshot	更新 运动轨迹/快照
Create Animated Sweep	创建动态扫描
Motion Paths	运动路径
Turntable...	转盘...

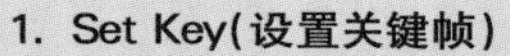

1. Set Key(设置关键帧)

选择要设置关键帧的对象,执行 Animation→Set Key 命令,或者按快捷键〈S〉,Maya 会根据 Set Key 的选项创建关键帧。默认情况下,该功能将对选中对象的所有可以设定的属性设置关键帧。

2. Set Transform Keys(设置变换关键帧)

执行该命令将为选择对象的某些属性设置关键帧。

Translate:为移动属性设置关键帧。快捷键:〈Shift〉+〈W〉。

Rotate:为旋转属性设置关键帧。快捷键:〈Shift〉+〈E〉。

Scale:为缩放属性设置关键帧。快捷键:〈Shift〉+〈W〉。

3. 自动设置关键帧按钮

当设计改变时间和属性值时,Auto Key 功能会自动为更改过的属性设置关键帧。图标表示关闭状态,图标表示打开状态。

注意:使用自动设置关键帧功能之前必须手动记录一个关键帧,然后 Maya 才会对该参数进行自动记录,否则 Maya 只会将用户的操作看成是一种测试的状态。

4. Attribute Editor(属性编辑器)和通道栏中的菜单命令

使用 Attribute Editor(属性编辑器)和通道栏中的菜单命令可为显示的属性设置关键帧。在通道栏中选中对象的动画属性,然后在属性名称上单击鼠标右键,在弹出菜单中选择 Key Selected 命令,就可以为选中的属性设置关键帧。

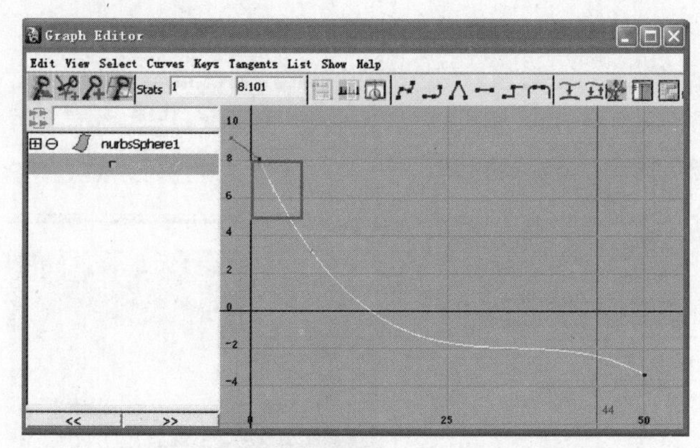

图 7-11

设定球体加速度,也就是下降速度先慢后快。如图 7-12 所示调整曲线。

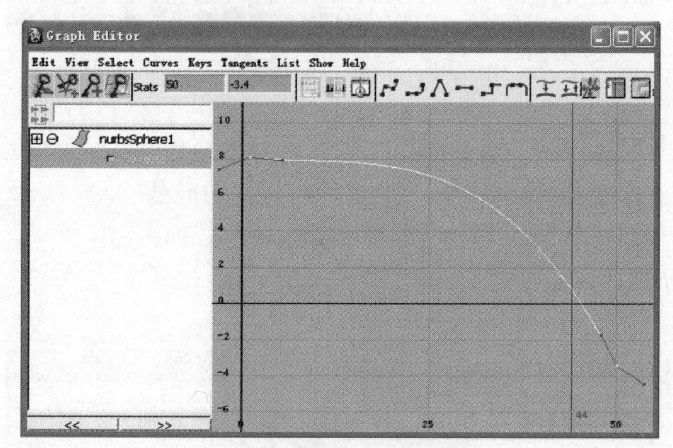

图 7-12

将球体的下降速度设置成先快后慢,如图 7-13 所示调整曲线。

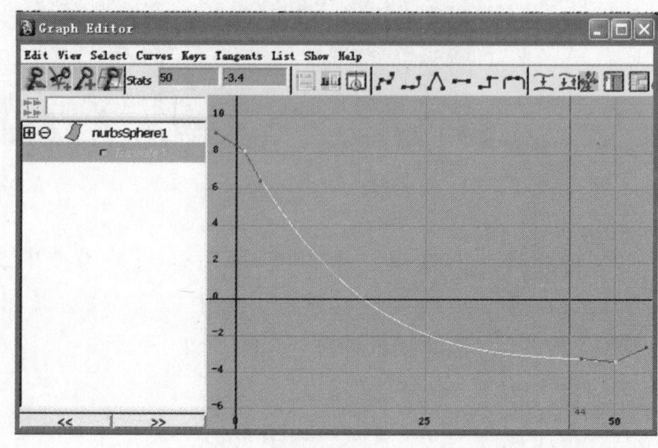

图 7-13

可以在中间给曲线加入一个关键帧。单击 Insert Keys Tools(插入关键帧工具)按钮,用鼠标中键(或滚轮)在曲线上单击,为曲线添加了一个关键帧,如图 7-14 所示。

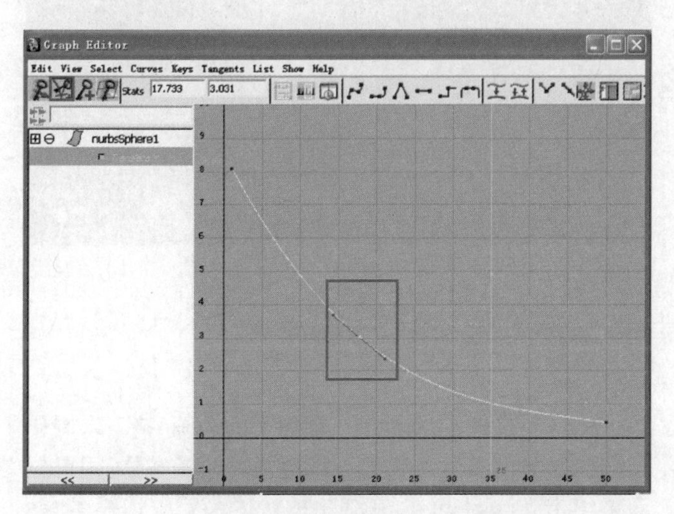

图7-14

单击 Move Nearest Picked Key tool 按钮,用鼠标中键(或滚轮)单击曲线,如图 7-15 所示进行调整。

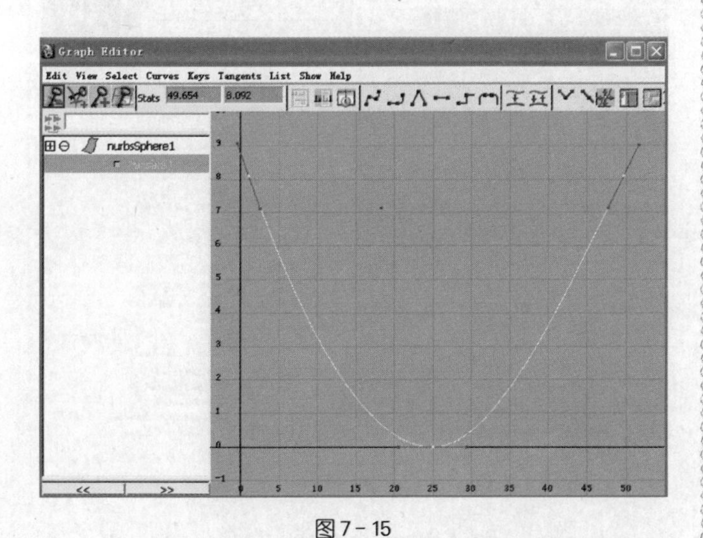

图7-15

可以看到球体进行从上往下落,再从下向上弹起的一个动画,如图 7-16 所示。

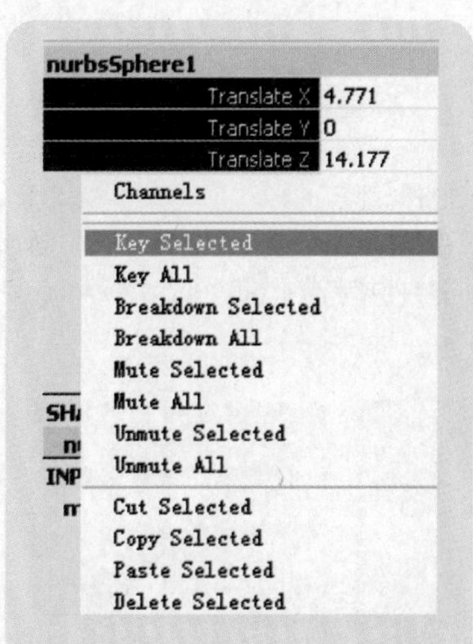

动画预览

Maya 提供一个非常出色的功能就是打开重影和运动轨迹,用于显示角色运动流。

1. 重影

(1) 为对象制作重影。选择动画对象,执行 Animate→Ghost Selected 命令。

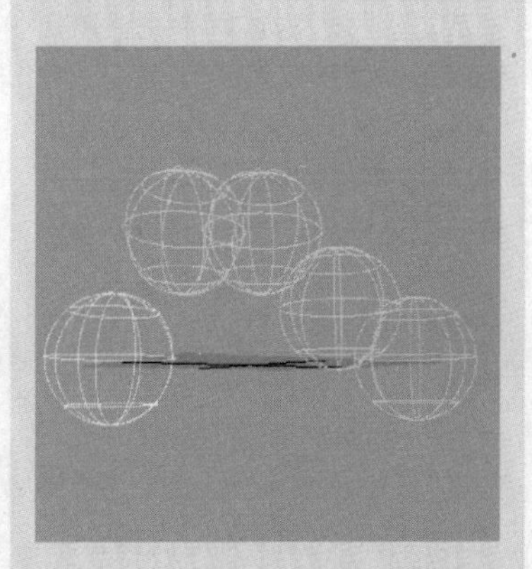

(2) 关闭重影。关闭所选择对象的重影。选择动画对象,执行 Animate→UnGhost Selected 命令。

关闭所有的重影:执行 Animate→UnGhost All 命令。

2. 运动轨迹

除重影功能外，还可以使用Motion Trail运动轨迹来辅助动画制作，而且Maya还有多种曲线风格的运动轨迹线供选择。选中对象并执行Animate→Create Motion Trail命令。

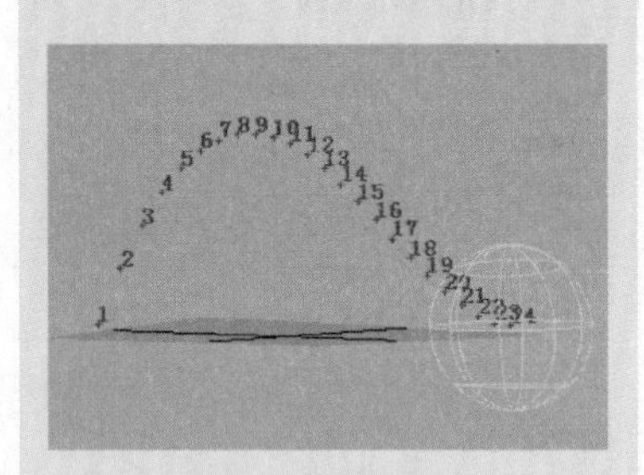

动画播放预览

在进行较复杂的动画场景制作时，计算机往往无法实时地对动画进行回放。也就是说，当Maya底端的动画播放按钮播放动画时，画面往往会产生跳动，甚至会停顿几秒钟甚至更长的时间才能继续播放。这是因为场景中需要进行计算的对象实在太多了，或者太复杂了，计算机系统无法按照每秒钟25次或者24次进行实时计算。遇到这种情况，就需要对场景进行一次"预先处理"，让计算机先安安稳稳地计算每一帧的显示画面，然后将完整的结果流畅地播放出来。

Playblast(播放预览)功能可以通过对视图的每一帧进行"抓图"，然后把获取的影像快速压缩，利用系统的动画播放器或Fcheck工具对动画进行预览，而且还可以把这段影像保存为一个Movie文件或一系列影像文件(可以使用多种格式)。

图7-16

07.

上一步只做了球体沿Y轴向下的动画，接下来制作球向前方扔出然后弹起的一段动画。选择球体，用鼠标右键单击Translate Y，在弹出的快捷菜单中选择Break Connections命令，将前面做的动画连接删除，如图7-17所示。

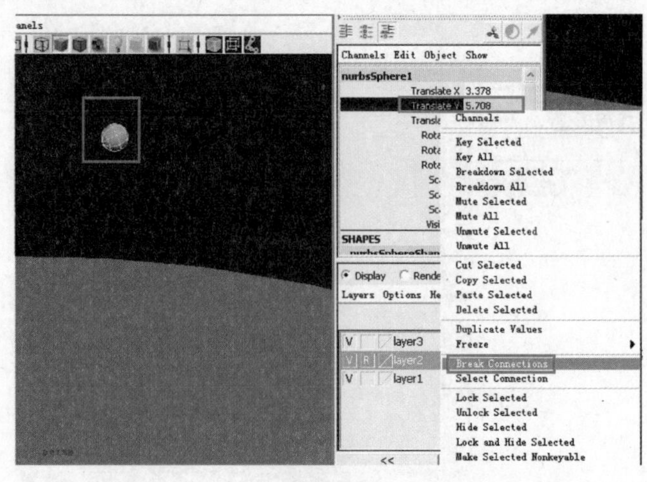

图7-17

选择球体，将时间滑块拖到第一帧，选中位移的三个轴向，单击鼠标右键，在弹出的快捷菜单中选择Key Selected命令，如图7-18所示。

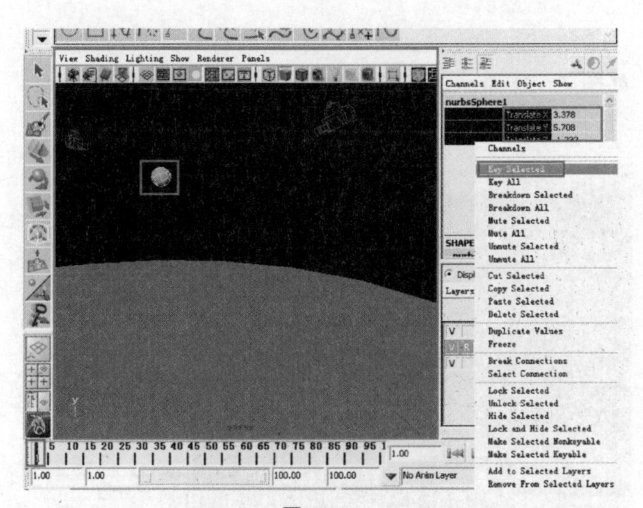

图 7－18

单击 Auto Keyframe Toggle（自动锁定）按钮，如图 7－19 所示。

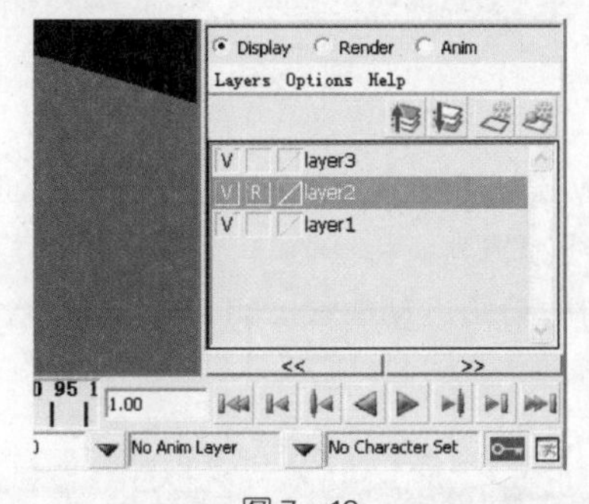

图 7－19

将时间滑块拖到第 25 帧，使用移动工具移动球体，如图 7－20 所示。

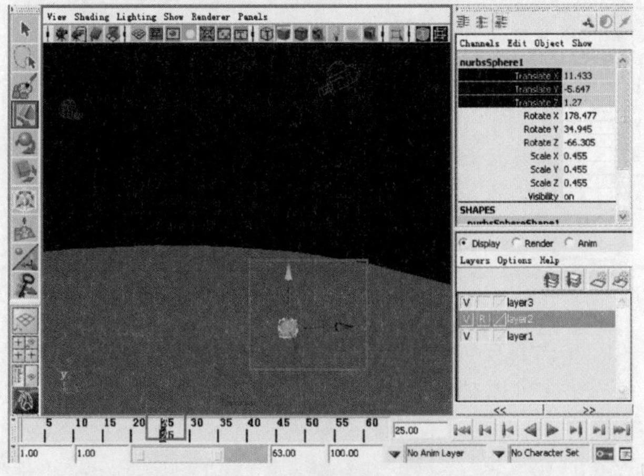

图 7－20

要应用该功能，可以执行 Window→Playblast 命令。如果要设置 Playblast 的详细参数，可以单击命令后面的参数设置按钮；或者在时间滑块上单击鼠标右键，在弹出的动画控制菜单中单击 Playblast 后的参数设置按钮，从而打开 playblast 工具参数面板。

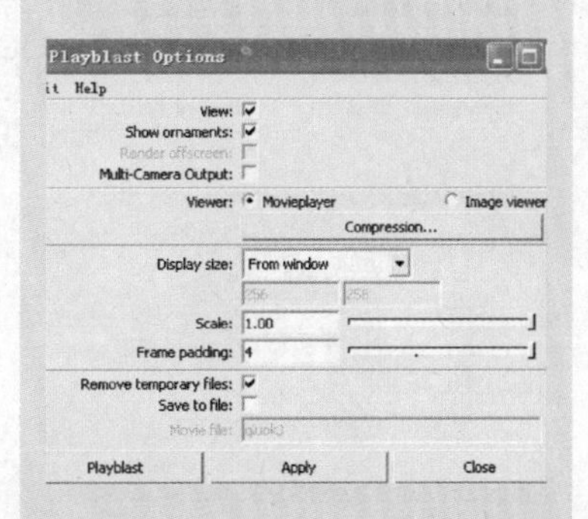

设置好各选项后，单击 Playblast 按钮，Maya 会按照时间滑块上的播放范围在激活的视图中逐帧播放场景。播放结束后，会打开操作系统默认的影片播放窗口，并预览 Playblast 动画。

Suqash（挤压变形器）

Squash（挤压变形器）是一种特别的变型器，可以随意地控制需要变形的上下部分，因为它可以在下半部分不动的情况下把上半部分拉长或是压扁；反之，也可以两头拉长，也可以两头压扁。

Graph Editor（曲线编辑器）

设置好关键帧后，就可以使用 Graph Editor（曲线编辑器）来编辑、添加、复制关键帧，从而操纵动画曲线。Graph Editor 是 Maya 设计师在编辑动画关键帧时的主要工具。在 Graph Editor 中，可以看到场景中所有参数的动画曲线，每个关键帧的切线就决定了动画曲线的开关和中间帧的属性值。

执行 Window→Animation Editors→Graph Editor（曲线编辑器）命令，可以打开曲线编辑器。

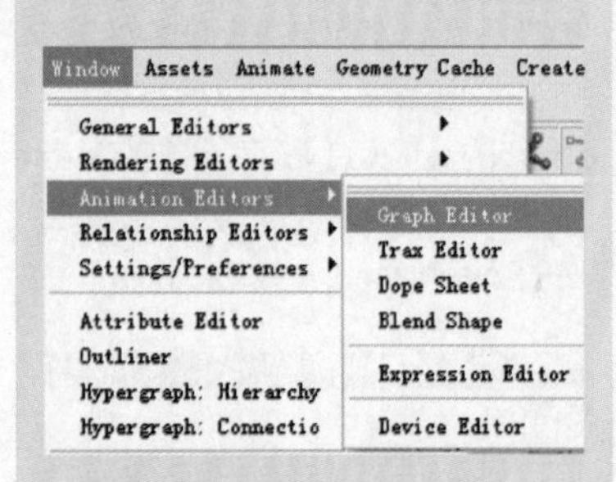

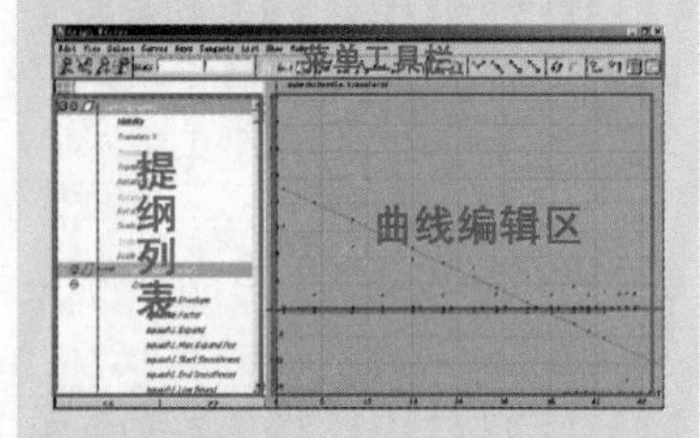

Graph Editor 工具栏

Graph Editor 工具栏中提供了许多用于编辑曲线的工具，各工具的功能如下：

移动选中关键帧工具：操作单独的关键帧或切线手柄。与 Move 工具不同，Move 工具移动整条动画曲线，而移动关键帧工具只能移动关键帧，不能移动整条动画曲线。

插入关键帧工具：可在现有的动画曲线上插入新的关键帧。选择要添加关键帧的曲线，沿曲线在要插入关键帧的位置单击鼠标中键，即可在曲线上创建一个新的关键帧。

添加关键帧工具：和插入关键帧工具类似，但新的关键帧可以在选中曲线的任意位置处添加，同时相应地改变了曲线的形状。

将时间滑块拖到第 50 帧，使用移动工具移动球体，如图 7－21 所示。

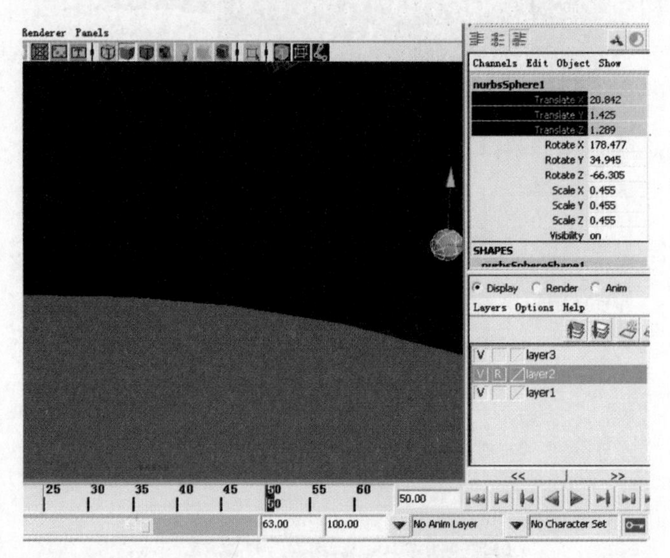

图 7－21

执行 Window→Animation Editors→Graph Editor 命令，打开曲线编辑器。由于在 3 个轴向都做了运动，现在有 3 个轴向的动画运动曲线。可以通过调整这 3 根曲线来控制动画，如图 7－22 所示。

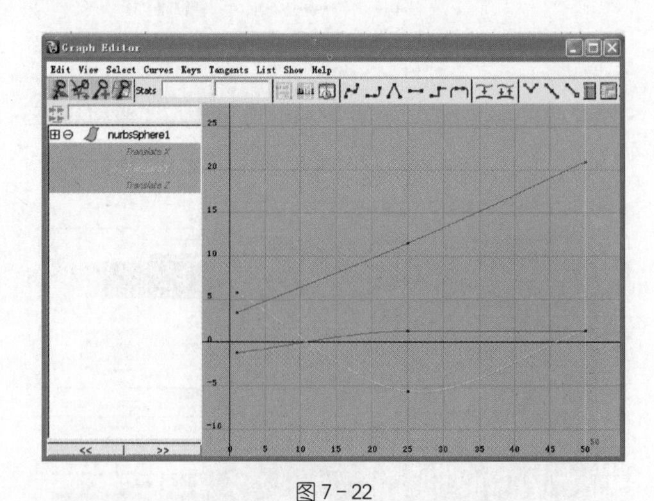

图 7－22

现在可以观看球的一个循环弹跳动画，如图 7－23 所示。

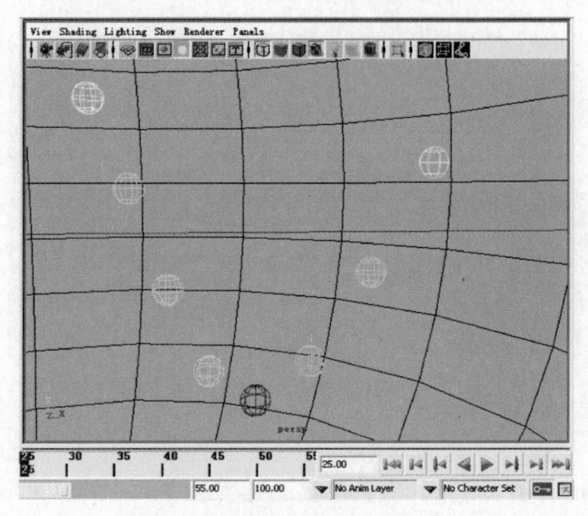

图 7 - 23

08.

前面制作的小球动画，小球弹跳起来就像一个实心球，动画效果显得很生硬。实际上网球的弹跳是有弹性的，它具有挤压和拉伸的特性。在弹跳过程中，撞击地面时小球会受到挤压，弹起时又会由于惯性而被拉伸。球在挤压和拉伸后又会很快恢复原状。下面就来制作真实一些的球的弹跳动画。

选中小球，在第 25 帧的位置上，执行 Greate Defor - mers(创建变形器)→Nonlinear(非线型)→Squash(挤压杆)命令，如图 7 - 24 所示。在小球物体上创建一个挤压杆，如图 7 - 25 所示。

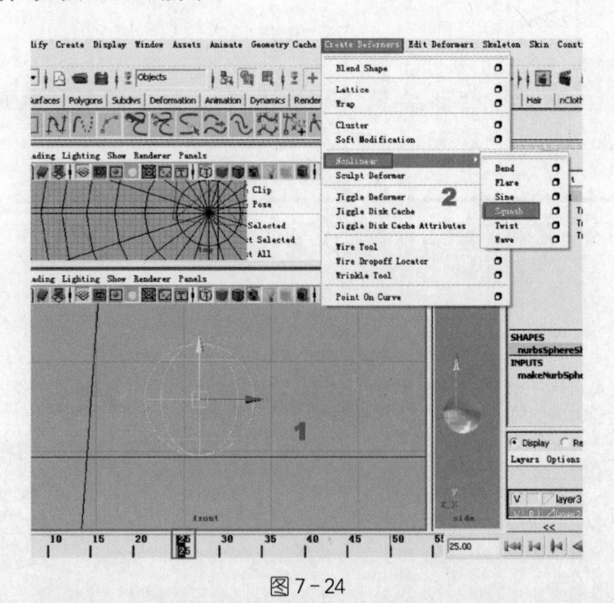

图 7 - 24

对选中曲线添加晶格变形工具：可对选中的动画曲线添加晶格变形器，从而对动画曲线进行整体的变形。

Stats

输入栏中显示出选择关键的时间值和属性值，也可以在其中输入新的值来改变关键帧的时间和属性值。

“切线形状”区中的工具，可以改变关键帧附近的曲线形状。

缓冲曲线区中的工具可比较当前动画曲线和先前动画曲线的形状。要查看缓冲曲线，必须执行 View→Show Buffer Curves 命令。

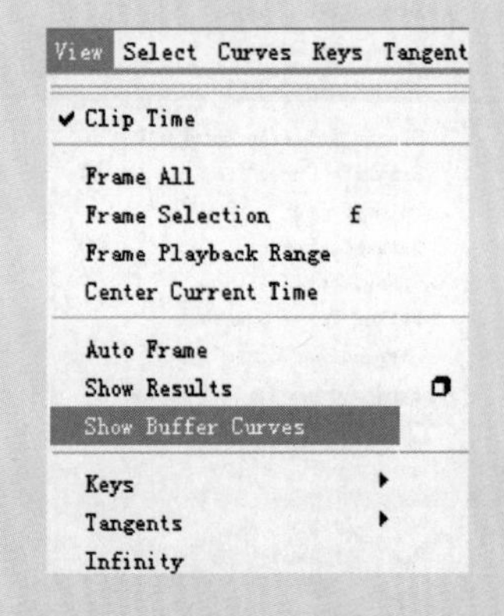

快照曲线工具：将曲线的原始形状捕捉在缓冲器上。

交换曲线工具：将缓冲曲线和已编辑曲线交换。

权重工具区中是关键帧切线手柄的操作工具。

在 Graph Editor(曲线编辑器)里,关键帧的切线决定曲线的形状。切线有2种类型:非权重切线和权重切线。它们的区别在于:非权重切线仅能更改切线的角度而不能更改切线的权重(即切线长度),而权重切线不仅可以更改角度,还能更改权重。

执行 Curves→Non - Weighted Tangents 命令,可以使被选择的曲线成为非权重曲线(系统默认设置为非权重切线);反之执行 Weighted Tangents 命令,使曲线成为有权重的曲线。

断开切线工具:可以使用这个工具断开被选择关键帧的切线,从而可以对切线的“入手柄”或“出手柄”进行操作,无需担心它们会相互影响。

统一切线工具:和断开切线工具相反,使用这个工具可以使被断开的切线统一起来,当单独操作切线后的“入手柄”或“出手柄”时,都可以影响相反的切线。

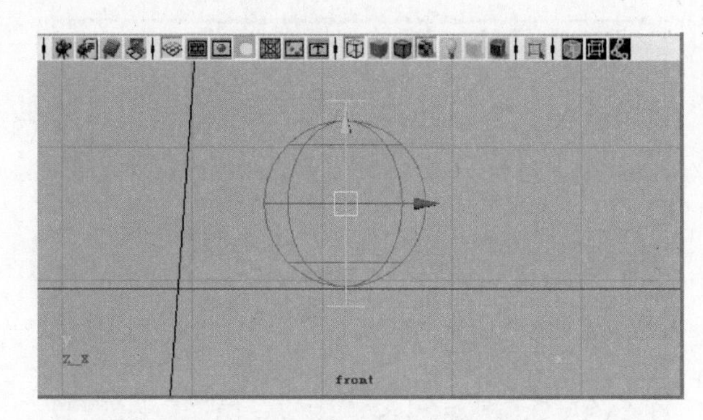

图7-25

选中小球的 Squash 手柄,将 Squash 通道栏中的 Factor 设为-0.3,其他设置不变,如图7-26所示。

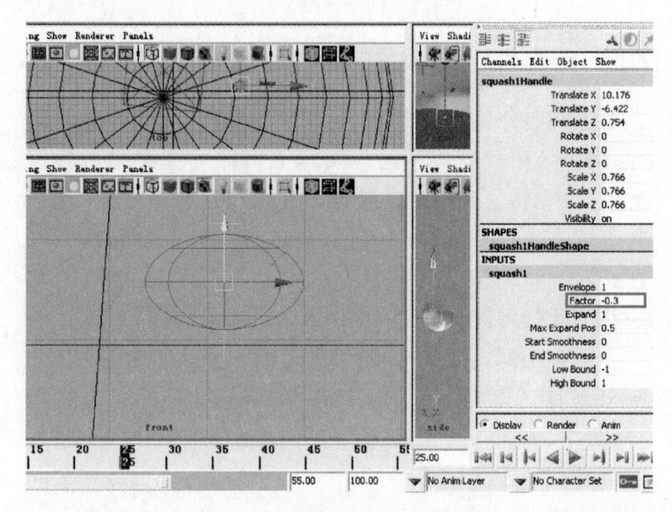

图7-26

再选中变形器,将其稍微下移,正好使球落到地面上,如图7-27所示。

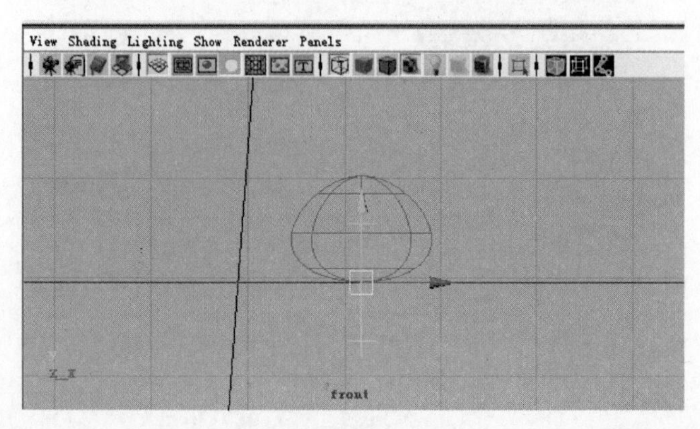

图7-27

播放动画发现从第 20 帧开始皮球就变形了，如图 7-28 所示。而皮球是应该接触到地面才会变形的。

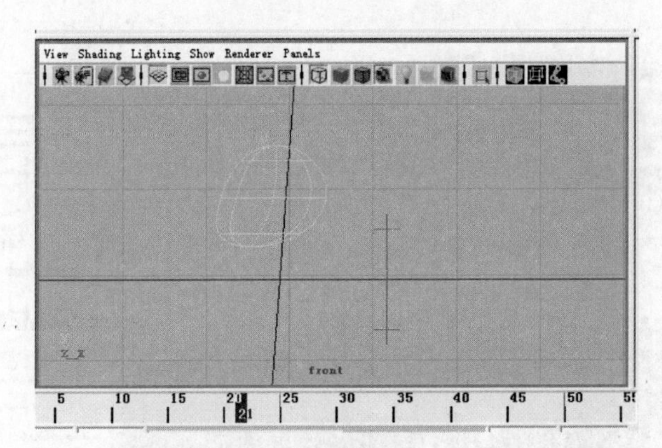

图 7-28

选中变形器，在第 25 帧(就是皮球接触地面的那帧)处，在 Squash 通道栏中的 Factor 上单击鼠标右键，选中 Key Selected 命令，为其设定一关键帧，如图 7-29 所示。

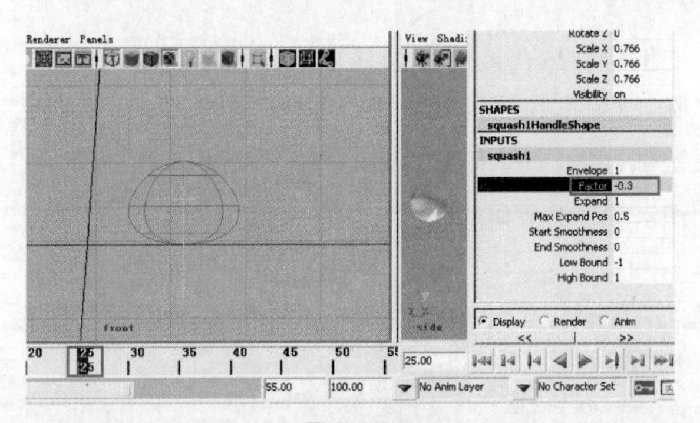

图 7-29

将时间滑块拖到第 24 帧，在 Squash 通道栏中将 Factor 的值设为 0，如图 7-30 所示。

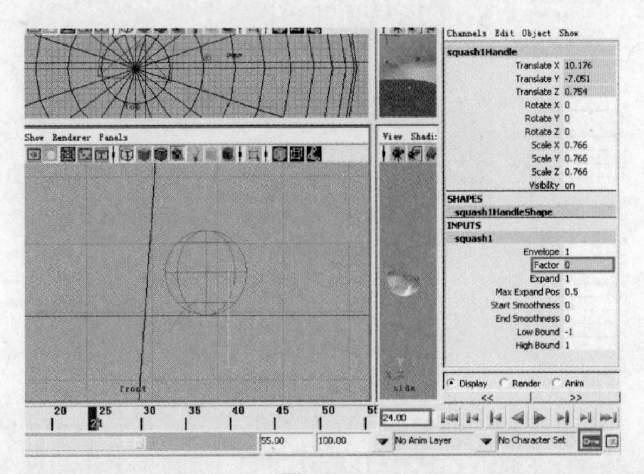

图 7-30

对于权重切线，可以使用 (释放切线权重)和 (锁定切线权重)工具释放或锁定切线的权重，从而编辑切线的权重，以更方便地调节曲线的形状。

Graph Editor 直观地显示了锁定或打断的切线。在系统的默认设置下，打断的切线以蓝色显示；当被统一时，两切线以相同的颜色显示。

加载区中的工具用于加载被选择对象的动画曲线。 用于自动加载已选对象， 用于加载选中对象。

吸附区中的工具可以使用户在图表区移动关键帧时，总是吸附到最近的整数时间单位或属性值上。 是时间吸附， 是属性吸附。

单击播放按钮播放动画，发现小球的弹跳自然多了，如图 7-31 所示。

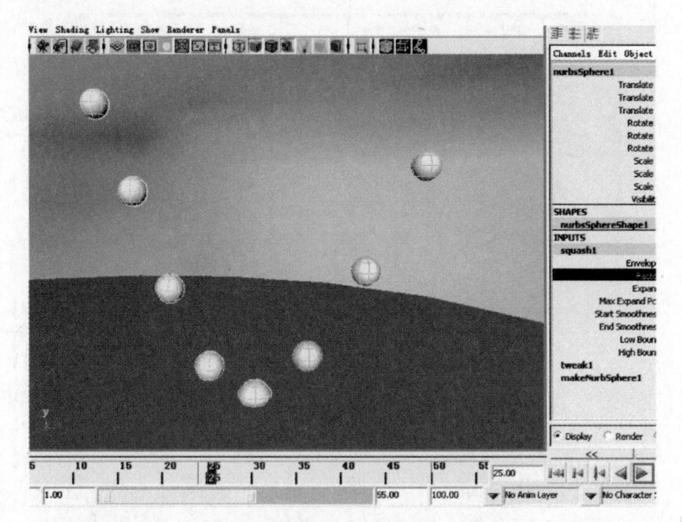

图 7-31

但是球体在最后接触地面时速度显得有些慢，不够干脆，需要再调整一下曲线。选中 Y 轴在第 25 帧创建的关键帧，单击 Break Tangents（断开切线工具）按钮 ，如图7-32 所示调整曲线。

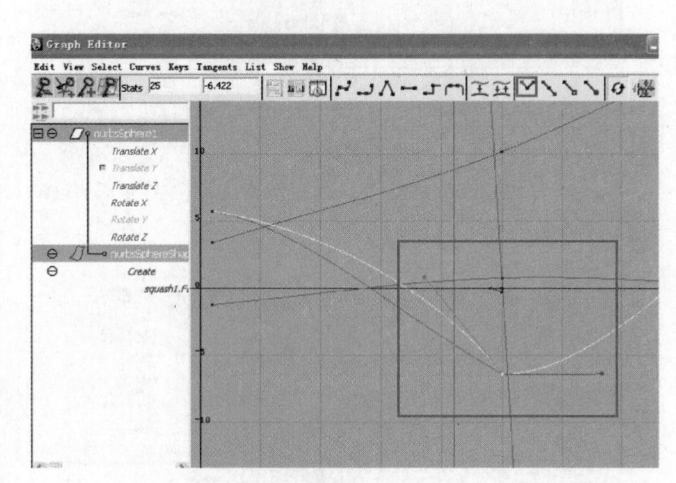

图 7-32

09.

接下来为小球增加一个旋转的动画。再将滑块拖到第 25 帧，在通道栏选中 Rotate 的 3 个轴向，单击鼠标右键，在弹出的快捷菜单中选择 Key Selected 命令设置关键帧，如图 7 - 33 所示。

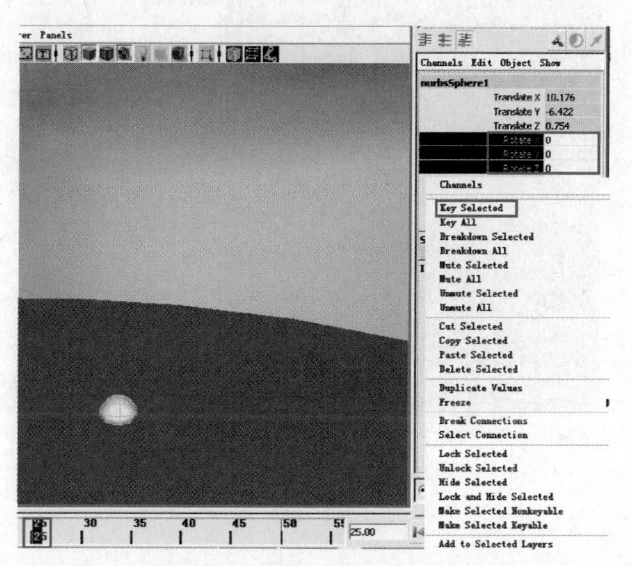

图 7 - 33

把时间滑块拖到第 1 帧，将球体沿 Z 轴旋转 360°，如图 7 - 34 所示。

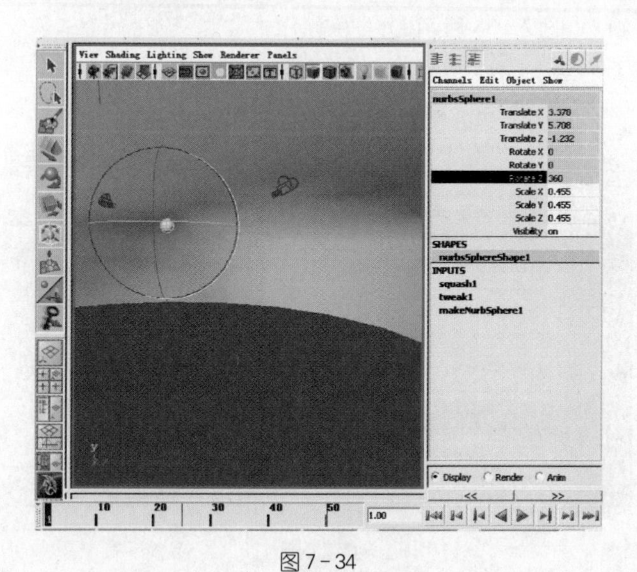

图 7 - 34

把时间滑块拖到第 50 帧，将球体沿 Z 轴旋转 - 360°，如图 7 - 35 所示。

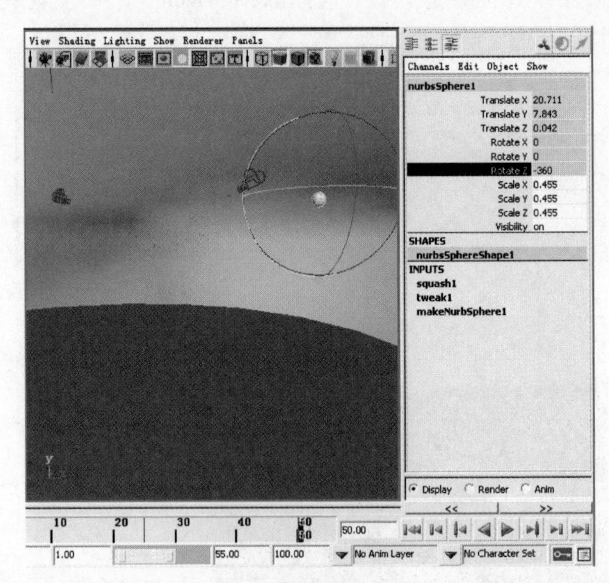

图 7-35

10.

最后，通过制作预览动画来观察效果。执行 Window→Playblast（快速动画演示）命令来制作预览动画，如图 7-36 所示。

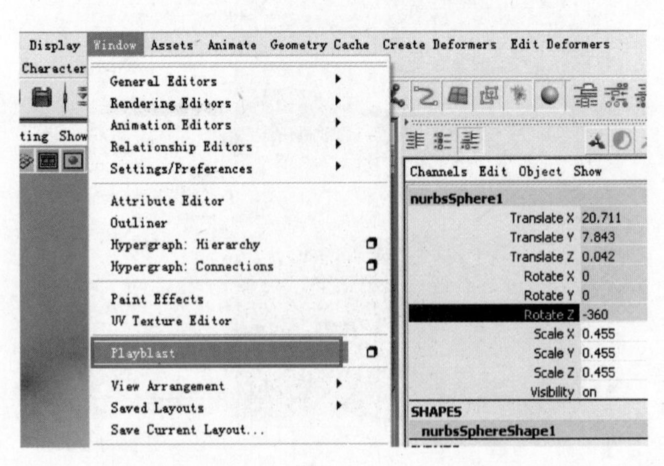

图 7-36

也可以在 Maya 帧数刻度上单击鼠标右键，在弹出的快捷菜单中选择 Playblast（快速动画演示）命令，如图 7-37所示。

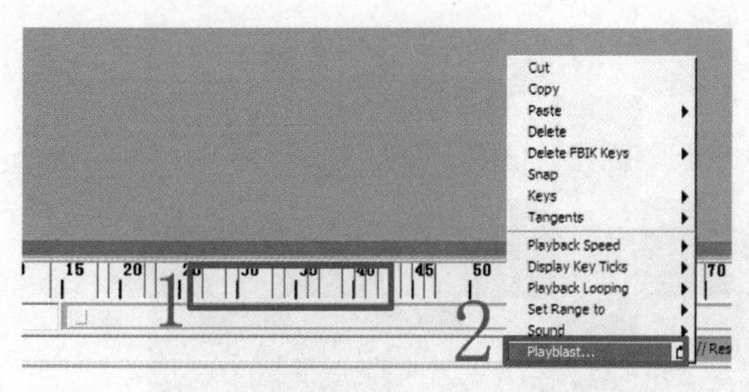

图 7－37

在弹出的播放器中观看最终的动画效果，如图 7－38 所示。

图 7－38

7.2 游动的蝌蚪

知识点：路径动画，Flow Path Object(对象跟随路径)，摄像机路径动画

图 7-39

本例将详细讲解制作蝌蚪游动的动画的步骤，让读者了解 Maya 路径动画制作的方法。

知 识 点 提 示

曲线编辑器菜单

1. Edit(编辑)菜单

Edit View Select Curves Keys

- Undo
- Redo
- Cut
- Copy
- Paste
- Delete
- Scale
- Transformation Tools
- Snap
- Select Unsnapped
- Select Curve Nodes
- Change Curve Color
- Remove Curve Color

01.

打开一个比较简单的场景文件模型，里面有一个蝌蚪和一根 CV 曲线，如图 7-40 所示。

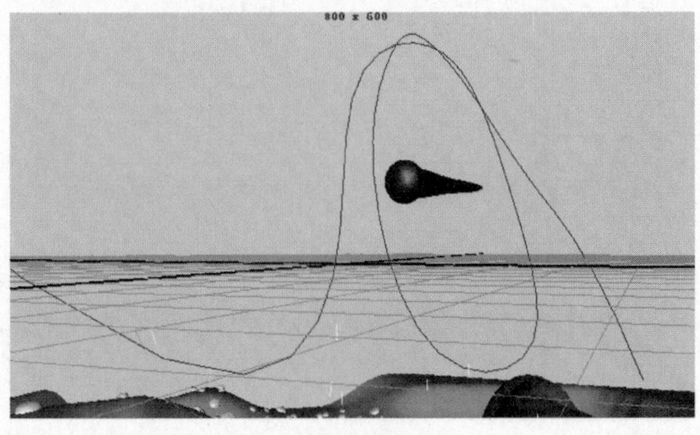

图 7-40

02.

将 Maya 时间帧数设为 150（数值越小，速度就越快），如图 7－41 所示。

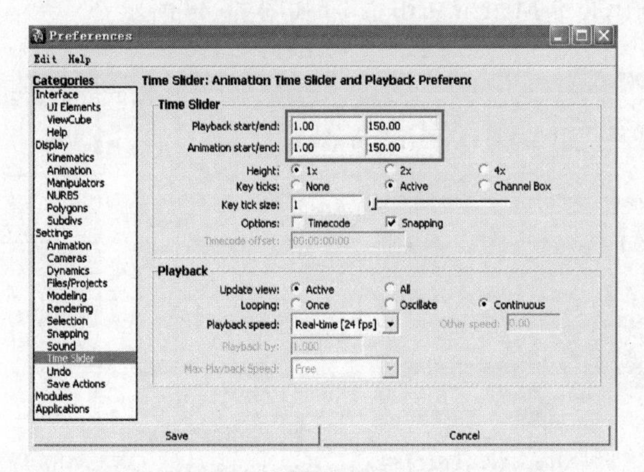

图 7－41

在设置路径动画前，需要清除历史记录，如图 7－42 所示。

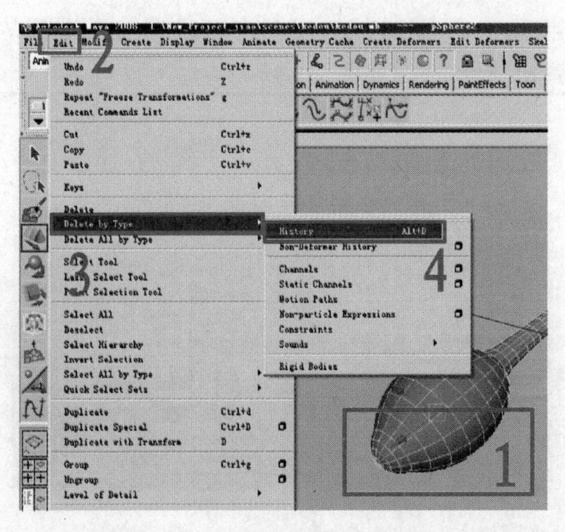

图 7－42

执行 Modify→Freeze Transformations 命令，将位移数值清零，如图 7－43 所示。

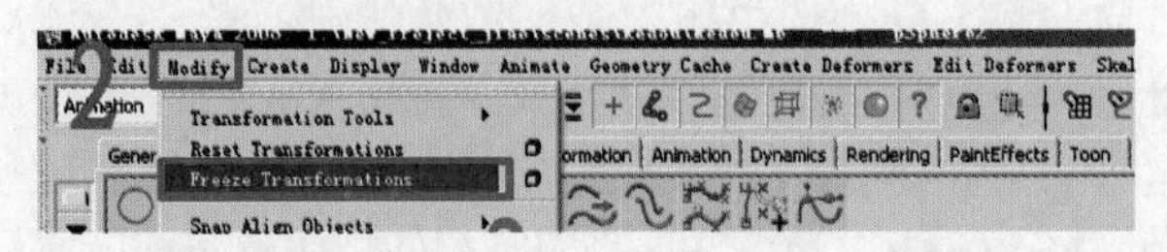

图 7－43

Edit 菜单中的许多命令和功能与建模视图中的 Edit 菜单的显示和操作方式相类似。由于 Graph Editor 直接作用于动画曲线和属性，所以在编辑功能的设置对话框中没有可以访问的层级选项。

Scale（缩放）：可把某一范围内的关键帧扩展或压缩到新的时间范围中。

Snap（吸附）：迫使选中的关键帧吸附到最近的整数时间单位值和属性值。

Select Unsnapped（选择未吸附项）：选择不处于整数时间单位的关键帧。

2. View（视图）菜单

View（视图）菜单用于控制 Graph Editor 图表区中可编辑的内容。

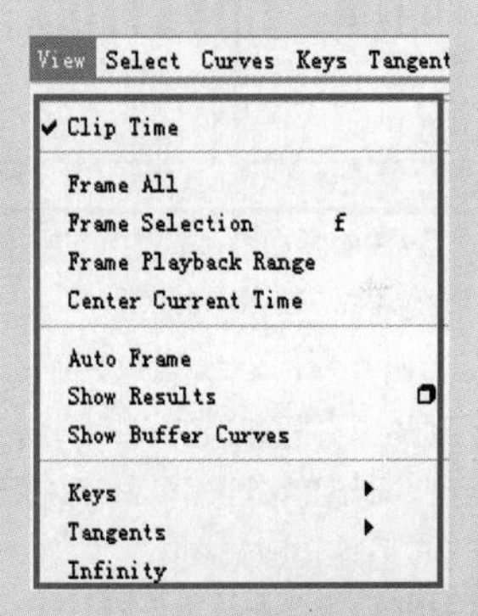

Show results：显示路径动画或表达式动画等类型组成的动画的结果曲线。

Show Buffer Curves：显示缓存曲线，图表区中将显示被编辑曲线的原始形状。

Infinity：显示关键帧范围以外的曲线，通常用于显示关键帧的循环曲线。

3. Curves（曲线）菜单

Curves 菜单中的各项功能用于处理整个动画曲线。

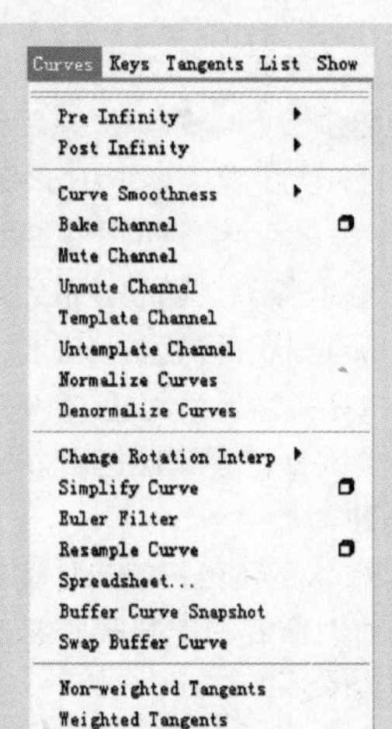

Pre Infinity（前无限）和 Post Infinity(后无限)：决定关键帧范围以外曲线类型的方式。默认是平直的，具体方式为：

Post Infinity	Pre Infinity
Cycle	Cycle
Cycle with Offset	Cycle with Offset
Oscillate	Oscillate
Linear	Linear
Constant	Constant

Cycle(循环)：将使动画曲线作为副本被无限重复。

Cycle with Offset(偏移循环)：将无限地重复动画曲线的形状，而且它把循环曲线最后一个关键帧的数值添加到原始曲线中第 1 个关键帧的数值上。

Oscillate(振荡)：通过反转动画曲线数值的方式来重复动画曲线，因此在曲线形状上产生来回震荡的效果。

Linear(线性)：利用曲线两端关键帧的切线信息外推其值，产生延伸至无穷远处的线性曲线。

Constant(恒量)：将保持曲线第 1 个或最后 1 个关键帧的数值。这是 Maya 系统的默认设置。

Simplify Curve(简化曲线)：去除对动画曲线形状不起作用的关键帧。

03.

先用鼠标单击蝌蚪，在保持蝌蚪被选中的情况下按住〈Shift〉键单击曲线，然后执行 Animate→Motion Paths→Attach to Motion Path 命令，如图 7－44 所示。

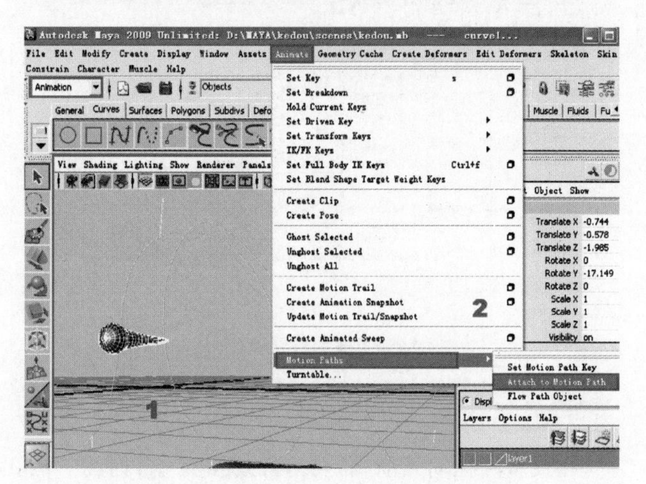

图 7－44

当蝌蚪与 CV 曲线连接绑定好后，在 CV 曲线的两头分别弹出 1 和 150，如图 7－45 所示。

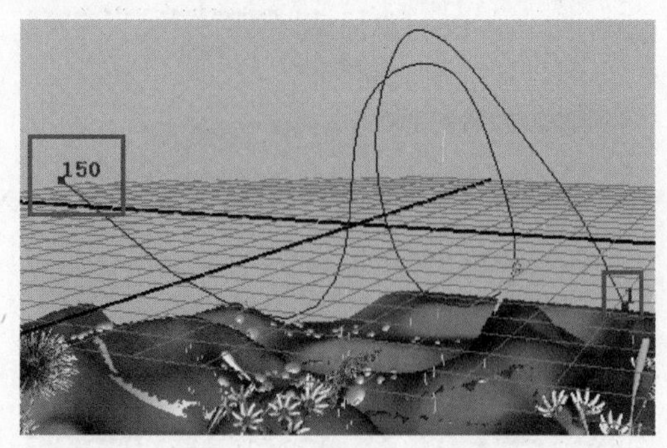

图 7－45

04. 调整方向

绑定后，在一般情况下蝌蚪的方向不会与 CV 曲线方向一致。可以选中蝌蚪或 CV 曲线，按〈Ctrl〉＋〈A〉键，切换到详细的属性调整方式。单击 MotionPath 调整组，用 Front Axis、U Value 调整方向，用 Front Twist(旋转)、Up Twist(左右)、Side Twist(上下)调整角度。具体设置如图 7－46 所示。

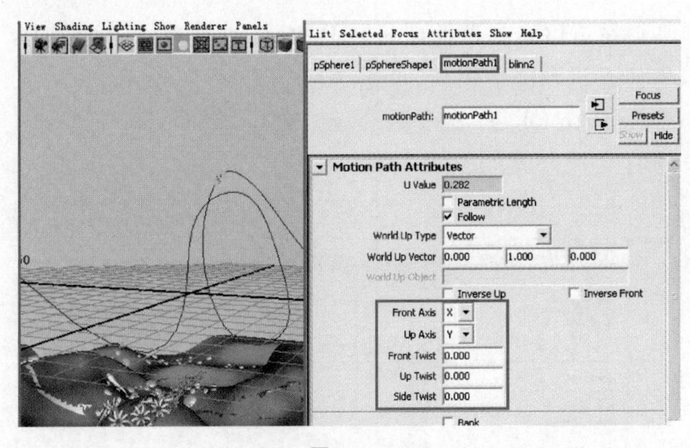

图 7-46

05.

现在的蝌蚪身体沿着曲线的波动进行运动，游动起来有些僵硬。执行 Animation→Motion Paths→Flow Path Object 命令，如图 7-47 所示。

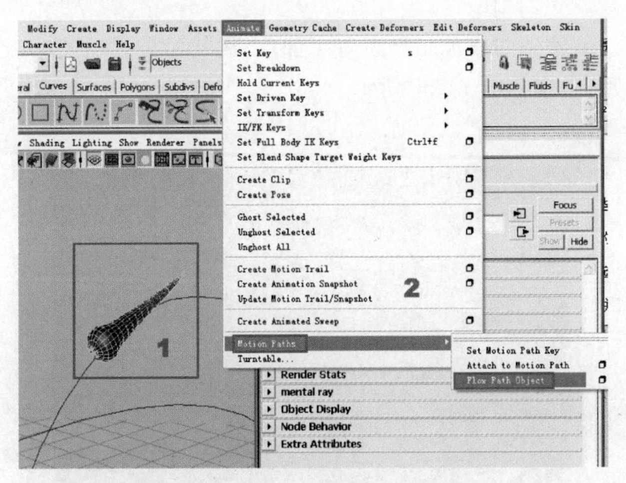

图 7-47

现在看到蝌蚪的身体被晶格所控制，随着曲线进行变形，如 7-48 所示。

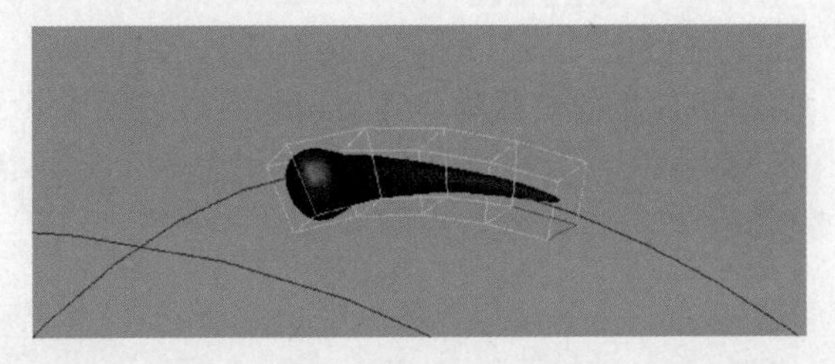

图 7-48

Buffer curves（缓冲曲线）：使用 Buffer Curve Snapshot（快照曲线）和 Swap Buffer Curve（将缓冲曲线和已编辑曲线交换）可比较当前动画曲线和先前动画曲线的形状。

4. Keys（关键帧）菜单

通过选择相关命令，可以编辑关键帧切线的权重，以及添加或去除中间帧等。

Keys Tangents List Show

Break Tangents
Unify Tangents
Lock Tangent Weight
Free Tangent Weight
Convert to Key
Convert to Breakdown
Add Inbetween
Remove Inbetween
Mute Key
Unmute Key

Break Tangents：断开切线手柄。

Unify Tangents：统一切线手柄。

Lock Tangent Weight：锁定切线权重。

Free tangent weight：释放切线权重。

5. Tangents（切线）菜单

Tangents（切线）用于设置选中关键帧左右曲线段的形状。

还可以对整条曲线设置晶格，还原到没有设置晶格的状态。先选中蝌蚪，单击 Animation→Motion Paths→Flow Path Object 命令旁的设置按钮，将 Divisions Front 的值设为 100，如图 7－49 所示。

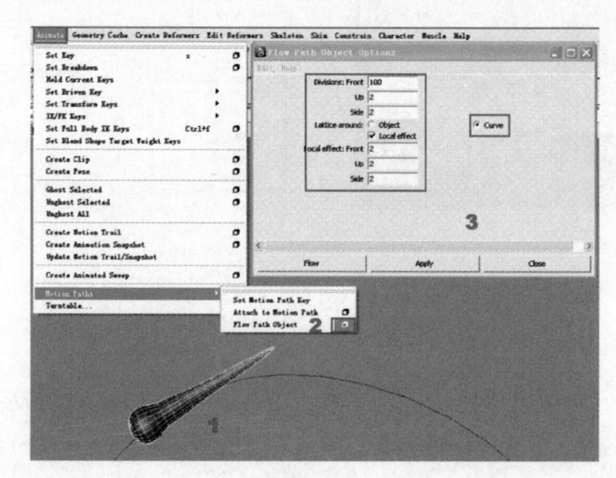

图 7－49

整条曲线被晶格设置了曲度，蝌蚪沿着晶格进行变形，效果如图 7－50 所示。

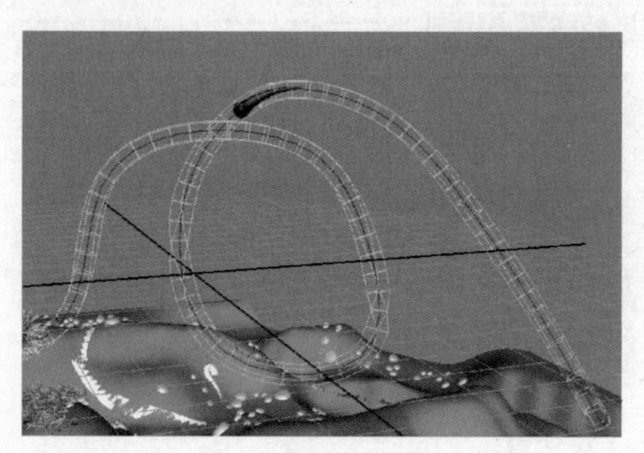

图 7－50

06.

有时摄像机的路径动画也可以用这种方法来设置。如图 7－51 所示创建一根 CV 曲线和带有一个目标点的摄像机。

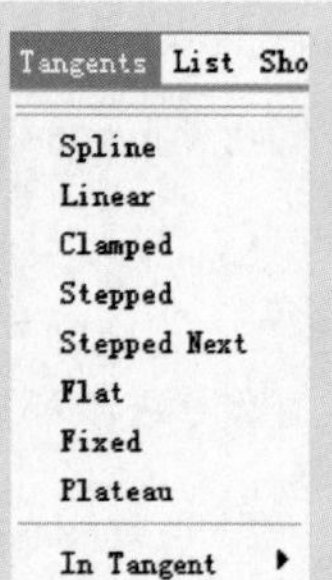

Spline(样条曲线)：被选择的动画曲线的切线具有相同的角度。当需要创建流畅的运动效果时，样条切线方式是极好的选择。

Linear(线性)：使选择的动画曲线为直线，并连接两个关键帧。

Clamped(夹具)：使动画曲线既有样条曲线的特征，又有直线的特性

Stepped(步进)创建台阶状的动画曲线，切线是一条平直的曲线。

Flat(平直)：使关键帧的入切线和出切线呈水平状态。

6. Select(选择)菜单

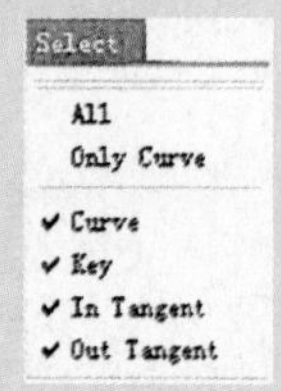

Select(选择)菜单用于指定哪些元素是可被选择和可被编辑的。

All(所有)：指动画曲线的所有元素都是可选择的。

Only Curve(仅曲线)：只有曲线才能被选择。

Cure(曲线)：曲线能被选择和编辑。

Key(关键帧)：只有关键帧才能被选择和编辑。

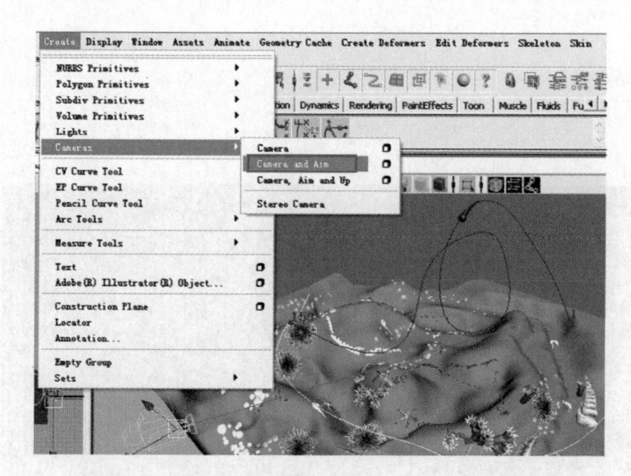

图 7 - 51

选中目标点和曲线，执行 Animation→Motion Paths→Attach to Motion Path 命令，如图 7 - 52 所示。

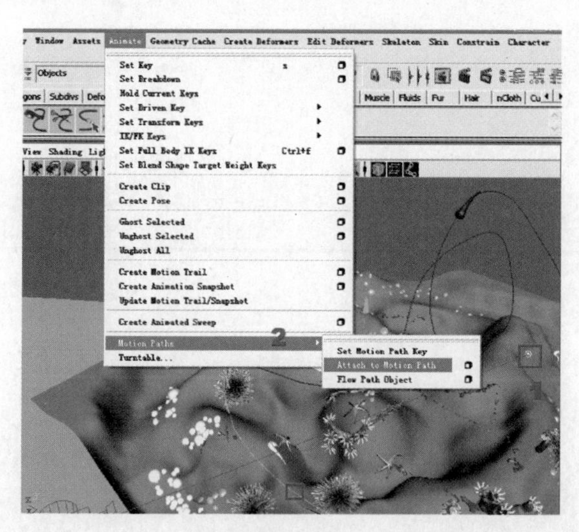

图 7 - 52

将目标点沿着曲线运动，这样可以方便地设置一些特定的摄像机路径动画，如图 7 - 53 所示。

图 7 - 53

In Tangent(入切线手柄)：只有关键帧的入切线手柄才能被选择。

Out Tangent(出切线手柄)：只有关键帧的出切线手柄才能被选择。

路径动画

设计师通过将一条 NURBS 曲线指定为对象的运动路径来实现。随着曲线方向的改变，对象自动从一边旋转到另一边。如果对象是几何体，也可以根据曲线的轮廓自动变形。

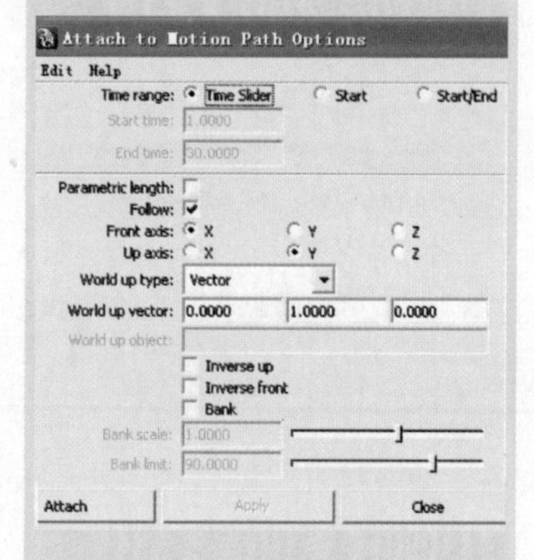

Parametric length(参数长度)：在 Maya 中有两种沿曲线定位物体的方式：参数间距方式和参数长度方式。选中此选项，是参数间距方式；不选此选项则是参数长度方式。

Follow(跟随)：当此项打开后 Maya 将会计算对象沿曲线运动的方向。Maya 使用前向量和顶向量来计算对象的方向，并把对象的局部坐标轴和这 2 个向量对齐，以便在对象沿曲线移动时，Maya 知道对象的运动方向。顶向量与切线是垂直的。

Front axis(前方轴)：设置对象的哪个局部坐标轴和前向量对齐。当对象沿曲线运动时，设置对象的前向方向。

Up axis(上方轴):设置对象的哪个局部坐标轴和顶向量对齐。当对象沿曲线运动时,设置对象的上方方向。顶向量和由 World Up Type 设置的全局顶向量对齐。

Bank(倾斜):可使对象在运动时向着曲线的曲率中心倾斜,就像摩托车在转弯时总是向里倾斜。该选项只有在 Follow 选项打开时才有效,会影响对象的旋转运动。

Flow Path Object(对象跟随路径)功能:如果已经沿路径曲线对几何体设置了动画,那么这个功能可以让这个对象在运动时随路径曲线的形状改变而改变。使用 Flow Path Object 命令可以围绕先前路径动画中的对象创建晶格。可以用 2 种方式来创建晶格:在路径动画的对象上创建晶格,或在路径动画的路径曲线上创建晶格。这 2 种方法都可以达到相同的效果。

07.

最终效果如图 7 - 54 所示。

图 7 - 54

本章小结

在本章中学习了Maya的基础动画技术，包括如何用关键帧设置动画、如何设置路径动画、如何设置摄像机路径动画等，在实际制作中会经常使用这些技术。本章还详细介绍了制作Maya动画必须了解的一些知识，包括时间刻度、动画播放工具、曲线编辑器和预览动画设置等。基础动画往往会被一些动画设计者、制作者忽视，万丈高楼平地起，只有理解了基本的物理规律和动画规律，经过一些刻苦的基础训练才能真正学好动画制作。

课后练习

1. Maya的时间刻度默认的总帧数是(　　)。

   A. 24　　B. 48　　C. 12　　D. 100

2. Maya中自动记录关键帧是(　　)按钮。

   A.　　B.　　C.　　D.

3. 以下的解释中(　　)是正确的。

   A. Maya中的Ghosting(重影)功能，在渲染时也能看到同样效果

   B. Maya的时间刻度上的关键帧数目不能增加

   C. 在进行路径动画设置时，不能随意设置关键帧

   D. 在本章的小球弹跳动画的设置中，使用了Squash(压缩变形器)来模拟球的弹跳效果

4. 以下关于Maya曲线编辑器中范围外的曲线循环类型描述不正确的是(　　)。

   A. Cycle(循环)：将使动画曲线作为副本被无限重复

   B. Cycle with Offset(偏移循环)：将无限地重复动画曲线的形状，而且它把循环曲线最后一个关键帧的数值添加到原始曲线中第1个关键帧的数值上。

   C. Oscillate(振荡)：通过反转动画曲线数值的方式来重复动画曲线，因此在曲线形状上产生来回震荡的效果。

   D. Linear(线性)：将保持曲线第一个或最后一个关键帧的数值，这是Maya系统的默认设置

5. 制作一段鱼在水中游动的动画。

附录1

全国信息化工程师—NACG数字艺术人才培养工程简介

一、工业和信息化部人才交流中心

工业和信息化部人才交流中心（以下简称中心）是工业和信息化部直属的正厅局级事业单位，是工业和信息化部在人才培养、人才交流、智力引进、人才市场、人事代理、国际交流等方面的支撑机构，承办工业和信息化部有关人事、教育培训、会务工作。

"全国信息化工程师"项目是经国家工业和信息化部批准，由工业和信息化部人才交流中心组织的面向全国的国家级信息技术专业教育体系。NACG数字艺术人才培养工程是该体系内针对数字艺术领域的专业教育体系。

二、工程概述

- 项目名称：全国信息化工程师—NACG数字艺术才培养工程
- 主管单位：国家工业和信息化部
- 主办单位：工业和信息化部人才交流中心
- 实施单位：NACG教育集团
- 培训对象：高职、高专、中职、中专、社会培训机构

现代艺术设计离不开信息技术的支持，众多优秀的设计类软件以及硬件设备支撑了现代艺术设计的蓬勃发展，也让艺术家的设计理念得以完美的实现。为缓解当前我国数字艺术专业技术人才的紧缺，NACG教育集团整合了多方资源，包括业内企业资源、先进专业类院校资源，经过认真调研、精心组织推出了NACG数字艺术&动漫游戏人才培养工程。NACG数字艺术人才培养工程以培养实用型技术人才为目标，涵盖了动画、游戏、影视后期、插画/漫画、平面设计、网页设计、室内设计、环艺设计等数字艺术领域。这项工程得到了众多高校及培训机构的积极响应与支持，目前遍布全国各地的300多家院校与NACG进行教学合作。

经过几年来自实践的反馈，NACG教育集团不断开拓创新、完善自身体系，积极适应新技术的发展，及时更新人才培养项目和内容，在主管政府部门的领导下，得到越来越多合作企业、合作院校的高度认可。

三、工程特色

NACG 数字艺术才培养工程强调艺术设计与数字技术相结合，跟踪业界先进的设计理念与技术创新，引入国内外一流的课程设计思想，不断更新完善，成为适合国内的职业教育资源，努力打造成为国内领先的数字艺术教育资源平台。

NACG 数字艺术才培养工程在课程设计上注重培养学生综合及实际制作能力，以真实的案例教学让学生在学习中可以提前感受到一线企业的要求，及早弥补与企业要求之间存在的差距。NACG 实训平台的建设让学生早一步进入实战，在学生掌握职业技能的同时，相应提高他们的职业素养，使学生的就业竞争力最大限度地得以提高。

NACG 教育集团通过与院校在合作办学、合作培训、学生考证、师资培训、就业推荐等方面的合作，帮助学校提升办学质量，增强学生的就业竞争力。

四、与院校的合作模式

- 数字艺术专业学生的培训 & 考证
- 数字艺术专业教材
- 合作办学
- 师资培训
- 学生实习实训
- 项目合作

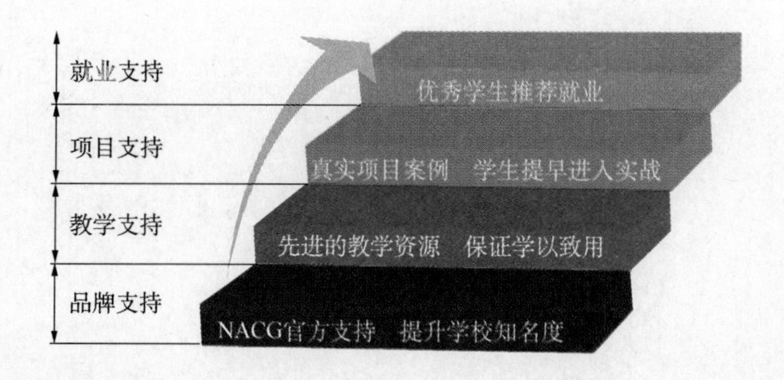

五、NACG 发展历程

- NACG 自 2006 年 9 月正式发布以来，以高品质的课程、优良的服务，得到了越来越多合作院校的认可
- 2007 年 1 月获得包括文化部、教育部、广电总局、新闻出版总署、科技部在内的十部委扶

持动漫产业部级联席会议的高度赞赏与认可，并由各部委协助大力推广

- 2007 年 5 月在上海建立了动漫游戏实训中心
- 2007 年 9 月受上海市信息委委托开发动漫系列国家 653 知识更新培训课程，出版了一系列动漫游戏专业教材
- 2008 年与合作院校共同开发的“三维游戏角色制作”课程被评为教育部高职高专国家精品课程
- 2009 年 8 月出版了系列动漫游戏专业教材
- 2009 年 9 月 NACG 开发的“数码艺术”系列课程通过国家信息专业技术人才知识更新工程认定，正式被纳入国家信息技术 653 工程
- 2010 年 10 月纳入工业和信息化部主管的“全国信息化工程师”国家级培训项目
- 截至 2012 年 3 月，合作院校达到 300 多家
- 截至 2012 年 3 月，和教育部师资培训基地合作，共举办 20 期数字艺术师资培训，累计培训人数达 1 200 多人次，涉及动画、游戏、影视特效、平面及网页设计等课程
- 截至 2012 年 3 月，举办数字艺术高校技术讲座 260 余场、校企合作座谈会 60 多场
- 2012 年 5 月，组编“工信部全国信息化工程师—NACG 数字艺术人才培养工程指定教材/高等院校数字媒体专业‘十二五’规划教材”，由上海交通大学出版社出版

六、联系方式

全国服务热线：400 606 7968 或 02151097968

官方网站：www. nacg. org. cn

Email：info@nacg. org. cn

附录 2

全国信息化工程师——NACG 数字艺术人才培养工程培训及考试介绍

一、全国信息化工程师—NACG 数字艺术水平考核

全国信息化工程师水平考试是在国家工业和信息化部及其下属的人才交流中心领导下组织实施的国家级专业政府认证体系。该认证体系力求内容中立、技术知识先进、面向职业市场、通用知识和动手操作能力并重。NACG 数字艺术考核体系是专业针对数字艺术领域的教育认证体系。目前全国有近 300 家合作学校及众多数字娱乐合作企业，是目前国内政府部门主管的最权威、最专业的数字艺术认证培训体系之一。

二、NACG 考试宗旨

NACG 数字艺术人才培养工程培训及考试是目前数字艺术领域专业权威的考核体系之一。该认证考试由点到面，既要求学生掌握单个技术点，更注重实际动手及综合能力的考核。每个科目均按照实际生产流程，先要求考生掌握具体的技术点（即考核相应的软件使用技能）；再要求学生制作相应的实践作品（即综合能力考，要求考生掌握宏观的知识），帮助学生树立全局观，为今后更高的职业生涯打下坚实基础。

三、NACG 认证培训考试模块

学校可根据自身教学计划，选择 NACG 数字艺术人才培养工程下不同的模块和科目组织学生进行培训考试。

由于培训科目不断更新，具体的培训认证信息请浏览www. nacg. org. cn 网站。

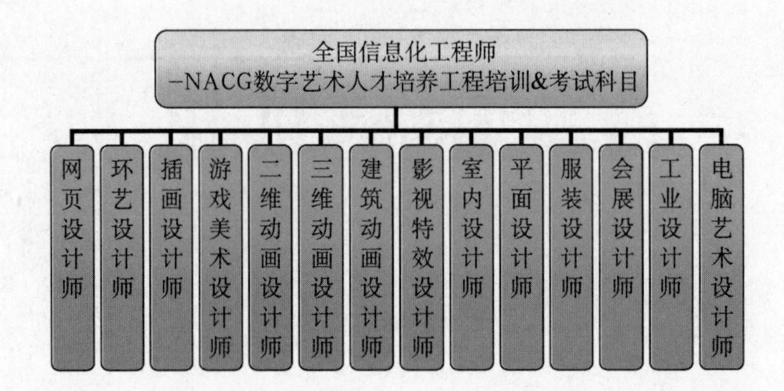

四、证书样本

通过考核者可以获得由工业和信息化部人才交流中心颁发的“全国信息化工程师”证书。

五、联系方式

全国服务热线：400 606 7968 或 02151097968

官方网站：www. nacg. org. cn

Email：info@nacg. org. cn